プロを目指す人のためのRuby入門

［言語仕様からテスト駆動開発・デバッグ技法まで］

Introduction to Ruby programming for future professionals 2nd edition

＜改訂2版＞

伊藤 淳一［著］

Introduction to Ruby programming for future professionals 2nd edition

技術評論社

●**本書をお読みになる前に**

・本書に記載された内容は、情報の提供のみを目的としています。したがって、本書を用いた運用は、必ずお客様自身の責任と判断によって行ってください。これらの情報の運用の結果について、技術評論社および著者はいかなる責任も負いません。

・本書記載の情報は、2021年5月現在のものを掲載していますので、ご利用時には、変更されている場合もあります。

・また、ソフトウェアに関する記述は、特に断わりのないかぎり、2021年5月現在での最新バージョンをもとにしています。ソフトウェアはバージョンアップされる場合があり、本書での説明とは機能内容や画面図などが異なってしまうこともあり得ます。本書ご購入の前に、必ずバージョン番号をご確認ください。

以上の注意事項をご承諾いただいた上で、本書をご利用願います。これらの注意事項をお読みいただかずに、お問い合わせいただいても、技術評論社および著者は対処しかねます。あらかじめ、ご承知おきください。

本書の刊行に寄せて

プログラミングはけっして難しいものではありません。私がプログラミングを始めたのは中学校3年生のときでしたし、小学校に入学する前からプログラミングを始めた人もたくさんいらっしゃいます。Hello Worldを入力するには10秒もあれば十分ですし、簡単なゲームのようなものなら子供でも十分に作ることができます。なんとなく難しいイメージを持ってプログラミングを敬遠する人は多いですが、いざ始めてみればほとんどの人は、意外と簡単だった、という印象を持つのではないでしょうか。プログラミング環境も日々進歩していて、昔に比べるとプログラミング入門の難易度はかなり下がっていると言っても過言ではないでしょう。

しかし、単なる入門者向けの課題を与えられてプログラミングすることと、ソフトウェア開発を職業とする「プロフェッショナル」になることの間には、高い壁がそびえています。趣味の範疇であれば好きにプログラミングすれば済むことですが、プロフェッショナルとしてプログラミングするのであれば、開発には責任が伴います。

しかし、このプログラミングのプロになるために壁を乗り越える方法を説明してくれる書籍というのを私は読んだことがありません。私自身も本を書く身として言わせてもらえば、この種の本は書くのがとにかく難しいのです。本を書くような実績を達成した人は、プログラミングに入門したあと、センスに恵まれたか、先輩など周囲の環境に恵まれたか、それともまた別の理由かで、プログラミングスキルを身につけた人がほとんどで、私も含めていわば「生存者」です。そういう人が本を書くとどうなるかと言うと、読者の気持ちがわからなくて困るわけです。

そういう意味では入門書も難しいのですが、こちらは誰もが読みたがるので、世の中にはさまざまなトピックについて「初心者」を対象にした「入門書」があふれています。

そこで、本書です。「入門」と「プロフェッショナルへの道」という2つの巨大な課題に果敢に挑戦した本書の初版は、そのユニークなポジショニングが評価されたか、たいへん評判が良かったとのことです。私も初版の前書きを書いた甲斐がありました。

初版の出版から4年、最新の状況も反映した第2版が出ると聞いたとき、私はたいへんうれしく思いました。本はすばらしいものですが、残念ながら技術系テーマを扱った書籍の場合、情報が古びてしまうのは避けられません。このような重要なポジションを担うこの書籍が、改訂され、最新の状況を反映したうえでみなさんのところに届くということは、単なる偶然ではなく、著者の伊藤さんをはじめとした各方面のみなさんの努力の結果成立した奇跡のようなものです。

本書が初版で数多の初心者を助けてきたように、この改訂版が、あなたがプロの壁を乗り越えるお役に立ちますように。プロとしてRubyを使ってバリバリ活躍するみなさんをお見かけすることができれば、私にとって、これ以上ない喜びです。

リモートワーク中の自宅から
2021年9月
まつもと ゆきひろ

まえがき

本書を手にとってくださり、どうもありがとうございます。本書はプログラミング言語Rubyの言語仕様や開発の現場で役立つRubyの知識を説明した本です。本書の第1版は2017年に発売されました。たいへんありがたいことに非常に多くの方が本書を購入してくださり、そのおかげでこのたび改訂版を発売することができました。

本書の第1版では表紙にさくらんぼの写真を使ったことから、ネットなどでは「チェリー本」の愛称で親しまれてきました。この改訂版でもさくらんぼの写真を使っているので、同じように「チェリー本（もしくはチェリー本2？）」の愛称で呼んでもらえるとうれしいです。

■本書のコンセプトと対象読者

本書の基本的なコンセプトも第1版から変えていません。本書はある程度プログラミングの経験がある方が、仕事でRuby（とくにRuby on Rails）を使えるようになることを目的としています。ですので、次のような3つの条件に当てはまる方が本書の読者として最適です。

1. すでにほかのプログラミング言語で業務経験がある。もしくは独学やプログラミングスクールなどで、簡単なプログラムを作ったことがある。
2. Railsアプリケーションが作れるようになりたいと考えている。
3. すでに仕事でRubyを使っている。もしくはこれからRubyを使った仕事に就きたいと考えている。

それぞれの条件について少し詳しく説明しましょう。

まず、1つめの条件についてです。本書はRubyの入門書ですが、プログラミングの入門書ではありません。「変数とは」「配列とは」といったプログラミングの基礎知識は説明しないので、「プログラミングはまったく未経験です」という方にはちょっと難しいと思います。そういう場合はもっとやさしい入門書やオンライン教材などを使って勉強してから、本書に戻ってきてください（待ってます！）。

次に、本書はRailsの入門書ではなく、あくまでRubyの入門書です。ですが、本書で解説する内容はRailsアプリケーションを開発する際に必要不可欠な知識を優先的に説明しています。本文に“Rails”の文字が出てくる箇所はごくわずかですが、解説するトピックの選択や説明内容には筆者のRailsアプリの開発経験が色濃く反映されています。よって、本書はRailsアプリを開発したい人にとって最適なRuby入門書となっています。これが2つめの条件の背景です。

最後の条件は業務レベルの知識が必要になるかどうかによって本書のおすすめ度が変わるため、用意した条件です。（電子書籍ではなく）紙の本で本書を読まれている方はわかると思いますが、本書はすごく分厚いですよね。これは「仕事でRubyを使うなら知っておきたい」と筆者が考える知識を詰め込んだ結果です。よって、仕事でRubyを使うなら早かれ遅かれ本書で学んだ知識が役立つときが来ます。逆に、「趣味レベルでRubyが使えればいいんだけど」という人にとっては、本書は少し網羅的すぎるかもしれません。

Railsは比較的簡単にWebアプリケーションが作れるため、ネットの情報を見よう見まねで書き写しても動くものができてしまいます。もちろん、それはそれで楽しいのですが、そのレベルでは仕事でやっていくには歯が立ちません。本書はそんなみなさんをプロの現場で戦えるレベルに引き上げるお手伝いをします。

本書を最後まで読むのはもちろんのこと、それに加えてサンプルコードを自分の手で動かせば、本書を読み終わるころには「以前に比べると全然コードが違って見える！」とか、「Rubyの言語機能を使って、こんなにシンプルで読みやすいコードが書けるようになった！」と思えるようになるはずです。

■第1版からのおもな変更点

本書を購入するかどうか検討されている方の中には、すでに第1版を購入されている方もたくさんいると思います。そうした方のために、第1版からのおもな変更点を以下に挙げます。

- Ruby 3.0の言語仕様に完全対応（第1版の対象バージョンはRuby 2.4）
- Ruby 2.7から導入された新機能「パターンマッチ」を解説する章を新たに追加
- 第8章「モジュールを理解する」の例題を「rainbowメソッド」にリニューアル
- 第1版で「難しい、わかりづらい」という声が多かったトピックの説明を改善
- その他、第1版で言及していなかったトピックの追加や説明内容の細かな改善を実施

Rubyは後方互換性を重視しながらアップデートされます。そのため、第1版で学んだRuby 2.4の知識がRuby 3.0でまったく役に立たなくなるわけではありません。ですが、細かい言語仕様の変更は「チリツモ」でそれなりにたくさん発生しています。Ruby 2.7から3.0にメジャーバージョンアップされたこのタイミングで復習を兼ねてRubyの最新の言語仕様を学ぶことは、第1版の読者のみなさんにとって非常に有益なはずです。

また、一見すると第1版と同じ内容に見える部分も、実は細かなブラッシュアップがかけられています。中には「第1版の説明があまり適切ではなかったので、改訂版でより正確な内容に書き直した」という箇所もあったりします（例：「2.12.7　requireとrequire_relative」の項など）。

筆者としては「たとえ第1版を持っていたとしても、今でもRubyを使った仕事に就いている人（もしくは引き続きRubyを使う仕事に就こうと思っている人）なら、この改訂版はきっと読んで損はない1冊になっているはず」と自負しています。ぜひみなさんの目でその真偽を確かめてみてください。

■これから本書を読むみなさんに向けて

前述のとおり、この改訂版ではRubyの新しい言語仕様に対応したり、よりわかりやすい説明に書き直したりして、内容が変化（進化？）しています。ですが、以下のような「説明の基本姿勢」は第1版から変わっていません。

- 常に読者の視点に立ちながら丁寧に説明する。
- 文章による説明だけでなく、サンプルコードをふんだんに用いて説明する。
- 難しい内容もなるべくわかりやすくなるよう、筆者が自分の言葉でできるだけかみ砕いて説明する。
- Rubyをまったく知らない人でも無理なく読み進められるよう、初歩的な話題から高度な話題へ、順を追って説明する。

第1版のまえがきにも書いたとおり、本書は「分厚くて難しい技術書」ではなく、「分厚いが非常にわかりやすい技術書」を目指しています。数多くの加筆修正によって、本書のページ数は第1版よりもさらに増えてしまいましたが、わかりやすさへのこだわりは第1版から変わっていません。

本書の分厚さにどうかびびらないでください。これだけのページ数であっても最後まで読み進められるように、筆者が紙面の中で読者のみなさんと一緒に伴走します。本書を初めて読む人も、第1版を読んだことがある人も、筆者と楽しくRubyを学習していきましょう！

伊藤淳一

目次

Column

第1章

本書を読み進める前に

1.1 イントロダクション

『プロを目指す人のためのRuby入門［改訂2版］』へようこそ！ 本書はタイトルにあるとおり、プログラミング言語Rubyについて解説する技術書です。

また、タイトルに含まれている「プロ」とは、Rubyを使ってプログラムを書き、それで収入を得ているプログラマを想定しています。なので、表面的な文法の説明だけにとどまらず、開発の現場で役立つ知識や考え方についても積極的に説明します。

この章は本書を読み進める前に確認しておきたい本書の概要やRuby環境のセットアップについて説明します。できれば購入前にこの章の内容を確認し、本書がみなさんのニーズに合う本かどうかを確かめてください。

1.1.1 この章で説明すること

この章では次のような内容を説明します。

- 本書の概要
- Rubyについて
- Rubyのインストール
- エディタ／IDEについて
- Rubyを動かしてみる
- 本書のサンプルコードについて
- Rubyの公式リファレンスについて

Rubyの文法や言語仕様の説明は第2章からになります。「早くコードの書き方を教えて！」と思われるかもしれませんが、この章ではこれからスムーズにRubyを学習していくために不可欠な情報を載せています。必ず一度、目を通し、ちゃんと実行環境を整えてから次の章に進んでください。

1.2 本書の概要

1.2.1 対象となる読者

本書は「プロを目指す人」のための本なので、「Rubyを使った仕事に就きたい人」や「いちおうRubyでご飯を食べているが、経験が浅いので自信をもって自分をプロとは呼べないと考えている人」に向けて書いています。

たとえば次のような人は、本書の読者として最適です。

- 現在はJavaやC#など、別の言語でプログラムを書いているが、次はRubyを使った仕事に就きたいと考えている。
- Web上のオンライン教材などで独学し、なんとなくRuby on Rails[注1]（以下Rails）でWebアプリケーションを作れ

注1　https://rubyonrails.org/

るようになったが、Ruby言語そのものに精通しているとは言いがたいと考えている。

一方、「まったくプログラムを書いたことがない」というプログラミング未経験者は対象となる読者から外れます。次のような用語を聞いてもピンとこない人は、本書を読む前にほかの書籍やオンライン教材でプログラミングの基礎知識を学んでください。

- 変数
- 配列
- 関数・メソッド
- 引数
- 戻り値
- 条件分岐（if文など）
- 繰り返し（forループなど）
- クラス
- オブジェクト

また、本書ではおもにターミナル（Windowsの場合はコマンドプロンプト）上で動作するプログラムを作成します。最低限、次のような基本操作はターミナル上で行えるようにしておいてください。

- ファイルやディレクトリの作成
- カレントディレクトリの変更
- コマンドの実行

1.2.2 本書で説明する内容と説明しない内容

本書はこの章を含めると全部で13の章に分かれています。第2章から第12章で説明する内容は次のとおりです。

- 第2章　文字列・数値・条件分岐・メソッドの定義
- 第3章　テストの自動化
- 第4章　配列・繰り返し
- 第5章　ハッシュ・シンボル
- 第6章　正規表現
- 第7章　クラスの作成
- 第8章　モジュール
- 第9章　例外処理
- 第10章　yield・Proc
- 第11章　パターンマッチ
- 第12章　デバッグ技法

第2章から第12章までは順番に読んでいくことを想定しています。すなわち、前の章で説明した内容はすべて理解できているという前提で説明するので、最初に読むときは章を飛ばさずに前から順番に読んでいってください。ただし、第12章のデバッグ技法だけは単体で読んでもある程度理解できるようにしてあります。

また、第13章では「Rubyに関するその他のトピック」として次のような内容を簡単に説明します。

- 日付や時刻の扱い
- ファイルやディレクトリの扱い
- 特定の形式のファイルを読み書きする
- 環境変数や起動時引数の取得
- 非推奨機能を使ったときに警告を出力する
- eval、バッククオートリテラル、sendメソッド
- Rake
- gemとBundler
- Rubyにおける型情報の定義と型検査（RBS、TypeProf、Steep）
- 「Railsの中のRuby」と「素のRuby」の違い

本書の内容を理解すれば、開発の現場で必要とされるRuby関連の知識を一通り習得できます。そして、「今まで呪文のようにしか見えなかった不思議な構文」や「実はあまりよくわからないまま、見よう見まねで書いているコード」も自信をもって読み書きできるようになるはずです。

一方、本書で説明しない内容もあります。具体的には次のような項目です。

- マルチスレッドプログラミング（並行・並列処理）
- メタプログラミング・リフレクションプログラミング
- gemパッケージの作成と公開
- C言語を使った拡張ライブラリの作成

こうした知識が必要になる場合はほかの技術書やネット上の情報を参考にしてください。

1.2.3 Railsアプリの開発にも本書は役に立つか？

もちろんです！　ただし、本書はモデルのバリデーションやERBを使ったビューの書き方といった、Railsに特化した内容は出てきません。本書で対象としているのは特定のフレームワークに依存しない、ピュアなRubyプログラムです。

ですが、Railsも当然Rubyで作られていますし、みなさんがRailsでWebアプリケーションを開発するときに使用するプログラミング言語もRubyです。Rubyの文法や言語機能を知っていて損になることはまったくないですし、むしろ、RailsプログラマであればRubyそのものについても、きちんと理解しておくべきです。

とはいえ、本書はRailsをまったく無視しているわけではありません。Railsアプリケーションを開発する際に意識すべきポイントがあれば、その知識をどうRailsで活かせば良いかわかるような形で説明します。

1.2.4 本書の特徴と効果的な学習方法

本書の第2章、および第4章から第11章では各章の学習内容をチェックするための例題を用意しています。各例題はチュートリアル形式になっており、手順どおりにコードを書いていくと例題のプログラムが完成します。文章を読むだけでなく、実際に自分の手で動かすことで、Rubyに対する理解がより深まるはずです。この例

題は必ず実際にコードを書きながら読み進めるようにしてください。

なお、例題がある章は「例題の解答で必要となる基礎的な知識」「例題の解答例」「例題では登場しなかった知識や、少し高度なトピック」の順で進みます。

また、第4章から第11章の例題（第9章を除く）はMinitest[注2]というテスティングフレームワークを使って、テストを自動化しています。プログラミング言語の入門書で最初からテストを自動化するものは珍しいかもしれません。しかし、テストコードを書くことは本格的なアプリケーションを開発するうえで避けて通れません。また、Rubyなら最初からテスティングフレームワークが付属しているので、テストを自動化するのも簡単です。Rubyの「プロ」を目指すのであれば、ぜひ最初からテストの自動化もマスターしてしまいましょう！

各章の例題は「1回やっておしまい」にするのではなく、繰り返しチャレンジしてください。1回目は本書を読みながら、まったく同じようにコードを書いていけばOKです。しかし、2回目以降は問題だけを確認し、コードは自力で書くようにしましょう。本書とまったく同じコードにする必要はありません。公式リファレンスなどを参考にしながら、自分の頭と手を動かしてコードを書いてください。コードが書けたら本書の解答例と自分の書いたコードを見比べましょう。解答例よりも長くて複雑なコードになっていたら、自分のコードをリファクタリング[注3]してください。そして、3回目、4回目とチャレンジして、きれいなRubyのコードがスラスラ書けるまで努力すれば、Rubyプログラマとしての実力がどんどんついてくるはずです。

1.2.5 対象となるRubyのバージョン

本書ではRuby 3.0を対象としています。学習を進めるにあたって、本書と同じRuby 3.0系の実行環境（Ruby 3.0.0や3.0.1など）を用意できる場合は問題ありませんが、状況によっては多少バージョンが前後することがあるかもしれません。バージョンが変わっても本書の大半のサンプルコードは同じように動くはずですが、Ruby 2.6や2.7など、少し前のバージョンで動きが異なる場合は、適宜注釈を入れます。また、将来3.0よりも新しいバージョンで本書の内容と異なる部分が出てきた場合は、後述するサポートページにて変更点をお知らせする予定です。

Column Rubyのリリースサイクルについて

以下のように、Rubyはバージョン2.1.0から毎年12月25日にマイナーバージョンが上がるようになっています[注4]。ただし、2020年にリリースされたのはRuby 2.8ではなく、メジャーバージョンアップした3.0です。

- 2013年12月25日 Ruby 2.1.0リリース
- 2014年12月25日 Ruby 2.2.0リリース

  ⋮
- 2018年12月25日 Ruby 2.6.0リリース
- 2019年12月25日 Ruby 2.7.0リリース
- 2020年12月25日 Ruby 3.0.0リリース

マイナーバージョンが上がると、後方互換性のない仕様変更が入る可能性があります（例：3.0.x → 3.1.0）。

注2 https://github.com/seattlerb/minitest

注3 外から見たプログラムの振る舞いを同じに保ったまま、理解や修正がしやすくなるようにコードを改善すること。

注4 ［参考］https://www.ruby-lang.org/ja/news/2013/12/21/ruby-version-policy-changes-with-2-1-0/

互換性を維持したままセキュリティフィックスやバグフィックスが行われる場合はTEENYバージョンが上がります（例：3.0.0 → 3.0.1）。

メジャーバージョンはマイナーバージョンでカバーできないような大きな仕様変更や機能追加が入る場合に繰り上がります。前述のとおり、2020年にRubyは2.7から3.0にメジャーバージョンアップしました。Ruby 3.0については「1.3.4　Ruby 3.0について」の項で説明しています。

なお、古いバージョンは順次公式サポートの対象から外れていきます。ですので、外部に公開するプログラムの場合はできるだけ最新のバージョンを利用するようにしてください。Rubyのバージョンと公式サポートについては第13章のコラム「Rubyやgemのバージョンとセキュリティ」（p.513）でも説明しています。

1.3 Rubyについて

さて、ここからはRubyの概要と環境のセットアップ方法について説明していきます。

1.3.1 Rubyってどんなプログラミング言語？

Rubyは日本人プログラマである、まつもとゆきひろ氏（通称Matz）によって開発されたオブジェクト指向スクリプト言語です。Rubyは表現力豊かな文法と強力な標準ライブラリを備えています。Rubyのバージョン1.0は1996年に公開されました。2004年にはRubyを使ったWebアプリケーションフレームワークであるRuby on Railsが登場し、世界的にRubyが使われるようになりました。

Rubyで特徴的なのはストレスなくプログラミングできる「楽しさ」を重視している点です。これはちょっと個人的な話になりますが、筆者もRubyの楽しさの虜（とりこ）になったプログラマの1人です。Rubyを使い始めて10年近く経ちましたが、これまで出会ったプログラミング言語の中でもRubyが一番書いていて楽しいと感じています。

これまでほかのプログラミング言語を使っていて、新しくRubyの学習を始めた人は文法に違和感を覚えたり、プログラムが思いどおりに動かなくてストレスが溜まったりすることがあるかもしれません。最初は「本当に楽しいの？」と疑問に思うかもしれませんが、Rubyに慣れるにつれてその楽しさが見えてくるはずです（筆者と同じように！）。

本書は「プロを目指す人」に必要な知識を提供することが第一の目的ですが、Rubyを深く知ることでRubyの楽しさにも気づいてもらえれば幸いです。

1.3.2 Rubyの処理系

Rubyには複数の処理系（複数のRuby実装）があります。公式かつ最もポピュラーな処理系は、C言語で実装されたMRI（Matz' Ruby Implementation）です[注5]。これはまつもとゆきひろ氏によって開発され始めた処理系です。通常「Ruby」といえば、このMRIを指していると考えて問題ないでしょう。本書でも説明や動作確認の対象にしているのはこのMRIです。MRIはmacOS、Windows、Linuxといった、主要なOS（オペレーティングシステム）上で動作します。

注5　C言語で実装されているため、CRubyと呼ばれることもあります。

ほかにもJavaで実装されたJRuby[注6]や、GraalVM上で動作する高速なTruffleRuby[注7]、Rustで実装されたArtichoke[注8]、RubyスクリプトをJavaScriptにコンパイルできるOpal[注9]、組み込みシステム向けのmruby[注10]など、さまざまな処理系があります。

1.3.3 Rubyのライセンス

Rubyはオープンソースライセンスの1つである「Rubyライセンス（Ruby License）」のもとで公開されており、誰でも自由に入手、使用することができます。Rubyライセンスの全文（英語）は次のページで確認できます。

- https://www.ruby-lang.org/en/about/license.txt

1.3.4 Ruby 3.0について

2020年12月25日に、Rubyは2.7から3.0にメジャーバージョンアップしました。Ruby 3.0は以下の3つの目標を達成したRubyの新しいバージョンです[注11]。

- MJITによる実行パフォーマンスの改善（Ruby 2.0に比べて約3倍高速化した）[注12]
- Ractor、Fiber Schedulerと呼ばれる新しい並行・並列処理機構の導入
- RBSとTypeProfによる静的解析基盤の構築

ただし、MJITやRactor、Fiber Schedulerについては本書のスコープ（範囲）外となるため、説明を割愛します。RBSとTypeProfについては第13章で概要と簡単な使い方を説明します。

メジャーバージョンアップというと後方互換性が失われて過去のソースコードが動かなくなったり、昔のバージョンで得た知識が無用の長物になってしまったりすることを危惧する方がいるかもしれません。ですが、Ruby 3.0ではそういった心配はほとんどいりません。後方互換性は十分考慮されているため、日常的なコーディングであればRuby 3系でも2系とほぼ同じ感覚で書けます。3系と2系の違いを意識しなければならない点は、適宜本書の中で説明を入れています。

1.4 Rubyのインストール

Rubyのインストール方法はさまざまです。OSによって方法は異なりますし、そのOSの中でも複数の方法があったりします。

macOS/Linux

- OS標準のRubyを使う。

注6 https://jruby.org/
注7 https://github.com/oracle/truffleruby
注8 https://github.com/artichoke/artichoke
注9 https://opalrb.com/
注10 https://mruby.org/
注11 ［参考］https://www.ruby-lang.org/ja/news/2020/12/25/ruby-3-0-0-released/
注12 ただし、Railsなど一部の実行環境では十分な性能改善には至っていません。詳しくは注11のリンク先を参照してください。

・ソースからビルドする。
・パッケージ管理ツール（Homebrew[注13]など）を使ってインストールする。
・Ruby専用のパッケージ管理ツール（rbenv[注14]、RVM[注15]など）を使ってインストールする。

Windows

・RubyInstaller[注16]を使う。
・WSLまたはWSL 2[注17]のLinux環境にRubyをインストールする。

その他

・コンテナ環境（Docker[注18]など）を使う。
・クラウド上の開発環境（AWS Cloud9[注19]など）を使う。

Rubyのインストール方法や、インストール時に使用するツールは意外と流行り廃りが激しい分野です。数年経つと新しく出てきたツールが主流になっていたりすることもあります。インストール方法の種類が多く、移り変わりも激しいことから、本書では各インストール方法の特徴を説明するだけにとどめます。具体的なインストール方法についてはネット上の情報（公式ページ内の情報や、投稿日時が新しい技術ブログ情報など）を参考にしてください。

ちなみに、Rubyのインストール方法についてはRubyの公式ページでもいろいろと紹介されています。インストールの方法で困ったり、迷ったりした場合はこちらのページも参照してください。

・https://www.ruby-lang.org/ja/downloads/

1.4.1 macOS/Linuxの場合

macOSやLinuxではRubyがデフォルトでOSにインストールされていることがあります。ターミナルを開き、ruby -vと入力すると、インストールされているRubyのバージョンを確認できます（以下の実行例に出てくる$は「このあとに続けてコマンドを入力すること」を意味する記号です。実際に入力する文字列はruby -vだけになります）。

```
$ ruby -v
ruby 2.6.3p62 (2019-04-16 revision 67580) [universal.arm64e-darwin20]
```

ただし、OS標準のRubyは最新のRubyではない可能性が高いです。それだけでなく、gem（外部ライブラリ）のインストールでもトラブルが起きやすいです（本書の後半にgemのインストールが必要になる章が出てきます）。こうした理由があるため、OS標準のRubyを使うことは避けてください。

最新のRubyをインストールする場合はソースコードをダウンロードしてマシン上でビルドしたり、Homebrewのようなパッケージ管理ツールを使ってインストールしたりする方法があります。ただし、パッケー

注13　https://brew.sh/index_ja.html
注14　https://github.com/rbenv/rbenv
注15　https://rvm.io/
注16　https://rubyinstaller.org/
注17　https://docs.microsoft.com/ja-jp/windows/wsl/
注18　https://www.docker.com/
注19　https://aws.amazon.com/jp/cloud9/

ジ管理ツールによっては必ずしも最新バージョンを用意してくれているとは限らないようです。

最新バージョンや特定のバージョンのRubyを確実にインストールしたい場合は、rbenvやRVMといったRuby専用のパッケージ管理ツールを利用するのがベストです。rbenvやRVMを使用すると、1つのマシンに複数のバージョンのRubyをインストールし、自由に切り替えることができるようになります。開発の現場ではプロジェクトによって使用するRubyのバージョンが異なることが多いため、rbenvやRVMの使用が必須になってきます。rbenvもRVMもほぼ同じ目的で使用されますが、本書の執筆時点(2021年5月)ではrbenvのほうがよく使われているように思います(筆者もrbenvを使用しています)。

rbenvやRVMは一度セットアップして使い方を理解してしまえば非常に便利なのですが、そこに至る最初のハードルが若干高いです。セットアップや使い方については公式ページの情報を参考にするのが一番確実ですが、すべて英語で書かれているため英語が苦手な人にとってはさらにハードルが上がってしまうかもしれません。ネット上には日本語の情報もたくさんあるので、英語が苦手な人はそちらを参考にしてください。その際は「自分の使っているOSと同じか?」「投稿日時が新しいか?(1年以内に書かれていることが望ましい)」といった点にも注目するようにしてください。

1.4.2 Windowsの場合

Windowsの場合はRubyInstallerというツールを使うと、簡単にRubyをインストールすることができます。

また、近年ではWSLやWSL 2を使ってWindows内でLinux環境を立ち上げることができるようになっています。このしくみを使ってWSL上にrbenvをセットアップし、Rubyをインストールするのも一手です。

本書で学ぶようなシンプルなRubyプログラムであれば簡単にインストールできるRubyInstallerでも十分ですが、業務で本格的な開発をする場合はWindows環境特有のトラブルが起きにくいWSLを使うのがお勧めです(本書でも一部、RubyInstallerではなく、WSLでないと動かないサンプルコードがあります)。

1.4.3 その他の方法

近年の本格的なチーム開発ではDockerに代表されるコンテナ環境を導入して開発環境を全員で統一する、といった開発スタイルも一般的になってきました。コンテナを使えばRubyの実行環境もコンテナ内で自動的に構築されます。とはいえ、Rubyを学習するという本書の目的に限って言えば、わざわざコンテナを導入するメリットは薄いと思います。

また、AWS Cloud9(**図1-1**)のように、ブラウザからクラウド(インターネット)上にある開発環境を利用する方法もあります。

図1-1　AWS Cloud9での開発の様子

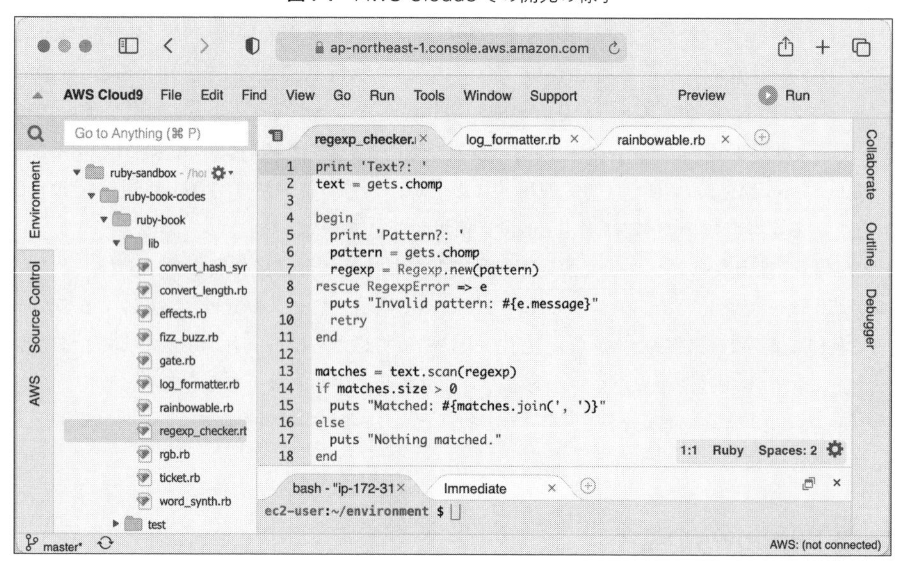

クラウド上の開発環境を使う場合は、ブラウザさえあればRubyプログラミングを開始できます。業務で本格的なコードを書くにはいくぶん制約がありますが、本書で学ぶようなシンプルなRubyプログラムであればAWS Cloud9のようなクラウド開発環境でも十分かもしれません。

1.4.4 サンプルコードの動作確認環境について

本書のサンプルコードは次の環境で動作確認しています。

- Mac：macOS Big Sur＋Ruby 3.0.1（rbenvからインストール。CPUはApple M1 Chip）
- Windows：Windows 10 Home 日本語版＋Ruby 3.0.1（RubyInstallerからインストール）

Ruby 3.0.0や3.0.2など、Ruby 3.0系の実行環境があれば、どんな環境でもサンプルコードは同じように動作するはずです。

ただし、Windows環境の場合、第13章の一部にRubyInstallerからインストールしたRubyでは動かないコマンドがあります。このコマンドはWSLであれば動作するため、可能であればRubyInstallerではなく、WSL上にインストールしたRubyを使うことをお勧めします。そのほか、macOS/Linux環境とWindows環境でコマンドの実行方法やサンプルコードの実行結果が異なる場合は、適宜その旨を明記しています。

1.5 エディタ／IDEについて

Rubyであれ、ほかの言語であれ、プログラムを書くときはテキストエディタやIDE（統合開発環境）が必要になるはずです。

本書の執筆時点ではVisual Studio Code（VS Code）[注20]がRuby初学者の間で人気があります。無料で利用でき、使い方に関する情報も多いため、とくにお気に入りのエディタがないときはまずVS Codeを試してみると良いと思います。もちろん、すでに使い慣れたエディタ（Vim[注21]やAtom[注22]など）がある人はそれを使ってもかまいません。

Ruby用のIDEではRubyMine[注23]が有名です。RubyMineは有料（ただし学生は無料）ですが、インストールするだけでRubyやRailsの開発に特化したさまざまな便利機能が使えます。なので、うまく使えば払ったお金以上の見返りは得られるはずです。

エディタやIDEも頻繁に新しいツールが登場します。適宜ネットの情報を参考にしながら、自分に合ったツールを探してみましょう。

1.5.1 エディタやIDEで不可欠な機能や設定

本書では特定のエディタやIDEの使用を前提とした内容は書きません。みなさんのお好きなツールを使ってもらえば大丈夫です。ただし、どのツールを使う場合でもコードを効率良く書くために、次のような機能は使える（または設定する）ようにしておきましょう。

- シンタックスハイライトの設定
- 複数行の一括コメントアウト、コメント解除
- 矩形（くけい）選択・矩形編集
- タブキーによるインデント幅の設定
- endキーワードの自動入力、自動インデント
- 複数ファイルの同時編集、タブ表示
- ウインドウの分割
- ファイルツリーの表示
- インデントの可視化
- 全角スペースの可視化
- やる気の出るカラースキームや背景画像

上記の機能や設定がピンとこない人は、筆者が書いた次のWeb記事を参照してください。

- 【Ruby初心者向け】テキストエディタ、ちゃんと設定できてる？使いこなせてる？チェックリスト10項目 - Qiita[注24]

注20 https://code.visualstudio.com/
注21 https://www.vim.org/
注22 https://atom.io/
注23 https://www.jetbrains.com/ja-jp/ruby/
注24 https://qiita.com/jnchito/items/0ad568263f3419775d33
※ 上記URLへは右のQRコードからもアクセスできます。

Column　Windows環境とバックスラッシュ

Windows環境ではエディタ上でバックスラッシュ(\)が¥マークで表示される場合があります。どちらが表示されるのかは使用するフォントによります。半角の¥マーク、または半角のバックスラッシュのどちらかが表示されていれば、どちらも同じコードポイント(ASCIIコードの0x5C)を指しているはずなので、見え方の違いを気にする必要はありません。本書ではバックスラッシュの表示で統一しますので、Windowsユーザの方は適宜バックスラッシュを¥マークに読み替えてください。

また、ディレクトリの区切り文字もmacOS/Linuxではスラッシュ(/)、Windowsでは¥マーク(フォントによってはバックスラッシュ)になります。コマンドプロンプト上でコマンドを実行する場合は、次のようにスラッシュを¥マークに置き換えて実行してください。

```
# macOS/Linuxでコマンドを実行する場合
ruby test/fizz_buzz.rb

# Windowsでコマンドを実行する場合
ruby test¥fizz_buzz.rb
```

1.6 Rubyを動かしてみる

Rubyのインストールが済んだら、実際にRubyを動かしてみましょう。Rubyにはirbと呼ばれるREPL(Read-eval-print loop、対話型評価環境)が用意されています。ターミナル(Windowsの場合はコマンドプロンプト)を開き、最初にruby -vと入力してください。こうするとターミナル上で実行されるRubyのバージョンが確認できます。

```
$ ruby -v
ruby 3.0.1p64 (2021-04-05 revision 0fb782ee38) [arm64-darwin20]
```

「1.2.5　対象となるRubyのバージョン」の項でも説明したとおり、本書ではRuby 3.0系で動作確認しています。3.0系以外のバージョンを使う場合の注意点は1.2.5項を参照してください。

さて、Rubyのバージョンを確認したらirbを使ってみましょう。ターミナルからirbと入力すれば、irbが起動します。実際にやってみましょう。

```
$ irb
irb(main):001:0>
```

irbが起動したら、1 + 2と入力してください。答えの3が表示されるはずです。

```
irb(main):001:0> 1 + 2
=> 3
irb(main):002:0>
```

変数aに適当な文字列を代入してみましょう。文字列はシングルクオート(')またはダブルクオート(")で囲みます。

```
irb(main):002:0> a = 'Hello, world!'
=> "Hello, world!"
irb(main):003:0>
```

続けてaだけ入力すると、変数の中身を確認できます。

```
irb(main):003:0> a
=> "Hello, world!"
irb(main):004:0>
```

irbを終了する場合はexitを入力します。

```
irb(main):004:0> exit
$
```

入力ミスなどが原因でexitを入力しても終了できなくなったときは、CTRL + Cを押して復帰してください。

```
irb(main):002:0' a = 'Hello, world!"  <= シングルクオートとダブルクオートを打ち間違えた
irb(main):003:0' a                    <= あれ、なんか様子がおかしいぞ?
irb(main):004:0' exit                 <= exitを入力しても終了できない!
irb(main):005:0'                      <= CTRL+Cを押す
^C
irb(main):002:0> exit                 <= 良かった、終了できた!
$
```

なお、irbの使い方については第2章のコラム「Ruby 2.7以降で使えるirbの便利機能」(p.49) でも説明します。

1.6.1 本書のサンプルコードとその表示例について

本書のサンプルコードは、本文内で動かし方を指定していない限り、irb上で動作確認できます。自分の手と目でコードの動きを確認すれば、本を読むだけで終わるよりもずっと学習の効果が高くなります。なので、筆者としてはみなさんにぜひ積極的にirbを使ってもらい、自分の手と目でRubyの動きを確認してほしいと考えています。

本書のサンプルコードも極力irbの出力に合わせるつもりですが、irbの出力をそのまま載せてしまうと情報が多くなりすぎるため、本書の中では一部を省略します。

たとえば、先ほどirb上で動かしたコードの出力結果は次のようになっているはずです。

```
irb(main):001:0> 1 + 2
=> 3
irb(main):002:0> a = 'Hello, world!'
=> "Hello, world!"
irb(main):003:0> a
=> "Hello, world!"
irb(main):004:0> exit
```

本書では上のような結果を次のように省略して表示します。

```
1 + 2 #=> 3
```

```
a = 'Hello, world!'
a #=> "Hello, world!"

exit
```

実際のirbの画面と紙面上の違いは次のとおりです。

- irb(main):001:0>のような行頭の情報は省略する。
- コードの実行結果は#=> 3のように、#=>に続けて書く。
- 読みやすくするため、適宜空行を挟む。
- irb上でa = 'Hello, world!'のあとに表示される=> "Hello, world!"のように、変数に代入したときやメソッドを定義したときなどに表示される戻り値は、説明上あまり意味がないので省略する。
- irb上では変数名を打ち込むだけでその内容が表示されるので、puts aのようにputsメソッドやpメソッドを付けない。これはメソッドの実行結果や数値の計算結果を確認する場合も同様。

紙面上はirbとそっくりそのままには印刷されませんが、基本的に本書のサンプルコードはirb上でも実行可能であることを覚えておいてください。

Column　irbで日本語は入力できますか？

Ruby 2.6以前のirbでは日本語の入力ができないことがよくあるので注意が必要です。irbを起動し、次のように日本語の入力と出力が正しく実行できるかチェックしてみてください。

```
irb(main):001:0> a = 'こんにちは'
=> "こんにちは"
irb(main):002:0> a
=> "こんにちは"
```

Mac環境で\U+FFE3\U+FFE3\U+FFE3……のように意味不明な文字で表示されてしまった場合は、Rubyのインストールに一部失敗しています。いったんRubyをアンインストールし、readlineというライブラリを読み込むようにして再度インストールしてください（具体的な手順はネットの情報を参考にしてください）。

Windows環境では日本語を入力すると、"ｂｂ"のような変な文字に置きかわることがあります。この場合はirbを起動する際に--noreadlineというオプションを付けると、日本語が入力できるようになります（**図1-2**）。ただし、このオプションを付けると、入力したコマンドの履歴を↑↓キーでたどれなくなるという副作用が発生します。

図1-2　--noreadlineオプションを付けて日本語を入力できるようにする

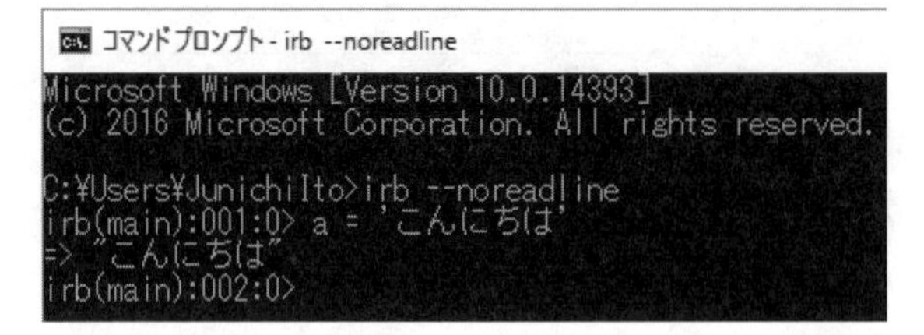

1.6.2 ファイルに保存したRubyプログラムを実行する

Rubyを実行する方法はirbだけではありません。ファイルに保存したRubyプログラムを実行することも当然できます。試しに次のようなコードを書いてsample.rbという名前で保存してください（Rubyプログラムは通常、拡張子をrbにします）。保存先のディレクトリ（フォルダ）は任意なので、デスクトップなどに保存してください。

```
puts 1 + 2

a = 'Hello, world!'
puts a

b = 'こんにちは'
puts b
```

ファイルを保存したら次のように"ruby ファイルパス"の形式で実行してみましょう。Rubyはスクリプト言語なので、コンパイルなしで直接ファイル名を指定して実行できます。

```
$ ruby sample.rb
3
Hello, world!
こんにちは
```

ターミナルに上のような結果が表示されればOKです。ちなみにputsは引数として渡した値や変数を標準出力（ここではターミナル）に出力するメソッドです。irbの場合と異なり、rubyコマンドで実行する場合はputsメソッドを使わないと、結果を画面上で確認することができません。

うまく動かない場合は次の点を確認してください。

- プレーンテキスト形式で保存しているか？
- ファイルエンコーディング（文字コード）はUTF-8になっているか？
- 英数字や記号を全角で打ち込んでいないか？

ちなみに、ファイルエンコーディングがUTF-8以外（たとえばShift_JIS）になっていると、次のような結果になります。

```
$ ruby sample.rb
sample.rb:6: invalid multibyte char (UTF-8)
sample.rb:6: invalid multibyte char (UTF-8)
```

このような結果になったときは、UTF-8で保存しなおしてから再度実行してみてください。

Rubyを実行する方法としては、ほかにもワンライナーやshebang（シバン、もしくはシェバン）を使う方法があります。ワンライナーについては第13章のコラム「ワンライナーでRubyプログラムを実行する」(p.510)で簡単に紹介します。一方shebangを使う方法ですが、macOS/LinuxのようなOSを使う場合、スクリプト形式のファイルの1行目に#!で始まる特別なコメントを入れると、ファイル自体を直接実行できます。その#!という記号、もしくはその特別なコメント行全体をshebangと呼びます。ただし、shebangについては本書では詳しい説明を割愛します。詳しい内容についてはネットの情報などを参考にしてください。

Column　マジックコメントを使ったスクリプトエンコーディングの指定

ネット上の古い技術記事や、昔からメンテナンスされ続けているRubyプログラムでは次のコード例のように、ファイルの先頭に`# encoding: utf-8`のようなコメントが付いている場合があります。

```
# encoding: utf-8

puts 'こんにちは'
```

このコメントはマジックコメント（もしくはプラグマ）と呼ばれる特殊なコメントです。ここではスクリプトエンコーディング（Rubyスクリプトを書くのに使うファイルエンコーディング）としてUTF-8を指定しています。`utf-8`の部分を`shift_jis`に変えれば、スクリプトエンコーディングをShift_JISに変更することもできます。

ただし、Ruby 2.0からはデフォルトのスクリプトエンコーディングがUTF-8になったため、これからRubyを学習するみなさんがわざわざマジックコメントでスクリプトエンコーディングを指定することはめったにないはずです。

1.7 本書のサンプルコードについて

本書に掲載しているサンプルコードは以下のGitHubリポジトリで公開しています。

・https://github.com/JunichiIto/ruby-book-codes-v2

本書のサンプルコードは読者のみなさんのブログやWeb記事などで引用してもらってもかまいません。ただし、その際は必ず引用元を明記してください。そのほかの注意事項についてはリポジトリ内のREADMEファイルをご覧ください。

1.7.1 サンプルコードがうまく動かない場合

本書に載っているサンプルコードや例題の解答例をそのまま入力しても、エラーが出たりしてうまく動かないケースがあるかもしれません。

うまく動かない場合は、次のような手順で対応してみてください。

- 入力したコードに誤りがないか、もう一度見直す。
- irbで実行している場合は、irbを再起動してもう一度試す。
- irbではなく、「1.6.2　ファイルに保存したRubyプログラムを実行する」の項で説明したようにサンプルコードを適当なファイルに保存し、rubyコマンドを使って実行してみる[注25]。
- 第12章のデバッグ技法を読んで、自分の力で解決を試みる。

注25　irbの技術的制約により、まれにirb上の実行結果がファイルに保存して実行したときの実行結果と異なる場合があります。

・使用しているRubyのバージョンが3.0系であることを確認する。バージョンが異なる場合はRuby 3.0に切り替えて実行してみる。
・技術評論社の正誤表を開き、内容の訂正が入っていないか確認する。
・筆者が開設しているサポートページを開き、Ruby 3.1以降の仕様変更に起因する問題でないか確認する。

筆者が開設したサポートページはこちらです。Ruby 3.1以降で発生する差異や、読者のみなさんが遭遇しやすいトラブルの対処方法などを載せています。

・https://ruby-book.jnito.com/

また、本書の説明内容に不備があった場合は、技術評論社のサイトにある問い合わせフォームを使ってお知らせください。正誤表もこちらに掲載しています。

・https://gihyo.jp/book/2021/978-4-297-12437-3

1.8 Rubyの公式リファレンスについて

本書で「公式リファレンス」と呼ぶものは、以下のサイトで公開されているドキュメントのことを指します[注26]。

・https://docs.ruby-lang.org/ja/

たとえば、インターネットで“Ruby String”のようなキーワードで検索すると、検索結果の上位に以下のページ（**図1-3**）が表示されると思います。これはStringクラスの公式リファレンスになります。

・https://docs.ruby-lang.org/ja/latest/class/String.html

注26　公式リファレンスは「Rubyリファレンスマニュアル」という名前で公開されているため、略して「るりま」と呼ばれることもあります。

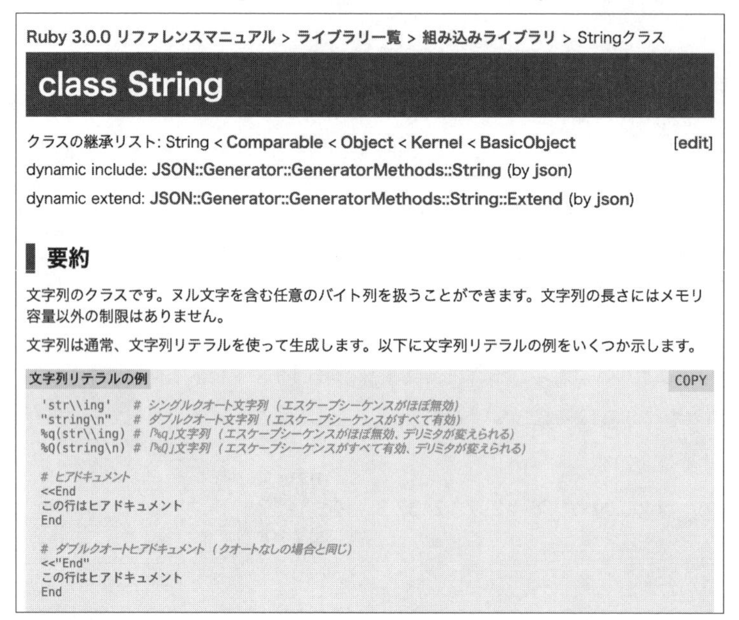

図1-3　Stringクラスの公式リファレンス（Ruby 3.0.0）

このとき、URLに含まれる“latest”の文字に注目してください。これは「現時点での最新バージョン」を意味しています。本書の執筆時点では最新バージョンがRuby 3.0なので、“latest”ではRuby 3.0に関する情報が表示されています（**図1-3**の左上に表示されている“Ruby 3.0.0”の文字に注目）。しかし、Ruby 3.1がリリースされると“latest”はRuby 3.1の情報を表示するようになります。

もし、最新版ではなくRuby 2.7の情報が見たい、という場合はURLの“latest”を“2.7.0”に変えてください[注27]。

- https://docs.ruby-lang.org/ja/2.7.0/class/String.html

そうすると画面の左上に“Ruby 2.7.0”と表示されているのが確認できるはずです（**図1-4**）。

注27　別の方法として、下記URLにあるバージョン別公式リファレンス一覧にアクセスし、ここから順にリンクをたどっていく方法もあります。
https://www.ruby-lang.org/ja/documentation/

図1-4 Stringクラスの公式リファレンス（Ruby 2.7.0）

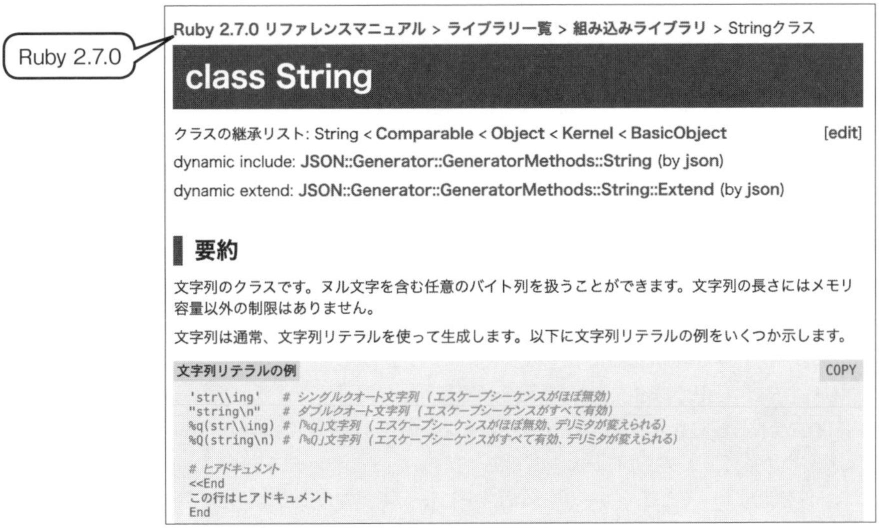

Ruby 2.7.0

Ruby 2.7.0 リファレンスマニュアル > ライブラリ一覧 > 組み込みライブラリ > Stringクラス

class String

クラスの継承リスト: String < Comparable < Object < Kernel < BasicObject [edit]

dynamic include: JSON::Generator::GeneratorMethods::String (by json)

dynamic extend: JSON::Generator::GeneratorMethods::String::Extend (by json)

要約

文字列のクラスです。ヌル文字を含む任意のバイト列を扱うことができます。文字列の長さにはメモリ容量以外の制限はありません。

文字列は通常、文字列リテラルを使って生成します。以下に文字列リテラルの例をいくつか示します。

文字列リテラルの例 COPY

```
'str\\ing'    # シングルクオート文字列（エスケープシーケンスがほぼ無効）
"string\n"    # ダブルクオート文字列（エスケープシーケンスがすべて有効）
%q(str\\ing)  # 「%q」文字列（エスケープシーケンスがほぼ無効、デリミタが変えられる）
%Q(string\n)  # 「%Q」文字列（エスケープシーケンスがすべて有効、デリミタが変えられる）

# ヒアドキュメント
<<End
この行はヒアドキュメント
End
```

なお、TEENYバージョン別のURLは存在しません。ですので、Ruby 2.7.1や2.7.2を使っている場合も参照すべき公式リファレンスのURLは“2.7.0”になります。

インターネットを検索するとRubyに関するさまざまな情報が見つかります。初心者のうちはつい、やさしい情報に流れてしまいがちですが、情報の正確性や信頼性においては公式リファレンスに勝るものはありません。急がば回れの精神で、普段からなるべく公式リファレンスを第一に参照する癖をつけておいてください[注28]。

1.9 この章のまとめ

この章では次のように、本書を読み進める前の基礎知識や環境の準備について説明しました。

- 本書の概要
- Rubyについて
- Rubyのインストール
- エディタ／IDEについて
- Rubyを動かしてみる
- 本書のサンプルコードについて
- Rubyの公式リファレンスについて

注28 「公式リファレンスを読みましょう」と言われても「そもそも読み方がわからない」という初心者の方もいると思います。そんな方のためにRubyの公式リファレンスの読み方を筆者が解説した無料のWeb bookがあるので、初心者の方はこちらを参考にしてください。
「Rubyの公式リファレンスが読めるようになる本」
https://zenn.dev/jnchito/books/how-to-read-ruby-reference
※ 上記URLへは右のQRコードからもアクセスできます。

繰り返しになりますが、本書は単に読むだけでなく、irb上でサンプルコードを動かしたり、説明に従って例題を解いたりすることで学習の効果がいっそう高まります。

ちゃんとRubyのインストールは済ませましたか？

効率良くコードを書くために必要なエディタの設定や使い方も確認しましたか？

大丈夫ですね。それでは次の章から順を追ってRubyの学習を進めていきましょう！

Column　本書を最後まで読み切るコツ

あらかじめお断りしておきますが、本書は第7章「クラスの作成を理解する」から第11章「パターンマッチを理解する」までの内容がかなり難しくなります。これまでほかの言語で豊富な開発経験があったり、すでにRailsアプリケーションの実務経験があったりする人ならまだ理解しやすいかもしれませんが、プログラミング歴そのものが浅い初学者の方はかなりしんどいと思います。

そういう場合は「これを全部理解しなきゃいけないのか」と考えるのではなく、頭の中にインデックス（索引）だけ作って、どんどん読み進める読書スタイルにチェンジしてください。インデックスを作るというのはたとえば、ほかの人が書いたコードを読んでいるときに“yield”というキーワードを見かけたら、「yield？　あ、そういえばあの本になんか書いてあったな」と思い出して、本書を読み返せるようにしておくことです。文章を読むだけではピンとこない内容も、実際にそれを必要とする場面が出てきたら自分の経験と本の説明がきれいにリンクし、自分の知識としてしっかり頭の中に刻み込まれるはずです。

各章には例題を設定してあるので、難しい章であっても最低限そこだけは本書の説明に従って自分でコードを書いてみてください。それ以外の部分は「必要になったらあとで読み返す」という気持ちでどんどん読み進めてもらって結構です。その代わり、必ず最後まで読み終えてください！　途中で力尽きてしまうと、頭の中にインデックスを作ることすらできないからです。

それでは、あとがきのページで本書を読み終えたみなさんがゴールしてくるのをお待ちしています！

第2章

Rubyの基礎を理解する

2.1 イントロダクション

それではここからRubyの学習がスタートします。最初は基礎的な内容を学習していきましょう。ほかのプログラミング言語の経験者であれば「こんなのかんたん、かんたん！」と思う話題も多いかもしれませんが、「Rubyならでは」の仕様もところどころに存在します。なので、油断せずに読み進めてください。

2.1.1 この章の例題：FizzBuzzプログラム

第1章でも説明したとおり、本書では各章ごとに学習内容を確認するための例題を用意しています。この章で作るのは次のようなFizzBuzzプログラムです。

- 3で割り切れる数値を引数に渡すと、“Fizz”を返す。
- 5で割り切れる数値を引数に渡すと、“Buzz”を返す。
- 15で割り切れる数値を引数に渡すと、“Fizz Buzz”を返す。
- それ以外の数値はその数値を文字列に変えて返す。

これは「FizzBuzz問題」として有名なので、聞いたことがある（もしくはほかの言語で解いたことがある）という方も多いでしょう。あまりにも簡単なので、「これができないとプログラマとして失格」と言われたりすることもあります。とはいえ、Rubyを初めてさわるみなさんにとっては、「ロジックは思いついてもRubyで書く方法がわからない」と感じるかもしれません。大丈夫です。本書では読者のみなさんと一緒にこのメソッドを作っていきます。

2.1.2 FizzBuzzプログラムの実行例

FizzBuzzプログラムは`fizz_buzz`メソッドとして実装することにします。以下は`fizz_buzz`メソッドの実行例です。

```
fizz_buzz(1)  #=> "1"
fizz_buzz(2)  #=> "2"
fizz_buzz(3)  #=> "Fizz"
fizz_buzz(4)  #=> "4"
fizz_buzz(5)  #=> "Buzz"
fizz_buzz(6)  #=> "Fizz"
fizz_buzz(15) #=> "Fizz Buzz"
```

2.1.3 この章で学ぶこと

この章では次のようなことを学びます。

- Rubyに関する基礎知識
- 文字列
- 数値

・真偽値と条件分岐
・メソッドの定義
・その他の基礎知識

FizzBuzzプログラムのような簡単なプログラムでも、完成させるためにはさまざまな知識が必要になります。こうした知識を一通り説明してから、実際にプログラムを作っていきます。

2.2 Rubyに関する基礎知識

2.2.1 すべてがオブジェクト

Rubyはオブジェクト指向言語です。文字列や配列はもちろん、数値やnil（ほかのプログラミング言語でいうところのnull）も含めて、すべてがオブジェクトになっています。その証拠に数値やnil、trueやfalseに対してもメソッドを呼び出すことができます。

以下はさまざまなタイプのオブジェクトに対してto_sメソッド（オブジェクトの内容を文字列化するメソッド）を呼び出すコード例です。

```
# 文字列
'1'.to_s    #=> "1"
# 数値
1.to_s      #=> "1"
# nil
nil.to_s    #=> ""
# true
true.to_s  #=> "true"
# false
false.to_s #=> "false"
# 正規表現
/\d+/.to_s #=> "(?-mix:\\d+)"
```

2.2.2 メソッド呼び出し

Rubyでは次のような形式でオブジェクトのメソッドを呼び出すことができます。

```
オブジェクト.メソッド(引数1, 引数2, 引数3)
```

引数のカッコは省略することもできます。

```
オブジェクト.メソッド 引数1, 引数2, 引数3
```

引数がなければ、次のようにメソッドの名前だけを書くこともできます。

```
オブジェクト.メソッド
```

以下はその実行例です。

```
# 数値の1を文字列に変換する（カッコあり）
1.to_s()     #=> "1"

# 数値の1を文字列に変換する（カッコなし）
1.to_s       #=> "1"

# 数値を16進数の文字列に変換する（カッコあり）
10.to_s(16) #=> "a"

# 数値を16進数の文字列に変換する（カッコなし）
10.to_s 16  #=> "a"
```

基本的にどの呼び出し方を使っても構わないのですが、多少の慣習はあります。この内容は本章のコラム「メソッド呼び出しでカッコを付ける／付けないの使い分け」(p.82) で説明しています。

2.2.3 文の区切り

Rubyは基本的に改行が文の区切りになります。セミコロン (;) などの記号を使って明示的に区切りを示す必要はありません。

```
# 改行ごとにメソッドが実行される
1.to_s        #=> "1"
nil.to_s      #=> ""
10.to_s(16)   #=> "a"
```

一方、セミコロンで明示的に文の区切りを指定することもできます。使用頻度は高くありませんが、1行に複数の文を入れたい場合に使われることがあります。

```
# セミコロンを使って、3つの文を1行に押し込める
1.to_s; nil.to_s; 10.to_s(16)
```

文が続くことが明らかな場合は、文の途中で改行することができます。

```
# ( で改行しているので、カッコが閉じられるまで改行してもエラーにならない
10.to_s(
16
)       #=> "a"

# ( がない場合は10.to_sと16という2つの文だと見なされる
10.to_s #=> "10"
16      #=> 16
```

バックスラッシュ(\) を使うと、文がまだ続くことを明示的に示すことができます。ただし、使用頻度は高くありません。

```
# バックスラッシュを使って10.to_s 16を改行して書く
10.to_s \
16      #=> "a"
```

2.2.4 コメント

コメントを書く場合は#を使います。#から改行までがコメントになります。

```
# この行はコメントです。
1.to_s # 行の途中でもコメントが入れられます
```

=beginと=endを使うと複数行コメントにすることもできます。

```
=begin
ここはコメントです。
ここもコメントです。
ここもコメントです。
=end
```

ただし、=beginと=endは本来、コード中にRDoc[注1]と呼ばれるドキュメントを埋め込むために用意されている構文です。実際に複数行コメントを書くために使われることはめったにありません。Rubyでは通常、複数行コメントも#を使って書きます。

```
# ここはコメントです。
# ここもコメントです。
# ここもコメントです。
```

#を使って複数行をまとめてコメントアウト、コメント解除するにはテキストエディタやIDEの矩形選択機能や一括コメントアウト機能を使うのが便利です。ちまちまと「↓キーを押して#、↓キーを押して#、↓キーを押して……」と操作しなくて済むように、自分が使用するツールの操作に習熟しておきましょう。

2.2.5 識別子と予約語

変数やメソッド、クラスなどに付ける名前のことを識別子と言います。Rubyの識別子には半角英数字（いわゆるASCII文字）のほかに、漢字やひらがなのような非ASCII文字を使うこともできます。とはいえ、実際には半角英数字を使うことがほとんどです。また、半角記号であれば、アンダースコア（_）が識別子として使えます。このほかにも！や、?、=のような半角記号も、特定の条件下でメソッド名として使うことができます。どういった条件なのかは本章の後半や第7章で説明します。

また、Rubyには以下のような予約語があります[注2]。予約語は識別子として使うことができません。厳密に言えば予約語を識別子として使う方法もあるのですが、余計な混乱を招くので避けたほうが良いでしょう。

```
BEGIN    class     ensure   nil      self     when
END      def       false    not      super    while
alias    defined?  for      or       then     yield
and      do        if       redo     true     __LINE__
begin    else      in       rescue   undef    __FILE__
break    elsif     module   retry    unless   __ENCODING__
case     end       next     return   until
```

加えて、Ruby 3.0からは以下の9つの識別子も予約語となっています（Ruby 2.7では警告対象）。

注1 https://docs.ruby-lang.org/ja/latest/library/rdoc.html
注2 出典：https://docs.ruby-lang.org/ja/latest/doc/spec=2flexical.html

```
_1  _2  _3  _4  _5  _6  _7  _8  _9
```

これはRuby 2.7で番号指定パラメータという新しい構文が導入されたためです。番号指定パラメータについては「4.8.5　番号指定パラメータ」の項で詳しく説明します。

2.2.6 空白文字

空白文字（半角スペースやタブ文字、改行文字など）は識別子や予約語を区切るために使われますが、いくつ連続しても違いはありません。また、演算子は前後に空白文字がなくても正常に解釈されることが多いです。たとえば、極端な例ですが、次のようなコードを書いてもRubyは一応動作します。

```
(5+1          -  2)* 3
def
          add    (a,b)



a+     b
          end
  add(     4,  5 )
```

とはいえ、コードを読みやすくしたり、思いがけないRubyの解釈ミスを避けたりするためには、次のように書いたほうが良いことは間違いありません。

```
(5 + 1 - 2) * 3 #=> 12
def add(a, b)
  a + b
end
add(4, 5)       #=> 9
```

とくに、メソッド呼び出しのカッコは手前にスペースを空けずに必ずメソッド名の直後に付けるようにしてください。スペースを空けると構文エラーが発生する場合があるからです。上のコード例でいうと、add(4, 5)は有効な構文ですが、add (4, 5)は無効な構文となります。

```
# スペースを空けずに呼び出した場合は有効な構文
add(4, 5)
#=> 9

# スペースを空けて呼び出した場合は無効な構文（構文エラー）
add (4, 5)
#=> syntax error, unexpected ',', expecting ')' (SyntaxError)
#   add (4, 5)
#         ^
```

2.2.7 リテラル

数値の123や、文字列の"Hello"など、ソースコードに直接埋め込むことができる値のことをリテラルといいます。以下はRubyで使用できるリテラルの例（一部）です。

```
# 数値（整数）
123

# 文字列
"Hello"

# 配列
[1, 2, 3]

# ハッシュ
{ 'japan' => 'yen', 'us' => 'dollar', 'india' => 'rupee' }

# 正規表現
/\d+-\d+/
```

Rubyにはさまざまな形式のリテラルが存在します。それらについては本書全体を通して説明していきます。

2.2.8 変数（ローカル変数）の宣言と代入

変数は次のようにして宣言と代入を同時に行います。

```
変数名 = 式や値
```

以下は文字列や数値を代入するコード例です。

```
s = 'Hello'
n = 123 * 2
```

変数を宣言するだけの構文はありません。何かしらの値を代入する必要があります（ローカル変数の場合。インスタンス変数では動きが異なります。詳しくは「7.3.3　インスタンス変数とアクセサメソッド」の項で説明します）。

```
# 変数を宣言する目的で変数名だけ書くと、エラーになる
x #=> undefined local variable or method `x' for main:Object (NameError)

# 変数を宣言するには何かしらの値を代入する必要がある
x = nil
```

変数名は慣習として小文字のスネークケースで書きます。スネークケースとは単語をアンダースコア（_）で区切る記法です。キャメルケース（スペースを詰めて次の語を大文字で始める記法）は使いません。

```
# 変数名はスネークケースで書く
special_price = 200

# キャメルケースは使わない（エラーにはならないが一般的ではない）
specialPrice = 200
```

変数名はアルファベット[注3]の小文字、またはアンダースコアで始め、それに続けてアルファベット、数字、アンダースコアで構成します。

注3　ここでいうアルファベットは半角の英字、いわゆるASCII文字のことを意味します。

```
# アンダースコアで変数名を書き始める（あまり使われない）
_special_price = 200

# 変数名に数字を入れる
special_price_2 = 300

# 数字から始まる変数名は使えない（エラーになる）
2_special_price = 300
#=> trailing `_' in number (SyntaxError)
#   2_special_price = 300
#    ^
```

あまり一般的ではありませんが、アルファベット以外（ひらがなや漢字といった非ASCII文字）を変数名に使うこともできます。

```
# 変数名を漢字にする（一般的ではない）
特別価格 = 200
特別価格 * 2   #=> 400
```

Rubyの場合、変数が特定の型に制限されることはないため、同じ変数に文字列や数値を自由に代入することができます。とはいえ、そのようなコードは理解しづらく、不具合の原因になりやすいため、特別な理由がない限り避けたほうが良いでしょう。

```
# 同じ変数に文字列や数値を代入する（良いコードではないので注意）
x = 'Hello'
x = 123
x = 'Good-bye'
x = 456
```

次のようにして、2つ以上の値を同時に代入することもできます（多重代入）。

```
# 2つの値を同時に代入する
a, b = 1, 2
a #=> 1
b #=> 2

# 右辺の数が少ない場合はnilが入る
c, d = 10
c #=> 10
d #=> nil

# 右辺の数が多い場合ははみ出した値が切り捨てられる
e, f = 100, 200, 300
e #=> 100
f #=> 200
```

メソッドが配列で複数の値を同時に返す場合など、特定の条件下では多重代入は非常に便利です。この具体例は「4.2.2　配列を使った多重代入」の項であらためて紹介します。一方で、次のように互いに無関係な複数の値を多重代入するのは、見通しの悪いコードを生み出す原因になります。ですので、多重代入はむやみに使用せず、適切な場面で利用するようにしましょう。

```
# 互いに無関係な値を多重代入すると、理解しづらいコードになる
name, age, height = 'Alice', 20, 160

# こういう場合は別々に変数に代入していくほうが良い
name = 'Alice'
age = 20
height = 160
```

なお、先ほど変数名のルールについて説明するコード例では「アンダースコアで始まる変数名はあまり使われない」としましたが、「宣言するが使わない」という意味を持たせてあえてアンダースコア始まりの変数名が使われるケースもあります。積極的に使う必要はありませんが、頭の片隅に置いておくと良いかもしれません。

```
# splitメソッドを使って人名をスペースで2分割するが、使うのはファーストネームだけ
# ラストネームは使わないので変数名をアンダースコア始まりにする
first_name, _last_name = 'Scott Tiger'.split(' ')
puts first_name #=> Scott

# このバリエーションとして変数名をアンダースコア1文字にしてしまうケースもある
first_name, _ = 'Scott Tiger'.split(' ')
puts first_name #=> Scott
```

=を複数回使って、2個以上の変数に同じ値を代入することもできます。

```
# 2つの変数に同じ値を代入する
a = b = 100
a #=> 100
b #=> 100
```

ただし、参照の概念を正しく理解していないと次のように予期せぬ不具合の原因になるため、利用する際は注意が必要です。

```
# =を2回使って変数aとbに同じ文字列を代入する
a = b = 'hello'
# aに格納された文字列を大文字にする
a.upcase!
# aだけを大文字にしたはずなのに、bも大文字に変わってしまった！
a #=> "HELLO"
b #=> "HELLO"

# 別々に代入した場合はこの問題は起きない（cは大文字になるが、dは小文字のまま）
c = 'hello'
d = 'hello'
c.upcase!
c #=> "HELLO"
d #=> "hello"
```

参照の概念については「2.12.5　参照の概念を理解する」の項で詳しく説明します。

ここで紹介した変数は、変数の中でもローカル変数と呼ばれるタイプの変数です。このほかにも変数の種類としてインスタンス変数やクラス変数、グローバル変数があります。これらの変数については第7章で説明します。

2.3 文字列

2.3.1 シングルクオートとダブルクオート

Rubyでは文字列を作る方法がいくつかあります。ですが、最も一般的なのはシングルクオート（'）、またはダブルクオート（"）で囲む方法でしょう。

```
'これは文字列です。'
"これも文字列です。"
```

上のコード例ではどちらも文字列としての違いはありませんが、シングルクオートとダブルクオートでは挙動が異なる点があります。たとえば、文字列中に改行文字（\n）を埋め込みたい場合は、ダブルクオートで囲む必要があります（改行やバックスラッシュの有無がわかりやすくなるよう、ここでは意図的にputsメソッドを使っています）。

```
# ダブルクオートで囲むと\nが改行文字として機能する
puts "こんにちは\nさようなら"
#=> こんにちは
#   さようなら

# シングルクオートで囲むと\nはただの文字列になる
puts 'こんにちは\nさようなら'
#=> こんにちは\nさようなら
```

\nのほかにも、比較的よく使われる特殊文字として、\r（キャリッジリターン）や\t（タブ文字）があります（バックスラッシュ記法）。

また、ダブルクオートを使うと式展開が使えます。式展開を使う場合は#{ }の中に変数や式を書きます。こうすると、変数の値や式の結果が文字列の中に埋め込まれます。

```
name = 'Alice'
puts "Hello, #{name}!" #=> Hello, Alice!

i = 10
puts "#{i}は16進数にすると#{i.to_s(16)}です" #=> 10は16進数にするとaです
```

シングルクオートを使う場合は式展開されません。#{ }もただの文字列と見なされます。

```
name = 'Alice'
puts 'Hello, #{name}!' #=> Hello, #{name}!
```

式展開を使わず、+演算子で文字列を連結することもできます。ですが、+演算子やシングルクオート、ダブルクオートがたくさん登場するので、式展開を使ったほうが読み書きしやすいケースが多いでしょう。

```
name = 'Alice'
puts 'Hello, ' + name + '!' #=> Hello, Alice!
```

ダブルクオートを使う文字列で、改行文字や式展開の機能を打ち消したい場合は手前にバックスラッシュを付けます。

```
puts "こんにちは\\nさようなら" #=> こんにちは\nさようなら

name = 'Alice'
puts "Hello, \#{name}!" #=> Hello, #{name}!
```

同様に、シングルクオート文字列の中にシングルクオートを、ダブルクオート文字列の中でダブルクオートを含めたい場合も手前にバックスラッシュを付けます。

```
puts 'He said, "Don\'t speak."'  #=> He said, "Don't speak."

puts "He said, \"Don't speak.\"" #=> He said, "Don't speak."
```

このように特別な意味を持つ文字の機能を打ち消し、ただの文字として扱えるようにすることをエスケープ処理と言います。

2.3.2 文字列の比較

文字列が同じ値かどうか調べる場合は==を、異なる値かどうかを調べる場合は!=を使います。

```
'ruby' == 'ruby' #=> true
'ruby' == 'Ruby' #=> false
'ruby' != 'perl' #=> true
'ruby' != 'ruby' #=> false
```

<、<=、>、>=を使って、大小関係を比較することも可能です。この場合、文字列を構成するバイト値が大小比較の基準になります。

```
'a' < 'b'       #=> true
'a' < 'A'       #=> false
'a' > 'A'       #=> true
'abc' < 'def'   #=> true
'abc' < 'ab'    #=> false
'abc' < 'abcd' #=> true
'あいうえお' < 'かきくけこ' #=> true
```

なお、文字列を構成するバイト値の具体的な値はbytesメソッドで確認できます。

```
# bytesメソッドを使うと文字列のバイト値が配列で返る(配列は第4章で詳しく説明します)
'a'.bytes    #=> [97]
'b'.bytes    #=> [98]
'A'.bytes    #=> [65]
'abc'.bytes #=> [97, 98, 99]
'あ'.bytes   #=> [227, 129, 130]
```

Column　シングルクオートかダブルクオートか

すでに説明したとおり、Rubyではシングルクオートでもダブルクオートでもどちらでも文字列が作成できます。改行文字を埋め込んだり、式展開を使ったりする場合は必然的にダブルクオートを使うことになりますが、そうでない場合（どっちも違いがない場合）はどちらを使えばいいのでしょうか？

これは「お好きなほうを使ってください」というのが答えになります。たとえば、次の文字列はどちらが良い、悪いというのはありません。

```
# シングルクオートでもダブルクオートでもどちらでも良い
'Hello, world!'
"Hello, world!"
```

ただし、「ダブルクオートを使う必然性がない場合はシングルクオートを使うこと」というコーディング規約を見かけることもあります。チームで開発する場合は、どちらでも良いのか、こだわりを持って使い分けるのか、チームメンバー内で方針を確認しておいたほうが良いでしょう。

2.4 数値

10、1.5、-3、-4.75など、Rubyでは人間が自然に理解しやすい形式で数値を書くことができます。

```
# 正の整数
10
# 小数
1.5
# 負の整数
-3
# 負の小数
-4.75
```

数値には_を含めることができます。_は無視されるので、大きな数の区切り文字として使うと便利です。

```
1_000_000_000 #=> 1000000000
```

また、+、-、*、/を使って、それぞれ足し算、引き算、掛け算、割り算ができます。

```
10 + 20  #=> 30
100 - 25 #=> 75
12 * 5   #=> 60
20 / 5   #=> 4
```

変数の手前に-を付けると、数値の正と負を反転できます。

```
n = 1
-n #=> -1
```

整数同士の割り算は整数になる点に注意してください。小数点以下は切り捨てられます。

```
# 0.5ではなく0になる
1 / 2 #=> 0
```

小数点以下の値が必要な場合は、どちらかの値に小数点の.0を付けます。

```
1.0 / 2 #=> 0.5

1 / 2.0 #=> 0.5
```

変数に整数が入っている場合は、to_fメソッドを呼ぶことで整数から小数に変更することができます。

```
n = 1
n.to_f     #=> 1.0
n.to_f / 2 #=> 0.5
```

%は割り算の余りを求める演算子です。

```
8 % 3 #=> 2
```

**はべき乗を求める演算子です。

```
2 ** 3 #=> 8
```

2.4.1 演算子による値の比較

2つの値の大小を比較する場合は、<、<=、>、>=を使います。また、同じ値かどうか、異なる値かどうかを調べる場合はそれぞれ==と!=を使います。

```
1 < 2  #=> true
1 <= 2 #=> true
1 > 2  #=> false
1 >= 2 #=> false
1 == 2 #=> false
1 == 1 #=> true
1 != 2 #=> true
```

2.4.2 演算子の優先順位

数学の四則演算と同じく、*と/は+と-よりも優先順位が高いです。

```
# 以下の計算は(2 * 3) + (4 * 5) - (6 / 2)と同じ
2 * 3 + 4 * 5 - 6 / 2 #=> 23
```

( )を使うと優先順位を変えることができます。

```
2 * (3 + 4) * (5 - 6) / 2 #=> -7
```

まだ説明していない演算子もありますが、Rubyの演算子は次のような優先順位になっています[注4]。

注4 出典：https://docs.ruby-lang.org/ja/latest/doc/spec=2foperator.html

```
高い  ::
      []
      +（単項）  !  ~
      **
      -（単項）
      *  /  %
      +  -
      << >>
      &
      |  ^
      > >=  < <=
      <=> ==  === !=  =~  !~
      &&
      ||
      ..  ...
      ?:（条件演算子）
      =（+=、-= … ）
      not
低い  and or
```

2.4.3 変数に格納された数値の増減

Rubyには変数の値を増減させる++や--のような演算子がありません。これに近い演算子として、+=と-=が用意されています。

```
n = 1

# ++は構文として無効
# n++

# nを1増やす（n = n + 1と同じ）
n += 1 #=> 2

# nを1減らす（n = n - 1と同じ）
n -= 1 #=> 1
```

同様に、*=、/=、**=も使えます。

```
n = 2

# nを3倍にする
n *= 3 #=> 6

# nを2で割る
n /= 2 #=> 3

# nを2乗する
n **= 2 #=> 9
```

Column 数値と文字列は暗黙的に変換されない

プログラミング言語によっては数字っぽい文字列を数値と見なし、ほかの数値と計算ができるものもあります（暗黙の型変換）。しかし、Rubyではto_iメソッドやto_fメソッドを使って明示的に文字列を数値に変換する必要があります。

```
# 数値と文字列を+演算子で加算することはできない
1 + '10' #=> String can't be coerced into Integer (TypeError)

# 文字列は数値に変換する必要がある
# 整数に変換
1 + '10'.to_i #=> 11

# 小数に変換
1 + '10.5'.to_f #=> 11.5
```

反対に文字列に数値を直接連結することもできません。to_sメソッドを使って数値を文字列に変換する必要があります。

```
number = 3

# 文字列に数値を+演算子で連結することはできない
'Number is ' + number #=> no implicit conversion of Integer into String (TypeError)

# 数値を文字列に変換する必要がある
'Number is ' + number.to_s #=> "Number is 3"
```

ただし、式展開（#{ }）を使った場合は、自動的にto_sメソッドが呼ばれるので、文字列に変換する必要はありません。

```
number = 3
"Number is #{number}" #=> "Number is 3"
```

Column 小数を使う場合は丸め誤差に注意

ほかのプログラミング言語の経験者であれば、「丸め誤差」という用語をご存じかもしれません。Rubyでも丸め誤差は発生します。丸め誤差とはどんなものなのか、実際の例を見てみましょう。たとえば、Rubyでは0.1 * 3.0を計算しても0.3にはなりません。試しにirbで計算を実行してみてください。

```
0.1 * 3.0 #=> 0.30000000000000004
```

詳しい説明は省略しますが、コンピュータの内部では10進数ではなく2進数で計算しているのが、丸め誤差が発生する原因です。これはRuby以外のプログラミング言語でもよく発生します。

丸め誤差が発生すると、数値の大小を比較したりする際に思わぬバグを引き起こします。たとえば、次のような比較をすると真（true）ではなく、偽（false）が返ってきます。

```
0.1 * 3.0 == 0.3 #=> false
0.1 * 3.0 <= 0.3 #=> false
```

上記のコードはRational（有理数）クラスを使うと、期待したとおりの結果が得られます。Rubyでは0.1rのようにrを付けると、Rationalクラスの数値になります。

```
# Rationalクラスを使うと小数ではなく「10分の3」という計算結果が返る
0.1r * 3.0r #=> (3/10)

# Rationalクラスであれば期待したとおりに値の比較ができる
0.1r * 3r == 0.3 #=> true

0.1r * 3r <= 0.3 #=> true
```

変数に値が入っている場合は、rationalizeメソッドを呼ぶことでRationalクラスの数値に変換できます。

```
a = 0.1
b = 3.0
a.rationalize * b.rationalize #=> (3/10)
```

Rationalから普通の小数に戻したい場合は、計算結果に対してto_fメソッドを呼びます。

```
(0.1r * 3.0r).to_f #=> 0.3
```

これ以外にBigDecimalクラスを使う方法もあります。

```
require 'bigdecimal'

(BigDecimal("0.1") * BigDecimal("3.0")).to_f #=> 0.3
```

少しややこしいですが、小数を扱う計算ではときどき丸め誤差がバグを引き起こす原因になります。小数を扱う計算や比較では丸め誤差に注意してください。

2.5 真偽値と条件分岐

ここからはRubyの真偽値と条件分岐について説明していきます。

2.5.1 Rubyの真偽値

if文のような条件分岐の書き方を説明する前に、Rubyの真偽値について確認しておきましょう。Rubyの真偽値は次のようなルールを持っています。

- falseまたはnilであれば偽。
- それ以外はすべて真。

falseが偽というのは文字どおりの意味ですが、nilも偽として扱われる、という点に注意してください。また、falseとnil以外は真なので、次のような値はすべて真として扱われます。

```
# trueそのもの
```

```
true

# すべての数値
1
0
-1

# すべての文字列
'true'
'false'
''
```

ほかのプログラミング言語の経験者だと「nilも偽になるのはなぜ？」と思う人がいるかもしれませんが、実際のプログラミングではオブジェクトがnilかどうかで条件分岐させる機会が多いので、意外と便利です。

たとえば、データがあればそのデータを、データがなければnilを返すfind_dataという架空のメソッドがあったとします。データのある／なしで処理を変えたい場合、素直にnilかどうかをチェックすると次のようなコードになります（下記コードに登場するif文については、このあとの項で詳しく説明します）。

```
data = find_data
if data != nil
  'データがあります'
else
  'データはありません'
end
```

しかし、Rubyの場合、falseとnil以外はすべて真なので、次のようにシンプルに書けます。

```
data = find_data
if data
  'データがあります'
else
  'データはありません'
end
```

Rubyプログラミングでは「nilも偽」という性質を活かしたコードがよく出てくるので、上のようなコードにも早く慣れるようにしましょう。

2.5.2 論理演算子

&&や||のような論理演算子を使うと、複数の条件を1つにまとめることができます。条件1 && 条件2は「条件1かつ条件2」の意味で、条件1も条件2も真であれば真になります。

```
# 条件1も条件2も真であれば真、それ以外は偽
条件1 && 条件2
```

実際に試してみましょう。

```
t1 = true
t2 = true
```

```
f1 = false
t1 && t2 #=> true
t1 && f1 #=> false
```

条件1 || 条件2は「条件1または条件2」の意味で、条件1か条件2のいずれかが真であれば真になります。

```
# 条件1か条件2のいずれかが真であれば真、両方偽であれば偽
条件1 || 条件2
```

```
t1 = true
f1 = false
f2 = false
t1 || f1 #=> true
f1 || f2 #=> false
```

&&と||を組み合わせて使うこともできます。

```
条件1 && 条件2 || 条件3 && 条件4
```

ただし、&&の優先順位は||より高いため、上の式は「条件1かつ条件2が真、または条件3かつ条件4が真なら真」の意味になります。言葉で説明するよりも、次のように( )を使ったほうが、わかりやすいかもしれません。

```
# &&は||よりも優先順位が高いので、次のように解釈される
(条件1 && 条件2) || (条件3 && 条件4)
```

```
t1 = true
t2 = true
f1 = false
f2 = false
t1 && t2 || f1 && f2      #=> true
# 上の式と下の式は同じ意味
(t1 && t2) || (f1 && f2) #=> true
```

優先順位を変えたい場合は( )を使います。たとえば、次のように書くと「条件1が真かつ、条件2または条件3が真かつ、条件4が真なら真」の意味になります。

```
条件1 && (条件2 || 条件3) && 条件4
```

```
t1 = true
t2 = true
f1 = false
f2 = false
t1 && (t2 || f1) && f2 #=> false
```

!演算子を使うと真偽値を反転することができます。つまり、真が偽に、偽が真になります。

```
t1 = true
f1 = false
!t1 #=> false
```

```
!f1 #=> true
```

( )と組み合わせると、( )の中の真偽値を反転させることができます。

```
t1 = true
f1 = false
t1 && f1    #=> false
!(t1 && f1) #=> true
```


2.5.3 if文

条件分岐で一番よく使われるものといえば、やはりif文でしょう。Rubyのif文は次のように書きます。

```
if 条件A
  # 条件Aが真だった場合の処理
elsif 条件B
  # (条件Aが偽で)条件Bが真だった場合の処理
elsif 条件C
  # (条件AもBも偽で)条件Cが真だった場合の処理
else
  # それ以外の条件の処理
end
```

条件を複数指定する場合は`else if`や`elseif`ではなく、`elsif`である(sの後ろにeがない)点に注意してください。また、`elsif`や`else`は不要なら省略可能です。

```
if 条件A
  # 条件Aが真だった場合の処理
end
```

たとえば、与えられた数値が10より大きいかどうかで処理を変える場合は次のように書きます。

```
n = 11
if n > 10
  puts '10より大きい'
else
  puts '10以下'
end
#=> 10より大きい
```

国によってあいさつを変えたい場合は次のように書きます。

```
country = 'italy'
if country == 'japan'
  puts 'こんにちは'
elsif country == 'us'
  puts 'Hello'
elsif country == 'italy'
  puts 'Ciao'
else
```

```
  puts '???'
end
#=> Ciao
```

上のサンプルコードではputsメソッドを使って文言を出力しましたが、Rubyのif文は最後に評価された式を戻り値として返します。なので、irbなどで実行する場合はputsを使わなくてもif文の戻り値を見ることで、どの条件が実行されたのか確認できます。

```
country = 'italy'

# putsを使わずif文の戻り値を直接確認する
if country == 'japan'
  'こんにちは'
elsif country == 'us'
  'Hello'
elsif country == 'italy'
  'Ciao'
else
  '???'
end
#=> "Ciao"
```

「if文が戻り値を返す」という性質を利用して、次のようにif文の戻り値を変数に代入することもできます。

```
country = 'italy'

# if文の戻り値を変数に代入する
greeting =
  if country == 'japan'
    'こんにちは'
  elsif country == 'us'
    'Hello'
  elsif country == 'italy'
    'Ciao'
  else
    '???'
  end

greeting #=> "Ciao"
```

else節がなく、なおかつどの条件にも合致しなかった場合はnilが返ります（falseではありません）。

```
country = 'italy'

# if節とelsif節のどちらの条件にも合致しないのでif文全体の戻り値はnil
greeting =
  if country == 'japan'
    'こんにちは'
  elsif country == 'us'
    'Hello'
  end
```

```
greeting #=> nil
```

Rubyのif文は修飾子として文の後ろに置くことができます。if修飾子は後置ifと呼ばれることもあります。たとえば以下は毎月1日だけポイントを5倍にしたい場合のコード例（普通にif文を書く場合）です。

```
point = 7
day = 1
# 1日であればポイント5倍
if day == 1
  point *= 5
end
point #=> 35
```

上のコードはif文を修飾子として使うことで次のように書くことができます。

```
point = 7
day = 1
# 1日であればポイント5倍（if修飾子を利用）
point *= 5 if day == 1
point #=> 35
```

また、ifとelsifの後ろにはthenを入れることもできます。

```
if 条件A then
  # 条件Aが真だった場合の処理
elsif 条件B then
  # （条件Aが偽で）条件Bが真だった場合の処理
else
  # それ以外の条件の処理
end
```

thenを入れると、次のように条件式とその条件が真だった場合の処理を1行に押し込めることもできます。ですが、使用頻度はあまり高くありません。

```
country = 'italy'
if country == 'japan' then 'こんにちは'
elsif country == 'us' then 'Hello'
elsif country == 'italy' then 'Ciao'
else '???'
end
#=> "Ciao"
```

Rubyの条件分岐には、if文以外にもunlessやcase/whenがあります。これらの機能についてはこの章の後半で説明します。

2.6 メソッドの定義

続いて、メソッドの定義について学びましょう。Rubyはdefを使ってメソッドを定義します。

```
def メソッド名(引数1, 引数2)
  # 必要な処理
end
```

たとえば、2つの数字を加算するメソッドであれば次のようになります。

```
def add(a, b)
  a + b
end
add(1, 2) #=> 3
```

メソッド名も変数名と同じルールになっています。すなわち、小文字のスネークケースで書きます[注5]。また、アルファベットの小文字、またはアンダースコアで始め、アルファベット、数字、アンダースコアで構成します。アルファベット以外（ひらがなや漢字など）をメソッド名に使える点も同じです[注6]。

```
# メソッド名はスネークケースで書く
def hello_world
  'Hello, world!'
end

# キャメルケースは使わない（エラーにはならないが一般的ではない）
def helloWorld
  'Hello, world!'
end

# アンダースコアでメソッド名を書き始める（アンダースコアで始まることは少ない）
def _hello_world
  'Hello, world!'
end

# メソッド名に数字を入れる
def hello_world_2
  'Hello, world!!'
end

# 数字から始まるメソッド名は使えない（エラーになる）
def 2_hello_world
  'Hello, world!!'
end
#=> trailing `_' in number (SyntaxError)
```

注5　ただし、KernelモジュールのArrayメソッドなど、例外的に大文字で始まるメソッドも存在します。

注6　ただし、変数とは異なり、メソッドには！や？で終わる名前を付けることができます。この内容は「2.11.2　？で終わるメソッド」と「2.11.3　！で終わるメソッド」の項で説明します。

```
#   def 2_hello_world
#       ^

# メソッド名をひらがなにする（一般的ではない）
def あいさつする
  'はろー、わーるど！'
end
# ひらがなのメソッドを呼び出す
あいさつする #=> "はろー、わーるど！"
```

2.6.1 メソッドの戻り値

戻り値に関する情報はメソッド定義に出てきません（def int add(a, b)のように戻り値の型情報を書いたりすることはありません）注7。

また、Rubyは最後に評価された式がメソッドの戻り値になるのが特徴です。returnのようなキーワードは不要です。実はRubyにもreturnがあるので、先ほどのaddメソッドは次のように書くこともできます。しかし、Rubyではreturnを使わない書き方のほうが主流です。

```
def add(a, b)
  # returnも使えるが、使わないほうが主流
  return a + b
end
add(1, 2) #=> 3
```

ほかの言語の経験者だと、次のようにreturnを使わずに書くコードには違和感があるかもしれません。

```
def greet(country)
  # "こんにちは"または"hello"がメソッドの戻り値になる
  if country == 'japan'
    'こんにちは'
  else
    'hello'
  end
end
greet('japan') #=> "こんにちは"
greet('us')    #=> "hello"
```

つい、return 'こんにちは'やreturn 'hello'のように書きたくなるかもしれませんが、そこはぐっと我慢してください。

なお、returnはメソッドを途中で脱出する場合に使われることが多いです。

```
def greet(country)
  # countryがnilならメッセージを返してメソッドを抜ける
  # （nil?はオブジェクトがnilの場合にtrueを返すメソッド）
  return 'countryを入力してください' if country.nil?
```

注7　Ruby 3.0で導入されたRBSを使うとメソッドに対して静的な型情報を付与することができますが、本章ではRBSを使わない前提で説明します。RBSについては「13.10　Rubyにおける型情報の定義と型検査（RBS、TypeProf、Steep）」の節で説明します。

```
  if country == 'japan'
    'こんにちは'
  else
    'hello'
  end
end
greet(nil)      #=> "countryを入力してください"
greet('japan') #=> "こんにちは"
```

2.6.2 メソッド定義における引数の( )

引数のないメソッドであれば、次のように( )ごと省略してメソッドを定義できます。

```
# 引数がない場合は( )を付けないほうが主流
def greet
  'こんにちは'
end
```

def greet()のように( )を付けることは少ないです。

```
# ()を付けても良いが、省略されることが多い
def greet()
  'こんにちは'
end
```

また、引数がある場合でも、( )は省略することができます。ただし、引数がある場合は( )を付けることのほうが多いです。

```
# ( )を省略できるが、引数がある場合は( )を付けることのほうが多い
def greet country
  if country == 'japan'
    'こんにちは'
  else
    'hello'
  end
end
```

さて、これで例題のFizzBuzzプログラムを作成するための基礎知識は一通りそろいました。ほかにも説明したい内容はあるのですが、それは例題の解説が終わったあとに説明します。

2.7 例題：FizzBuzzプログラムを作成する

2.7.1 作業用のディレクトリとファイルを準備する

では、FizzBuzzプログラムの作成に移ります。まず作業用のディレクトリを作りましょう。名前は自由です

が、本書ではruby-bookという名前を付けることにします。このディレクトリは本書を通して使用する親ディレクトリになります。

```
ruby-book/
```

続いて、libディレクトリを作成します。この中にプログラムを作成していきます。

```
ruby-book/
└── lib/
```

さらに、libディレクトリの中に空のfizz_buzz.rbファイルを作成します。次のようなディレクトリ構成になっていればOKです。

```
ruby-book/
└── lib/
    └── fizz_buzz.rb
```


2.7.2 一番簡単なプログラムで動作確認する

それでは先ほど作成したfizz_buzz.rbをテキストエディタで開いてください。さっそくこの中にfizz_buzzメソッドを……といきたいところですが、まずはごく簡単なプログラムを書いて、コードがちゃんと動くことを確認しましょう。次のコードを入力して保存してください。

```
puts 'Hello, world!'
```

この1行だけです。これは“Hello, world!”という文字列を標準出力（ターミナル）に出力するだけのプログラムです。

次に、ターミナルに戻ります。カレントディレクトリがruby-bookになっていることを確認してから、次のコマンドを入力してください。

```
$ ruby lib/fizz_buzz.rb
Hello, world!
```

ターミナルには“Hello, world!”の文字が出力されましたか？　出力されれば準備OKです。もし出力されなければ、ここまでの手順をもう一度確認してみてください。

2.7.3 fizz_buzzメソッドを作成する

FizzBuzzプログラムの仕様は次のようになっていました。

- 3で割り切れる数値を引数に渡すと、“Fizz”を返す。
- 5で割り切れる数値を引数に渡すと、“Buzz”を返す。
- 15で割り切れる数値を引数に渡すと、“Fizz Buzz”を返す。
- それ以外の数値はその数値を文字列に変えて返す。

また、fizz_buzzメソッドの実行例は次のようになります。

```
fizz_buzz(1)  #=> "1"
fizz_buzz(2)  #=> "2"
fizz_buzz(3)  #=> "Fizz"
fizz_buzz(4)  #=> "4"
fizz_buzz(5)  #=> "Buzz"
fizz_buzz(6)  #=> "Fizz"
fizz_buzz(15) #=> "Fizz Buzz"
```

ほかの言語の経験者であれば「こんなのすぐ作れる！」と思われるかもしれませんが、念のため、1つずつ順を追って実装していきます。

まずは1や2を渡されたときの処理を考えます。この場合は引数として渡された数値を文字列に変更すればOKです。fizz_buzz.rbを開いて、先ほど入力したputs 'Hello, world!'の行を削除してください。それから次のようなコードを書いて保存します。

```
def fizz_buzz(n)
  n.to_s
end

puts fizz_buzz(1)
puts fizz_buzz(2)
```

to_sメソッドはオブジェクトの内容（ここでは引数として渡された数値のn）を文字列に変換するメソッドでしたね。このコードを実行すると、1と2が出力されるはずです。

```
$ ruby lib/fizz_buzz.rb
1
2
```

次に、3で割り切れる数値を渡されたら、"Fizz"を返すようにします。これはif文で条件分岐させればOKです。併せて3を引数で渡したときの結果も出力するようにします。

```
def fizz_buzz(n)
  if n % 3 == 0
    'Fizz'
  else
    n.to_s
  end
end

puts fizz_buzz(1)
puts fizz_buzz(2)
puts fizz_buzz(3)
```

この状態で実行すれば、1、2、Fizzの順でターミナルに実行結果が表示されるはずです。

```
$ ruby lib/fizz_buzz.rb
1
2
Fizz
```

どんどんいきましょう。次は5が渡された場合を考えます。これはelsifを使って条件を加えればいいですね。

4から6までを引数として渡した場合の結果も出力するようにして、ファイルを保存してください。

```
def fizz_buzz(n)
  if n % 3 == 0
    'Fizz'
  elsif n % 5 == 0
    'Buzz'
  else
    n.to_s
  end
end

puts fizz_buzz(1)
puts fizz_buzz(2)
puts fizz_buzz(3)
puts fizz_buzz(4)
puts fizz_buzz(5)
puts fizz_buzz(6)
```

これで1から6までの処理を実装できました。

```
$ ruby lib/fizz_buzz.rb
1
2
Fizz
4
Buzz
Fizz
```

さて今度は15が渡された場合を考えます。3で割り切れるとき、5で割り切れるとき、と来たので、次はn % 5の下にn % 15を追加……してはダメですよね。15は3でも5でも割り切れる数なので、先にn % 3が真になってしまいます。というわけで、n % 15は条件分岐の先頭に持ってきましょう。

```
def fizz_buzz(n)
  if n % 15 == 0
    'Fizz Buzz'
  elsif n % 3 == 0
    'Fizz'
  elsif n % 5 == 0
    'Buzz'
  else
    n.to_s
  end
end

puts fizz_buzz(1)
puts fizz_buzz(2)
puts fizz_buzz(3)
puts fizz_buzz(4)
puts fizz_buzz(5)
puts fizz_buzz(6)
puts fizz_buzz(15)
```

こうすれば15を渡したときに "Fizz Buzz" が返ってきます。

```
$ ruby lib/fizz_buzz.rb
1
2
Fizz
4
Buzz
Fizz
Fizz Buzz
```

3で割り切れる場合、5で割り切れる場合、15で割り切れる場合、それ以外、と全パターンに対応できたのでfizz_buzzメソッドはこれで完成です。お疲れ様でした！

それでは第2章はこれでおしまい……ではなく、もう少し続きます。ここからあとはRubyの基礎知識に関する各トピックをもう少し深く掘り下げていきます。

Column 長いコードはテキストエディタからirbにコピー&ペーストする

irbを使って動作確認する場合、a = 1のような短いコードであれば入力ミスは発生しにくいですが、条件分岐やメソッド定義のように何行かにわたって書かなければいけないコードは、入力ミスが発生しやすくなります。このとき、irb上で入力ミスを修正しようとすると、今度は予期せぬタイミングでリターンキーを押してしまったりして、修正が泥沼化してしまうことがあります。

こうした問題を避けるため、筆者は直接irbにコードを打ち込むのではなく、いったんテキストエディタ上でコードを書き、それをirbにコピー&ペーストして実行するようにしています（**図2-1**）。テキストエディタ上であれば入力ミスしても容易に修正可能だからです。みなさんも長いコードをirbに入力するときは、先にテキストエディタ上でコードを書いてからirbにコピー&ペーストする方法を試してみてください。

図2-1　テキストエディタからirbにコードをコピー&ペースト

①テキストエディタ上でコードを書いてコピー　　②irb にペーストする

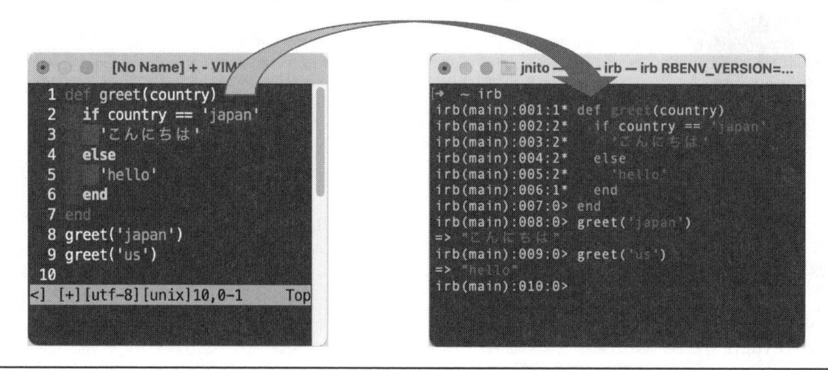

Column　Ruby 2.7以降で使えるirbの便利機能

Ruby 2.7でirbは大きく進化しました。Ruby 2.7以降のirbであれば以下のような機能が使えます。

- irbに打ち込んだコードが自動的に色分けされる（シンタックスハイライト）。
- メソッド定義や条件文が自動的にインデントされる。
- 上下キーを押すと、行単位ではなくメソッド定義や条件文の単位で入力履歴を行き来できる。
- 変数名やメソッド名、クラス名などを途中まで入力して TAB キーを押すと、その名前に一致する入力候補を表示してくれる。

123.to_ まで入力して TAB キーを押した場合

```
irb(main):001:0> 123.to_

123.to_c
123.to_enum
123.to_f
123.to_i
123.to_int
123.to_r
123.to_s
```

- メソッド名やクラスを入力して TAB キーを2回押すと、APIドキュメント（英語）を表示してくれる。

123.to_s と入力して TAB キーを2回押した場合（ q キーで表示終了）

```
= Integer.to_s

(from ruby core)
------------------------------------------------------------------------
  int.to_s(base=10)  ->  string

------------------------------------------------------------------------


Returns a string containing the place-value representation of int with
radix base (between 2 and 36).

  12345.to_s        #=> "12345"
  12345.to_s(2)     #=> "11000000111001"
  12345.to_s(8)     #=> "30071"
  12345.to_s(10)    #=> "12345"
  12345.to_s(16)    #=> "3039"
  12345.to_s(36)    #=> "9ix"
  78546939656932.to_s(36)  #=> "rubyrules"

(END)
```

こうした機能を活用すれば、効率良くirbでコードを入力できるようになるはずです。

なお、RubyのREPL（対話型評価環境）としてirbと同じように使えるPryというgem（外部ライブラリ）もあります[注8]。Pryは高機能なREPLであるため、開発の現場では昔から人気があります。本書ではPryではなくirbを使用しますが、興味がある人はPryについても調べてみてください。

注8　https://github.com/pry/pry

2.8 文字列についてもっと詳しく

2.8.1 文字列はStringクラスのオブジェクト

文字列はすべてStringクラスのオブジェクトになります。次のようにclassメソッドを呼び出すと、クラス名を確認することができます。

```
'abc'.class #=> String
```

2.8.2 %記法で文字列を作る

文字列はシングルクオートやダブルクオートだけでなく、%記法で作ることもできます。%記法を使うとシングルクオートやダブルクオートをバックスラッシュでエスケープする必要がありません（ここでも改行やバックスラッシュの有無がわかりやすくなるよう、意図的にputsメソッドを使っています）。

```
# %q! !はシングルクオートで囲んだことと同じになる
puts %q!He said, "Don't speak."!  #=> He said, "Don't speak."

# %Q! !はダブルクオートで囲んだことと同じになる（改行文字や式展開が使える）
something = "Hello."
puts %Q!He said, "#{something}"!  #=> He said, "Hello."

# %! !もダブルクオートで囲んだことと同じになる
something = "Bye."
puts %!He said, "#{something}"!   #=> He said, "Bye."
```

参考までに上のコードを、%記法を使わずに書いたコード例を以下に示します。%記法を使わない場合は文字列内のシングルクオートやダブルクオートをバックスラッシュでエスケープしなければならない点に注目してください。

```
puts 'He said, "Don\'t speak."'    #=> He said, "Don't speak."

something = "Hello."
puts "He said, \"#{something}\""  #=> He said, "Hello."

something = "Bye."
puts "He said, \"#{something}\""  #=> He said, "Bye."
```

また、先ほど示した%記法の例では%q! !のように!を区切り文字に使いましたが、?や^など、任意の記号を区切り文字として使えます。また、<、{、(、[を使う場合は、終わりの区切り文字が対応するカッコ（>や}など）になります。

```
# ?を区切り文字として使う
puts %q?He said, "Don't speak."?  #=> He said, "Don't speak."
```

```
# { }を区切り文字として使う
puts %q{He said, "Don't speak."}  #=> He said, "Don't speak."
```


2.8.3 ヒアドキュメント（行指向文字列リテラル）

文字列は途中で改行することもできます。

```
puts "Line 1,
Line 2"
#=> Line 1,
#   Line 2

puts 'Line 1,
Line 2'
#=> Line 1,
#   Line 2
```

しかし、複数行にわたる長い文字列を作成する場合はヒアドキュメント（行指向文字列リテラル）を使ったほうがスッキリ書けます。ヒアドキュメントは次のように使います。

```
<<識別子
1行目
2行目
3行目
識別子
```

次はヒアドキュメントの利用例です。

```
a = <<TEXT
これはヒアドキュメントです。
複数行にわたる長い文字列を作成するのに便利です。
TEXT
puts a
#=> これはヒアドキュメントです。
#   複数行にわたる長い文字列を作成するのに便利です。
```

上の例では識別子にTEXTを使いましたが、識別子は自由に付けられます。この識別子は慣習として、TEXTやHTMLのように、すべて大文字にすることが多いです。

```
# ヒアドキュメントの識別子としてHTMLを使う場合
<<HTML
<div>
  <img src="sample.jpg">
</div>
HTML
```

<<-TEXTのように-を入れると、最後の識別子をインデントさせることができます。メソッドの内部でヒアドキュメントを使う場合など、識別子をインデントさせたい場合に便利です。

```
def some_method
  <<-TEXT
これはヒアドキュメントです。
<<-を使うと最後の識別子をインデントさせることができます。
  TEXT
end

puts some_method
#=> これはヒアドキュメントです。
#   <<-を使うと最後の識別子をインデントさせることができます。
```

さらに、<<~TEXTのように~を使うこともできます。~を使うと内部の文字列をインデントさせても先頭の空白部分が無視されます。

```
def some_method
  <<~TEXT
    これはヒアドキュメントです。
    <<~を使うと内部文字列のインデント部分が無視されます。
  TEXT
end

puts some_method
#=> これはヒアドキュメントです。
#   <<~を使うと内部文字列のインデント部分が無視されます。
```

<<~を使いつつ、なおかつすべての行の行頭に半角スペースを入れたい場合は、バックスラッシュ(\)を使って行頭を指定します[注9]。

```
def some_method
  <<~TEXT
    \  各行の行頭に半角スペースを2文字入れます。
    \  このとき行頭はバックスラッシュで指定します。
  TEXT
end

puts some_method
#=>   各行の行頭に半角スペースを2文字入れます。
#     このとき行頭はバックスラッシュで指定します。
```

ヒアドキュメントの中では式展開が有効です。

```
name = 'Alice'
a = <<TEXT
ようこそ、#{name}さん！
以下のメッセージをご覧ください。
TEXT
puts a
#=> ようこそ、Aliceさん！
#   以下のメッセージをご覧ください。
```

注9　バックスラッシュを入れる行はどれか1行だけでいいのですが、そうするとヒアドキュメント内のテキストの行頭が揃わない（バックスラッシュのない行は1文字だけ左にインデントする）ため、ここではあえて各行にバックスラッシュを付けています。

<<'TEXT'のように、識別子をシングルクオートで囲むと式展開が無効になります。

```
name = 'Alice'
a = <<'TEXT'
ようこそ、#{name}さん！
以下のメッセージをご覧ください。
TEXT
puts a
#=> ようこそ、#{name}さん！
#   以下のメッセージをご覧ください。
```

一方、<<"TEXT"のように、識別子をダブルクオートで囲んだ場合は式展開が有効になります（つまり、<<TEXTのように書いた場合と同じです）。

```
name = 'Alice'
a = <<"TEXT"
ようこそ、#{name}さん！
以下のメッセージをご覧ください。
TEXT
puts a
#=> ようこそ、Aliceさん！
#   以下のメッセージをご覧ください。
```

式展開だけでなく、\nのようなバックスラッシュ付きの文字の扱いも識別子の書き方によって変化します。この考え方は「2.3.1　シングルクオートとダブルクオート」の項で説明した内容と同じです。

```
# デフォルトは改行文字が有効
a = <<TEXT
こんにちは\nさようなら
TEXT
puts a
#=> こんにちは
#   さようなら

# 識別子をダブルクオートで囲んだ場合も改行文字が有効
a = <<"TEXT"
こんにちは\nさようなら
TEXT
puts a
#=> こんにちは
#   さようなら

# 識別子をシングルクオートで囲んだ場合は改行文字が無効
a = <<'TEXT'
こんにちは\nさようなら
TEXT
puts a
#=> こんにちは\nさようなら
```

開始ラベルの<<**識別子**は1つの式と見なされます。このため、（見た目は少し奇妙ですが）<<**識別子**をメソッドの引数として渡したり、<<**識別子**に対してメソッドを呼び出したりすることができます。

```
# ヒアドキュメントを直接引数として渡す（prependは渡された文字列を先頭に追加するメソッド）
a = 'Ruby'
a.prepend(<<TEXT)
Java
Python
TEXT
puts a
#=> Java
#   Python
#   Ruby

# ヒアドキュメントで作成した文字列に対して、直接upcaseメソッドを呼び出す
#（upcaseは文字列をすべて大文字にするメソッド）
b = <<TEXT.upcase
Hello,
Good-bye.
TEXT
puts b
#=> HELLO,
#   GOOD-BYE.

# ヒアドキュメントを2つ同時に使って配列を作る（配列については第4章で詳しく説明します）
c = [<<TEXT1, <<TEXT2]
Alice
Bob
TEXT1
Matz
Jnchito
TEXT2

# 0番目の要素にはTEXT1の内容が入る
puts c[0]
#=> Alice
#   Bob

# 1番目の要素にはTEXT2の内容が入る
puts c[1]
#=> Matz
#   Jnchito
```

2.8.4 フォーマットを指定して文字列を作成する

sprintfメソッドを使うと、指定されたフォーマットの文字列を作成することができます。たとえば以下は小数第3位まで数字を表示する文字列を作成するコード例です。

```
sprintf('%0.3f', 1.2) #=> "1.200"
```

少し変わった書き方になりますが、“フォーマット文字列 % 表示したいオブジェクト”の形式で書いても同じ結果が得られます。

```
'%0.3f' % 1.2 #=> "1.200"
```

表示したいオブジェクトを複数渡すこともできます（次のコードに出てくる[1.2, 0.48]は配列です。配列については第4章で説明します）。

```
sprintf('%0.3f + %0.3f', 1.2, 0.48) #=> "1.200 + 0.480"
'%0.3f + %0.3f' % [1.2, 0.48]       #=> "1.200 + 0.480"
```

フォーマット文字列の指定方法は非常にたくさんあるため、ここでは説明を省略します。詳しい内容は次の公式リファレンスを参照してください。

・https://docs.ruby-lang.org/ja/latest/doc/print_format.html

2.8.5 その他、文字列作成のいろいろ

ほかのオブジェクトから文字列を作ることもできます。ただし、やり方は無数にあるので、その中の一例を以下に示します。

```
# 数値を文字列に変換する
123.to_s #=> "123"

# 配列の各要素を連結して1つの文字列にする
[10, 20, 30].join #=> "102030"

# *演算子を使って文字列を繰り返す
'Hi!' * 10 #=> "Hi!Hi!Hi!Hi!Hi!Hi!Hi!Hi!Hi!Hi!"

# String.newを使って新しい文字列を作る（あまり使わない）
String.new('hello') #=> "hello"
```

文字列リテラルの間に空白を挟むと1つの文字列リテラルと見なされます。とはいえ、このような書き方を見かけることはめったにありません。記述ミスと勘違いされそうなので、積極的に使う理由もないでしょう。

```
# 以下は'abcdef'と書いたのと同じ（めったに使わない）
'abc' 'def'
#=> "abcdef"

# スペースがなくても可（こちらもめったに使わない）
'abc''def'
#=> "abcdef"
```

また、ダブルクオートと\uを組み合わせてUnicodeのコードポイントから文字列を作成することも可能です。

```
"\u3042\u3044\u3046" #=> "あいう"
```

ただし、日本語のWindows環境では上記のコードをirb上で実行してもひらがなに変換されない場合があります。その場合は以下のコードをファイルに保存してからrubyコマンドで実行してください。

```
puts "\u3042\u3044\u3046"
```

コードポイントが4桁でない場合は0埋めして4桁にするか、\u{ }の形式を使います。以下は大文字の“A”

（コードポイントは41）を出力するコード例です。

```
# NG: 4桁でないのでエラー
puts "\u41" #=> invalid Unicode escape (SyntaxError)

# OK: 0埋めして4桁にする
puts "\u0041" #=> A

# OK: もしくは\u{ }の形式を使う
puts "\u{41}" #=> A
```

2.8.6 文字と文字列の違いはない

ほかのプログラミング言語では1文字だけの「文字」と、複数文字の「文字列」を別々に扱うものもありますが、Rubyでは違いはありません。いずれも「文字列（Stringオブジェクト）」として扱われます。

```
# 1文字でも文字列
'a' #=> "a"

# 2文字以上でも文字列
'abc' #=> "abc"

# 0文字でも文字列
'' #=> ""
```

ちなみに、あまり使われませんが?を使って1文字だけの文字列を作ることもできます。

```
?a #=> "a"
```

2.9 数値についてもっと詳しく

2.9.1 基数指示子を用いた整数リテラル

2進数の場合は0b、8進数の場合は0または0o、16進数の場合は0xという基数指示子を先頭に付けると、それぞれ10進法以外の記数法で整数値を書くことができます。

```
# 2進数
0b11111111 #=> 255
# 8進数
0377       #=> 255
0o377      #=> 255
# 16進数
0xff       #=> 255
```

また、ほとんど使うことはありませんが、0dを付けることで10進数を表すこともできます。

```
# 10進数（0dを付けなくても同じなので、普通は付けない）
0d255      #=> 255
```


2.9.2 ビット演算

整数値は次の演算子を使ってビット演算（整数値の2進表現に対応したビット列に関する演算）ができます。

- &：ビットごとの論理積（AND）
- |：ビットごとの論理和（OR）
- ^：ビットごとの排他的論理和（XOR）
- >>：右ビットシフト
- <<：左ビットシフト
- ~：ビットごとの論理反転（NOT）

以下はビット演算子の使用例です。演算結果は「2.8.4　フォーマットを指定して文字列を作成する」の項で説明したsprintfメソッドを使って2進数表示しています。

```
sprintf '%#b', (0b1010 & 0b1100) #=> "0b1000"
sprintf '%#b', (0b1010 | 0b1100) #=> "0b1110"
sprintf '%#b', (0b1010 ^ 0b1100) #=> "0b110"
sprintf '%#b', (0b1010 >> 1)     #=> "0b101"
sprintf '%#b', (0b1010 << 1)     #=> "0b10100"
sprintf '%#b', ~0b1010           #=> "0b..10101"
```

..1は左側に1が無限に続くことを表す

2.9.3 指数表現

Rubyでは指数表現を使って浮動小数点数を表すこともできます。次の2e-3は「2×10^{-3}」で0.002の意味になります。

```
2e-3 #=> 0.002
```

2.9.4 数値クラスのあれこれ

数値関連のクラスにはいくつか種類があります。たとえば整数であればIntegerクラス、小数であればFloatクラスになります。

```
10.class  #=> Integer
1.5.class #=> Float
```

このほかにも有理数を表すRationalクラスや、複素数を表すComplexクラスがあります。

```
# 有理数リテラルを使う（3rが有理数リテラル）
r = 2 / 3r
r       #=> (2/3)
r.class #=> Rational
```

```
# 文字列から有理数に変換する
r = '2/3'.to_r
r       #=> (2/3)
r.class #=> Rational

# 複素数リテラルを使う（0.5iが複素数リテラル）
c = 0.3 - 0.5i
c       #=> (0.3-0.5i)
c.class #=> Complex

# 文字列から複素数に変換する
c = '0.3-0.5i'.to_c
c       #=> (0.3-0.5i)
c.class #=> Complex
```

ここで説明した数値クラスはすべてNumericクラスのサブクラスです。各クラスの継承関係は**図2-2**を参照してください。なお、継承については「7.6　クラスの継承」の節で詳しく説明します。

図2-2　数値クラスの継承関係

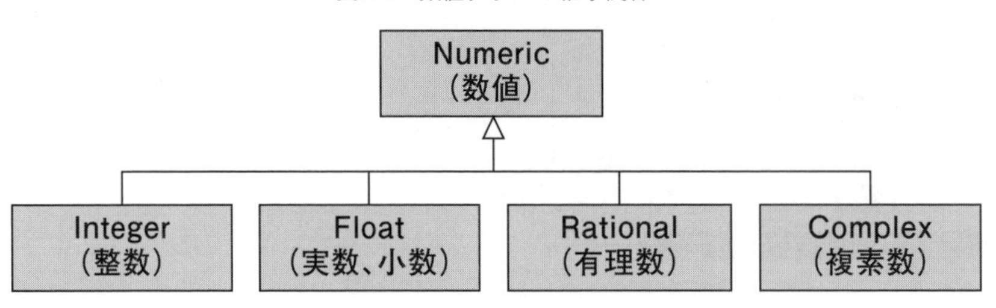

このように値の種類によってクラスが異なるため、メソッドの使い方を公式リファレンスで調べたりする場合は、適切なクラスの公式リファレンスを参照するように注意してください。

2.10 真偽値と条件分岐についてもっと詳しく

2.10.1 &&や||の戻り値と評価を終了するタイミング

&&や||を使った場合、式全体の戻り値は必ずしもtrueまたはfalseになるとは限りません。たとえば次の結果を見てください。

```
1 && 2 && 3     #=> 3
1 && nil && 3   #=> nil
1 && false && 3 #=> false

nil || false    #=> false
```

```
false || nil      #=> nil
nil || false || 2 || 3 #=> 2
```

ご覧のとおり、3やnilといった値が式全体の戻り値になっています。

Rubyは式全体が真または偽であることが決定するまで左から順に式を評価します。式全体の真または偽が確定すると、式の評価を終了し、最後に評価した式の値を返します。

たとえば、1 && 2 && 3であれば、すべての式を評価する必要があったため、最後の式である3が戻り値になっています。一方、1 && nil && 3は2つめのnilを評価した時点で式全体の真偽値が偽であることが確定したため、そこで評価を終了し、nilを返します。

||の場合も考え方は同じです。nil || false || 2 || 3の戻り値が2になるのは、2を評価した時点で式全体の真偽値が真であることが確定したためです。ちなみに、ここで説明したような、式全体の真偽値が確定した時点で評価を終了する評価法のことを短絡評価(もしくはショートサーキット)と言います。

if文のように「真または偽のどちらか」であればかまわないケースでは、戻り値が具体的に何であるか意識する必要はありません。しかし、Rubyではif文以外のところで&&や||を意図的に使う場合があります。

以下は||を使った式の戻り値や、真偽値が確定した時点で評価が終了されることを活用した架空のコード例です。

```
# Alice、Bob、Carolと順に検索し、最初に見つかったユーザ（nilまたはfalse以外の値）を変数に格納する
user = find_user('Alice') || find_user('Bob') || find_user('Carol')

# 正常なユーザであればメールを送信する（左辺が偽であればメール送信は実行されない）
user.valid? && send_email_to(user)
```

2.10.2 優先順位が低いand、or、not

&&、||、!に近い働きをする演算子としてand、or、notがあります。

```
t1 = true
f1 = false
t1 and f1 #=> false
t1 or f1  #=> true
not t1    #=> false
```

ただし、次に示すように、and、or、notは演算子の優先順位が低いため、&&、||、!とまったく同じように使うことはできません。

```
高い  !
      &&
      ||
      not
低い  and or
```

たとえば、英語の論理演算子と記号の論理演算子を混在させたりすると結果が異なる場合があります。

```
t1 = true
f1 = false
```

```
!f1 || t1     #=> true
not f1 || t1 #=> false
```

これはそれぞれ次のような式を書いたことと同じになるためです。

```
# !は||よりも優先順位が高い
!(f1) || t1
# notは||よりも優先順位が低い
not(f1 || t1)
```

また、&&、||と異なり、andとorは優先順位に違いがありません。そのため( )を使わない場合は左から右に順番に真偽値が評価されていきます。たとえば、次のようなコードを書くと結果が異なります。

```
t1 = true
t2 = true
f1 = false

t1 || t2 && f1  #=> true
t1 or t2 and f1 #=> false
```

これは次のような式を書いたことと同じになるためです。

```
# &&は||よりも優先順位が高い
t1 || (t2 && f1)
# andとorの優先順位は同じなので、左から順に評価される
(t1 or t2) and f1
```

このような特徴があるため、andやorを&&や||の代わりに使おうとすると思いがけない不具合を招く可能性があります。

andやorは条件分岐で使うのではなく、制御フローを扱うのに向いています。たとえば次のコードは前項で使った「正常なユーザであれば、そのユーザにメールを送信する」という架空のコードからメソッド呼び出しの丸カッコをなくしたものです。ただし、このままだと構文エラーが発生します。

```
user.valid? && send_mail_to user
#=> syntax error, unexpected local variable or method, expecting `do' or '{' or '(' (SyntaxError)
#   ...ser.valid? && send_mail_to user
#   ...                           ^~~~
```

これは次のように解釈されてしまったためです。

```
(user.valid? && send_mail_to) user
```

しかし、&&の代わりにandを使うと構文エラーにならず、「正常なユーザであれば、そのユーザにメールを送信する」という制御フローを実行できます。

```
user.valid? and send_mail_to user
```

andを使うと次のように解釈されるためです。

```
(user.valid?) and (send_mail_to user)
```

ただし、&&を使う場合でもsend_mail_to(user)と書けば1つの処理であることが明確になるため、構文エラーにはなりません。

```
user.valid? && send_mail_to(user)
```

orも「Aが真か？　真でなければBせよ」という制御フローを実現する際に便利です。次はそのコード例です。

```
def greet(country)
  # countryがnil（またはfalse）ならメッセージを返してメソッドを抜ける
  country or return 'countryを入力してください'

  if country == 'japan'
    'こんにちは'
  else
    'Hello'
  end
end
greet(nil)      #=> "countryを入力してください"
greet('japan') #=> "こんにちは"
```

2.10.3 unless文

Rubyにはifと反対の意味を持つunlessがあります。何が反対なのかというと、条件式が偽の場合だけ処理を実行する点です。if文で否定の条件を書いているときは、unless文に書き換えられます。たとえば次のようなコードがあったとします。

```
status = 'error'
if status != 'ok'
  '何か異常があります'
end
#=> "何か異常があります"
```

これはunlessを使って次のように書き換えることができます。

```
status = 'error'
unless status == 'ok'
  '何か異常があります'
end
#=> "何か異常があります"
```

elseを使って条件が偽でなかった場合（つまり真だった場合）の処理を書くこともできます。

```
status = 'ok'
unless status == 'ok'
  '何か異常があります'
else
  '正常です'
end
#=> "正常です"
```

ただし、if文のelsifに相当するもの（elsunlessのような条件分岐）は存在しません。

unlessはifと同様、unlessの戻り値を直接変数に代入したり、修飾子として文の後ろに置いたりできます。

```
status = 'error'

# unlessの結果を変数に代入する
message =
  unless status == 'ok'
    '何か異常があります'
  else
    '正常です'
  end

message #=> "何か異常があります"

# unlessを修飾子として使う
'何か異常があります' unless status == 'ok'
#=> "何か異常があります"
```

thenを入れることができる点もif文と同じです。

```
status = 'error'
unless status == 'ok' then
  '何か異常があります'
end
#=> "何か異常があります"
```

if + 否定条件は、unless + 肯定条件に書き直すことができるものの、必ず書き直さなければいけないわけではありません。if文のほうが読みやすいと思った場合は、if + 否定条件のままにしておいても大丈夫です。

```
status = 'error'
# unlessを無理に使わなくても良い
if status != 'ok'
  '何か異常があります'
end
#=> "何か異常があります"
```

Column　== trueや== falseは冗長なので書かない

if文の条件節で「真であること（もしくは偽であること）」を判断するために、== trueや== falseと書く人がいますが、これは冗長な書き方なのでやめましょう。以下は== trueや== falseを使う書き方から使わない書き方に変更するコード例です。

```
s = ''

# （empty?は文字列が空文字列だったときにtrueを返し、それ以外はfalseを返すメソッド）
# こうではなく……
if s.empty? == true
  '空文字列です'
end
```

```
# こう書く
if s.empty?
  '空文字列です'
end

n = 123

# （zero?は数値が0だったときにtrueを返し、それ以外はfalseを返すメソッド）
# こうではなく……
if n.zero? == false
  'ゼロではありません'
end

# こう書く（unless n.zero?でも可）
if !n.zero?
  'ゼロではありません'
end
```

同じ考え方で、Rubyではnilを偽として扱うので== nilや!= nilを書くこともあまりありません。ただし、「対象データが未存在である」ということを明示するために、（== nilではなく）nil?メソッドが使われることはあります（nil?メソッドはオブジェクトがnilだった場合にtrueを返すメソッド）。

```
user = nil

# こうではなく……
if user == nil
  'nilです'
end

# こう書く（unless userでも可）
if !user
  'nilです'
end

# またはnil?メソッドを使う
if user.nil?
  'nilです'
end
```

なお、非常にまれなケースですが、「trueそのもの、もしくはfalseそのものであることを判定したい」というケースでは== trueや== falseと書く必要があります。

```
some_value = true

# 1や'OK'ではなく、trueであるかどうかを判定したい
if some_value == true
  'trueそのものです'
end
```

2.10.4 case文

1つのオブジェクトや式を複数の値と比較する場合は、elsifを重ねるよりもcase文で書いたほうがシンプルになります。case文の構文は次のとおりです。

```
case 対象のオブジェクトや式
when 値1
  # 値1に一致する場合の処理
when 値2
  # （値1に一致せず）値2に一致する場合の処理
when 値3
  # （値1にも値2にも一致せず）値3に一致する場合の処理
else
  # どれにも一致しない場合の処理
end
```

たとえば「2.5.3　if文」の説明で使ったサンプルコードをcase文に書き直すと次のようになります。

```
country = 'italy'

# if文を使う場合
if country == 'japan'
  'こんにちは'
elsif country == 'us'
  'Hello'
elsif country == 'italy'
  'Ciao'
else
  '???'
end
#=> "Ciao"

# case文を使う場合
case country
when 'japan'
  'こんにちは'
when 'us'
  'Hello'
when 'italy'
  'Ciao'
else
  '???'
end
#=> "Ciao"
```

構文としてはC言語やJavaScriptのswitch文に似ていますが、switch文と違ってbreakのようなキーワードを用いなくても、次のwhen節の処理が実行されたりすることはありません。以下にJavaScriptのswitch文とRubyのcase文の比較を載せておきます。

```
const country = 'us'
```

```
// JavaScriptのswitch文。breakを書き忘れると、その次のcase節の処理も実行されてしまう（フォールスルー）
switch (country) {
  case 'japan':
    console.log('こんにちは')
    break
  case 'us':
    console.log('Hello')
    // フォールスルーさせるため、わざとコメントアウト
    // break
  case 'italy':
    console.log('Ciao')
    break
  default:
    console.log('???')
}
//=> Hello
//   Ciao
```

```
country = 'us'

# Rubyのcase文は勝手にその次のwhen節の処理が実行されたりすることはない
case country
when 'japan'
  'こんにちは'
when 'us'
  'Hello'
when 'italy'
  'Ciao'
else
  '???'
end
#=> "Hello"
```

Rubyのcase文ではwhen節に複数の値を指定し、どれかに一致すれば処理を実行する、という条件分岐を書くことができます。

```
# when節に複数の値を指定する
country = 'アメリカ'
case country
when 'japan', '日本'
  'こんにちは'
when 'us', 'アメリカ'
  'Hello'
when 'italy', 'イタリア'
  'Ciao'
else
  '???'
end
#=> "Hello"
```

case節の式を省略すると、条件式が最初に真になるwhen節の処理が実行されます。

```
country = 'italy'

# case節の式を省略し、when節の条件式を順に評価するcase文
case
when country == 'japan'
  'こんにちは'
when country == 'us'
  'Hello'
when country == 'italy'
  'Ciao'
else
  '???'
end
#=> "Ciao"
```

とはいえ、上のようなcase文はif/elsifを使った条件分岐と大差がないため、わざわざ使うメリットは薄いと思います。

if文と同様、case文も最後に評価された式を戻り値として返すため、case文の結果を変数に入れることが可能です。

```
country = 'italy'

message =
  case country
  when 'japan'
    'こんにちは'
  when 'us'
    'Hello'
  when 'italy'
    'Ciao'
  else
    '???'
  end

message #=> "Ciao"
```

when節の後ろにはthenを入れることができます。thenを入れると次のようにwhen節とその条件が真だった場合の処理を1行で書くことができますが、使用頻度はそれほど高くありません。

```
country = 'italy'

case country
when 'japan' then 'こんにちは'
when 'us' then 'Hello'
when 'italy' then 'Ciao'
else '???'
end
#=> "Ciao"
```

ほかにもwhenに渡す値として、範囲（Range）オブジェクトや正規表現オブジェクト、クラスオブジェクト

などを使うこともできます。範囲オブジェクトについては第4章で、正規表現オブジェクトについては第6章で、クラスオブジェクトについては第7章でそれぞれ説明します。

ところで、Ruby 2.7からはcase文に一見よく似た「パターンマッチ」が導入されました。パターンマッチではcase/whenではなくcase/inを使う点が構文上の違いです。しかし、構文だけでなく機能面でもcase文とパターンマッチは大きな違いがあります。パターンマッチについては第11章で詳しく説明します。

```
# パターンマッチのコード例。case文によく似ているがwhenではなくinを使っている点に注目。詳しくは第11章を参照
case [0, 1, 2]
in [n, 1, 2]
  "n=#{n}"
else
  'not matched'
end
```

2.10.5 条件演算子（三項演算子）

RubyではC言語と同じような? :を使った条件分岐（三項演算子）を使うことができます。

```
式 ? 真だった場合の処理 : 偽だった場合の処理
```

たとえば、「2.5.3　if文」の説明で次のようなコード例を使いました。

```
n = 11
if n > 10
  '10より大きい'
else
  '10以下'
end
#=> "10より大きい"
```

このコードは条件演算子を使うと次のように書き直すことができます。

```
n = 11
n > 10 ? '10より大きい' : '10以下'
#=> "10より大きい"
```

次のように、条件分岐した結果を変数に代入することも可能です。

```
n = 11
message = n > 10 ? '10より大きい' : '10以下'
message #=> "10より大きい"
```

シンプルなif/else文であれば、条件演算子を使ったほうがスッキリ書ける場合があります。逆に複雑な条件文だったりすると、かえって読みづらくなる場合もあるので、コードの可読性を考慮しながら利用するようにしてください。

2.11 メソッド定義についてもっと詳しく

2.11.1 デフォルト値付きの引数

Rubyではメソッドを呼び出す際に引数の過不足があるとエラーになります。

```
def greet(country)
  if country == 'japan'
    'こんにちは'
  else
    'hello'
  end
end

# 引数が少ない
greet
#=> wrong number of arguments (given 0, expected 1) (ArgumentError)

# 引数がちょうど
greet('us') #=> "hello"

# 引数が多い
greet('us', 'japan')
#=> wrong number of arguments (given 2, expected 1) (ArgumentError)
```

ただし、Rubyではメソッドの引数の数を柔軟に変える方法がいくつかあります。そのうちの1つがデフォルト値付きの引数です。引数にデフォルト値を付ける場合は次のような構文を使います。

```
def メソッド(引数1 = デフォルト値1, 引数2 = デフォルト値2)
  # 必要な処理
end
```

先ほどのgreetメソッドにデフォルト値を設定してみましょう。こうすると引数なしで呼び出した場合でもエラーになりません。

```
# 引数なしの場合はcountryに'japan'を設定する
def greet(country = 'japan')
  if country == 'japan'
    'こんにちは'
  else
    'hello'
  end
end

greet       #=> "こんにちは"
greet('us') #=> "hello"
```

デフォルト値付きの引数を使う場合は、次のようにデフォルト値ありとデフォルト値なしの引数を混在させることも可能です。

```
def default_args(a, b, c = 0, d = 0)
  "a=#{a}, b=#{b}, c=#{c}, d=#{d}"
end
default_args(1, 2)       #=> "a=1, b=2, c=0, d=0"
default_args(1, 2, 3)    #=> "a=1, b=2, c=3, d=0"
default_args(1, 2, 3, 4) #=> "a=1, b=2, c=3, d=4"
```

また、デフォルト値は固定の値だけでなく、動的に変わる値や、ほかのメソッドの戻り値を指定したりすることもできます。

```
# システム日時やほかのメソッドの戻り値をデフォルト値に指定する
def foo(time = Time.now, message = bar)
  puts "time: #{time}, message: #{message}"
end

def bar
  'BAR'
end
```

```
foo #=> time: 2021-05-10 09:16:35 +0900, message: BAR
```

デフォルト値には左にある引数を指定することもできます。

```
# yが指定されなければxの値をyに設定する
def point(x, y = x)
  puts "x=#{x}, y=#{y}"
end

point(3)     #=> x=3, y=3
point(3, 10) #=> x=3, y=10
```

メソッドの引数を柔軟に変更する方法としては、ほかにも可変長引数やキーワード引数があります。可変長引数については「4.7.7　メソッドの可変長引数」の項で、キーワード引数については「5.4.3　メソッドのキーワード引数とハッシュ」の項でそれぞれ説明します。

2.11.2 ?で終わるメソッド

Rubyのメソッド名は?や!で終わらせることができます。?で終わるメソッドは慣習として真偽値（trueかfalse）を返すメソッドになっています。このようなメソッドのことを述語メソッドと言います。Rubyで最初から用意されている述語メソッドの中から、いくつかの例を見てみましょう。

```
# 空文字列であればtrue、そうでなければfalse
''.empty?     #=> true
'abc'.empty?  #=> false

# 引数の文字列が含まれていればtrue、そうでなければfalse
'watch'.include?('at') #=> true
'watch'.include?('in') #=> false
```

```
# 奇数ならtrue、偶数ならfalse
1.odd?  #=> true
2.odd?  #=> false

# 偶数ならtrue、奇数ならfalse
1.even? #=> false
2.even? #=> true

# オブジェクトがnilであればtrue、そうでなければfalse
nil.nil?    #=> true
'abc'.nil? #=> false
1.nil?      #=> false
```

ほかの言語（たとえばJavaなど）の経験者であれば、empty?はisEmpty()のようなメソッドと同じようなもの、と考えるとわかりやすいかもしれません。

?で終わるメソッドは自分で定義することもできます。真偽値を返す目的のメソッドであれば、?で終わらせるようにしたほうが良いでしょう。

```
# 3の倍数ならtrue、それ以外はfalseを返す
def multiple_of_three?(n)
  n % 3 == 0
end
multiple_of_three?(4) #=> false
multiple_of_three?(5) #=> false
multiple_of_three?(6) #=> true
```

2.11.3 !で終わるメソッド

!で終わるメソッドは、!が付いていないメソッドよりも危険という意味を持ちます。よって、!で終わるメソッドを使うときは注意が必要です。たとえば、Stringクラスにはupcaseメソッドとupcase!メソッドという2つのメソッドがあります。どちらも文字列を大文字にするメソッドですが、upcaseメソッドは大文字に変えた新しい文字列を返し、呼び出した文字列自身は変化しません。それに対し、upcase!メソッドは呼び出した文字列自身を大文字に変更します。

```
a = 'ruby'

# upcaseだと変数aの値は変化しない
a.upcase  #=> "RUBY"
a         #=> "ruby"

# upcase!だと変数aの値も大文字に変わる
a.upcase! #=> "RUBY"
a         #=> "RUBY"
```

なお、upcase!メソッドのように、呼び出したオブジェクトの状態を変更してしまうメソッドのことを「破壊的メソッド」と呼びます。

?で終わるメソッドと同様、!で終わるメソッドも自分で定義することができます。たとえば以下は引数とし

て渡された文字列を逆順に並び替え、さらに大文字に変更するメソッドを2種類定義しています。後者は引数の内容を破壊的に変更するため、「危険なメソッド」として！を付けています[注10]。

```
# 引数の内容を変更しない安全バージョン
def reverse_upcase(s)
  s.reverse.upcase
end

# 引数の内容を破壊的に変更してしまう危険バージョン
def reverse_upcase!(s)
  s.reverse!
  s.upcase!
  s
end

s = 'ruby'

# 安全バージョンは引数として渡した変数sの内容はそのまま
reverse_upcase(s) #=> "YBUR"
s #=> "ruby"

# 危険バージョンは引数として渡した変数sの内容が変更される
reverse_upcase!(s) #=> "YBUR"
s #=> "YBUR"
```

ちなみに、メソッド名は！や？で終わることができますが、変数名には！や？を使えない点に注意してください（構文エラーになります）。

```
# ?で終わる変数名を定義しようとすると構文エラー
odd? = 1.odd?
#=> syntax error, unexpected '=' (SyntaxError)
#   odd? = 1.odd?
#        ^

# !で終わる変数名を定義しようとすると構文エラー
upcase! = 'ruby'.upcase!
#=> syntax error, unexpected '=' (SyntaxError)
#   upcase! = 'ruby'.upcase!
#           ^
```

Column 「!で終わるメソッドは破壊的メソッドである」は間違い

ネット上の情報などではときどき「!で終わるメソッドは破壊的メソッドである」と説明しているものがありますが、これは正しくありません。！で終わるメソッドについて、Rubyの公式リファレンスには以下の説明があります（出典 https://docs.ruby-lang.org/ja/latest/class/String.html）。

注10　危険バージョンは説明用にこのような実装にしましたが、一般的にメソッド内で受け取った引数の内容を破壊的に変更するのは、わかりにくい不具合の原因になるので良くない設計です。

> 同じ動作で破壊的なメソッドと非破壊的なメソッドの両方が定義されているときは、破壊的なバージョンには名前の最後に「!」が付いています。例えばupcaseメソッドは非破壊的で、upcase!メソッドは破壊的です。ただし、この命名ルールを「破壊的なメソッドにはすべて『!』が付いている」と解釈しないでください。例えばconcatには「!」が付いていませんが、破壊的です。あくまでも、「『!』が付いているメソッドと付いていないメソッドの両方があるときは、『!』が付いているほうが破壊的」というだけです。「『!』が付いているならば破壊的」は常に成立しますが、逆は必ずしも成立しません。

また、Rubyの生みの親であるまつもとゆきひろ氏は以下のように述べています（出典 https://twitter.com/yukihiro_matz/status/1310437519280939008）。

> Rubyの「！」つきメソッドは、「！」がついていないメソッドよりもより「危険」という意味です。
> 更にexit!のようにレシーバーを破壊しないが（exitより）危険というメソッドもあります。

上記の内容をまとめると、！で終わるメソッドに関する正しい説明は次のようになります。

- ！が付くメソッドは！が付かないメソッドよりも危険、という意味を持つ。
- 非破壊的メソッドと破壊的メソッドの2種類が存在する場合は後者に！が付く。
- 破壊的メソッドであっても非破壊的メソッドがない（つまり1種類しかない）場合は！が付かない。
- 破壊的かどうかに関係なく、安全なメソッドと危険なメソッドの2種類が存在する場合にも後者に！が付く。

2.11.4 エンドレスメソッド定義（1行メソッド定義）

Ruby 3.0ではendを省略して1行でメソッドを定義できる、エンドレスメソッド定義構文が導入されました。メソッド内の処理が1行で終わるような場合は、エンドレスメソッド定義構文を使うとより短く書ける場合があります[注11]。

```
# 通常のメソッド定義
def greet
  'Hello!'
end

# エンドレスメソッド定義（=に続けて処理や戻り値を書く）
def greet = 'Hello!'

# 呼び出し方はどちらも同じ
greet #=> "Hello!"

# ただし、メソッド名と=の間にスペースがないと構文エラー
def greet= 'Hello!'
#=> syntax error, unexpected string literal, expecting ';' or '\n'


# 通常のメソッド定義（引数を持つ場合）
def add(a, b)
  a + b
end
```

注11　構文エラーが起きるコード例をirbに入力するとirbの反応がなくなるので、CTRL + C を押して入力を中断してください。このサンプルコードはファイルに保存してrubyコマンドで実行すると本書で説明している構文エラーが発生します。

```
# エンドレスメソッド定義
def add(a, b) = a + b

add(1, 2) #=> 3

# ただし、引数の()を省略すると構文エラー
def add a, b = a + b
#=> circular argument reference - b
#   syntax error, unexpected end-of-input
```

状況によってはとても便利なエンドレスメソッド定義構文ですが、Ruby 3.0の時点ではこの構文は実験的機能という位置づけになっており、Ruby 3.1以降で仕様が変わる可能性がある点に注意してください。業務で使う場合は仕様が確定してからのほうが良いでしょう。

2.12 その他の基礎知識

ここからあとはRubyを使うなら必ず知っておきたい、その他の基礎知識を紹介します。

2.12.1 ガベージコレクション（GC）

Rubyは使用されなくなったオブジェクトを回収し、自動的にメモリを解放します。このため、プログラマはメモリ管理を意識する必要がありません。このしくみをガベージコレクション（garbage collection、略してGC）注12と言います。

2.12.2 エイリアスメソッド

Rubyにはまったく同じメソッドに複数の名前が付いている場合がよくあります。たとえば、Stringクラスのlengthメソッドとsizeメソッドは、名前が異なるだけでどちらもまったく同じメソッドです。

```
# lengthもsizeも、どちらも文字数を返す
'hello'.length #=> 5
'hello'.size   #=> 5
```

このようにまったく同じ実装で名前だけ異なるメソッドのことをエイリアスメソッドと呼びます。lengthとsizeのように、同じメソッドに複数の名前が用意されている場合は、開発者の好みでしっくりくるほうを選んでかまいません。ただし、チームで開発する場合はコーディング規約で使用するメソッドを指定される場合があります。

エイリアスメソッドについては第4章のコラム「エイリアスメソッドがたくさんあるのはなぜ？」（p.165）でも説明しています。さらに、エイリアスメソッドは自分で定義することもできます。その方法は「7.10.1　エイリアスメソッドの定義」で説明します。

注12　garbageのカタカナ表記として、「ガーベジ」「ガーベッジ」「ガーベージ」などが使われることもあります。

2.12.3 式（Expression）と文（Statement）

Rubyではほかの言語では文と見なされるような要素が式になっていることが多いです。ここでは式と文の違いを「値を返し、結果を変数に代入できるものが式」「値を返さず、変数に代入しようとすると構文エラーになるものが文」と定義します。

このような分類で式と文を区別すると、Rubyのif文やメソッド定義は文ではなく、式になっています。なぜならif文やメソッド定義が値を返すからです。

```
# if文が値を返すので変数に代入できる
a =
  if true
    '真です'
  else
    '偽です'
  end
a #=> "真です"

# メソッドの定義も実は値（シンボル）を返している（シンボルについては第5章で説明します）
b = def foo; end
b #=> :foo
```

なので、厳密に言えばRubyのif文は文ではなく、「if式」ですし、メソッド定義の構文も「メソッド定義式」と呼んだほうが実態に即しています。ただし、「if式」も「メソッド定義式」も、式のように扱われるとは限らない（戻り値が無視されるケースも多い）ので、本書ではそこまで厳密に「これは文」「これは式」と呼び分けません。

ですが、Rubyでは「文のように見えるが実は式」という要素が多い（つまり、やろうと思えば戻り値を活用できる）ことは、頭の片隅においておきましょう。

2.12.4 擬似変数

この章で登場したnilとtrueとfalseは擬似変数と呼ばれる特殊な変数です。このほかにもRubyには次のような擬似変数があります。

- self：オブジェクト自身（第7章で詳しく説明）
- __FILE__：現在のソースファイル名
- __LINE__：現在のソースファイル中の行番号
- __ENCODING__：現在のソースファイルのスクリプトエンコーディング

擬似変数は変数と同じように値を読み出すことができますが、代入しようとするとエラーが発生します。

```
true = 1
#=> Can't assign to true (SyntaxError)
#   true = 1
#   ^~~~
```

2.12.5 参照の概念を理解する

Rubyの変数にはオブジェクトそのものではなく、オブジェクトへの参照が格納されています。変数をほかの変数に代入したり、メソッドの引数として渡したりすると、新しい変数やメソッドの引数は元の変数と同じオブジェクトを参照します。

異なる変数が同じオブジェクトを参照しているかどうかはobject_idメソッドを使うとわかります。object_idが同じなら同じオブジェクトを参照しています。次の実行例を見てください（object_idの値は実行されるたびに変わりうるので、実行例と同じ値になるとは限りません）。

```
# aとbはどちらも同じ文字列だが、オブジェクトとしては別物
a = 'hello'
b = 'hello'
a.object_id #=> 70182231931400
b.object_id #=> 70182236321960

# cにbを代入する。bとcはどちらも同じオブジェクト
c = b
c.object_id #=> 70182236321960

# メソッドの引数にcを渡す。引数として受け取ったdはb、cと同じオブジェクトを参照している
def m(d)
  d.object_id
end
m(c)        #=> 70182236321960

# equal?メソッドを使って同じオブジェクトかどうか確認しても良い（trueなら同じオブジェクト）
a.equal?(b) #=> false
b.equal?(c) #=> true
```

上のコード例であればb、c、dは同一のオブジェクトで、aだけが異なるオブジェクトです（**図2-3**）。

図2-3 変数をほかの変数に代入すると同じオブジェクトを参照する

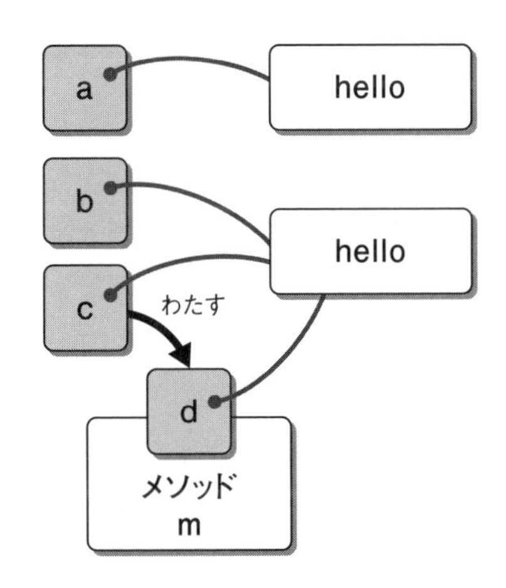

同じオブジェクトを参照している場合、オブジェクトの状態が変更されると、その変更がそのまま各変数に

影響します。次の実行例を見てください。

```
# b、cは同じオブジェクト、aは異なるオブジェクト
a = 'hello'
b = 'hello'
c = b

# 渡された文字列を破壊的に大文字に変換するメソッドを定義する
def m!(d)
  d.upcase!
end

# cにm!メソッドを適用する
m!(c)

# b、cはいずれも大文字になる
b #=> "HELLO"
c #=> "HELLO"

# aは別のオブジェクトなので大文字にならない
a #=> "hello"
```

ご覧のとおり、bとcはどちらも大文字に変わりました。これはメソッドm!の中で変更した引数のdがb、cと同じオブジェクトを参照していたためです（**図2-4**）。

図2-4　オブジェクトの状態が変わると、そのオブジェクトを参照している変数すべてに影響がある

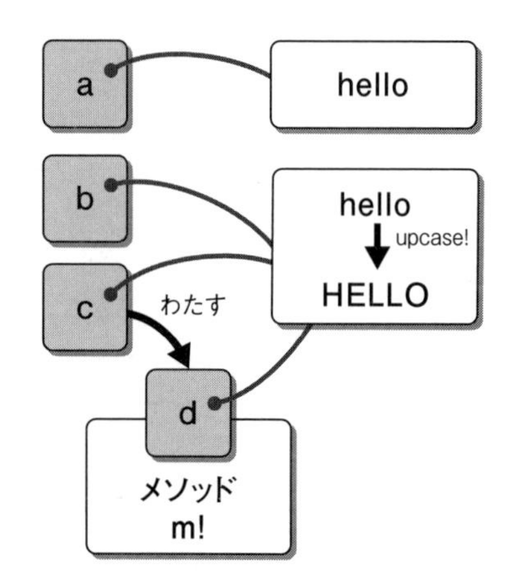

参照の概念を初めて聞いた人は少し難しく感じると思いますが、この考え方は本書の中でも何度も登場します。とくに文字列や配列、ハッシュといった変更可能なオブジェクト（ミュータブルなオブジェクトとも呼ばれます）を扱う場合は、同一のオブジェクトを参照しているのか、異なるオブジェクトを参照しているのかを意識しないと、思いがけないバグを作り込んでしまうことがあります。本書の説明や例題を通じて、参照の概念をきっちり理解していきましょう。

2.12.6 組み込みライブラリ、標準ライブラリ、gem

Rubyでは最初から数多くのライブラリが標準ライブラリとして用意されています。その中でもとくに利用頻度が高いライブラリは組み込みライブラリとして提供されています（**図2-5**）。この章で紹介した文字列のStringクラスや、数値のIntegerクラスは組み込みライブラリです。一方、標準ライブラリではあるものの、組み込みライブラリではないライブラリもあります。たとえば日付を扱うDateクラスがそうです。具体的なライブラリ名については以下のページを参照してください。

- 標準ライブラリ　https://docs.ruby-lang.org/ja/latest/library/index.html
- 組み込みライブラリ　https://docs.ruby-lang.org/ja/latest/library/_builtin.html

また、有志の開発者が作成している外部ライブラリはgemと呼ばれる形式でパッケージングされます。gemの利用方法は「13.9　gemとBundler」の節で説明します。ただし、本文の中ではときどきgemという用語が出てくるので、「gem＝外部ライブラリ」と理解するようにしてください。

図2-5　ライブラリの区分け

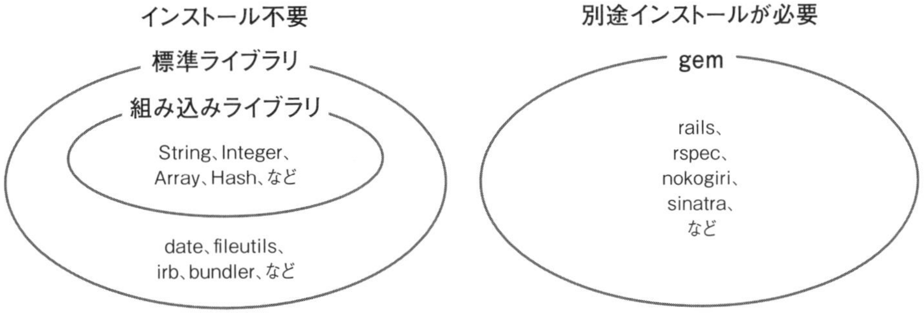

Column　gem化が進む標準ライブラリ

「2.12.6　組み込みライブラリ、標準ライブラリ、gem」の項では「gem＝外部ライブラリ」と書きましたが、実は最近では標準ライブラリもgemとして提供されるものが増えてきています。たとえば、「1.6　Rubyを動かしてみる」の節で使ったirbも実はgemになっています[注13]。gemになっていてもRubyがインストールされていればirbはすぐに使えるので、日常的に使用するぶんにはirbがgemであることを意識する必要はありません。ですが、gemになっている標準ライブラリはRuby本体がアップデートされる前に新しいバージョンをインストールできる、という利点があります。

たとえば、本書執筆時点ではRuby 3.0.1が最新バージョンです。Ruby 3.0.1にはデフォルトでirb 1.3.5がインストールされます。

```
$ ruby -v
ruby 3.0.1p64 (2021-04-05 revision 0fb782ee38) [arm64-darwin20]

$ irb -v
irb 1.3.5 (2021-04-03)
```

注13　https://github.com/ruby/irb

しかし、irb自体はこまめなバージョンアップを繰り返しているため、`gem install irb`で最新のirb gemをインストールすればirb単体でバージョンアップできます。つまり、Ruby本体のアップデートを待たなくても済むわけです。

```
$ gem install irb
Fetching irb-1.3.6.gem
Successfully installed irb-1.3.6
1 gem installed

$ irb -v
irb 1.3.6 (2021-06-19)
```

繰り返しになりますが、日常的なコーディングでは標準ライブラリがgemとして提供されていることを意識する必要はほとんどありません。ですが、gemになっていれば新しいバージョンのgemをインストールすることで、いち早く不具合修正版を入手できたりする可能性があることを頭の片隅に置いておきましょう。

2.12.7 requireとrequire_relative

組み込みライブラリでない標準ライブラリやgemを利用する場合は、明示的にそのライブラリを読み込む必要があります。ライブラリを読み込む場合は次のような構文を使います。

```
require ライブラリ名
```

たとえばDateクラスを使いたい場合はdateライブラリを読み込みます。

```
# Dateクラスは組み込みライブラリではないので、そのままでは使用できない
Date.today #=> uninitialized constant Date (NameError)

# dateライブラリを読み込むとDateクラスが使えるようになる
require 'date'
Date.today #=> #<Date: 2021-02-27 ((2459273j,0s,0n),+0s,2299161j)>
```

一方、自分で作成したRubyプログラム（独自のクラス定義など）を読み込む場合は`require_relative`を使います。`require_relative`では自ファイルからの相対パスで読み込むファイルを指定します。たとえば次のようにファイルが配置されていたとします。

```
.
├─foo/
│  └─hello.rb
└─bar/
    └─bye.rb
```

`foo/hello.rb`から`bar/bye.rb`を読み込みたい場合は、`require_relative`を使って次のように書きます（`../`は1つ上のディレクトリを表します。また、拡張子の`.rb`は省略可能です）。

```
# foo/hello.rbから見た相対パスでbar/bye.rbを読み込む
require_relative '../bar/bye'
```

もし、`hello.rb`と`bye.rb`が同じ`foo`ディレクトリにあるなら、`../`や`/`なしで`bye.rb`を指定できます。

```
.
└─ foo/
   ├── hello.rb
   └── bye.rb
```

```
# 自ファイル（hello.rb）と同じディレクトリにあるbye.rbを読み込む
require_relative 'bye'
```

ちなみに、requireを使って自作のRubyプログラムを読み込むこともできます。その場合は絶対パス、もしくはRubyを実行しているカレントディレクトリからの相対パス（.で始まることが必須）で指定します。ただし、この方法は推奨されません。

```
# requireで自作Rubyプログラムを読み込むこともできる（が、非推奨）
require './foo/bye'
```

なぜ推奨されないのかというと、この方式で相対パスを指定すると実際に読み込まれるファイルがカレントディレクトリによって変わってくるためです。適切なカレントディレクトリでRubyが実行されなかった場合、意図しない同名ファイルを読み込んでしまい、それがセキュリティ上の脆弱性に発展する可能性があります。よって、自作のRubyプログラムを読み込む場合はrequireではなく、require_relativeを使うようにしてください[注14]。

2.12.8 putsメソッド、printメソッド、pメソッド、ppメソッド

最後にターミナル（正確には標準出力）への出力でよく使われる、putsメソッド、printメソッド、pメソッド、ppメソッドについて説明します。これら4つのメソッドはよく似ているのですが、微妙に挙動が異なります。

なお、この項では説明の都合上、例外的にirb上の出力をそのまま紙面に掲載します。

putsメソッドは改行を加えて変数の内容やメソッドの戻り値をターミナルに出力します。また、putsメソッド自身の戻り値はnilになります。

```
irb(main):001:0> puts 123
123
=> nil
irb(main):002:0> puts 'abc'
abc
=> nil
```

一方、printメソッドは改行を加えません。=>が改行されずに表示されている点に注目してください。

```
irb(main):003:0> print 123
123=> nil
irb(main):004:0> print 'abc'
abc=> nil
```

pメソッドはputsメソッドと同じように改行を加えて出力します。ただし、文字列を出力すると、その文字列がダブルクオートで囲まれている点がputsメソッドと異なります。また、pメソッドは引数で渡されたオブ

注14 require_relativeが推奨される詳しい理由や経緯については、次のページを参照。https://blog.n-z.jp/blog/2016-07-26-require-relative.html
第1版を読まれた方へ。第1版ではrequireを使って自作のRubyプログラムを読み込んでいましたが、これは第1版の執筆時にはこの問題を認識していなかったためです。お詫びして訂正いたします。

ジェクトそのものがメソッドの戻り値になります。=>のあとに続いている値にも注目してください。

```
irb(main):005:0> p 123
123
=> 123
irb(main):006:0> p 'abc'
"abc"
=> "abc"
```

ppメソッドは大きくて複雑な配列やハッシュ、オブジェクトの内容を見やすく整形して出力します。pメソッドでは内容がごちゃごちゃして確認しづらい、というときにppメソッドを使うと便利な場合があります。

pメソッドとppメソッドの出力結果の違いを以下に示します（整形の有無を確認する目的なので、引数として渡しているコードや出力結果の意味はここでは理解する必要はありません）。

```
# pメソッドではネストした配列が横並びになってしまい確認しづらい
p Encoding.aliases.take(5)
#=> [["BINARY", "ASCII-8BIT"], ["CP437", "IBM437"], ["CP720", "IBM720"], ["CP737", "IBM737"],
 ["CP775", "IBM775"]]

# ppメソッドを使うと配列が見やすく整形される
pp Encoding.aliases.take(5)
#=> [["BINARY", "ASCII-8BIT"],
#    ["CP437", "IBM437"],
#    ["CP720", "IBM720"],
#    ["CP737", "IBM737"],
#    ["CP775", "IBM775"]]
```

なお、pメソッドと同様、ppメソッドも引数として渡したオブジェクトがそのままメソッドの戻り値になります。

```
irb(main):001:0> pp 'abc'
"abc"
=> "abc"
```

今度は改行文字を含む文字列をそれぞれのメソッドに渡してみましょう。

```
irb(main):007:0> s = "abc\ndef"
=> "abc\ndef"
irb(main):008:0> puts s
abc
def
=> nil
irb(main):009:0> print s
abc
def=> nil
irb(main):010:0> p s
"abc\ndef"
=> "abc\ndef"
```

putsメソッドやprintメソッドでは、文字列が“abc”と“def”の間で改行して出力されます。一方、pメソッドでは改行文字（\n）が改行文字のまま出力されます。

配列を渡したときの表示も異なります。配列については第4章で詳しく説明するので、ここでは結果だけを確認してください。

```
irb(main):011:0> a = [1, 2, 3]
=> [1, 2, 3]
irb(main):012:0> puts a
1
2
3
=> nil
irb(main):013:0> print a
[1, 2, 3]=> nil
irb(main):014:0> p a
[1, 2, 3]
=> [1, 2, 3]
```

ご覧のとおり、putsメソッドの場合だけ、各要素が改行されました。

では、この4つのメソッドはどう使い分ければよいのでしょうか？

まず、用途としてはputsメソッドとprintメソッドは一般ユーザ向け、pメソッドとppメソッドは開発者向け、というふうに分かれます。

少し難しい話をすると、putsメソッドとprintメソッドは内部的に、引数で渡されたオブジェクトに対してto_sメソッドを呼び出して文字列に変換しています。一方、pメソッドはto_sメソッドではなく、inspectメソッドを呼び出します。p 'abc'の出力結果が"abc"のようにダブルクオート付きになっていたことを思い出してください。このように文字列がダブルクオートで囲まれて出力されたのは、内部的にStringクラスのinspectメソッドが呼び出され、その値が出力されたためです。

```
# 文字列をinspectすると、ダブルクオート付きの文字列が返る
'abc'.inspect #=> "\"abc\""
```

to_sメソッドもinspectメソッドも、どちらもオブジェクトの内容を文字列に変換するメソッドですが、一般的にinspectメソッドは開発者にとって役立つ情報を返すように実装されています。よって、pメソッドのほうが開発者向けだと見なすことができます。ppメソッドの内部ロジックは少し複雑なので説明を割愛しますが、基本的にinspectメソッドとほぼ同じ情報が出力されます。

putsメソッドとprintメソッドは配列の表示形式では違いがあるものの、どちらも用途的には一般ユーザ向けという点は同じです。両者の一番大きな違いは、putsは文字列の終端に改行を加えて、printは改行を加えない点です。日常的な用途では改行を加えるputsのほうが利用頻度は高いですが、改行を加えないprintのほうが適している場面もあります（たとえば少し先になりますが、第9章の例題でprintメソッドを使っています）。

この項の説明を表としてまとめると**表2-1**のようになります。

表2-1　putsメソッド、printメソッド、pメソッド、ppメソッドの違い

メソッド	出力後の改行	配列の表示	文字列変換	戻り値	対象者
puts	あり	要素ごとに改行	to_s	nil	一般ユーザ
print	なし	改行しない	to_s	nil	一般ユーザ
p	あり	改行しない	inspect	引数のオブジェクト	開発者
pp	あり	見やすく整形 ※	inspectに似た方法	引数のオブジェクト	開発者

※配列だけでなく、ハッシュなども大きくて複雑なものは見やすく整形される。

Column　putsやpはグローバル関数？

putsメソッドやpメソッドは自分で定義していないのに最初から使えるメソッドになっています。まるでRubyに最初から組み込まれたグローバル関数（プログラムのどこからでも呼び出せる関数）のようです。しかし、これらのメソッドはグローバル関数ではなく、Kernelモジュールに定義されているメソッドです。ただし、モジュールについては第8章で説明するので、今はまだ詳細に理解する必要はありません。第8章を読むまではひとまず「putsやpはグローバル関数のように使えるメソッド」と考えてもらって結構です。

Column　メソッド呼び出しでカッコを付ける／付けないの使い分け

「2.2.2　メソッド呼び出し」の項で説明したとおり、Rubyではメソッド呼び出しのカッコを省略することができます。カッコのあり／なしには明確なルールがあるわけではありませんが、慣習的に次のようなケースはカッコが省略されることが多いです。

- 引数が1つもない場合

```
# 10.to_s()よりも……
10.to_s

# greet()よりも……
greet
```

- putsやpのような、グローバル関数っぽく使えるメソッドの場合

```
# puts('Hello, world!')よりも……
puts 'Hello, world!'
```

- requireやraiseのような、一見Rubyの予約語っぽく見えるメソッドの場合（raiseについては第9章で詳しく説明します）

```
# require('date')よりも……
require 'date'

# raise('Something went wrong.')よりも……
raise 'Something went wrong.'
```

逆に言うと、上記のケースに該当しないメソッド呼び出しではカッコが付くことが多いです。

```
# オブジェクトに対するメソッド呼び出しで、なおかつ引数がある
10.to_s(16)

# 独自に定義したメソッドで、なおかつ引数がある
greet('Alice')
```

また、構文上、カッコを絶対に省略できないケースもあります。この内容は「4.8.8　do...endと{}の結合度の違い」や「5.6.7　ハッシュリテラルの{}とブロックの{}」の項で説明します。

```
# 引数と{}のブロックを付けてメソッド呼び出しする場合は()を省略できない（省略すると構文エラー）
[1, 2, 3].delete(100) { 'NG' }
# 第1引数にハッシュの{}が来る場合は()を省略できない（省略すると構文エラー）
puts({a: 1})
```


Column Rubyのコーディング規約

本書執筆時点では公式のRubyのコーディング規約は存在しません。ただし、ネット上には有志の開発者が作成したコーディング規約が数多く存在します。たとえば、The Ruby Style Guide[注15]はRuboCop[注16]というコード解析ツールで採用されていることもあり、比較的有名なコーディング規約の１つです。

開発チーム内で何かしらのコーディング規約が必要になったときは、こうした既存のコーディング規約をベースにして独自のアレンジを加えていくのが良いと思います。

なお、第13章でもRuboCopやそのほかのツールを使ったコードレビューの自動化について説明しています。

2.13 この章のまとめ

お疲れ様でした。作成したプログラム自体は簡単でしたが、Rubyに関する基礎知識をたくさん説明したので、章全体のボリュームはかなり大きくなりました。この章で学習した内容は次のとおりです。

- Rubyに関する基礎知識
- 文字列
- 数値
- 真偽値と条件分岐
- メソッドの定義
- その他の基礎知識

どれも今後の章で必要となる重要な知識ばかりですので、理解があやふやなものがあればもう一度読み直しておきましょう。

さて、次の章ではテストを自動化する方法を説明します。「テストの自動化」というと上級テクニックに思えるかもしれませんが、テストコードの書き方自体はそれほど難しいものではありません。むしろ、テストの自動化は開発効率を上げ、自分の書いたコードをきれいにできる「攻め」のテクニックとして使えます。がんばってマスターしましょう！

注15 https://github.com/rubocop/ruby-style-guide
日本語訳 https://github.com/fortissimo1997/ruby-style-guide/blob/japanese/README.ja.md

注16 https://github.com/rubocop/rubocop

第3章

テストを自動化する

3.1 イントロダクション

この章ではRubyの文法ではなく、Rubyのテストを自動化する方法を説明します。テストの自動化というと、Rubyの入門書ではほとんど触れられないか、最後のほうに軽く説明されて終わり、ということが多いかもしれません。ですが、本書では作成したプログラムの動作確認のために、積極的にテストを自動化していきます。

3.1.1 この章で学ぶこと

この章で学ぶ内容は次のとおりです。

- Minitestの基本
- FizzBuzzプログラムのテスト自動化

なお、第4章以降でもサンプルプログラムの動作確認はMinitestというテスティングフレームワークを使っていくので、ここで必ずテストコードを読み書きできるようになっておきましょう。

3.1.2 「プログラマの三大美徳」

さて、突然ですが、みなさんに質問です。第2章ではFizzBuzzプログラムを作って次のような結果をターミナルに表示しました。

```
$ ruby lib/fizz_buzz.rb
1
2
Fizz
4
Buzz
Fizz
Fizz Buzz
```

もし、この出力結果がこうなっていたらどうでしょう？

```
$ ruby lib/fizz_buzz.rb
1
2
Fizz
4
Fizz
Buzz
Fizz Buzz
```

上の出力結果は一部がおかしくなっているのですが、どこがどうおかしいかぱっとわかりますか？

これがもしプログラムの不具合だった場合、プログラムを修正してもう一度実行結果を確認しなければなりません。1回でちゃんと修正できなければ、何度も実行結果を目視で確認することになります。みなさんは出力結果の正しい／おかしいを毎回確実に判断できますか？

プログラミングの世界には「プログラマの三大美徳」と呼ばれる3つの美徳があります[注1]。それは「怠惰・短気・傲慢」です。「怠け者で、気が短くて、そのうえ自信過剰」だなんて、実生活ではそんな人と友達になりたくありませんが、プログラミングの世界では「怠惰・短気・傲慢」なプログラマは良いプログラマと見なされます。ここで言う「怠惰・短気・傲慢」は次のような気質のことを指しています。

- 怠惰は「全体の労力を減らすために手間（つまりプログラムを書いたり、コードを改善したりすること）を惜しまない気質」を指す。
- 短気は「コンピュータの動作が怠慢なとき（つまりプログラムの品質が悪いとき）に感じる怒り」を指す。
- 傲慢は「自分の書いたプログラムは誰に見せても恥ずかしくないと胸を張って言える自尊心」を指す。

このように説明されると、怠惰で短気で傲慢であることが良いことに思えてきますよね？

さて、ここで取り上げたい美徳は「怠惰」です。筆者はいちいちFizzBuzzプログラムの実行結果を目で確認したいとは思いません。こんな単純作業はコンピュータにやらせるべきだと考えます。そこで登場するのが、テスティングフレームワークを使ったテストの自動化です。テスティングフレームワークを使ってテストを自動化すれば、コマンド1つでコンピュータがあっという間に実行結果をチェックしてくれます。もし実行結果が間違っていれば「ここがおかしいよ！」と教えてくれます。

3.2 Minitestの基本

テストを自動化する重要性は理解してもらえたと思うので、それでは実際にどうやるのかを説明していきましょう。

テストを自動化するためにはテスト用のフレームワーク（テスティングフレームワーク）を利用します。Rubyにはいくつかのテスティングフレームワークがありますが、本書ではMinitestというフレームワークを利用します。Minitestを選んだ理由は次のとおりです。

- Rubyをインストールすると一緒にインストールされるため、特別なセットアップが不要。
- 学習コストが比較的低い。
- Railsのデフォルトのテスティングフレームワークなので、Railsを開発するときにも知識を活かしやすい[注2]。

本書ではRuby 3.0.1においてデフォルトでインストールされるMinitest 5.14.2を使用します。みなさんの環境で使用されるMinitestのバージョンは以下のコマンドで確認できます。

```
$ ruby -r minitest -e "puts Minitest::VERSION"
5.14.2
```

本書で使用するMinitestの機能はごく基本的なものばかりであるため、5.10以上であれば多少バージョンが異なっていてもあまり気にする必要はありません。

テストの自動化、というと何かすごいことをするように思われるかもしれませんが、実際はそれほど難しい

注1　出典：Larry Wall、Tom Christiansen、Jon Orwant 著、近藤嘉雪 訳、『プログラミングPerl 第3版 VOLUME 1』、オライリー・ジャパン、2002年

注2　ただし、RailsのMinitestは独自に拡張されている点があります。この内容は「13.11.3　標準ライブラリのクラスやMinitestが独自に拡張されている」の項で説明します。また、開発の現場ではMinitest以外のテスティングフレームワーク（RSpecなど）が使われることもあります。

ものではありません。必要な手順を単純化して説明すると次のようになります。

①テスティングフレームワークのルールに沿って、プログラムの実行結果を検証するRubyプログラム（テストコード）を書く。
②上記①で作ったテストコードを実行する。
③テスティングフレームワークが実行結果をチェックし、その結果が正しいか間違っているかを報告する。

基本的な考え方はたったこれだけです。ではここから①〜③の各ステップについて順に説明していきます。

3.2.1 テストコードのひな形

Minitestを使ったテストコードの基本形は次のようになります。

```
01 require 'minitest/autorun'
02
03 class SampleTest < Minitest::Test
04   def test_sample
05     assert_equal 'RUBY', 'ruby'.upcase
06   end
07 end
```

上から順にコードの役割を説明していきます。

1行目のrequire 'minitest/autorun'は、ライブラリを読み込んでプログラム内でMinitestを使えるようにするためのコードです。requireについては「2.12.7　requireとrequire_relative」の項で説明しました。

3行目のclass SampleTest < Minitest::Testから7行目のendまでが、テストコードの本体（テストクラス）です。クラスの作成については第7章で詳しく説明するので、ここでは形だけを覚えてください。SampleTestはクラスの名前です。命名は自由ですが、慣習としてJapaneseCalendarTestやTestOrderItemなど、Testで終わる、またはTestで始まる名前を付けることが多いです。また、テストコードが書かれたファイルのファイル名はjapanese_calendar_test.rbやtest_order_item.rbのように、クラス名と合わせます。クラスの名前はキャメルケースで、ファイルの名前はスネークケースで書くようにしてください。

< Minitest::Testの部分はSampleTestクラスがMinitest::Testクラスを継承することを表しています。ですが、クラスの継承についても第7章で詳しく説明するので、ここではおまじないと考えてもらって結構です。

4行目のdef test_sampleから6行目までが実行対象となるテストメソッドです。Minitestはtest_で始まるメソッドを探して、それを実行します。なので、メソッド名をtest_で始めることが必須になります。test_から後ろの部分は自由ですが、test_item_nameやtest_send_mailなど、メソッド内でテストする内容が推測できるような名前を付けましょう。なお、テストクラス内ではtest_で始まるメソッドを複数定義してもかまいません。Minitestはtest_で始まるメソッドをすべて実行していきます。

5行目のassert_equal 'RUBY', 'ruby'.upcaseが実行結果を確認するための検証メソッドです。ここではMinitestが提供しているassert_equalメソッドを使って、'ruby'.upcaseの実行結果が'RUBY'になることを検証しています。assert_equalメソッドは次のように使います。引数の順番を間違えないように注意してください。

```
assert_equal 期待する結果, テスト対象となる値や式
```

3.2.2 本書で使用するMinitestの検証メソッド

Minitestにはさまざまな検証メソッドが用意されていますが、本書で使用するのは次の3つだけです。

```
# aがbと等しければパスする
assert_equal b, a

# aが真であればパスする
assert a

# aが偽であればパスする
refute a
```

ほかにも標準出力への出力内容を検証するassert_outputメソッドや、指定したエラー(例外) が発生したときにテストをパスさせるassert_raisesメソッドなどがあります。その他の検証メソッドについてはMinitestのAPIドキュメント(英語)[注3]を参考にしてください。

3.2.3 テストコードの実行と結果の確認

テストコードが書けたら次は実行です。といっても、普通のRubyファイルと実行方法は同じです。たとえば、先ほどのテストコードを保存したsample_test.rbというファイルを実行する場合は次のようになります。

```
$ ruby sample_test.rb
```

テストが全部パスした場合は次のように出力されます。

```
$ ruby sample_test.rb
Run options: --seed 20476

# Running:

.

Finished in 0.001010s, 989.8353 runs/s, 989.8353 assertions/s.

1 runs, 1 assertions, 0 failures, 0 errors, 0 skips
```

テストの実行結果についても上から順番に見ていきましょう。

Run options: --seed 20476の--seed 20476はテストの実行順序をシャッフルする際に使用したシード値を示していますが、ここではとくに気にしなくてかまいません。

Runningの下に表示されているドット(.) がテストの進捗状況です。今回はテストメソッドが1つしかないのでドットも1つしか表示されません。

Finished in 0.001010s, 989.8353 runs/s, 989.8353 assertions/s.はテストの実行スピードを表示しています。各数値が表している内容は次のとおりです。

注3 https://docs.seattlerb.org/minitest/Minitest/Assertions.html

- 0.001010s：テスト実行にかかった秒数
- 989.8353 runs/s：1秒間に実行できるであろうテストメソッドの件数
- 989.8353 assertions/s：1秒間に実行できるであろう検証メソッドの件数

最後の行がテストの実行結果のまとめです。それぞれ次の内容を表しています。

- 1 runs：実行したテストメソッドの件数
- 1 assertions：実行した検証メソッドの件数
- 0 failures：検証に失敗したテストメソッドの件数
- 0 errors：検証中にエラーが発生したテストメソッドの件数
- 0 skips：skipメソッドにより実行をスキップされたテストメソッドの件数

failuresとerrorsの件数がどちらもゼロであれば、テストは全部パスしたことになります。

3.2.4 テストが失敗した場合の実行結果

テストが失敗する場合の実行結果も見てみましょう。たとえば検証メソッドを次のように変更すれば、テストは失敗します。

```
# わざとcapitalizeメソッド（最初の1文字だけを大文字にするメソッド）を呼ぶ
assert_equal 'RUBY', 'ruby'.capitalize
```

これを実行すると次のような結果になります。

```
$ ruby sample_test.rb
Run options: --seed 14255

# Running:

F

Finished in 0.001383s, 723.1400 runs/s, 723.1400 assertions/s.

  1) Failure:
SampleTest#test_sample [sample_test.rb:5]:
Expected: "RUBY"
  Actual: "Ruby"

1 runs, 1 assertions, 1 failures, 0 errors, 0 skips
```

まず、進捗状況にドット（.）ではなく、失敗（Failure）のFが表示されます。それから、どのテストのどこで、どのように失敗したのかという詳細な情報が表示されます。

```
  1) Failure: <= 実行結果が失敗
SampleTest#test_sample [sample_test.rb:5]: <= SampleTestクラスのtest_sampleメソッド
                                              (sample_test.rbの5行目)で失敗した
Expected: "RUBY" <= 期待した結果
  Actual: "Ruby" <= 実際の結果
```

最後に表示される実行結果のまとめでも、1 failuresと1件のテストが失敗したことを報告しています。

テストが失敗するとそのテストメソッドはそれ以上実行されません。実行対象のテストメソッドが複数あった場合は次のテストメソッドの実行に移ります。

Column Minitestの実行結果の表示が本書と異なる場合

Minitestの実行結果の表示が本書と異なる場合は次のように--no-pluginsオプションを付けて実行してください。

```
$ ruby sample_test.rb --no-plugins
```

とくに、すでにRuby on Railsをインストールしたことがあるマシンの場合、Railsが追加したMinitest用のプラグインが自動的に読み込まれて実行結果の表示が変わることがあります。

3.2.5 実行中にエラーが発生した場合の実行結果

検証メソッドで値を検証する前にエラーが起きて検証できなかった場合は、先ほどと少し実行結果が異なります。たとえば、次のようなコードは実行不可能なコードです。

```
# nilは文字列ではないので、upcaseメソッドを呼ぶことはできない
assert_equal 'RUBY', nil.upcase
```

これを実行すると次のような結果になります。

```
$ ruby sample_test.rb
Run options: --seed 9140

# Running:

E

Finished in 0.000871s, 1148.4854 runs/s, 0.0000 assertions/s.

  1) Error:
SampleTest#test_sample:
NoMethodError: undefined method `upcase' for nil:NilClass
    sample_test.rb:5:in `test_sample'

1 runs, 0 assertions, 0 failures, 1 errors, 0 skips
```

実行中にエラーが起きた場合は、進捗状況にFではなくエラー(Error)のEが表示されます。エラーの詳細説明は次のようになっています。

```
  1) Error: <= 実行結果がエラー
SampleTest#test_sample: <= SampleTestクラスのtest_sampleメソッドでエラーが起きた
NoMethodError: undefined method `upcase' for nil:NilClass
↑ nilにはupcaseメソッドは定義されていない、というエラーが起きた
    sample_test.rb:5:in `test_sample'
    ↑ sample_test.rbの5行目、test_sampleメソッド内でエラーが起きた
```

最後に表示される実行結果のまとめでも、1 errorsと1件のテストがエラーで終わったことを報告しています。

テストが失敗した場合と同様、エラーが起きた場合もそのテストメソッドはそれ以上実行されません。実行対象のテストメソッドが複数あった場合は次のテストメソッドの実行に移ります。

なお、エラーの内容によってはもっと複雑なメッセージが表示される場合があります。エラーメッセージの読み方については第12章で説明します。テストコードに限らず、Rubyプログラムの実行中にエラーが出て困った場合は、先に第12章を読んでもらってもかまいません。

Minitestの基本は以上です。Minitestにはほかにもいろいろな機能やテクニックがありますが、本書で使うテストコードであれば、これぐらいの知識があれば十分です。

3.3 FizzBuzzプログラムのテスト自動化

3.3.1 putsメソッドをテストコードに置き換える

それではいよいよFizzBuzzプログラムのテストを自動化していきましょう。ここからはみなさんも実際に手を動かしてください。第2章で作成したfizz_buzz.rbをテキストエディタで開きます。fizz_buzz.rbの内容は次のようになっていました。

```
def fizz_buzz(n)
  if n % 15 == 0
    'Fizz Buzz'
  elsif n % 3 == 0
    'Fizz'
  elsif n % 5 == 0
    'Buzz'
  else
    n.to_s
  end
end

puts fizz_buzz(1)
puts fizz_buzz(2)
puts fizz_buzz(3)
puts fizz_buzz(4)
puts fizz_buzz(5)
puts fizz_buzz(6)
puts fizz_buzz(15)
```

putsで書いている部分は最終的に削除しますが、まずはいったん全部コメントアウトしてください。

```
def fizz_buzz(n)
  if n % 15 == 0
    'Fizz Buzz'
```

```
  elsif n % 3 == 0
    'Fizz'
  elsif n % 5 == 0
    'Buzz'
  else
    n.to_s
  end
end

# puts fizz_buzz(1)
# puts fizz_buzz(2)
# 省略
# puts fizz_buzz(15)
```

次に、先ほど説明したMinitestのひな形にならって、次のようなコードを書きましょう。

```
def fizz_buzz(n)
  if n % 15 == 0
    'Fizz Buzz'
  elsif n % 3 == 0
    'Fizz'
  elsif n % 5 == 0
    'Buzz'
  else
    n.to_s
  end
end

require 'minitest/autorun'

class FizzBuzzTest < Minitest::Test
  def test_fizz_buzz
    assert_equal '1', fizz_buzz(1)
    assert_equal '2', fizz_buzz(2)
    assert_equal 'Fizz', fizz_buzz(3)
  end
end

# puts fizz_buzz(1)
# puts fizz_buzz(2)
# 省略
# puts fizz_buzz(15)
```

ここではテストクラスの名前をFizzBuzzTestに、テストメソッドの名前をtest_fizz_buzzにしました。テストメソッドの中身はとりあえず1から3までの結果を確認するようにしています。

まず、この状態でfizz_buzz.rbを保存し、プログラムを実行してみてください。

```
$ ruby lib/fizz_buzz.rb
Run options: --seed 42043

# Running:
```

```
.

Finished in 0.000747s, 1338.1901 runs/s, 4014.5703 assertions/s.

1 runs, 3 assertions, 0 failures, 0 errors, 0 skips
```

どうですか？　問題なく全部のテストがパスしましたか？　もしエラーが出たら、自分の書いたテストコードや表示されているエラーの内容をしっかり確認してみてください。

テストが全部パスしていたら、ほかの数値も全部テストコード内で検証するようにテストを追加しましょう。テストコードを書き終えたら、動作確認用のputsはすべて削除してください。fizz_buzz.rbは最終的に次のようになります。

```
def fizz_buzz(n)
  if n % 15 == 0
    'Fizz Buzz'
  elsif n % 3 == 0
    'Fizz'
  elsif n % 5 == 0
    'Buzz'
  else
    n.to_s
  end
end

require 'minitest/autorun'

class FizzBuzzTest < Minitest::Test
  def test_fizz_buzz
    assert_equal '1', fizz_buzz(1)
    assert_equal '2', fizz_buzz(2)
    assert_equal 'Fizz', fizz_buzz(3)
    assert_equal '4', fizz_buzz(4)
    assert_equal 'Buzz', fizz_buzz(5)
    assert_equal 'Fizz', fizz_buzz(6)
    assert_equal 'Fizz Buzz', fizz_buzz(15)
  end
end
```

テストコードが正しく書けていれば、実行結果は次のようになるはずです。

```
$ ruby lib/fizz_buzz.rb
Run options: --seed 42743

# Running:

.

Finished in 0.000922s, 1084.1037 runs/s, 26018.4885 assertions/s.
```

```
1 runs, 7 assertions, 0 failures, 0 errors, 0 skips
```

試しにわざとテストを失敗させて、ちゃんと問題を検知できるかどうか確認してみましょう。最後のテストを次のように書き換えてみてください。

```
# 引数を15から16に変えてみる
assert_equal 'Fizz Buzz', fizz_buzz(16)
```

こうするとテストが途中で失敗するはずです。

```
$ ruby lib/fizz_buzz.rb
Run options: --seed 62766

# Running:

F

Finished in 0.009750s, 102.5641 runs/s, 717.9487 assertions/s.

  1) Failure:
FizzBuzzTest#test_fizz_buzz [lib/fizz_buzz.rb:23]:
--- expected
+++ actual
@@ -1 +1,3 @@
-"Fizz Buzz"
+# encoding: US-ASCII
+#    valid: true
+"16"


1 runs, 7 assertions, 1 failures, 0 errors, 0 skips
```

ちゃんとテストが失敗しましたね。`-"Fizz Buzz"`が期待した結果で、`+"16"`が実際の結果です。なので値が異なっているよ、と表示されています（`# encoding: US-ASCII`と`# valid: true`の部分は結果文字列の文字エンコーディングがUTF-8でないことと、正常な文字エンコーディングであることを示していますが、ここでは無視してかまいません）。

ちなみに、Windows環境では失敗（Failure）の詳細が次のように表示されます。

```
  1) Failure:
FizzBuzzTest#test_fizz_buzz [lib/fizz_buzz.rb:23]:
Expected: "Fizz Buzz"
  Actual: # encoding: US-ASCII
#    valid: true
"16"
```

この理由は、特定の条件下においてMinitestがシステム（OS）にインストールされたdiffコマンドを使って差異を表示しようとするためです。Windows環境では通常、diffコマンド（diff.exe）がインストールされていないため、macOS/Linux環境とは少し異なる出力結果になります。

それでは、テストが失敗することを確認したら、先ほど変更したコードは元に戻しておいてください。

```
# 正しい引数に戻す
assert_equal 'Fizz Buzz', fizz_buzz(15)
```

3.3.2 プログラム本体とテストコードを分離する

さて、ここまででfizz_buzzメソッドのテストを自動化する、という目的は達成できましたが、今の状態だとテスト対象のプログラムとテストコードが1つのファイルに結合してしまっています。ちょっと試しに動かしてみるだけの書き捨てプログラムであればこれでもいいのですが、本来であればプログラム本体とテストコードは分離して別々のファイルとして管理すべきです。というわけで、今から実際にその分離作業をやっていきましょう。

本書ではディレクトリ構成の方針として、プログラム本体はlibディレクトリに、テストコードはtestディレクトリに保存していきます。

```
ruby-book/
├─lib/
│  └─プログラム本体
└─test/
   └─テストコード
```

そこでtestディレクトリを作成し、それからlibディレクトリ内のfizz_buzz.rbを、fizz_buzz_test.rbという名前でtestディレクトリへコピーしてください。

この作業が終わると次のようなファイル構成になっているはずです。

```
ruby-book/
├─lib/
│  └─fizz_buzz.rb
└─test/
   └─fizz_buzz_test.rb
```

次にfizz_buzz.rbをエディタで開き、テストコードの部分を削除してください。結果として次のようにfizz_buzzメソッドだけが残った状態になります。

```
def fizz_buzz(n)
  if n % 15 == 0
    'Fizz Buzz'
  elsif n % 3 == 0
    'Fizz'
  elsif n % 5 == 0
    'Buzz'
  else
    n.to_s
  end
end
```

今度はfizz_buzz_test.rbのほうを編集します。先ほどの反対で、fizz_buzzメソッドを削除し、テストコードだけが残るようにしてください。

```
require 'minitest/autorun'

class FizzBuzzTest < Minitest::Test
  def test_fizz_buzz
    assert_equal '1', fizz_buzz(1)
    assert_equal '2', fizz_buzz(2)
    assert_equal 'Fizz', fizz_buzz(3)
    assert_equal '4', fizz_buzz(4)
    assert_equal 'Buzz', fizz_buzz(5)
    assert_equal 'Fizz', fizz_buzz(6)
    assert_equal 'Fizz Buzz', fizz_buzz(15)
  end
end
```


さあ、これでfizz_buzzメソッドとテストコードを分離できました。ではテストコードを実行してみましょう。

```
$ ruby test/fizz_buzz_test.rb
省略
  1) Error:
FizzBuzzTest#test_fizz_buzz:
NoMethodError: undefined method `fizz_buzz' for #<FizzBuzzTest:0x00007fcd728d2fd8 ……省略>
    test/fizz_buzz_test.rb:5:in `test_fizz_buzz'

1 runs, 0 assertions, 0 failures, 1 errors, 0 skips
```

おっと残念！　テストがエラーになってしまいました。NoMethodError: undefined method `fizz_buzz'というメッセージが出ていますね。メッセージを直訳すると「メソッドがないエラー：定義されていないメソッド'fizz_buzz'」になっているので、どうやらfizz_buzzメソッドが見つからないようです。

そうです。ファイルを分離してしまったので、このままだとテストファイルからfizz_buzzメソッドの定義を見つけられないのです。というわけで、テストファイルからfizz_buzzメソッドの定義を読み込めるようにしましょう。ほかのファイルの内容を読み込む場合はrequire_relativeメソッドを使います（「2.12.7 requireとrequire_relative」の項を参照）。テストコードに次の1行を追加してください。

```
require 'minitest/autorun'
require_relative '../lib/fizz_buzz'

class FizzBuzzTest < Minitest::Test
  # 省略
```

さて、require_relativeを追加したらもう一度実行してみましょう。

```
$ ruby test/fizz_buzz_test.rb
省略
1 runs, 7 assertions, 0 failures, 0 errors, 0 skips
```

ちゃんとパスしましたね！　これでプログラム本体とテストコードを分離することができました。テストコードはこれで完成です。

3.4 この章のまとめ

この章では次のような内容を学びました。

- Minitestの基本
- FizzBuzzプログラムのテスト自動化

人間が手作業や目視でプログラムの動作確認をすると、時間がかかりますし、間違いをする場合もあります。動作確認を機械に任せれば一瞬で終わりますし、（テストコードに間違いがない限り）間違いを犯すこともありません。また、何回やらせても疲れたり、文句を言ってきたりすることもありません。テストコードを作成する手間はちょっとかかりますが、そのあとの動作確認がすばやく終われば、トータルで見て早く終わります。みなさんも面倒なことは機械に任せる「怠惰なプログラマ」になりましょう！

さて、次の章ではプログラミング基礎の1つである、配列や繰り返し処理の書き方について学んでいきます。

Column　Minitest以外のテスティングフレームワーク

本書ではテスティングフレームワークとしてMinitestを使っていきますが、Rubyのテスティングフレームワークは Minitestだけではありません。

Minitest以外の有名なフレームワークとしてはRSpec[注4]があります。RSpecは独自のDSL（ドメイン固有言語）を使ってテストコードを書きます。RSpecでテストコードを書くと次のようになります。

```
require_relative '../lib/fizz_buzz'

RSpec.describe 'Fizz Buzz' do
  example 'fizz_buzz' do
    expect(fizz_buzz(1)).to eq '1'
    expect(fizz_buzz(2)).to eq '2'
    expect(fizz_buzz(3)).to eq 'Fizz'
    # 省略
  end
end
```

RSpecのテストコードではテストクラスの定義やテストメソッドの定義が出てこない独特の記法を使うため最初は取っつきにくいかもしれません。ですが、テストコードを書くときに便利な機能がたくさんそろっているので、慣れてくると効率良くテストコードが書けるようになります。また、昔から利用者が多く、日本語の情報も豊富です。

もうひとつのテスティングフレームワークはtest-unit[注5]です。3つのフレームワークの中では最も歴史が古く、Ruby本体のテストコードもtest-unitで書かれています。もともとMinitestはtest-unitと互換性のあるテスティングフレームワークを目指していたので、両者のテストコードは非常によく似ています。

```
require 'test/unit'
require_relative '../lib/fizz_buzz'
```

注4　https://rspec.info/
注5　https://test-unit.github.io/ja/index.html

```
class FizzBuzzTest < Test::Unit::TestCase
  def test_fizz_buzz
    assert_equal '1', fizz_buzz(1)
    assert_equal '2', fizz_buzz(2)
    assert_equal 'Fizz', fizz_buzz(3)
    # 省略
  end
end
```

この3つのフレームワークのうち、Minitestとtest-unitはRubyインストール時に一緒にインストールされます。RSpecは標準ではインストールされないため、別途gemのインストールが必要になります。

Minitestでテストを書くことにある程度慣れてきたら、RSpecやtest-unitもチェックしてみてください。

第4章

配列や繰り返し処理を理解する

4.1 イントロダクション

配列は非常に利用頻度の高いオブジェクトです。また、ブロックも配列や繰り返し処理と切っても切れない関係にあるため、非常に重要です。その一方で、ほかの言語に比べるとRubyの配列や繰り返し処理は一風変わった部分があるかもしれません。ほかの言語の経験にとらわれず、この章をしっかり読んでRubyらしい考え方やRubyらしいコードの書き方を身につけてください。

4.1.1 この章の例題：RGBカラー変換プログラム

今回はRubyでRGBカラーを変換するプログラムを作ってみましょう。RGBカラーとは、1つの色を表すためにRed（赤）、Green（緑）、Blue（青）の3色を数値化したものです。R=65、G=105、B=225のように10進数の整数で表現されることもありますし、"#4169e1"のように2桁の16進数を3つ並べた文字列で表現されることもあります。

RGBカラー変換プログラムの仕様は次のとおりです。

- 10進数を16進数に変換するto_hexメソッドと、16進数を10進数に変換するto_intsメソッドの2つを定義する。
- to_hexメソッドは3つの整数を受け取り、それぞれを16進数に変換した文字列を返す。文字列の先頭には"#"を付ける。
- to_intsメソッドはRGBカラーを表す16進数の文字列を受け取り、R、G、Bのそれぞれを10進数の整数に変換した値を配列として返す。

4.1.2 RGBカラー変換プログラムの実行例

to_hexメソッドとto_intsメソッドの実行例を次に示します。

```
to_hex(0, 0, 0)        #=> "#000000"
to_hex(255, 255, 255) #=> "#ffffff"
to_hex(4, 60, 120)     #=> "#043c78"
to_ints('#000000')     #=> [0, 0, 0]
to_ints('#ffffff')     #=> [255, 255, 255]
to_ints('#043c78')     #=> [4, 60, 120]
```

4.1.3 この章で学ぶこと

この章では次のようなことを学びます。

- 配列
- ブロック
- 範囲（Range）
- さまざまな繰り返し処理
- 繰り返し処理用の制御構造

冒頭でも説明したとおり、配列やブロック、繰り返し処理は「Rubyらしいコード」を書くうえで非常に重要です。説明する内容も多いので少したいへんかもしれませんが、がんばってマスターしていきましょう！

4.2 配列

配列とは複数のデータをまとめて格納できるオブジェクトのことです。配列内のデータ（要素）は順番に並んでいて、添え字（インデックス）を指定することでそのデータを取り出すことができます。配列は次のように`[]`と`,`を使って作成します（配列リテラル）。

```
# 空の配列を作る
[]

# 3つの要素が格納された配列を作る
[要素1, 要素2, 要素3]
```

配列はArrayクラスのオブジェクトになっています。

```
# 空の配列を作成し、そのクラス名を確認する
[].class #=> Array
```

次は数値の1、2、3が格納された配列を変数aに代入するコード例です。

```
a = [1, 2, 3]
```

次のように改行して書くこともできます。

```
a = [
      1,
      2,
      3
]
```

最後の要素に`,`がついても文法上エラーにはなりません。

```
a = [
      1,
      2,
      3,
]
```

配列は数値に限らず、どんなオブジェクトでも格納できます。次は配列の中に文字列を格納する例です。

```
a = ['apple', 'orange', 'melon']
```

異なるデータ型を格納することもできます。次は数値と文字列を混在させた配列を作成する例です。

```
a = [1, 'apple', 2, 'orange', 3, 'melon']
```

配列の中に配列を含めることもできます。

```
a = [[10, 20, 30], [40, 50, 60], [70, 80, 90]]
```

このほかにもArray.newを使って配列を作成する方法もあるのですが、少しややこしい点があるのでこの章の後半で説明します。

配列の各要素を取得する場合は、[]と添え字（数値）を使います。最初の要素の添え字は0です。

```
a = [1, 2, 3]
# 1つめの要素を取得
a[0] #=> 1
# 2つめの要素を取得
a[1] #=> 2
# 3つめの要素を取得
a[2] #=> 3
```

存在しない要素を指定してもエラーにはならず、nilが返ります。

```
a = [1, 2, 3]
a[100] #=> nil
```

sizeメソッド（エイリアスメソッドはlength）を使うと配列の長さ（要素の個数）を取得できます。

```
a = [1, 2, 3]
a.size   #=> 3
a.length #=> 3
```

4.2.1 要素の変更、追加、削除

次のように添え字を指定して値を代入すると、指定した要素を変更することができます。

```
配列[添え字] = 新しい値
```

次のコードは2番目の要素を20に変更するコード例です。

```
a = [1, 2, 3]
a[1] = 20
a #=> [1, 20, 3]
```

元の大きさよりも大きい添え字を指定すると、間の値がnilで埋められます。以下は元の大きさが3の配列に対して、5番目の要素を設定した場合の実行結果です。4番目の要素がnilになっている点に注目してください。

```
a = [1, 2, 3]
a[4] = 50
a #=> [1, 2, 3, nil, 50]
```

<<を使うと配列の最後に要素を追加することができます。

```
a = []
a << 1
```

```
a << 2
a << 3
a #=> [1, 2, 3]
```

配列内の特定の位置にある要素を削除したい場合はdelete_atメソッドを使います。

```
a = [1, 2, 3]
# 2番目の要素を削除する（削除した値が戻り値になる）
a.delete_at(1) #=> 2
a              #=> [1, 3]

# 存在しない添え字を指定するとnilが返る
a.delete_at(100) #=> nil
a                #=> [1, 3]
```


4.2.2 配列を使った多重代入

「2.2.8 変数（ローカル変数）の宣言と代入」の項では変数を多重代入する方法を紹介しました。

```
a, b = 1, 2
a #=> 1
b #=> 2
```

右辺に配列を置いた場合も同じように多重代入することができます。

```
# 配列を使って多重代入する
a, b = [1, 2]
a #=> 1
b #=> 2

# 右辺の数が少ない場合はnilが入る
c, d = [10]
c #=> 10
d #=> nil

# 右辺の数が多い場合ははみ出した値が切り捨てられる
e, f = [100, 200, 300]
e #=> 100
f #=> 200
```

配列の多重代入は便利に使える場合があります。たとえば、Rubyには割り算の商と余りを配列として返すdivmodというメソッドがあります。こういったメソッドの場合、配列で受け取るよりも多重代入を使って最初から別々の変数に入れたほうが、スッキリとしたコードが書けます。

```
# divmodは商と余りを配列で返す
14.divmod(3) #=> [4, 2]

# 戻り値を配列のまま受け取る
quo_rem = 14.divmod(3)
"商=#{quo_rem[0]}, 余り=#{quo_rem[1]}" #=> "商=4, 余り=2"
```

```
# 多重代入で別々の変数として受け取る
quotient, remainder = 14.divmod(3)
"商=#{quotient}, 余り=#{remainder}"     #=> "商=4, 余り=2"
```

さて、配列にはほかにも便利な機能があるのですが、それらの内容はブロックと組み合わせるものが多いです。そこでまずブロックの説明をしてから、再び配列の説明に戻ることにします。

4.3 ブロック

ブロックはメソッドの引数として渡すことができる処理のかたまりです。ブロック内で記述した処理は必要に応じてメソッドから呼び出されます。……と説明しても、言葉だけでは理解しづらいかもしれません。そこで最初に配列の繰り返し処理をほかの言語と比較しながら、Rubyのブロックを理解してもらおうと思います。

4.3.1 参考：JavaScriptの繰り返し処理

本書ではJavaScriptの繰り返し処理とRubyの繰り返し処理を比較していきます。たとえば初期のJavaScriptでは次のようにfor文を使って配列の中身を順番に処理していました。

```
var numbers = [1, 2, 3, 4]
var sum = 0
for (var i = 0; i < numbers.length; i++) {
  sum += numbers[i]
}
console.log(sum) //=> 10
```

C言語でも同じような構文を使うので、この形式に見慣れている方も多いかもしれません。ここではプログラマがコンピュータに対して次のような処理を明示的に命令しています。

①変数iを0で初期化しろ（`var i = 0`）。
②ループが1回終わるごとにiの値を1増やせ（`i++`）。
③配列numbersに入っているi番目の値を取り出せ（`numbers[i]`）。
④変数sumに取り出した値を加算しろ（`sum += numbers[i]`）。
⑤iが配列numbersの長さよりも小さい間は②〜④の処理を繰り返せ（`i < numbers.length`）。

また、最近のJavaScriptでは次のようにforEachメソッドで配列を繰り返し処理できます[注1]。

```
const numbers = [1, 2, 3, 4]
let sum = 0
numbers.forEach(function(n) {
  sum += n
})
console.log(sum) //=> 10
```

注1　JavaScriptに詳しくない人を考慮して、ここではアロー関数ではなく、functionキーワードでコールバック関数を定義しています。

forEachメソッドを使うと、先ほどのfor文を使った繰り返し処理とはかなり考え方が変わります。

①配列numbersの値を順番にコールバック関数（無名関数）に引数として渡せ（numbers.forEach(function(n))。
②コールバック関数は変数sumに引数として渡されたnを加算しろ（sum += n）。

ここではJavaScriptを例に挙げて、for文を使った繰り返し処理と、forEachメソッドとコールバック関数を組み合わせる繰り返し処理の2つを紹介してみました。それでは、Rubyの場合はどうなのでしょうか？

4.3.2 Rubyの繰り返し処理

Rubyにもfor文はあります。ですが、ほとんどのRubyプログラマはfor文を使いません。筆者も長年Rubyを使っていますが、for文を書いたことは一度もありません。Rubyの場合はforのような構文で繰り返し処理をさせるのではなく、配列自身に対して「繰り返せ」という命令を送ります。ここで登場するのがeachメソッドです。考え方としては先ほど紹介したJavaScriptのforEachメソッドに近いですが、JavaScriptとは異なる部分もあります。具体的には次のようなコードになります。

```
numbers = [1, 2, 3, 4]
sum = 0
numbers.each do |n|
  sum += n
end
sum #=> 10
```

まず、numbers.eachとなっている点に注目してください。これはfor文のような言語機能を使って繰り返し処理を実行しているのではなく、配列のeachメソッドを利用していることを意味しています。JavaScriptのforEachメソッドではコールバック関数をforEachメソッドの引数として渡していましたが、Rubyではコールバック関数ではなくブロックを使うのが大きな特徴です。では、ブロックとはいったい何なのでしょうか？

たとえば、eachメソッドの役割は配列の要素を最初から最後まで順番に取り出すことです。しかし、取り出した要素をどう扱うのかは、そのときの要件で変わってきます。そこで登場するのがブロックです。配列の要素を順番に取り出す作業はeachメソッドで行い、その要素をどう扱うかはブロックに記述します。上のコードでいうと、doからendまでがブロックになります。

```
ブロックの範囲
numbers.each do |n|
  sum += n
end
```

|n|のnはブロックパラメータと呼ばれるもので、eachメソッドから渡された配列の要素が入ります。具体的に言うと、nには1、2、3、4が順番に渡されます。ブロックの内部では自由にRubyのコードが書けます。ここではsum += nのように、変数sumに配列の各要素nを加算するコードを書きました。結果として、上記のコードではforループや、forEachメソッドと同じように、配列の中身を順に加算していくコードを書いたことになります（**図4-1**）。

図4-1　eachメソッドのイメージ

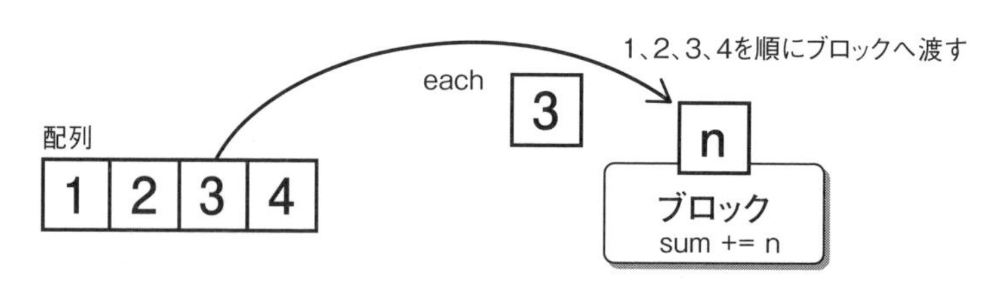

JavaScriptに慣れている人であれば、コールバック関数にあたるものがRubyではブロックと呼ばれる言語機能として組み込まれていると考えるとわかりやすいかもしれません。ただし、コールバック関数とは異なり、メソッドに渡せるブロックの数は1つだけです[注2]。

4.3.3 配列の要素を削除する条件を自由に指定する

ブロックは非常によく使われるので、each以外の使用例も見ておきましょう。たとえば、配列には指定した値に一致する要素を削除する、deleteというメソッドがあります。

```
a = [1, 2, 3, 1, 2, 3]
# 配列から値が2の要素を削除する
a.delete(2)
a #=> [1, 3, 1, 3]
```

しかし、deleteメソッドを使うと引数で渡した値に完全一致する要素しか削除できません。なので、deleteメソッドではたとえば「奇数だけを削除する」という処理を実現できません。こういったケースではdeleteメソッドの代わりにdelete_ifメソッドを使います。先にdelete_ifメソッドを使って、奇数だけを削除するコードをお見せしましょう。

```
a = [1, 2, 3, 1, 2, 3]
# 配列から値が奇数の要素を削除する
a.delete_if do |n|
  n.odd?
end
a #=> [2, 2]
```

delete_ifメソッドもeachメソッドと同じように、配列の要素を順番に取り出します。そして、その要素をブロックに渡します。つまり、eachの場合と同じく、上のコードでもブロックパラメータnに1、2、3、1、2、3が順に渡されるわけです。しかし、そこからあとの処理はeachメソッドとは異なります。delete_ifメソッドはブロックの戻り値をチェックします。その戻り値が真であれば、ブロックに渡した要素を配列から削除します。偽であれば配列に残したままにします。

ブロックの戻り値はメソッドと同様、最後に評価された式になります。上のコードではn.odd?の結果がブロックの戻り値です。odd?メソッドは数値が奇数の場合にtrueを返します。よって、上記のコードを実行すると配列から奇数の要素が削除されます（**図4-2**）。

注2　ブロックが2つ以上必要になるようなケースではブロックの代わりにProcを使います。Procについては第10章で説明します。

図4-2 delete_ifメソッドのイメージ

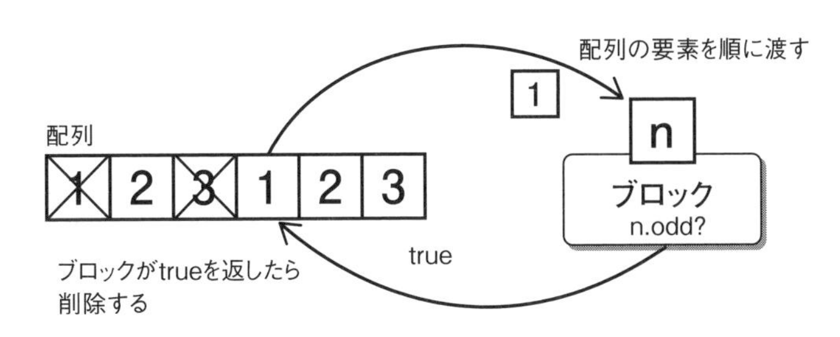

delete_ifメソッドは、「配列の要素を順番に取り出すこと」と「ブロックの戻り値が真であれば要素を削除すること」という共通処理を提供します。しかし、どの要素を削除したいのかは要件によって異なるので、ブロックに処理をゆだねます。我々プログラマはブロックの内部に自分の要件に合った処理を記述し、delete_ifメソッドの仕様に合わせて真または偽の値を返すようにします。

このように、Rubyでは「要件を問わず共通する処理」はメソッド自身に、「要件によって異なる処理」はブロックにそれぞれ分担させて、1つの処理を完了させるメソッドが数多く用意されています。

さて、なんとなくRubyのブロックのしくみがつかめてきたでしょうか？　次からはこのブロックをもう少し詳しく掘り下げていきます。

4.3.4 ブロックパラメータとブロック内の変数

もう一度、最初に紹介した配列の要素を加算する処理を見てみましょう。

```
numbers = [1, 2, 3, 4]
sum = 0
numbers.each do |n|
  sum += n
end
```

ブロックパラメータのnは別にnでなくてもかまいません。パラメータの名前はプログラマが自由に決めることができます。

```
# ブロックパラメータの名前は何でも良い
numbers.each do |i|
  sum += i
end

numbers.each do |number|
  sum += number
end

numbers.each do |element|
  sum += element
end
```

ブロックパラメータを使わない場合は、ブロックパラメータ自体を省略できます。

```
numbers.each do
  sum += 1
end
```

ここまでブロックの内部には1行だけしかコードが登場しませんでしたが、ブロック内にはRubyのコードを自由に書くことができます。たとえば次のコードは偶数のみ、値を10倍にしてから加算するコードの例です(条件分岐には「2.10.5　条件演算子(三項演算子)」の項で説明した条件演算子を使っています)。

```
numbers = [1, 2, 3, 4]
sum = 0
numbers.each do |n|
  sum_value = n.even? ? n * 10 : n
  sum += sum_value
end
sum #=> 64
```

sum_valueはブロック内で初めて登場した変数です。このような変数のスコープ(有効範囲)はブロックの内部のみになります。もし、ブロックの外でsum_valueを参照するとエラーが発生します。

```
numbers = [1, 2, 3, 4]
sum = 0
numbers.each do |n|
  # sum_valueはブロック内で初めて登場した変数なので、ブロック内でのみ有効
  sum_value = n.even? ? n * 10 : n
  sum += sum_value
end
# ブロックの外に出ると、sum_valueは参照できない
sum_value
#=> undefined local variable or method `sum_value' for main:Object (NameError)
```

一方、上のコードの変数sumのように、ブロックの外部で作成されたローカル変数はブロックの内部でも参照できます。

```
numbers = [1, 2, 3, 4]
sum = 0
numbers.each do |n|
  sum_value = n.even? ? n * 10 : n
  # sumはブロックの外で作成されたので、ブロックの内部でも参照可能
  sum += sum_value
end
```

ブロックパラメータの名前をブロックの外にある変数の名前と同じにすると、ブロック内ではブロックパラメータの値が優先して参照されます(名前の重複により、ほかの変数やメソッドが参照できなくなることをシャドーイングといいます)。

```
numbers = [1, 2, 3, 4]
sum = 0
sum_value = 100
# ブロックの外にもsum_valueはあるが、ブロック内ではブロックパラメータのsum_valueが優先される
```

```
numbers.each do |sum_value|
  sum += sum_value
end
sum #=> 10

# ブロックを抜けると3行目で定義したsum_valueを再び参照できる
sum_value #=> 100
```

しかし、このようなコードは読み手を混乱させやすく、思わぬ不具合の原因になったりするので、意図的に同じ名前を使うことは避けるようにしましょう。

4.3.5 do ... end と {}

ここまでブロックは必ず改行を入れて書いてきました。しかし、Rubyの文法上、改行を入れなくてもブロックは動作します。

```
numbers = [1, 2, 3, 4]
sum = 0
# ブロックをあえて改行せずに書く
numbers.each do |n| sum += n end
sum #=> 10
```

しかし、これだとちょっと読みにくいですね。実はRubyにはもうひとつブロックの記法があります。do ... endを使う代わりに、{}で囲んでもブロックを作れるのです。

```
numbers = [1, 2, 3, 4]
sum = 0
# do ... endの代わりに{}を使う
numbers.each { |n| sum += n }
sum #=> 10
```

do ... endと{}はどちらも同じブロックなので、{}を使い、ブロックの内部を改行させることも可能です。

```
numbers = [1, 2, 3, 4]
sum = 0
# {}でブロックを作り、なおかつ改行を入れる
numbers.each { |n|
  sum += n
}
sum #=> 10
```

do ... endと{}の使い分けは明確に決まっているわけではありませんが、ここで紹介したように

- 改行を含む長いブロックを書く場合はdo ... end
- 1行でコンパクトに書きたいときは{}

と使い分けられるケースが多いです。本書でもこれ以降、{}のブロックを積極的に使用していきます。

ブロックの利用例はほかにもまだまだたくさんあります。Rubyのコードを読む場合はメソッドの後ろに出てくるdo ... endや{}に注目して、ブロックがどんな用途で使われているのか調べてみると良い勉強になるはずです。

4.4 ブロックを使う配列のメソッド

さて、ブロックに関する説明が終わったので、再び配列の説明に戻ります。ここからはブロックを使う配列のメソッドのうち、使用頻度が高い次のメソッドを紹介していきます。

- map/collect
- select/find_all/reject
- find/detect
- sum

4.4.1 map/collect

配列でeachメソッドの次に使用頻度が高いメソッドといえばmapメソッド（エイリアスメソッドはcollect）だと思います。mapメソッドは各要素に対してブロックを評価した結果を新しい配列にして返します。たとえば、次のように配列の各要素を10倍した新しい配列を作るコードがあったとします。

```
numbers = [1, 2, 3, 4, 5]
new_numbers = []
numbers.each { |n| new_numbers << n * 10 }
new_numbers #=> [10, 20, 30, 40, 50]
```

mapメソッドを使うとブロックの戻り値が配列の要素となる新しい配列が作成されるため、mapメソッドの戻り値をそのまま新しい変数に入れることができます。

```
numbers = [1, 2, 3, 4, 5]
# ブロックの戻り値が新しい配列の各要素になる
new_numbers = numbers.map { |n| n * 10 }
new_numbers #=> [10, 20, 30, 40, 50]
```

空の配列を用意して、ほかの配列をループ処理した結果を空の配列に詰め込んでいくような処理の大半は、mapメソッドに置き換えることができるはずです。

4.4.2 select/find_all/reject

selectメソッド（エイリアスメソッドはfind_all）は各要素に対してブロックを評価し、その戻り値が真の要素を集めた配列を返すメソッドです。たとえば次のようにすると、偶数の数値だけを集めた配列を新たに作ることができます。

```
numbers = [1, 2, 3, 4, 5, 6]
# ブロックの戻り値が真になった要素だけが集められる
even_numbers = numbers.select { |n| n.even? }
even_numbers #=> [2, 4, 6]
```

rejectメソッドはselectメソッドの反対で、ブロックの戻り値が真になった要素を除外した配列を返します。

言い換えると、ブロックの戻り値が偽である要素を集めるメソッドです。

```
numbers = [1, 2, 3, 4, 5, 6]
# 3の倍数を除外する（3の倍数以外を集める）
non_multiples_of_three = numbers.reject { |n| n % 3 == 0 }
non_multiples_of_three #=> [1, 2, 4, 5]
```

4.4.3 find/detect

findメソッド（エイリアスメソッドはdetect）はブロックの戻り値が真になった最初の要素を返します。

```
numbers = [1, 2, 3, 4, 5, 6]
# ブロックの戻り値が最初に真になった要素を返す
even_number = numbers.find { |n| n.even? }
even_number #=> 2
```

4.4.4 sum

sumメソッドは要素の合計を求めるメソッドです。

```
numbers = [1, 2, 3, 4]
numbers.sum #=> 10
```

ブロックを与えると、ブロックパラメータに各要素が順番に渡され、ブロックの戻り値が合計されます。

```
numbers = [1, 2, 3, 4]
# 各要素を2倍しながら合計する
numbers.sum { |n| n * 2 } #=> 20
```

初期値は0ですが、引数で0以外の初期値を指定することもできます。

```
numbers = [1, 2, 3, 4]
# 初期値に5を指定する（5 + 1 + 2 + 3 + 4 = 15）
numbers.sum(5) #=> 15
```

合計するのは数値に限りません。たとえば、初期値に文字列を指定すると、各要素の文字列が+で連結されて1つの文字列になります。

```
chars = ['a', 'b', 'c']
# 文字列を連結する（'' + 'a' + 'b' + 'c' = 'abc'）
chars.sum('') #=> "abc"
```

■ joinとsum

配列の要素を連結して1つの文字列にするときはjoinメソッドを使うこともできます。

```
chars = ['a', 'b', 'c']
chars.join #=> "abc"
```

第1引数に区切り文字を指定することもできます。

```
chars = ['a', 'b', 'c']
# 区切り文字をハイフンにして各要素を連結する
chars.join('-') #=> "a-b-c"
```

連結する際はto_sメソッドで各要素を文字列に変換してから連結します。そのため、数値など文字列以外の要素が含まれていても大丈夫です。

```
data = ['a', 2, 'b', 4]
# 配列に数値が含まれていても連結可能（to_sメソッドで文字列に変換されるため）
data.join #=> "a2b4"
```

単純な要素の連結であればsumメソッドよりjoinメソッドを使ったほうがシンプルでわかりやすいです。ただし、sumメソッドを使うと、次のように空文字列("")以外の初期値(先頭の文字列)を与えたり、ブロック内で文字列を加工したりすることができます。

```
chars = ['a', 'b', 'c']
# 先頭に'>'を付け、各要素を大文字にして連結する
chars.sum('>') { |c| c.upcase } #=> ">ABC"
```

4.4.5 &とシンボルを使ってもっと簡潔に書く

これは少し上級テクニックになりますが、ブロックを使うメソッドは条件によってはかなり簡潔に書くことができます。先にコード例をお見せしましょう。

```
# このコードは、
['ruby', 'java', 'python'].map { |s| s.upcase } #=> ["RUBY", "JAVA", "PYTHON"]
# こう書き換えられる
['ruby', 'java', 'python'].map(&:upcase)        #=> ["RUBY", "JAVA", "PYTHON"]

# このコードは、
[1, 2, 3, 4, 5, 6].select { |n| n.odd? } #=> [1, 3, 5]
# こう書き換えられる
[1, 2, 3, 4, 5, 6].select(&:odd?)        #=> [1, 3, 5]
```

初めて見ると何が起きているのかよくわからないかもしれませんが、mapメソッドやselectメソッドにブロックを渡す代わりに、**&:メソッド名**という引数を渡しています。

この書き方は次の条件がそろったときに使うことができます[注3]。

①ブロックパラメータが1個だけである。

②ブロックの中で呼び出すメソッドには引数がない。

③ブロックの中では、ブロックパラメータに対してメソッドを1回呼び出す以外の処理がない。

注3　厳密にはこの条件に合致しないケースもあり得るのですが、めったに遭遇しないのでここでは考慮しないことにします。

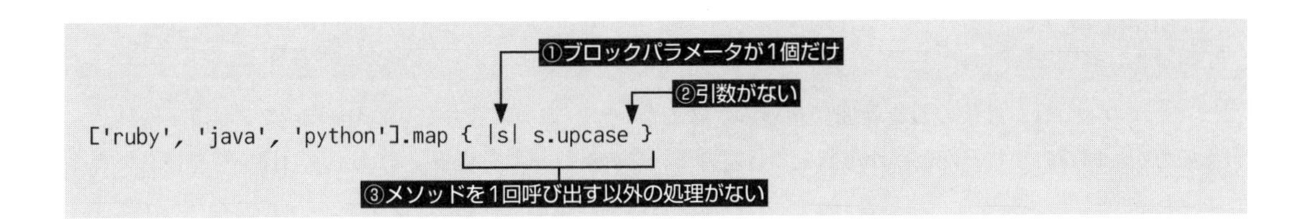

逆に、次のようなコードでは&:メソッド名の書き方に変換することはできません。

```
# ブロックの中でメソッドではなく演算子を使っている
[1, 2, 3, 4, 5, 6].select { |n| n % 3 == 0 }

# ブロック内のメソッドで引数を渡している
[9, 10, 11, 12].map { |n| n.to_s(16) }

# ブロックの中で複数の文を実行している
[1, 2, 3, 4].map do |n|
  m = n * 4
  m.to_s
end
```

&:upcaseや&:odd?のうち、:upcaseや:odd?の部分はシンボルと呼ばれるオブジェクトになっています。シンボルについては第5章で説明します。また、&とシンボルを組み合わせると何が起きるのかについては「10.5.2 &とto_procメソッド」の項で詳しく説明します。

この書き方に慣れないうちは無理に書き換える必要はありません。普通にブロックを使う書き方でOKです。ただし、ほかの人が書いたコードにはmap(&:upcase)のような記法が出てくるかもしれません。その際は、ここで説明した内容を思い出すようにしてください。

4.5 範囲（Range）

例題の解説に進む前にもうひとつだけ、新しいオブジェクトについて学習しておきましょう。

Rubyには「1から5まで」「文字aから文字eまで」のように、値の範囲を表すオブジェクトがあります。これを範囲オブジェクトと言います。範囲オブジェクトは次のように..または...を使って作成します。

```
最初の値..最後の値（最後の値を含む）
最初の値...最後の値（最後の値を含まない）
```

具体的には次のようなコード（範囲式）で範囲オブジェクトを作成します。

```
1..5
1...5
'a'..'e'
'a'...'e'
```

範囲オブジェクトはRangeクラスのオブジェクトです。

```
(1..5).class  #=> Range
(1...5).class #=> Range
```

`..`と`...`の違いは、最後の値を範囲に含めるか含めないかの違いになります。include?メソッドを使うと引数の値が範囲に含まれるかどうかを判定できるので、このメソッドを使って`..`と`...`の違いを確認してみましょう。

```
# ..を使うと5が範囲に含まれる（1以上5以下）
range = 1..5
range.include?(0)   #=> false
range.include?(1)   #=> true
range.include?(4.9) #=> true
range.include?(5)   #=> true
range.include?(6)   #=> false

# ...を使うと5が範囲に含まれない（1以上5未満）
range = 1...5
range.include?(0)   #=> false
range.include?(1)   #=> true
range.include?(4.9) #=> true
range.include?(5)   #=> false
range.include?(6)   #=> false
```

上のコード例を見てもらうとわかるとおり、`1..5`であれば5が範囲に含まれますが、`1...5`の場合は末尾の5が範囲に含まれません（4.9999……までが含まれます）。

なお、範囲オブジェクトを変数に入れず、直接include?のようなメソッドを呼び出すときは範囲オブジェクトを()で囲む必要があるので注意してください。

```
# ()で囲まずにメソッドを呼び出すとエラーになる
1..5.include?(1)   #=> undefined method `include?' for 5:Integer (NoMethodError)
# ()で囲めばエラーにならない
(1..5).include?(1) #=> true
```

これは`..`や`...`の優先順位が低いためです（演算子の優先順位については「2.4.2　演算子の優先順位」を参照）。()で囲まなかったほうのコードは次のように解釈されたため、エラーが発生しました。

```
1..(5.include?(1))
```

範囲オブジェクトを標準でサポートするプログラミング言語はちょっと珍しいかもしれません。この説明だけではどういうときに使うのかイメージがわかないかもしれませんが、Rubyでは範囲オブジェクトを使うと便利な場面がよくあります。具体的な利用例を見ていきましょう。

4.5.1 配列や文字列の一部を抜き出す

配列に対して添え字の代わりに範囲オブジェクトを渡すと、指定した範囲の要素を取得することができます。

```
a = [1, 2, 3, 4, 5]
# 2番目から4番目までの要素を取得する
a[1..3] #=> [2, 3, 4]
```

文字列に対しても同じような操作ができます。

```
a = 'abcdef'
# 2文字目から4文字目までを抜き出す
a[1..3] #=> "bcd"
```

4.5.2 n以上m以下、n以上m未満の判定をする

n以上m以下、n以上m未満の判定をしたい場合は、<や>=のような記号（不等号）を使うよりも範囲オブジェクトを使ったほうがシンプルに書けます。

```
# 不等号を使う場合
def liquid?(temperature)
  # 0度以上100度未満であれば液体、と判定したい
  0 <= temperature && temperature < 100
end
liquid?(-1)  #=> false
liquid?(0)   #=> true
liquid?(99)  #=> true
liquid?(100) #=> false

# 範囲オブジェクトを使う場合
def liquid?(temperature)
  (0...100).include?(temperature)
end
liquid?(-1)  #=> false
liquid?(0)   #=> true
liquid?(99)  #=> true
liquid?(100) #=> false
```

4.5.3 case文で使う

範囲オブジェクトはcase文と組み合わせることもできます。次のコードは年齢に応じて料金を判定するメソッドの実装例です。

```
def charge(age)
  case age
  # 0歳から5歳までの場合
  when 0..5
    0
  # 6歳から12歳までの場合
  when 6..12
    300
  # 13歳から18歳までの場合
  when 13..18
    600
  # それ以外の場合
  else
    1000
```

```
  end
end
charge(3)  #=> 0
charge(12) #=> 300
charge(16) #=> 600
charge(25) #=> 1000
```

4.5.4 値が連続する配列を作成する

範囲オブジェクトに対してto_aメソッドを呼び出すと、値が連続する配列を作成することができます。

```
(1..5).to_a  #=> [1, 2, 3, 4, 5]
(1...5).to_a #=> [1, 2, 3, 4]

('a'..'e').to_a  #=> ["a", "b", "c", "d", "e"]
('a'...'e').to_a #=> ["a", "b", "c", "d"]

('bad'..'bag').to_a  #=> ["bad", "bae", "baf", "bag"]
('bad'...'bag').to_a #=> ["bad", "bae", "baf"]
```

[]の中に*と範囲オブジェクトを書いても同じように配列を作ることができます。

```
[*1..5]  #=> [1, 2, 3, 4, 5]
[*1...5] #=> [1, 2, 3, 4]
```

4.5.5 繰り返し処理を行う

範囲オブジェクトを配列に変換すれば、配列として繰り返し処理を行うことができます。

```
# 範囲オブジェクトを配列に変換してから繰り返し処理を行う
numbers = (1..4).to_a
sum = 0
numbers.each { |n| sum += n }
sum #=> 10
```

ですが、配列に変換しなくても、範囲オブジェクトに対して直接eachメソッドを呼び出すことも可能です。

```
sum = 0
# 範囲オブジェクトに対して直接eachメソッドを呼び出す
(1..4).each { |n| sum += n }
sum #=> 10
```

stepメソッドを呼び出すと、値を増やす間隔を指定できます。

```
numbers = []
# 1から10まで2回ごとに繰り返し処理を行う
(1..10).step(2) { |n| numbers << n }
numbers #=> [1, 3, 5, 7, 9]
```

さて、配列やブロック、範囲オブジェクトについてはまだ説明したい内容があるのですが、いったんここで区切ります。次は例題を解いてみましょう。それからまた残りのトピックを説明していきます。

4.6 例題：RGB変換プログラムを作成する

RGB変換プログラムの仕様をもう1回確認しておきます。

- 10進数を16進数に変換するto_hexメソッドと、16進数を10進数に変換するto_intsメソッドの2つを定義する。
- to_hexメソッドは3つの整数を受け取り、それぞれを16進数に変換した文字列を返す。文字列の先頭には"#"を付ける。
- to_intsメソッドはRGBカラーを表す16進数の文字列を受け取り、R、G、Bのそれぞれを10進数の整数に変換した値を配列として返す。

to_hexメソッドとto_intsメソッドの実行例を次に示します。

```
to_hex(0, 0, 0)        #=> "#000000"
to_hex(255, 255, 255) #=> "#ffffff"
to_hex(4, 60, 120)    #=> "#043c78"
to_ints('#000000')    #=> [0, 0, 0]
to_ints('#ffffff')    #=> [255, 255, 255]
to_ints('#043c78')    #=> [4, 60, 120]
```

みなさんはもう実装のイメージがついているでしょうか？　実装できそうな人も、できなそうな人も、最初は今から説明する手順に従って作成してみてください。

4.6.1 to_hexメソッドを作成する

今回はto_hexメソッドのテストコードから作成していきます。いわゆる「テスト駆動開発（TDD、Test driven development）」というやつです。いつでもTDDで開発しろ、とは言いませんが、「プログラムのインプットとアウトプットが明確である」「テストコードの書き方が最初からイメージできる」という2つの条件がそろっている場合は、TDDが向いています。

さて、まずは第3章で作成したtestディレクトリにrgb_test.rbというファイルを作成します。

```
ruby-book/
├─ lib/
└─ test/
    └─ rgb_test.rb
```

次に、rgb_test.rbを開き、次のようなコードを書いてください。

```
require 'minitest/autorun'

class RgbTest < Minitest::Test
  def test_to_hex
    assert_equal '#000000', to_hex(0, 0, 0)
  end
end
```

上のテストコードにはとくに目新しい内容は出てきていません。よくわからない点があれば第3章をもう一度読み直してください。あえておかしいところを挙げるとすれば、まだ作成していないto_hexメソッドがもう登場しているところでしょうか。まさかこれでテストがパスするとは思いませんが、とりあえず実行してみましょう。

```
$ ruby test/rgb_test.rb
省略
  1) Error:
RgbTest#test_to_hex:
NoMethodError: undefined method `to_hex' for #<RgbTest:0x00007fe7cb8ea778 ……省略>
    test/rgb_test.rb:5:in `test_to_hex'

1 runs, 0 assertions, 0 failures, 1 errors, 0 skips
```

案の定、テストは失敗しました。当然ですね。エラーメッセージの中にundefined method `to_hex'という文言が見えます。直訳すると「未定義のメソッドto_hex」という意味なので、やはりto_hexメソッドが見つからなくてテストが失敗したようです。

では、to_hexメソッドを実装していきましょう。まずはlibディレクトリにrgb.rbという空のファイルを作成してください。

```
ruby-book/
├─ lib/
│  └─ rgb.rb
└─ test/
   └─ rgb_test.rb
```

それからrgb.rbファイルを開き、次のようなコードを入力します。

```
def to_hex(r, g, b)
  '#000000'
end
```

「えっ？」と思われた方もいるかもしれませんが、ロジックらしいロジックを書かずに、あえて'#000000'という固定の文字列を返しています。これはまず、テストコードがちゃんと機能しているか、ということをチェックするためです。

第3章でも説明したとおり、このままだとto_hexメソッドはテストコードから参照できないので、rgb_test.rbで../lib/rgbを読み込みます。

```
require 'minitest/autorun'
require_relative '../lib/rgb'

class RgbTest < Minitest::Test
  def test_to_hex
    assert_equal '#000000', to_hex(0, 0, 0)
  end
end
```

さあ、これで最初のテストはとりあえずパスするはずです。実行してみましょう。

```
$ ruby test/rgb_test.rb
省略
1 runs, 1 assertions, 0 failures, 0 errors, 0 skips
```

期待どおりパスしましたね！　もしテストが失敗するようであればエラーメッセージを参考にして、ここまでに書いたコードや第3章の内容をしっかり確認してください。

しかし、これで満足していてはいけません。テストコードにもうひとつ検証コードを追加します。

```
require 'minitest/autorun'
require_relative '../lib/rgb'

class RgbTest < Minitest::Test
  def test_to_hex
    assert_equal '#000000', to_hex(0, 0, 0)
    assert_equal '#ffffff', to_hex(255, 255, 255)
  end
end
```

テストを実行します。

```
$ ruby test/rgb_test.rb
省略
  1) Failure:
RgbTest#test_to_hex [test/rgb_test.rb:7]:
Expected: "#ffffff"
  Actual: "#000000"

1 runs, 2 assertions, 1 failures, 0 errors, 0 skips
```

当たり前ですが、テストは失敗しますね。さあ、そろそろちゃんとto_hexメソッドを実装しましょう。

ここで必要な作業は整数値を16進数の文字列に変換することです。これはto_sメソッドを使うと実現できます。irbを開いて、次のようなコードを入力してみてください。

```
0.to_s(16)   #=> "0"
255.to_s(16) #=> "ff"
```

ご覧のとおり、to_sメソッドで整数を16進数に変換できています。ところが、0のときは1桁の"0"になっています。こちらが期待している結果は"00"のような2桁の文字列です。今回の場合だとrjustメソッドを使って右寄せすると便利です。第1引数には桁数を指定します。デフォルトは空白（半角スペース）で桁揃え（けたぞろえ）されますが、第2引数を指定すると空白以外の文字列を埋めることができます。

```
'0'.rjust(5)      #=> "    0"
'0'.rjust(5, '0') #=> "00000"
'0'.rjust(5, '_') #=> "____0"
```

このメソッドを使えば、0を2桁の"00"に変換できますね。

```
0.to_s(16).rjust(2, '0')   #=> "00"
255.to_s(16).rjust(2, '0') #=> "ff"
```

さあ、ここまで来れば勝ったも同然です。次のようにすれば、to_hexメソッドをちゃんと実装できます。

```
def to_hex(r, g, b)
  '#' +
    r.to_s(16).rjust(2, '0') +
    g.to_s(16).rjust(2, '0') +
    b.to_s(16).rjust(2, '0')
end
```

「あれっ、これでいいの？」と思った人はもうちょっと待ってください。とりあえずこれでテストがパスすることを確認します。

```
$ ruby test/rgb_test.rb
省略
1 runs, 2 assertions, 0 failures, 0 errors, 0 skips
```

はい、テストはちゃんとパスしました！　念のため、r、g、bの各値がバラバラになっているテストケースも追加します。

```
class RgbTest < Minitest::Test
  def test_to_hex
    assert_equal '#000000', to_hex(0, 0, 0)
    assert_equal '#ffffff', to_hex(255, 255, 255)
    assert_equal '#043c78', to_hex(4, 60, 120)
  end
end
```

テストを実行します。

```
$ ruby test/rgb_test.rb
省略
1 runs, 3 assertions, 0 failures, 0 errors, 0 skips
```

3つめのテストケースも大丈夫みたいです。お疲れ様でした、これで完成……ではありません。ここからはto_hexメソッドのリファクタリングを行います。

4.6.2 to_hexメソッドをリファクタリングする

リファクタリングとは外から見た振る舞いは保ったまま、理解や修正が簡単になるように内部のコードを改善することです。先ほど作成したto_hexメソッドをもう一度見てみましょう。

```
def to_hex(r, g, b)
  '#' +
    r.to_s(16).rjust(2, '0') +
    g.to_s(16).rjust(2, '0') +
    b.to_s(16).rjust(2, '0')
end
```

今の状態だと`.to_s(16).rjust(2, '0')`が3回登場しています。これだと将来何か変更があったときに同じ変更を3回繰り返さなければいけません。プログラミングにはDRY原則と呼ばれる有名な原則があります注4。これは“Don't repeat yourself”の略で、「繰り返しを避けること」という意味です。DRY原則に従い、to_hexメソッドからコードの重複を取り除きましょう。

同じ処理を3回繰り返すのであれば、r、g、bの各値を配列に入れて繰り返し処理すれば済みそうです。そこで次のようにリファクタリングしてみましょう。

```
def to_hex(r, g, b)
  hex = '#'
  [r, g, b].each do |n|
    hex += n.to_s(16).rjust(2, '0')
  end
  hex
end
```

上のコードでは[r, g, b]というように引数として渡された各値を配列に入れたあと、eachメソッドを使って繰り返し処理しています。eachメソッドの内部では数値を16進数に変換した文字列を、ブロックの外で作成した変数hexに連結しています。そして最後に変数hexをメソッドの戻り値として返しています。この結果、.to_s(16).rjust(2, '0')は1回しか登場しなくなりました。

これでも得られる結果は同じなのでテストはパスするはずです。実行してみましょう。

```
$ ruby test/rgb_test.rb
省略
1 runs, 3 assertions, 0 failures, 0 errors, 0 skips
```

はい、テストはちゃんとパスしました！　みなさんの手元でもテストはパスしましたか？　さあ、これでリファクタリングはおしまい……ではありません。この章で説明したRubyの便利メソッドを使えばもっとコードを短くシンプルにできます。みなさんはそのメソッドがわかりますか？　いきなりぱっと答えが出る人は少ないかもしれませんね。ここではsumメソッドを使えばもっと短くできます。sumメソッドを使ってto_hexメソッドをリファクタリングすると次のようなコードになります。

```
def to_hex(r, g, b)
  [r, g, b].sum('#') do |n|
    n.to_s(16).rjust(2, '0')
  end
end
```

上のコードで押さえておくべきポイントは次の3つです。

- 初期値、つまり先頭の文字として"#"が入ること。
- ブロックの中のn.to_s(16).rjust(2, '0')で作成された文字列は、順番に連結されて1つの文字列になること。
- 繰り返し処理が最後まで到達したら、連結された文字列がsumメソッド自身の戻り値になること。

この3つのポイントを押さえておけば、リファクタリング後のコードも理解できるはずです。それでもピンとこない場合は、「4.4.4　sum」の項を読み直してみてください。

では、テストコードを実行してみましょう。

注4　出典：Andrew Hunt、David Thomas 共著、村上雅章 訳、『達人プログラマー 熟達に向けたあなたの旅（第2版）』、オーム社、2020年

```
$ ruby test/rgb_test.rb
省略
1 runs, 3 assertions, 0 failures, 0 errors, 0 skips
```

こちらもちゃんとパスしましたね！　ここまでやればリファクタリングはおしまいです。人によっては「いや、ここも改善したい！」というポイントがあるかもしれませんが、本書ではここで切り上げることにします。というわけでto_hexメソッドが完成しました！

4.6.3 to_intsメソッドを作成する

それでは続けてto_intsメソッドを作成してみましょう。こちらは先ほどの逆で、16進数の文字列を10進数の数値3つに変換するメソッドです。

```
to_ints('#000000') #=> [0, 0, 0]
to_ints('#ffffff') #=> [255, 255, 255]
to_ints('#043c78') #=> [4, 60, 120]
```

まず、to_hexメソッドのときと同じようにテストコードを書きましょう。

```
require 'minitest/autorun'
require_relative '../lib/rgb'

class RgbTest < Minitest::Test
  def test_to_hex
    assert_equal '#000000', to_hex(0, 0, 0)
    assert_equal '#ffffff', to_hex(255, 255, 255)
    assert_equal '#043c78', to_hex(4, 60, 120)
  end

  def test_to_ints
    assert_equal [0, 0, 0], to_ints('#000000')
  end
end
```

to_intsメソッドはまだ作成していないので、当然テストは失敗します。

```
$ ruby test/rgb_test.rb
省略
  1) Error:
RgbTest#test_to_ints:
NoMethodError: undefined method `to_ints' for #<RgbTest:0x00007fe8140245f0 ……省略>
    test/rgb_test.rb:12:in `test_to_ints'

2 runs, 3 assertions, 0 failures, 1 errors, 0 skips
```

次にrgb.rbを開き、to_intsメソッドの仮実装を書きます。

```
def to_hex(r, g, b)
  [r, g, b].sum('#') do |n|
    n.to_s(16).rjust(2, '0')
```

```
  end
end

def to_ints(hex)
  [0, 0, 0]
end
```

とりあえず最初のテストはパスしますね。

```
$ ruby test/rgb_test.rb
省略
2 runs, 4 assertions, 0 failures, 0 errors, 0 skips
```

それでは2つめの検証コードを追加しましょう。

```
require 'minitest/autorun'
require_relative '../lib/rgb'

class RgbTest < Minitest::Test
  # 省略

  def test_to_ints
    assert_equal [0, 0, 0], to_ints('#000000')
    assert_equal [255, 255, 255], to_ints('#ffffff')
  end
end
```

もちろんテストは失敗します。さあ、ここからが本番です。

```
$ ruby test/rgb_test.rb
省略
  1) Failure:
RgbTest#test_to_ints [test/rgb_test.rb:13]:
Expected: [255, 255, 255]
  Actual: [0, 0, 0]

2 runs, 5 assertions, 1 failures, 0 errors, 0 skips
```

to_intsメソッドの実装で必要な手順は大きく分けて次の2つです。

- 文字列から16進数の文字列を2文字ずつ取り出す。
- 2桁の16進数を10進数の整数に変換する。

まず、16進数の文字列を2文字ずつ取り出す方法ですが、これは[]と範囲オブジェクトを使うことにします。「4.5.1　配列や文字列の一部を抜き出す」の項でもすでに説明したとおり、たとえば、文字列の2文字目から4文字目までを取り出したいときは、次のようにして取り出すことができます。

```
s = 'abcde'
s[1..3] #=> "bcd"
```

この方法を利用すると、次のようにして文字列からR（赤）、G（緑）、B（青）の各値を取り出すことができます。

```
hex = '#12abcd'
r = hex[1..2] #=> "12"
g = hex[3..4] #=> "ab"
b = hex[5..6] #=> "cd"
```

次に考えるのは16進数の文字列を10進数の整数に変換する方法です。これはStringクラスにhexというズバリそのもののメソッドがあります。次の実行例を確認してください。

```
'00'.hex #=> 0
'ff'.hex #=> 255
'2a'.hex #=> 42
```

さあ、これらの知識を総合すると、to_intsメソッドを次のように実装できます。

```
def to_ints(hex)
  r = hex[1..2]
  g = hex[3..4]
  b = hex[5..6]
  ints = []
  [r, g, b].each do |s|
    ints << s.hex
  end
  ints
end
```

上のコードの処理フローは次のとおりです。

- 引数の文字列から3つの16進数を抜き出す。
- 3つの16進数を配列に入れ、ループを回しながら10進数の整数に変換した値を別の配列に詰め込む。
- 10進数の整数が入った配列を返す。

ではこれでテストを実行してみましょう。

```
$ ruby test/rgb_test.rb
省略
2 runs, 5 assertions, 0 failures, 0 errors, 0 skips
```

はい、ちゃんとパスしましたね！　念のため、r、g、bの各値がバラバラになるケースもテストしてみましょう。

```
class RgbTest < Minitest::Test
  # 省略

  def test_to_ints
    assert_equal [0, 0, 0], to_ints('#000000')
    assert_equal [255, 255, 255], to_ints('#ffffff')
    assert_equal [4, 60, 120], to_ints('#043c78')
  end
end
```

こちらも問題なくテストがパスするはずです。

```
$ ruby test/rgb_test.rb
省略
2 runs, 6 assertions, 0 failures, 0 errors, 0 skips
```

ですが、まだこれで終わりではありません。to_intsメソッドにもまだリファクタリングできる部分があります。

4.6.4 to_intsメソッドをリファクタリングする

先ほど実装したto_intsメソッドをもう一度見てみましょう。

```
def to_ints(hex)
  r = hex[1..2]
  g = hex[3..4]
  b = hex[5..6]
  ints = []
  [r, g, b].each do |s|
    ints << s.hex
  end
  ints
end
```

みなさんはリファクタリングすべきポイントがどこかわかりますか？　ヒントは繰り返し処理の部分です。

では答え合わせをしましょう。ここでやっているような繰り返し処理はmapメソッドが最も適しているロジックです。「4.4.1　map/collect」の項で次のように説明したことを思い出してください。

「空の配列を用意して、ほかの配列をループ処理した結果を空の配列に詰め込んでいくような処理の大半は、mapメソッドに置き換えることができるはずです。」

これを確認してからもう一度to_intsメソッドを見直してみると……まさにmapメソッドに置き換えやすい処理の典型例ですね！　というわけで、mapメソッドで置き換えると次のようになります。

```
def to_ints(hex)
  r = hex[1..2]
  g = hex[3..4]
  b = hex[5..6]
  [r, g, b].map do |s|
    s.hex
  end
end
```

mapメソッドはブロックの戻り値を配列の要素にして新しい配列を返すメソッドでしたね。なので、わざわざintsのような変数を用意しなくても、mapメソッドとブロックだけで処理が完結します。

テストがパスすることもちゃんと確認しておきましょう。

```
$ ruby test/rgb_test.rb
省略
2 runs, 6 assertions, 0 failures, 0 errors, 0 skips
```

はい、問題なくテストもパスしました！

4.6.5 to_intsメソッドをリファクタリングする（上級編）

Ruby初心者のみなさんはここで終わってもOKなのですが、Rubyに慣れてくるともっとコードを短くすることができます。ここでは参考までに熟練者向けのリファクタリング方法を紹介します。

まず、最初にr、g、bという変数を作って代入していますが、ここは改行せずに多重代入を使って1行にしても、コードの可読性は悪くならないと思います。

```
def to_ints(hex)
  r, g, b = hex[1..2], hex[3..4], hex[5..6]
  [r, g, b].map do |s|
    s.hex
  end
end
```

さらに、範囲オブジェクトの代わりに正規表現とscanメソッドを使うと、一気に文字列を3つの16進数に分割できます（正規表現は第6章で説明する内容なのですが、ここでは先回りして使ってしまいました。すいません！）。

```
def to_ints(hex)
  r, g, b = hex.scan(/\w\w/)
  [r, g, b].map do |s|
    s.hex
  end
end
```

scanメソッドは正規表現にマッチした文字列を配列にして返します（r, g, bに対して多重代入できるのもscanメソッドが配列を返しているためです）。

```
'#12abcd'.scan(/\w\w/) #=> ["12", "ab", "cd"]
```

なので、一度変数に入れて[r, g, b]のような配列を作らなくても、scanメソッドの戻り値に対して直接mapメソッドを呼ぶことができます。

```
def to_ints(hex)
  hex.scan(/\w\w/).map do |s|
    s.hex
  end
end
```

ところで、みなさんは少し前に説明した「4.4.5　&とシンボルを使ってもっと簡潔に書く」という項を覚えていますか？　この項では次の条件がそろったときに、ブロックの代わりに**&:メソッド名**という引数を渡すことができる、と説明しました。

・ブロックパラメータが1個だけである。
・ブロックの中で呼び出すメソッドには引数がない。
・ブロックの中では、ブロックパラメータに対してメソッドを1回呼び出す以外の処理がない。

to_intsメソッドの中で書いているブロックの処理がまさにこれに該当します。というわけで、ブロックをなくし、代わりに&:hexをmapメソッドの引数に渡します。

```
def to_ints(hex)
  hex.scan(/\w\w/).map(&:hex)
end
```

なんと1行で実装が済んでしまいました！　もちろん、ちゃんとテストもパスします。

```
$ ruby test/rgb_test.rb
省略
2 runs, 6 assertions, 0 failures, 0 errors, 0 skips
```

最初に実装したコードと比べると全然行数が違いますね。

```
# リファクタリング前
def to_ints(hex)
  r = hex[1..2]
  g = hex[3..4]
  b = hex[5..6]
  ints = []
  [r, g, b].each do |s|
    ints << s.hex
  end
  ints
end
```

```
# リファクタリング後
def to_ints(hex)
  hex.scan(/\w\w/).map(&:hex)
end
```

さらに、Ruby 3.0で導入されたエンドレスメソッド定義構文（「2.11.4　エンドレスメソッド定義（1行メソッド定義）」の項を参照）を使うとメソッド定義全体が1行になります[注5]。

```
# Ruby 3.0であればこんな書き方も可能
def to_ints(hex) = hex.scan(/\w\w/).map(&:hex)
```

このように、Rubyが提供している便利なメソッドや言語機能を使うと、ここまで簡潔なコードを書くことができます。Ruby初心者の方は最初からこんなに短いコードを書くのは難しいかもしれませんが、自分の書いたコードにすぐに満足せず、どこかリファクタリングできる部分はないか研究することを心がけてください。そうすれば次第にRubyのプログラミングスキルが向上してくるはずです。

さて、配列やブロック、繰り返し処理については、もっとさまざまなトピックが存在します。こうしたトピックも理解して、配列や繰り返し処理にもっと詳しくなりましょう！

注5　エンドレスメソッド定義構文は非常に便利なのですが、本書執筆時点ではRuby 3.0の実験的機能であるため、本書で使うのはここだけにしておきます。

Column テスト駆動開発の開発サイクル

この章で説明したto_hexメソッドやto_intsメソッドは次のような手順で実装しました。

①テストコードを書く。
②テストが失敗することを確認する。
③1つのテストをパスさせるための仮実装を書く。
④テストがパスすることを確認する。
⑤別のテストパターンを書く。
⑥テストが失敗することを確認する。
⑦仮実装ではなく、ちゃんとしたロジックを書く。
⑧テストがパスすることを確認する。
⑨ロジックをリファクタリングする。
⑩テストがパスすることを確認する。

これはテスト駆動開発の典型的な開発サイクルです[注6]。テスト駆動開発では、

- 先にテストを書いて失敗させる。
- テストがパスするような最小限のコードを書く。
- リファクタリングする。

という開発サイクルが基本になります。

ロジックらしいロジックがない固定の値を返すような仮実装のことを"Fake It"と呼びます。これはテスト対象のメソッドとテストコードがちゃんとリンクしているか、という疎通確認です。もしこの時点でテストが失敗するようであれば、正式な実装コードを書いても永遠にテストはパスしないことになります。

途中で追加する2つめのテストパターンは、「三角測量」と呼ばれるテスト駆動開発の手法です。テストパターンが1つしかなければ対象のメソッドが仮実装のままなのか、ちゃんとロジックを実装しているのか判別がつきません。しかし、テストパターンが複数あれば毎回固定値を返すような仮実装だと確実に失敗するはずなので、ちゃんとロジックが実装されていることを確認できます。

ちなみに、三角測量という名前は「1辺の長さとその両端にある2角がわかれば、その交点から三角形の残りの1点を確定できる」という測量の原理に由来しています。テスト駆動開発の場合、「2角」が「2つのテストパターン」で、「残りの1点」が「正しい仕様」に該当します。

テスト駆動開発についてもっと詳しく知りたい方はネットの情報や書籍『テスト駆動開発』[注7]を参照してください。

注6　より正確にいうと、テスト駆動開発の中でも「テストファースト」と呼ばれるパターンに該当します。
注7　Kent Beck 著、和田卓人 訳、『テスト駆動開発』、オーム社、2017年

4.7 配列についてもっと詳しく

4.7.1 さまざまな要素の取得方法

添え字を2つ使うと、添え字の位置と取得する長さを指定することができます。この場合、配列が返ってきます。

```
配列[位置, 取得する長さ]
```

次は2つめの要素から3つ分の要素を取り出すコードです。

```
a = [1, 2, 3, 4, 5]
a[1, 3] #=> [2, 3, 4]
```

values_atメソッドを使うと、取得したい要素の添え字を複数指定できます。

```
a = [1, 2, 3, 4, 5]
a.values_at(0, 2, 4) #=> [1, 3, 5]
```

「配列の長さ－1」を指定すれば、最後の要素を取得できます。

```
a = [1, 2, 3]
# 最後の要素を取得する
a[a.size - 1] #=> 3
```

ですが、Rubyでは添え字に負の値が使えます。－1は最後の要素、－2は最後から2番目の要素、というように指定できるのです。

```
a = [1, 2, 3]

# 最後の要素を取得する
a[-1] #=> 3

# 最後から2番目の要素を取得する
a[-2] #=> 2

# 最後から2番目の要素から2つの要素を取得する
a[-2, 2] #=> [2, 3]
```

さらに言うと、配列にはlastというメソッドがあります。これを呼ぶと配列の最後の要素を取得できます。引数に0以上の数値を渡すと、最後のn個の要素を取得できます。

```
a = [1, 2, 3]
a.last    #=> 3
a.last(2) #=> [2, 3]
```

lastの反対のfirstもあります。これは先頭の要素を取得するメソッドです。

```
a = [1, 2, 3]
a.first    #=> 1
a.first(2) #=> [1, 2]
```

4.7.2 さまざまな要素の変更方法

値を変更する場合も負の添え字が使えます。ただし、正の値を使う場合と異なり、元の大きさを超えるような添え字を指定するとエラーになります。

```
a = [1, 2, 3]
a[-3] = -10
a #=> [-10, 2, 3]

# 指定可能な負の値よりも小さくなるとエラーが発生する
a[-4] = 0 #=> index -4 too small for array; minimum: -3 (IndexError)
```

開始位置と長さを指定して要素を置き換えることもできます。

```
a = [1, 2, 3, 4, 5]
# 2つめから3要素分を100で置き換える
a[1, 3] = 100
a #=> [1, 100, 5]
```

<<だけでなく、pushメソッドを使っても要素を追加できます。pushメソッドの場合は複数の値を追加することができます。

```
a = []
a.push(1)
a.push(2, 3)
a #=> [1, 2, 3]
```

指定した値に一致する要素を削除したい場合はdeleteメソッドを使います。

```
a = [1, 2, 3, 1, 2, 3]
# 値が2である要素を削除する（削除した値が戻り値になる）
a.delete(2) #=> 2
a           #=> [1, 3, 1, 3]

# 存在しない値を指定するとnilが返る
a.delete(5) #=> nil
a           #=> [1, 3, 1, 3]
```

4.7.3 配列の連結

2つの配列を連結したい場合はconcatメソッドか、+演算子を使います。違いは元の配列を変更するかどうか（破壊的かどうか）という点です。

concatメソッドを使って配列を連結すると、元の配列（メソッドを呼び出した側の配列）が変更されます。

```
a = [1]
b = [2, 3]
a.concat(b) #=> [1, 2, 3]

# aは変更される（破壊的）
a #=> [1, 2, 3]

# bは変更されない
b #=> [2, 3]
```

一方、+を使うと元の配列を変更せず、新しい配列を作成します。

```
a = [1]
b = [2, 3]
a + b #=> [1, 2, 3]

# aもbも変更されない（非破壊的）
a #=> [1]
b #=> [2, 3]
```

どちらも「配列を連結する」という用途は同じですが、破壊的な変更は大きなプログラムやフレームワークの中では思いがけないところに悪影響を与えてしまう場合があります。なので、「どうしても」という場合以外は+演算子を使うことをお勧めします。

4.7.4 配列の和集合、差集合、積集合

Rubyの配列は|、-、&を使って、和集合、差集合、積集合を求めることができます。

|は和集合を求める演算子です。2つの配列の要素をすべて集め、重複しないようにして返します（**図4-3**）。

```
a = [1, 2, 3]
b = [3, 4, 5]
a | b #=> [1, 2, 3, 4, 5]
```

図4-3　和集合（|）のイメージ

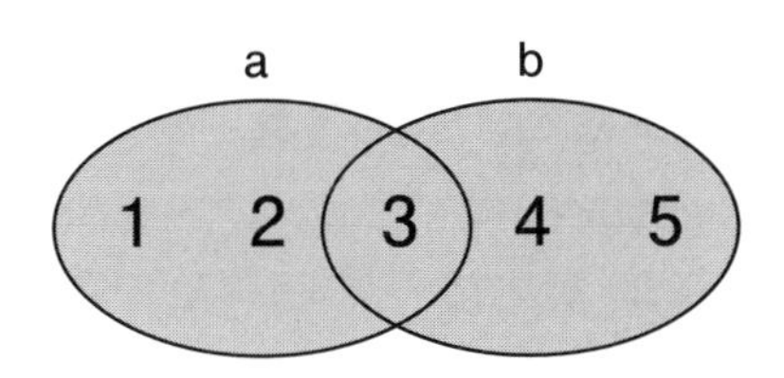

-は差集合を求める演算子です。左の配列から右の配列に含まれる要素を取り除きます（**図4-4**）。

```
a = [1, 2, 3]
b = [3, 4, 5]
a - b #=> [1, 2]
```

図4-4　差集合（-）のイメージ

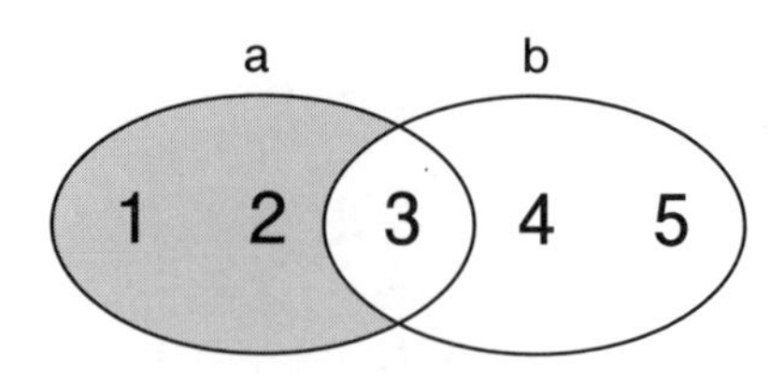

&は積集合を求める演算子です。2つの配列に共通する要素を返します（**図4-5**）。

```
a = [1, 2, 3]
b = [3, 4, 5]
a & b #=> [3]
```

図4-5　積集合（&）のイメージ

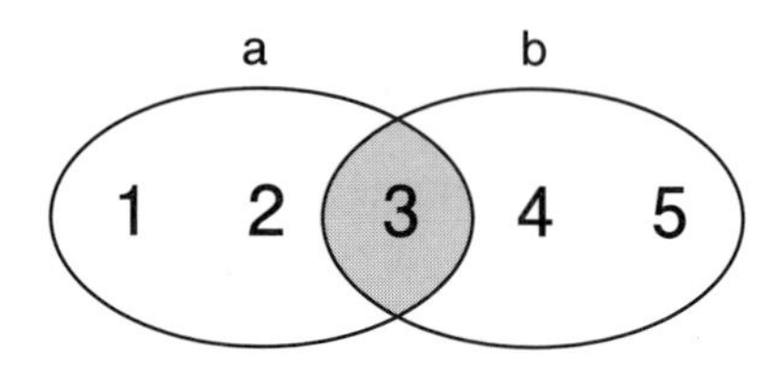

|、-、&のいずれも、元の配列は変更しません（非破壊的）。

なお、Rubyには配列よりも効率的に集合を扱えるSetクラスもあります。本格的な集合演算をする場合は、配列よりもSetクラスを使うほうが良いでしょう。

```
require 'set'

a = Set[1, 2, 3]
b = Set[3, 4, 5]
a | b #=> #<Set: {1, 2, 3, 4, 5}>
a - b #=> #<Set: {1, 2}>
a & b #=> #<Set: {3}>
```

4.7.5　多重代入で残りの全要素を配列として受け取る、または無視する

多重代入では左辺の変数よりも右辺の個数が多い場合は、はみ出した値が切り捨てられると説明しました（「2.2.8　変数（ローカル変数）の宣言と代入」「4.2.2　配列を使った多重代入」を参照）。

```
e, f = 100, 200, 300
e #=> 100
f #=> 200
```

しかし、左辺の変数に*を付けると、残りの全要素を配列として受け取ることができます。

```
e, *f = 100, 200, 300
e #=> 100
f #=> [200, 300]
```

逆に残りの要素をすべて無視したい、という場合は*の後ろの変数名を省略できます。

```
# 100だけeに格納して、残りの要素は無視する
e, * = 100, 200, 300
e #=> 100
```

*そのものを省略して,で終わっても同じ結果になります。

```
# *を省略して200と300を無視する
e, = 100, 200, 300
e #=> 100
```

ただし、残りの要素を無視するような多重代入を見かけることはあまりないと思います。

最後に、*を使った多重代入の応用パターンとして、最初の要素はaに、最後から2番目と最後の要素はそれぞれcとdに、それ以外の要素をbに代入する例を紹介します。

```
a, *b, c, d = 1, 2, 3, 4, 5
a #=> 1
b #=> [2, 3]
c #=> 4
d #=> 5
```

上の例のように、*を使うと「間に挟まれた残りの全要素」を取得することもできます。

*は「左辺に対応する変数がない残りの要素」が代入されるため、次の例のように残りの要素が1つもない場合は、bは空の配列になります。

```
# 1がa、2がc、3がdに対応する。右辺に残りの要素はなくなったのでbは空の配列になる
a, *b, c, d = 1, 2, 3
a #=> 1
b #=> []
c #=> 2
d #=> 3
```

4.7.6 1つの配列を複数の引数やwhen節の条件として展開する

pushメソッドの説明ではa.push(2, 3)のようにして、複数の要素を一度に追加できると説明しました。

```
a = []
a.push(1)
# 2と3を一度に追加する
a.push(2, 3)
a #=> [1, 2, 3]
```

もし、この2, 3が配列になっていた場合はどうなるでしょうか？　次の実行結果を見てください。

```
a = []
b = [2, 3]
a.push(1)
# 配列をそのまま追加する（a.push([2, 3])と同じ）
a.push(b)
```

```
a #=> [1, [2, 3]]
```

ご覧のとおり、2つの要素ではなく、1つの配列として要素が追加されてしまいました。メソッドの引数に配列を渡すとき、「1つの配列」ではなく、配列を展開して「複数の引数」として渡したい場合は、配列の前に*（splat演算子）を置きます。実際にやってみましょう。

```
a = []
b = [2, 3]
a.push(1)
# 配列を*付きで追加する（a.push(2, 3)と同じ）
a.push(*b)
a #=> [1, 2, 3]
```

変数に入っているとピンと来ないかもしれませんが、イメージ的には下のような動作になっています。

```
a.push(*b)
↓
a.push(*[2, 3])
↓
a.push(2, 3)
```

配列を引数に渡す場合は、「1つの配列」として渡したいのか、「複数の引数」として渡したいのか検討し、後者の場合は*を使って配列を展開できることを覚えておきましょう。

また、これと似た考え方で、case文のwhen節で*を使って配列を複数の条件として展開できます。以下はその使用例です。

```
jp = ['japan', '日本']
country = '日本'
case country
# *により配列が展開され、when 'japan', '日本'と書いたのと同じ意味になる
when *jp
  'こんにちは'
end
#=> "こんにちは"
```

4.7.7 メソッドの可変長引数

先ほど見た配列のpushメソッドのように、個数に制限のない引数のことを可変長引数と言います。自分で定義するメソッドで可変長引数を使いたい場合は、引数名の手前に*を付けます。

```
def メソッド名(引数1, 引数2, *可変長引数)
  # メソッドの処理
end
```

可変長引数は配列として受け取ることができます。たとえば次は引数として渡された人名の全員にあいさつをするメソッドです。

```
def greet(*names)
  "#{names.join('と')}、こんにちは！"
```

```
end
greet('田中さん')                              #=> "田中さん、こんにちは！"
greet('田中さん', '鈴木さん')                  #=> "田中さんと鈴木さん、こんにちは！"
greet('田中さん', '鈴木さん', '佐藤さん')      #=> "田中さんと鈴木さんと佐藤さん、こんにちは！"
```

ちなみに、メソッドの引数に*を使うのは「4.7.5　多重代入で残りの全要素を配列として受け取る、または無視する」の項で説明した多重代入の考え方とほとんど同じになります。つまり、多重代入における左辺がメソッド定義側の引数（仮引数）で、右辺がメソッドに渡す引数（実引数）になります。たとえば、4.7.5項では次のようなコード例を紹介しました。

```
a, *b, c, d = 1, 2, 3, 4, 5
a #=> 1
b #=> [2, 3]
c #=> 4
d #=> 5
```

この考え方をメソッド定義とメソッド呼び出しに適用すると次のようになります。

```
# 多重代入の例の左辺と同じように引数を設定する
def foo(a, *b, c, d)
  puts "a=#{a}, b=#{b}, c=#{c}, d=#{d}"
end

# 多重代入の例の右辺と同じ形の引数でメソッドを呼び出す
# すると、多重代入のときと同じように引数が渡される
foo(1, 2, 3, 4, 5)
#=> a=1, b=[2, 3], c=4, d=5
```

上のコード例では1、4、5はそれぞれ引数a、c、dに割り当てられましたが、2と3は割り当てから漏れて可変長引数のbに配列として格納されました。このことから可変長引数は「割り当てから漏れた残りの引数」という意味で「rest引数」と呼ばれることもあります（"rest"は英語で「残り」の意味です）。

複雑な引数を持つメソッドをわざわざ定義する必要はありませんが、多重代入の考え方とメソッドの引数の考え方に共通点があることは知っておいて損はありません。

4.7.8　*で配列同士を非破壊的に連結する

[]の中に*付きで別の配列を置くと、その配列が展開されて別々の要素になります。

```
a = [1, 2, 3]

# []の中にそのまま配列を置くと、入れ子になった配列（ネストした配列）になる
[a]  #=> [[1, 2, 3]]

# *付きで配列を置くと、展開されて別々の要素になる
[*a] #=> [1, 2, 3]
```

これを利用すると、別の配列を要素の一部とする新しい配列を作ることができます。

```
a = [1, 2, 3]
```

```
[-1, 0, *a, 4, 5] #=> [-1, 0, 1, 2, 3, 4, 5]
```

*ではなく、以下のように+を使うこともできますが、*を使ったほうが簡潔なコードになります。

```
a = [1, 2, 3]
[-1, 0] + a + [4, 5] #=> [-1, 0, 1, 2, 3, 4, 5]
```

4.7.9 ==で等しい配列かどうか判断する

==を使うと、左辺と右辺の配列が等しいかどうかをチェックできます。この場合、配列の全要素を==で比較し、すべて等しい場合に「2つの配列は等しい」と判断されます。

```
# 配列が等しい場合
[1, 2, 3] == [1, 2, 3]    #=> true

# 配列が等しくない場合
[1, 2, 3] == [1, 2, 4]    #=> false
[1, 2, 3] == [1, 2]       #=> false
[1, 2, 3] == [1, 2, 3, 4] #=> false
```

4.7.10 %記法で文字列の配列を簡潔に作る

配列は[]を使って作成することが多いですが、文字列については%記法の%wまたは%Wを使って作成する方法が用意されています。%記法を使うと、カンマではなく空白文字（スペースや改行）が要素の区切り文字となります。また、文字列をシングルクオートやダブルクオートで囲む必要もないため、結果として[]を使う場合よりもコードが短くなります。

```
# []で文字列の配列を作成する
['apple', 'melon', 'orange'] #=> ["apple", "melon", "orange"]

# %wで文字列の配列を作成する（!で囲む場合）
%w!apple melon orange!       #=> ["apple", "melon", "orange"]

# %wで文字列の配列を作成する（丸カッコで囲む場合）
%w(apple melon orange)       #=> ["apple", "melon", "orange"]

# 空白文字（スペースや改行）が連続した場合も1つの区切り文字と見なされる
%w(
  apple
  melon
  orange
)
#=> ["apple", "melon", "orange"]
```

値にスペースを含めたい場合はバックスラッシュでエスケープします。

```
%w(big\ apple small\ melon orange) #=> ["big apple", "small melon", "orange"]
```

式展開や改行文字（\n）、タブ文字（\t）などを含めたい場合は、%W（大文字のW）を使います。

```
prefix = 'This is'
%W(#{prefix}\ an\ apple small\nmelon orange)
#=> ["This is an apple", "small\nmelon", "orange"]
```

%記法については「2.8.2 %記法で文字列を作る」でも説明しているので、そちらも参照してください。また、%記法でシンボルの配列を作る方法もあります。こちらは「5.7.2 %記法でシンボルやシンボルの配列を作成する」で説明します。

4.7.11 文字列を配列に変換する

文字列を分解して配列に変換することもできます。いくつか方法はありますが、ここではcharsメソッドとsplitメソッドを紹介します。

charsメソッドは文字列中の1文字1文字を配列の要素に分解するメソッドです。

```
'Ruby'.chars #=> ["R", "u", "b", "y"]
```

splitメソッドは引数で渡した区切り文字で文字列を配列に分割するメソッドです。

```
'Ruby,Java,Python'.split(',')
#=> ["Ruby", "Java", "Python"]
```

このほかにも正規表現と組み合わせて文字列を配列に変換することができます。これについては「6.3.5 正規表現と組み合わせると便利なStringクラスのメソッド」で説明します。

4.7.12 配列にデフォルト値を設定する

ここまで配列の作成は[]を使ってきましたが、このほかにもArray.newを使って作成する方法があります。

```
# 以下のコードはa = []と同じ
a = Array.new
```

Array.newに引数を渡すと、その個数分の要素が追加されます。このときのデフォルト値はnilです。

```
# 要素が5つの配列を作成する
a = Array.new(5)
a #=> [nil, nil, nil, nil, nil]
```

さらに第2引数を指定すると、nil以外のデフォルト値を設定できます。

```
# 要素が5つで0をデフォルト値とする配列を作成する
a = Array.new(5, 0)
a #=> [0, 0, 0, 0, 0]
```

Array.newではブロックを使ってデフォルト値を設定することもできます。ブロックは作成する要素の数だけ呼ばれ、ブロックパラメータには要素の添え字が渡されます。配列にはブロックの戻り値がそれぞれデフォルト値として設定されます。次はブロックを使うコード例です。

```
# 要素数が10で、1, 2, 3, 1, 2, 3...と繰り返す配列を作る
a = Array.new(10) { |n| n % 3 + 1 }
```

```
a #=> [1, 2, 3, 1, 2, 3, 1, 2, 3, 1]
```

4.7.13 配列にデフォルト値を設定する場合の注意点

ただし、第2引数を使ってデフォルト値を指定する場合は注意が必要です。次の実行例を見てください。

```
# 要素が5つで'default'をデフォルト値とする配列を作成する
a = Array.new(5, 'default')
a #=> ["default", "default", "default", "default", "default"]

# 1番目の要素を取得する
str = a[0]
str #=> "default"

# 1番目の要素を大文字に変換する（破壊的変更）
str.upcase!
str #=> "DEFAULT"

# 配列の要素すべてが大文字に変わってしまった！
a #=> ["DEFAULT", "DEFAULT", "DEFAULT", "DEFAULT", "DEFAULT"]
```

これは配列の全要素が同じ文字列オブジェクトを参照しているために発生する問題です。一見、配列の各要素は別々のように見えても、実際は1つのオブジェクトに紐付(ひもづ)いてしまっているため、そのオブジェクトが変更されると無関係に見えるほかの要素も一緒に変更されてしまうのです（**図4-6**）。

図4-6　Array.new(5, 'default')のイメージ

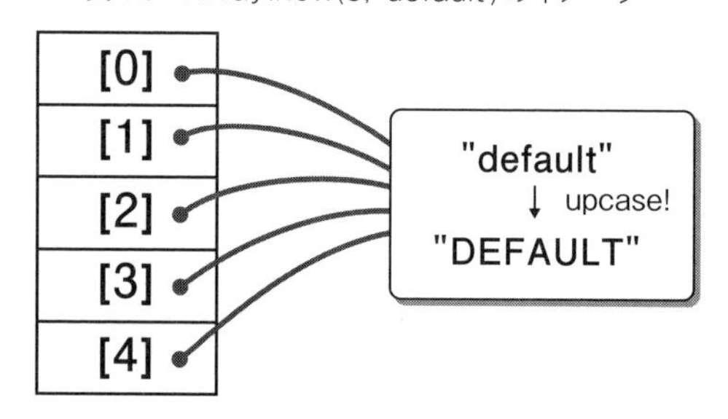

この問題を避けるためには引数ではなく、ブロックでデフォルト値を渡すようにします。

```
# ブロックを使って、ブロックの戻り値をデフォルト値とする
# （ブロックパラメータには添え字が渡されるが、ここでは使わないのでブロックパラメータを省略）
a = Array.new(5) { 'default' }
a #=> ["default", "default", "default", "default", "default"]

# 1番目の要素を取得する
str = a[0]
str #=> "default"

# 1番目の要素を大文字に変換する（破壊的変更）
str.upcase!
str #=> "DEFAULT"
```

```
# 1番目の要素だけが大文字になり、ほかは変わらない
a #=> ["DEFAULT", "default", "default", "default", "default"]
```

ブロックを使うと、ブロックが呼ばれるたびに文字列の"default"が新しく作成されるので、結果として配列の各要素は別々の文字列を参照することになります（**図4-7**）。

図4-7　Array.new(5) { 'default' } のイメージ

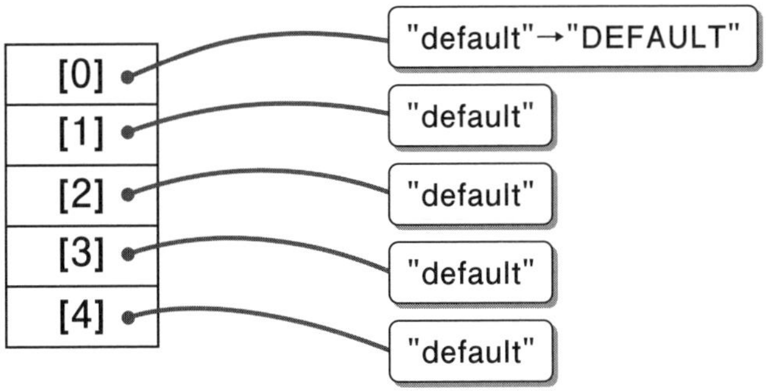

[0] "default"→"DEFAULT"
[1] "default"
[2] "default"
[3] "default"
[4] "default"

少しややこしいですが、「同じ値で同一のオブジェクト」なのか、「同じ値で異なるオブジェクト」なのか、意識してコードを書かないと思わぬ不具合を作ってしまう可能性があります。

4.7.14　ミュータブル？　イミュータブル？

「ブロックでデフォルト値を指定しないと思わぬ不具合を作ってしまう」と説明すると、今度は「じゃあ、全部ブロックを使えばいいんだな」と考えてしまう人がいるかもしれません。ですが、ブロックを使わなくても問題が発生しないケースもあります。

Rubyに限らず、プログラミングの世界ではしばしばミュータブル（mutable）とイミュータブル（immutable）という言葉が登場します。ミュータブルは「変更可能な」という意味で、反対にイミュータブルは「変更できない、不変の」という意味です。

ミュータブルなオブジェクトには破壊的な変更が適用できます。そのため、配列の要素が同じオブジェクトを参照していると、破壊的な変更によって本来変わってほしくない値まで一緒に変わってしまう恐れがあります。たとえばRubyの文字列（Stringクラス）はミュータブルなので、先ほど説明したようにブロックを使わずにデフォルト値を指定すると思わぬ不具合が発生します。

一方、イミュータブルなオブジェクトでは破壊的な変更が適用できません。そのため、ブロックを使わずにデフォルト値を設定しても、文字列で発生したような不具合は発生しないことになります。

Rubyには常にイミュータブルなクラスや値がいくつかあります。たとえば以下のデータ型はイミュータブルな値（クラス）の一例です。

- 数値（IntegerクラスやFloatクラス）
- シンボル（Symbolクラス）
- `true`/`false`（TrueClassクラスとFalseClassクラス）

・nil (NilClassクラス)
・範囲 (Rangeクラス)

この考え方に従うと、次のようなコードはブロックを使わなくてもほかの要素が一緒に変更される問題が起きません（このコードに出てくるnegative!は実在しない架空のメソッドです）。

```
# 要素が5つで0をデフォルト値とする配列を作成する
a = Array.new(5, 0)
a #=> [0, 0, 0, 0, 0]

# 1番目の要素を取得する
n = a[0]
n #=> 0

# 数値だと破壊的な変更（たとえば強制的に負の数に変更するなど）はできない
# n.negative!
```

使用するオブジェクトによって考え方を変えなければいけないのは少したいへんですが、実際にプログラムを書いていると「うっかり破壊的な変更を実行したために不具合を作ってしまった」ということがときどき起こります。これも大事な考え方の1つなのでしっかり理解しておきましょう。

なお、文字列のようなミュータブルなオブジェクトはfreezeメソッドを使って、変更を禁止することもできます。これについては「7.8.1　定数と再代入」「7.8.2　定数はミュータブルなオブジェクトに注意する」の項で説明します。

Column

[]や<<を使った文字列の操作

StringクラスとArrayクラスは継承関係にない互いに無関係なクラスですが、文字列では[]や<<を使って配列と同じような操作をすることができます。

```
a = 'abcde'
# 3文字目を取得する
a[2]    #=> "c"
# 2文字目から3文字分を取得する
a[1, 3] #=> "bcd"
# 最後の1文字を取得する
a[-1]   #=> "e"

# 1文字目を"X"に置き換える
a[0] = 'X'
a #=> "Xbcde"
# 2文字目から3文字分を"Y"で置き換える
a[1, 3] = 'Y'
a #=> "XYe"
# 末尾に"PQR"を連結する
a << 'PQR'
a #=> "XYePQR"
```

4.8 ブロックについてもっと詳しく

4.8.1 添え字付きの繰り返し処理

すでに説明したとおり、Rubyではeachメソッドを使うのが繰り返し処理の基本です。しかし、eachメソッドでは何番目の要素を処理しているのか、ブロック内で判別できません。繰り返し処理をしつつ、処理している要素の添え字も取得したい。そんなときはどうすればいいでしょうか？

このようなケースでは、each_with_indexメソッドを使うと便利です。このメソッドを使うと、ブロックパラメータの第2パラメータに添え字を渡してくれます。

```
fruits = ['apple', 'orange', 'melon']
# ブロックパラメータのiには0, 1, 2...と要素の添え字が入る
fruits.each_with_index { |fruit, i| puts "#{i}: #{fruit}" }
#=> 0: apple
#   1: orange
#   2: melon
```

4.8.2 with_indexメソッドを使った添え字付きの繰り返し処理

先ほどeach_with_indexメソッドを紹介しましたが、これだとeachメソッドの代わりにしか使えません。たとえばmapメソッドで繰り返し処理をしつつ、添え字も同時に取得したいときはどうすればいいでしょうか？

このようなケースではmapメソッドとwith_indexメソッドを組み合わせて使います。次のコード例を見てください。

```
fruits = ['apple', 'orange', 'melon']
# mapとして処理しつつ、添え字も受け取る
fruits.map.with_index { |fruit, i| "#{i}: #{fruit}" }
#=> ["0: apple", "1: orange", "2: melon"]
```

with_indexメソッドはmap以外のメソッドとも組み合わせることができます。

```
fruits = ['apple', 'orange', 'melon']
# 名前に"a"を含み、なおかつ添え字が奇数である要素を削除する
fruits.delete_if.with_index { |fruit, i| fruit.include?('a') && i.odd? }
#=> ["apple", "melon"]
```

with_indexメソッドについてもう少し技術的な説明をしておきましょう。このメソッドはEnumeratorクラスのインスタンスメソッドです。そして、eachメソッドやmapメソッド、delete_ifメソッドなど繰り返し処理を行うメソッドの大半はブロックを省略して呼び出すと、Enumeratorオブジェクトを返すようになっています。

```
fruits = ['apple', 'orange', 'melon']
# ブロックなしでメソッドを呼ぶとEnumeratorオブジェクトが返る。よってwith_indexメソッドが呼び出せる
p fruits.each       #=> #<Enumerator: ["apple", "orange", "melon"]:each>
```

```
p fruits.map       #=> #<Enumerator: ["apple", "orange", "melon"]:map>
p fruits.delete_if #=> #<Enumerator: ["apple", "orange", "melon"]:delete_if>
```

このようになっているため、with_indexメソッドはあたかもさまざまな繰り返し処理用のメソッドと組み合わせて実行できるように見えるのです。

4.8.3 添え字を0以外の数値から開始させる

each_with_indexメソッドやwith_indexメソッドを使うと、繰り返し処理中に添え字が取得できて便利なのですが、添え字はいつも0から始まります。これを0以外の数値（たとえば1や10）から始めたい、と思った場合はどうすればいいでしょうか？

この場合はwith_indexメソッドに引数を渡します。そうすると添え字が引数で渡した数値から始まります。

```
fruits = ['apple', 'orange', 'melon']

# eachで繰り返しつつ、1から始まる添え字を取得する
fruits.each.with_index(1) { |fruit, i| puts "#{i}: #{fruit}" }
#=> 1: apple
#   2: orange
#   3: melon

# mapで処理しつつ、10から始まる添え字を取得する
fruits.map.with_index(10) { |fruit, i| "#{i}: #{fruit}" }
#=> ["10: apple", "11: orange", "12: melon"]
```

ちなみに、each_with_indexメソッドでは添え字の開始値を指定できないため、each_with_index(1)ではなく、上のコードのようにeach.with_index(1)の形で呼び出す必要があります。

4.8.4 配列がブロックパラメータに渡される場合

配列の配列に対して繰り返し処理を実行すると、ブロックパラメータに配列が渡ってきます。たとえば、縦の長さと横の長さを配列に格納し、それを複数用意した配列があったとします。

```
dimensions = [
  # [縦, 横]
  [10, 20],
  [30, 40],
  [50, 60],
]
```

これをeachメソッドなどで繰り返し処理すると、配列がブロックパラメータに渡ってきます。

```
dimensions = [
  # [縦, 横]
  [10, 20],
  [30, 40],
  [50, 60],
]
# 面積の計算結果を格納する配列
```

```
areas = []
# ブロックパラメータが1個であれば、ブロックパラメータの値が配列になる
dimensions.each do |dimension|
  length = dimension[0]
  width = dimension[1]
  areas << length * width
end
areas #=> [200, 1200, 3000]
```


しかし、ブロックパラメータの数を2個にすると、縦と横の値を別々に受け取ることができ、上のコードよりもシンプルに書くことができます。

```
dimensions = [
  # [縦, 横]
  [10, 20],
  [30, 40],
  [50, 60],
]
# 面積の計算結果を格納する配列
areas = []
# 配列の要素分だけブロックパラメータを用意すると、各要素の値が別々の変数に格納される
dimensions.each do |length, width|
  areas << length * width
end
areas #=> [200, 1200, 3000]
```

あまり意味はありませんが、ブロックパラメータが多すぎる場合は、はみ出しているブロックパラメータはnilになります。

```
# lengthとwidthには値が渡されるが、fooとbarはnilになる
dimensions.each do |length, width, foo, bar|
  p [length, width, foo, bar]
end
#=> [10, 20, nil, nil]
#   [30, 40, nil, nil]
#   [50, 60, nil, nil]
```

配列の要素が3個あるのに、ブロックパラメータが2個しかない場合は3つめの値が捨てられます。ですが、わかりづらいので特別な理由がない限りこうしたコードを書くことは避けましょう。

```
dimensions = [
  [10, 20, 100],
  [30, 40, 200],
  [50, 60, 300],
]
# 3つの値をブロックパラメータに渡そうとするが、2つしかないので3つめの値は捨てられる
dimensions.each do |length, width|
  p [length, width]
end
#=> [10, 20]
#   [30, 40]
```

```
#   [50, 60]
```

ではeach_with_indexのように、もとからブロックパラメータを2つ受け取る場合はどうすればいいでしょうか？　ためしに|length, width, i|のように3つのブロックパラメータを並べてみましょう。

```
dimensions = [
  [10, 20],
  [30, 40],
  [50, 60],
]
dimensions.each_with_index do |length, width, i|
  puts "length: #{length}, width: #{width}, i: #{i}"
end
#=> length: [10, 20], width: 0, i:
#   length: [30, 40], width: 1, i:
#   length: [50, 60], width: 2, i:
```

あれ、なんかおかしいですね……。どうやら、最初のブロックパラメータlengthに配列が丸ごと渡されてしまったようです。その影響でブロックパラメータの割り当てがずれて、widthに添え字が、iにnilが入っています。それならば、次のようにブロックパラメータを2つにすると、第1パラメータで縦と横の値を配列として取得できそうです。

```
dimensions = [
  [10, 20],
  [30, 40],
  [50, 60],
]
# いったん配列のまま受け取る
dimensions.each_with_index do |dimension, i|
  # 配列から縦と横の値を取り出す
  length = dimension[0]
  width = dimension[1]
  puts "length: #{length}, width: #{width}, i: #{i}"
end
#=> length: 10, width: 20, i: 0
#   length: 30, width: 40, i: 1
#   length: 50, width: 60, i: 2
```

しかし一度配列で受け取ってから変数に入れ直すのが面倒ですね。なんとか一気にブロックパラメータで受け取る方法はないでしょうか？

こういう場合は次のように配列の要素を受け取るブロックパラメータを()で囲むと、配列の要素を別々のパラメータとして受け取ることができます。

```
dimensions = [
  [10, 20],
  [30, 40],
  [50, 60],
]
# ブロックパラメータを()で囲んで、配列の要素を別々のパラメータとして受け取る
```

```
dimensions.each_with_index do |(length, width), i|
  puts "length: #{length}, width: #{width}, i: #{i}"
end
#=> length: 10, width: 20, i: 0
#   length: 30, width: 40, i: 1
#   length: 50, width: 60, i: 2
```

ご覧のとおり、縦の値、横の値、添え字、と3つの値を一度にブロックパラメータで受け取ることができました。

ちなみに、()を使った配列の分解はブロックパラメータだけでなく、入れ子になった配列を変数に多重代入する場合にも適用できます。

```
# ()を使わない場合はdimensionに配列の[10, 20]が代入される
dimension, i = [[10, 20], 0]
dimension #=> [10, 20]
i         #=> 0

# ()を使うと内側の配列の要素（10と20）を別々の変数（lengthとwidth）に代入できる
(length, width), i = [[10, 20], 0]
length #=> 10
width  #=> 20
i      #=> 0
```

4.8.5 番号指定パラメータ

Ruby 2.7ではブロックパラメータとして番号指定パラメータ（numbered parameter）が使えるようになりました。番号指定パラメータを使うと、明示的にブロックパラメータを指定する代わりに、パラメータの順番に応じて_1から_9までの番号を使うことができます。

```
# 番号指定パラメータを使わない場合（ブロックパラメータが1つ）
['1', '20', '300'].map { |s| s.rjust(3, '0') }
#=> ["001", "020", "300"]

# 番号指定パラメータを使う場合
['1', '20', '300'].map { _1.rjust(3, '0') }
#=> ["001", "020", "300"]
```

```
# 番号指定パラメータを使わない場合（ブロックパラメータが2つ）
['japan', 'us', 'italy'].map.with_index { |country, n| [n, country] }
#=> [[0, "japan"], [1, "us"], [2, "italy"]]

# 番号指定パラメータを使う場合
['japan', 'us', 'italy'].map.with_index { [_2, _1] }
#=> [[0, "japan"], [1, "us"], [2, "italy"]]
```

ブロックパラメータに配列が渡される場合は番号指定パラメータの使い方によって代入される値が変わってくるので注意が必要です。たとえば以下のコード例では_1に入れ子になった配列が代入されます。

```
dimensions = [
  [10, 20],
  [30, 40],
  [50, 60],
]
# dimensions.each { |dimension| p dimension } と書いたのと同じ
dimensions.each { p _1 }
#=> [10, 20]
#   [30, 40]
#   [50, 60]
```

ですが、次のように_2も一緒に使うと、_1には入れ子になった配列の最初の要素が代入されます。

```
# dimensions.each { |length, width| puts "#{length} / #{width}" } と書いたのと同じ
dimensions.each { puts "#{_1} / #{_2}" }
#=> 10 / 20
#   30 / 40
#   50 / 60
```

ブロックが入れ子になっている場合、番号指定パラメータが2つ以上のブロックで使われているとエラーになります。

```
sum = 0
[[1, 2, 3], [4, 5, 6]].each do
  # 外側のブロックで番号指定パラメータを使う
  _1.each do
    # 内側のブロックでも番号指定パラメータを使おうとするとエラーになる
    sum += _1
  end
end
#=> numbered parameter is already used in (SyntaxError)
```

入れ子になっている場合でも、番号指定パラメータが使われているブロックが1つだけであればエラーになりません。

```
sum = 0
[[1, 2, 3], [4, 5, 6]].each do |values|
  values.each do
    # 内側のブロックでしか番号指定パラメータを使ってないのでOK
    sum += _1
  end
end
sum #=> 21
```

次のコードのように、従来のブロックパラメータと番号指定パラメータを混在させた場合も構文エラーが発生します。

```
# 従来のブロックパラメータ |s| と、番号指定パラメータ _1 が混在すると構文エラー
['1', '20', '300'].map { |s| _1.rjust(3, '0') }
#=> ordinary parameter is defined (SyntaxError)
```

タイプ量が減るので一見便利そうに見える番号指定パラメータですが、連番を使うとデータの中身がわかり

づらくなるデメリットもあります。irb上でサクッと実行結果を確認したり、ちょっとした書き捨てのスクリプトを作ったりする場合には番号指定パラメータは便利ですが、実務でコードを書く場合は利用シーンを十分吟味しましょう。

4.8.6 ブロックローカル変数

あまり使う機会はないかもしれませんが、ブロックパラメータを;で区切り、続けて変数を宣言すると、ブロック内でのみ有効な独立したローカル変数を宣言することができます（ブロックローカル変数）。

```
numbers = [1, 2, 3, 4]
sum = 0
# ブロックの外にあるsumとは別物の変数sumを用意する
numbers.each do |n; sum|
  # 別物のsumを10で初期化し、ブロックパラメータの値を加算する
  sum = 10
  sum += n
  # 加算した値をターミナルに表示する
  puts sum
end
#=> 11
#   12
#   13
#   14

# ブロックの中で使っていたsumは別物なので、ブロックの外のsumには変化がない
sum #=> 0
```

ブロックローカル変数の明示的な宣言は、ブロックの中と外で"偶然"同じ名前の変数を使ってしまい、不具合を起こす危険性をなくすことができます。ですが、この問題は見通しの良いロジックを書いたり、変数に適切な名前を付けたりすることでほとんど防げるはずです。

4.8.7 繰り返し処理以外でも使用されるブロック

ブロックはここで紹介したように、配列やハッシュ（第5章で説明します）の繰り返し処理で利用されることが多いですが、それ以外の場面でもよく利用されます。たとえば次はテキストファイルに文字列を書き込むコード例です。

```
# sample.txtを開いて文字列を書き込む（クローズ処理は自動的に行われる）
File.open('./sample.txt', 'w') do |file|
  file.puts('1行目のテキストです。')
  file.puts('2行目のテキストです。')
  file.puts('3行目のテキストです。')
end
```

ファイルのような外部リソースを扱う際は「オープンしたら必ずクローズする」という処理が必要になります。RubyのFile.openメソッドとブロックを組み合わせると、オープンするだけでなく、「必ずクローズする」という処理までFile.openメソッドが面倒を見てくれます。よってプログラマはブロック内でファイルに書き込む内容を記述するだけで済み、「開いたら必ずクローズする」というお約束コードを毎回書かなくてもよくなり

ます。

なお、ファイルのクローズ処理については例外処理の説明と併せて「9.6.2　ensureの代わりにブロックを使う」でも再度取り上げます。

4.8.8 do...endと{}の結合度の違い

すでに説明したとおり、ブロックはdo...endで書くこともできますし、{}を使って書くこともできます。基本的にどちらを使っても結果は同じなのですが、do...endよりも{}のほうが結合度が強い、という点に注意が必要です。実際に違いが出るコード例を見てみましょう。

たとえば、配列のdeleteメソッドにはブロックを渡すことができます。ブロックを渡すと引数で指定した値が見つからないときの戻り値を指定することができるのです。

```
a = [1, 2, 3]

# ブロックを渡さないときは指定した値が見つからないとnilが返る
a.delete(100) #=> nil

# ブロックを渡すとブロックの戻り値が指定した値が見つからないときの戻り値になる
a.delete(100) do
  'NG'
end
#=> "NG"
```

「2.2.2　メソッド呼び出し」で説明したとおり、Rubyはメソッドの引数を囲む()を省略することができます。先ほどのコードで()を省略してみましょう。

```
a.delete 100 do
  'NG'
end
#=> "NG"
```

このコードは動きます。では次に、この状態からdo ... endを{}に置き換えて実行してみます。

```
a.delete 100 { 'NG' }
#=> syntax error, unexpected '{', expecting end-of-input (SyntaxError)
```

するとこちらはエラーになります。これはなぜかと言うと、{}の結合度が強いため、a.delete 100ではなく、100 { 'NG' }と解釈されてしまうためです。しかし、100はただの数値であり、メソッドではないためブロックを渡すことができず、構文エラーと解釈されてしまうわけです。

このエラーを解決するためには、100を()で囲みます。こうすると、a.delete(100)だと優先的に解釈されるようになります。

```
a.delete(100) { 'NG' }
#=> "NG"
```

このように、引数付きのメソッド呼び出しで{}をブロックとして使う場合は、メソッド引数の()を省略できないことを覚えておきましょう。

4.8.9 ブロックを使うメソッドを定義する

ブロックを使うメソッドは自分で定義することもできます。この内容は第10章で詳しく説明します。

Column ブロックの後ろに別のメソッドを続けて書く

以下のコードは名前の配列をmapメソッドで全部「さん付け」にし、それからjoinメソッドで「AさんとBさん」のように、「と」を使って連結する例です。

```
names = ['田中', '鈴木', '佐藤']
san_names = names.map { |name| "#{name}さん" } #=> ["田中さん", "鈴木さん", "佐藤さん"]
san_names.join('と') #=> "田中さんと鈴木さんと佐藤さん"
```

上のコードではmapメソッドの戻り値をsan_namesという変数に格納していますが、次のようにブロックの後ろにドット(.)を書けば、mapメソッドの戻り値に対して、直接joinメソッドを呼び出すことができます。

```
names = ['田中', '鈴木', '佐藤']
names.map { |name| "#{name}さん" }.join('と') #=> "田中さんと鈴木さんと佐藤さん"
```

また、{}とdo...endは基本的に同じなので、endの後ろにドットを付けてメソッドを呼び出すこともできます。

```
names = ['田中', '鈴木', '佐藤']
names.map do |name|
  "#{name}さん"
end.join('と') #=> "田中さんと鈴木さんと佐藤さん"
```

ただし、ブロックの後ろに別のメソッドを続けて書く場合は、do...endよりも{}を使ったほうが読みやすい、という意見もあります。

このように、変数を使わずにメソッドの戻り値に対して直接ほかのメソッドを呼び出していくコーディングスタイルのことをメソッドチェーンと呼びます。メソッドチェーンについては第10章のコラム「メソッドチェーンを使ってコードを書く」(p.428)で再度取り上げます。

Column 配列をもっと上手に使いこなすために

Rubyの配列(Arrayクラス)には数多くのメソッドが定義されています。自分でがんばってコードを書かなくても、最初から用意されているメソッド1つで実装が完了するケースもよくあります。配列の要素をあれこれいじくり回すようなコードが書きたくなったら、手を動かす前に公式リファレンスに一通り目を通して使えそうなメソッドがないか探してみてください。「こんなコードを書こうとしているのは世界で自分1人だけか？」を自問してみて、その答えがNOであれば、すでにArrayクラスのメソッドとして実装されているかもしれません(たとえば「eachメソッドでループを回しながら、添え字を一緒に取得したいと思うのは世界で自分だけか？」「いや、そんなはずはない」という感じです)。

配列のメソッドはArrayクラス自身に定義されているものと、Enumerableモジュールに定義されているものに大別されるので、両方の公式リファレンスに目を通すことが重要です。

- https://docs.ruby-lang.org/ja/latest/class/Array.html
- https://docs.ruby-lang.org/ja/latest/class/Enumerable.html

使えそうなメソッドが見つかったら、irbを起動して簡単なサンプルコードを動かしてみましょう。実際に動かしてみることで、本当にそのメソッドが自分の用途に合っているのかどうかを確認できます。こうしたプロセスを繰り返せば、だんだんと配列の使い方に慣れ、短いコードで複雑な処理を実装できるようになるはずです。

4.9 範囲（Range）についてもっと詳しく

4.9.1 終端や始端を持たない範囲オブジェクト

Ruby 2.6以降の範囲式では次のようにして終端を持たない範囲オブジェクト（endless range）を定義することができます[注8]。

```
# 10以上を表す範囲オブジェクト（Ruby 2.6以降）
(10..)

# 終端を省略する代わりにnilを指定しても同じ
10..nil
```

Ruby 2.7からは始端を持たない範囲オブジェクト（beginless range）も定義できるようになりました。

```
# 10以下を表す範囲オブジェクト（Ruby 2.7以降）
(..10)

# 始端を省略する代わりにnilを指定しても同じ
nil..10
```

終端や始端を省略した範囲オブジェクトを使うと以下のようなコードを書くことができます[注9]。

```
numbers = [10, 20, 30, 40, 50]

# 3番目以降の要素を取得
numbers[2..] #=> [30, 40, 50]

# 2番目以前の要素を取得
numbers[..1] #=> [10, 20]
```

なお、両端にnilを指定することで終端も始端もない「全範囲」を表す範囲オブジェクトを作成できますが、nilを両方とも省略することはできません。

```
# 全範囲を表す範囲オブジェクト（いずれも同じ意味）
nil..nil
(nil..)
(..nil)
```

注8　irbなどで10..だけ入力するとendless rangeだと認識されないため、()で囲んでendless rangeであることを明示しています。
注9　[]で囲むとendless rangeやbeginless rangeであることが明示されるため、ここでは()は不要です。

```
# nilを両方とも省略すると構文エラー
(..)
#=> syntax error, unexpected ')' (SyntaxError)
```

とはいえ、上のような終端も始端も持たない範囲オブジェクトが使われる場面はめったにないと思います。

4.10 さまざまな繰り返し処理

配列とeachメソッドの組み合わせはRubyにおける繰り返し処理の代表例ですが、Rubyには繰り返し処理を行う方法がほかにもたくさんあります。それらを以下で紹介していきます。

4.10.1 timesメソッド

配列を使わず、単純にn回処理を繰り返したい、という場合はIntegerクラスのtimesメソッドを使うと便利です。

```
sum = 0
# 処理を5回繰り返す。nには0, 1, 2, 3, 4が入る
5.times { |n| sum += n }
sum #=> 10
```

不要であればブロックパラメータは省略してもかまいません。

```
sum = 0
# sumに1を加算する処理を5回繰り返す
5.times { sum += 1 }
sum #=> 5
```

4.10.2 uptoメソッドとdowntoメソッド

nからmまで数値を1つずつ増やしながら何か処理をしたい場合は、Integerクラスのuptoメソッドを使いましょう。

```
a = []
10.upto(14) { |n| a << n }
a #=> [10, 11, 12, 13, 14]
```

逆に数値を減らしていきたい場合はdowntoメソッドを使います。

```
a = []
14.downto(10) { |n| a << n }
a #=> [14, 13, 12, 11, 10]
```

4.10.3 stepメソッド

1、3、5、7のように、nからmまで数値をx個ずつ増やしながら何か処理をしたい場合は、Numericクラスのstepメソッドを使います。stepメソッドは次のような仕様になっています。

```
開始値.step(上限値, 一度に増減する大きさ)
```

たとえば、1から10まで2つずつ値を増やしながら処理をしたい場合は次のようなコードになります。

```
a = []
1.step(10, 2) { |n| a << n }
a #=> [1, 3, 5, 7, 9]
```

10から1まで2つずつ値を減らす場合は次のようになります。

```
a = []
10.step(1, -2) { |n| a << n }
a #=> [10, 8, 6, 4, 2]
```

4.10.4 while文とuntil文

ここまではオブジェクトのメソッドとブロックを組み合わせて繰り返し処理を実行してきましたが、Rubyには繰り返し処理用の構文も用意されています。その1つがwhile文です。while文は指定した条件が真である間、処理を繰り返します。

```
while 条件式（真であれば実行）
  繰り返したい処理
end
```

たとえば以下は、配列の要素数が5つになるまで値を追加するwhile文です。

```
a = []
while a.size < 5
  a << 1
end
a #=> [1, 1, 1, 1, 1]
```

条件式の後ろにdoを入れると1行で書くこともできます。

```
a = []
while a.size < 5 do a << 1 end
a #=> [1, 1, 1, 1, 1]
```

しかし、1行で書くのであれば修飾子としてwhile文を後ろに置いたほうがスッキリ書けます。

```
a = []
a << 1 while a.size < 5
a #=> [1, 1, 1, 1, 1]
```

どんな条件でも最低1回は実行したい、という場合は`begin ... end`で囲んでから`while`を書きます。

```
a = []

while false
  # このコードは常に条件が偽になるので実行されない
  a << 1
end
a #=> []

# begin ... endで囲むとどんな条件でも最低1回は実行される
begin
  a << 1
end while false
a #=> [1]
```

while文の反対で、条件が偽である間、処理を繰り返すuntil文もあります。

```
until 条件式（偽であれば実行）
  繰り返したい処理
end
```

繰り返しの条件が逆になること以外は、while文と使い方は同じです。たとえば次は、配列の要素数が3以下になるまで配列の要素を後ろから削除していくコード例です。

```
a = [10, 20, 30, 40, 50]
until a.size <= 3
  a.delete_at(-1)
end
a #=> [10, 20, 30]
```

while文もuntil文も、条件式を間違えたり、いつまでたっても条件式の結果が変わらないようなコードを書いたりすると無限ループしてしまいます。while文やuntil文を書く場合は無限ループを発生させないように注意してください。

4.10.5 for文

配列やハッシュはfor文で繰り返し処理することもできます。

```
for 変数 in 配列やハッシュ
  繰り返し処理
end
```

上の説明では「配列やハッシュ」と書きましたが、厳密にはeachメソッドを定義しているオブジェクトであれば何でもかまいません。たとえば次は配列の中身を順番に加算していくコード例です。

```
numbers = [1, 2, 3, 4]
sum = 0
for n in numbers
  sum += n
end
sum #=> 10
```

```
# doを入れて1行で書くことも可能
sum = 0
for n in numbers do sum += n end
sum #=> 10
```

とはいえ、上のfor文は実質的にはeachメソッドを使った次のコードとほぼ同じです。Rubyのプログラムでは通常、for文よりもeachメソッドを使います。

```
numbers = [1, 2, 3, 4]
sum = 0
numbers.each do |n|
  sum += n
end
sum #=> 10
```

厳密に言うとまったく同じではなく、for文の場合は配列の要素を受け取る変数や、for文の中で作成したローカル変数がfor文の外でも使える、という違いがあります（下のコードをirbで実行する場合、nやsum_valueがローカル変数としてすでに宣言されていると以下の実行例のようにエラーが発生しないため、一度irbを再起動してください）。

```
numbers = [1, 2, 3, 4]
sum = 0
numbers.each do |n|
  sum_value = n.even? ? n * 10 : n
  sum += sum_value
end
# ブロックパラメータやブロック内で作成した変数はブロックの外では参照できない
n         #=> undefined local variable or method `n' for main:Object (NameError)
sum_value #=> undefined local variable or method `sum_value' for main:Object (NameError)

sum = 0
for n in numbers
  sum_value = n.even? ? n * 10 : n
  sum += sum_value
end
# for文の中で作成された変数はfor文の外でも参照できる
n         #=> 4
sum_value #=> 40
```

このような微妙な違いはあるものの、Rubyではfor文ではなくeachメソッドやmapメソッドといった、繰り返し処理用のメソッドを使う場合がほとんどです。

4.10.6 loopメソッド

あえて無限ループを作りたい、という場合はwhile文を使って次のようなコードが書けます。

```
while true
  # 無限ループ用の処理
end
```

これに加えてもうひとつ、Kernelモジュールのloopメソッドとブロックを使う方法があります。Kernelモジュールについては第8章で説明するので、ここではputsメソッドやpメソッドのようにloopメソッドも「どこでも呼べるメソッド」と考えてもらえばOKです。loopメソッドは次のように使います。

```
loop do
  # 無限ループ用の処理
end
```

無限ループから脱出する場合はbreakを使います。以下は配列に格納した5つの数値の中からランダムに数値を選び、5が出たタイミングで脱出する無限ループのサンプルコードです。

```
numbers = [1, 2, 3, 4, 5]
loop do
  # sampleメソッドでランダムに要素を1つ取得する
  n = numbers.sample
  puts n
  break if n == 5
end
#=> 3
#   2
#   4
#   5
```

上の処理はwhile文で書くこともできます。

```
while true
  n = numbers.sample
  puts n
  break if n == 5
end
#=> 4
#   1
#   5
```

loopメソッドはブロックを使うので変数nがループの外で参照できません。一方、while文はループの外でもnが参照できます。この違いはfor文とeachメソッドの違いと同じなので、詳しい理由はfor文の項を参照してください。

4.10.7 再帰呼び出し

あるメソッドの中でそのメソッド自身をもう一度呼び出すことを再帰呼び出しと言います。再帰呼び出しも一種の繰り返し処理として使うことができます。次のコードは再帰呼び出しを使って階乗の計算結果を求める例です。

```
def factorial(n)
  # 引数の値を1減らして、factorialメソッド自身をもう一度呼び出す（一種の繰り返し処理）
  # 引数が0になったら1を返して繰り返し処理が終了する
  n > 0 ? n * factorial(n - 1) : 1
end
# 5! = 5 * 4 * 3 * 2 * 1を求める
factorial(5) #=> 120
# 0!は1
```

4
配列や繰り返し処理を理解する

```
factorial(0) #=> 1
```

とはいえ、どうしても再帰呼び出しを使わないといけない、という場面は限られるため、実際に使うことはあまりないと思います。たとえば、階乗の計算は再帰呼び出しを使わずに次のように書くこともできます[注10]。

```
def factorial(n)
  # 再帰呼び出しを使わずに階乗を計算する例
  ret = 1
  (1..n).each { |n| ret *= n }
  ret
end
factorial(5) #=> 120
factorial(0) #=> 1
```

Column　繰り返し処理とEnumerableモジュール

配列にはeachメソッドやmapメソッド、selectメソッドなど、数多くの繰り返し処理用のメソッドが定義されています。しかし、こうしたメソッドは配列だけのものではありません。実は範囲オブジェクトやuptoメソッドの戻り値など、繰り返し処理ができるオブジェクトであれば大半のメソッドを同じように使うことができます。以下は配列以外のオブジェクトに対してmapメソッドやselectメソッドを呼び出すコード例です。

```
# 範囲オブジェクトに対してmapメソッドを呼び出す
(1..4).map { |n| n * 10 } #=> [10, 20, 30, 40]

# uptoメソッドの戻り値に対してselectメソッドを呼び出す
1.upto(5).select { |n| n.odd? } #=> [1, 3, 5]
```

少し難しい説明になりますが、mapメソッドやselectメソッドはArrayクラスではなく、Enumerableモジュールと呼ばれるモジュールに定義されています。配列のArrayクラスや、範囲オブジェクトのRangeクラス、uptoメソッドの戻り値であるEnumeratorクラスは、すべてこのEnumerableモジュールをincludeしています。そのため、どのクラスもEnumerableモジュールのメソッドが使えるのです。

```
[1, 2, 3].class                    #=> Array
Array.include?(Enumerable)         #=> true

(1..3).class                       #=> Range
Range.include?(Enumerable)         #=> true

1.upto(3).class                    #=> Enumerator
Enumerator.include?(Enumerable) #=> true
```

……と説明しても、まだモジュールやincludeについて説明していないのでよくわからないと思います。これらの技術要素については第8章で詳しく説明するので、ここでは「繰り返し処理に関連するメソッドはEnumerableモジュールに定義されていることが多い」とだけ理解しておいてください。

また、こうした理由から配列や範囲オブジェクトで使えるメソッドを調べる場合は、ArrayクラスやRangeクラスだけでなく、Enumerableモジュールの公式リファレンスも調べる必要があることも覚えておきましょう。

注10　少し上級者向けの書き方になりますが、このほかにもinjectメソッドを使って、(1..n).inject(1, :*)と書くこともできます。気になる人は公式リファレンスでinjectメソッドの使い方を調べてみましょう。https://docs.ruby-lang.org/ja/latest/method/Enumerable/i/inject.html

4.11 繰り返し処理用の制御構造

「4.10.6　loopメソッド」の項ではループを脱出するためにbreakを使いました。Rubyにはほかにも繰り返し処理の動きを変えるための制御構造が用意されています。次がそのキーワードの一覧です。

- break
- next
- redo

また、Kernelモジュールのthrowメソッドとcatchメソッドもbreakと同じような用途で使われます。以下の項でそれぞれについて説明していきます。

4.11.1 break

breakを使うと、繰り返し処理を脱出することができます。次はeachメソッドとbreakを組み合わせるコード例です。

```
# shuffleメソッドで配列の要素をランダムに並び替える
numbers = [1, 2, 3, 4, 5].shuffle
numbers.each do |n|
  puts n
  # 5が出たら繰り返しを脱出する
  break if n == 5
end
#=> 3
#   1
#   5
```

breakはeachメソッドだけでなく、while文やuntil文、for文でも使うことができます。以下のコードは先ほど紹介したbreakの使用例をwhile文を使って書き直したものです。

```
numbers = [1, 2, 3, 4, 5].shuffle
i = 0
while i < numbers.size
  n = numbers[i]
  puts n
  break if n == 5
  i += 1
end
#=> 2
#   4
#   5
```

breakに引数を渡すと、while文やfor文の戻り値になります。引数を渡さない場合の戻り値はnilです。

```
ret =
  while true
    break
  end
ret #=> nil

ret =
  while true
    break 123
  end
ret #=> 123
```

繰り返し処理が入れ子になっている場合は、一番内側の繰り返し処理を脱出します。

```
fruits = ['apple', 'melon', 'orange']
numbers = [1, 2, 3]
fruits.each do |fruit|
  # 配列の数字をランダムに入れ替え、3が出たらbreakする
  numbers.shuffle.each do |n|
    puts "#{fruit}, #{n}"
    # numbersのループは脱出するが、fruitsのループは継続する
    break if n == 3
  end
end
#=> apple, 1
#   apple, 3
#   melon, 2
#   melon, 3
#   orange, 2
#   orange, 1
#   orange, 3
```

4.11.2 throwとcatchを使った大域脱出

先ほど「breakでは一番内側の繰り返し処理しか脱出できない」と説明しました。一気に外側のループまで脱出したい場合は、Kernelモジュールのthrowメソッドとcatchメソッドを使います。

```
catch タグ do
  # 繰り返し処理など
  throw タグ
end
```

throw、catchというキーワードは、ほかの言語では例外処理に使われる場合がありますが、Rubyのthrow、catchは例外処理とは関係ありません。Rubyの例外処理ではraiseとrescueを使います。例外処理については第9章で説明します。

throwメソッドとcatchメソッドは次のように使います。以下は果物と数字の配列をシャッフルして両者の組み合わせを作成していき、"orange"と3の組み合わせが出たらすべての繰り返し処理を脱出するコード例です。

```
fruits = ['apple', 'melon', 'orange']
numbers = [1, 2, 3]
catch :done do
  fruits.shuffle.each do |fruit|
    numbers.shuffle.each do |n|
      puts "#{fruit}, #{n}"
      if fruit == 'orange' && n == 3
        # すべての繰り返し処理を脱出する
        throw :done
      end
    end
  end
end
#=> melon, 2
#   melon, 1
#   melon, 3
#   orange, 1
#   orange, 3
```

タグには通常シンボルを使用します（シンボルについては第5章で説明します）。

throwとcatchのタグが一致しない場合はエラーが発生します。

```
fruits = ['apple', 'melon', 'orange']
numbers = [1, 2, 3]
catch :done do
  fruits.shuffle.each do |fruit|
    numbers.shuffle.each do |n|
      puts "#{fruit}, #{n}"
      if fruit == 'orange' && n == 3
        # catchと一致しないタグをthrowする
        throw :foo
      end
    end
  end
end
#=> orange, 1
#   orange, 3
#   uncaught throw :foo (UncaughtThrowError)
```

throwメソッドに第2引数を渡すとcatchメソッドの戻り値になります。

```
ret =
  catch :done do
    throw :done
  end
ret #=> nil

ret =
  catch :done do
    throw :done, 123
  end
ret #=> 123
```

上のコード例を見てもらうとわかりますが、catchとthrowは繰り返し処理と無関係に利用することができます。ただし、実際は繰り返し処理の大域脱出で使われることが多いと思います。

4.11.3 繰り返し処理で使うbreakとreturnの違い

この項では繰り返し処理で使うbreakとreturnの違いについて説明します。ただし、これは積極的に使うべきテクニックではなく、挙動が複雑になるので極力使わないようにしたほうが良い内容です。その点をふまえて、ざっくりと内容を理解してもらえればOKです。

さて、「2.6.1　メソッドの戻り値」ではreturnを使ってメソッドを途中で脱出する方法を説明しました。

```
def greet(country)
  # countryがnilならメッセージを返してメソッドを抜ける
  return 'countryを入力してください' if country.nil?

  if country == 'japan'
    'こんにちは'
  else
    'hello'
  end
end
```

読者のみなさんの中には、「繰り返し処理もreturnで脱出すればいいのでは？」と思った方がいるかもしれません。繰り返し処理の中でもreturnは使えますが、breakとreturnは同じではありません。breakを使うと「繰り返し処理からの脱出」になりますが、returnを使うと「(繰り返し処理のみならず) メソッドからの脱出」になります。

たとえば以下は「配列の中からランダムに1つの偶数を選び、その数を10倍して返すメソッド」のコード例です。

```
def calc_with_break
  numbers = [1, 2, 3, 4, 5, 6]
  target = nil
  numbers.shuffle.each do |n|
    target = n
    # breakで脱出する
    break if n.even?
  end
  target * 10
end
calc_with_break #=> 40
```

breakの代わりにreturnを使うと次のようになります。

```
def calc_with_return
  numbers = [1, 2, 3, 4, 5, 6]
  target = nil
  numbers.shuffle.each do |n|
    target = n
    # returnで脱出する？
```

```
    return if n.even?
  end
  target * 10
end
calc_with_return #=> nil
```

calc_with_returnの戻り値がなぜnilになったのかと言うと、returnが呼ばれた瞬間にメソッド全体を脱出してしまったからです。returnには引数を渡していないので、結果としてメソッドの戻り値はnilになります。

また、returnの役割はあくまで「メソッドからの脱出」なので、returnを呼び出した場所がメソッドの内部でなければエラーになります。

```
[1, 2, 3].each do |n|
  puts n
  return
end
#=> 1
#   unexpected return (LocalJumpError)
```

このように、breakとreturnは「脱出する」という目的は同じでも、「繰り返し処理からの脱出」と「メソッドからの脱出」という大きな違いがあるため、用途に応じて適切に使い分ける必要があります。ですが、冒頭でも述べたように、挙動が複雑になるので、積極的に活用するテクニックではありません。

4.11.4 next

繰り返し処理を途中で中断し、次の繰り返し処理に進める場合はnextを使います。以下は偶数であれば処理を中断して次の繰り返し処理に進むコード例です。

```
numbers = [1, 2, 3, 4, 5]
numbers.each do |n|
  # 偶数であれば中断して次の繰り返し処理に進む
  next if n.even?
  puts n
end
#=> 1
#   3
#   5
```

eachメソッドの中だけでなく、while文やuntil文、for文の中でも使える点や、入れ子になった繰り返し処理では一番内側のループだけが中断の対象になる点はbreakと同じです。

```
numbers = [1, 2, 3, 4, 5]
i = 0
while i < numbers.size
  n = numbers[i]
  i += 1
  # while文の中でnextを使う
  next if n.even?
  puts n
end
```

```
#=> 1
#   3
#   5

fruits = ['apple', 'melon', 'orange']
numbers = [1, 2, 3, 4]
fruits.each do |fruit|
  numbers.each do |n|
    # 繰り返し処理が入れ子になっている場合は、一番内側のループだけが中断される
    next if n.even?
    puts "#{fruit}, #{n}"
  end
end
#=> apple, 1
#   apple, 3
#   melon, 1
#   melon, 3
#   orange, 1
#   orange, 3
```

4.11.5 redo

繰り返し処理をやりなおしたい場合はredoを使います。ここでいう「やりなおし」は初回からやりなおすのではなく、その回の繰り返し処理の最初に戻る、という意味です。

以下は3つの野菜に対して「好きですか？」と問いかけ、ランダムに「はい」または「いいえ」を答えるプログラムです。ただし、「はい」と答えるまで何度も同じ質問が続きます。

```
foods = ['ピーマン', 'トマト', 'セロリ']
foods.each do |food|
  print "#{food}は好きですか？ => "
  # sampleは配列からランダムに1要素を取得するメソッド
  answer = ['はい', 'いいえ'].sample
  puts answer

  # はいと答えなければもう一度聞き直す
  redo unless answer == 'はい'
end
#=> ピーマンは好きですか？ => いいえ
#   ピーマンは好きですか？ => いいえ
#   ピーマンは好きですか？ => はい
#   トマトは好きですか？ => はい
#   セロリは好きですか？ => いいえ
#   セロリは好きですか？ => はい
```

redoを使う場合、状況によっては永遠にやりなおしが続くかもしれません。そうすると意図せず無限ループを作ってしまいます。なので次のようにやりなおしの回数を制限することを検討してください。

```
foods = ['ピーマン', 'トマト', 'セロリ']
count = 0
```

```
foods.each do |food|
  print "#{food}は好きですか？ => "
  # わざと「いいえ」しか答えないようにする
  answer = 'いいえ'
  puts answer

  count += 1
  # やりなおしは2回までにする
  redo if answer != 'はい' && count < 2

  # カウントをリセット
  count = 0
end
#=> ピーマンは好きですか？ => いいえ
#   ピーマンは好きですか？ => いいえ
#   トマトは好きですか？ => いいえ
#   トマトは好きですか？ => いいえ
#   セロリは好きですか？ => いいえ
#   セロリは好きですか？ => いいえ
```


4.12 この章のまとめ

この章も非常に長い章になってしまいました。かなりたくさんのことを説明したので、読者のみなさんはお腹いっぱいになっていると思います。この章で学習した内容は次のとおりです。

- 配列
- ブロック
- 範囲（Range）
- さまざまな繰り返し処理
- 繰り返し処理用の制御構造

配列やブロックはRubyにおいて利用頻度が非常に高い機能です。いきなり全部の内容を覚えることは難しいと思いますが、今後もときどきこの章を読み直して徐々に記憶を定着させていきましょう。配列に用意された豊富なメソッドを使いこなせば使いこなすほど、簡潔なRubyプログラムが書けるようになるはずです。

さて、次の章では配列と同じぐらい重要なオブジェクトであるハッシュを学習します。こちらも利用頻度が高いので、がんばって学習していきましょう。

Column エイリアスメソッドがたくさんあるのはなぜ？

「4.4　ブロックを使う配列のメソッド」の節で紹介した配列のメソッドには、mapとcollectのように、同じ機能に複数の名前が付けられているエイリアスメソッドがたくさん登場しました。なぜRubyではわざわざ同じ機能に複数の名前を付けているのでしょうか？　これにはいくつかの理由が考えられます。

■ほかのさまざまな言語の影響を受けているから

1つはほかのプログラミング言語に別々の名前が付いていたから、というものです。たとえば、Rubyのmap/collectに相当する処理はLispではmapと呼び、Smalltalkではcollectと呼びます。RubyはLispにもSmalltalkにも強く影響を受けている言語なので、メソッド名もその影響でmapでもcollectでも呼べるようになっている、と想像できます[注11]。

```
# mapはLisp由来、collectはSmalltalk由来
[1, 2, 3].map { |n| n * 10 }     #=> [10, 20, 30]
[1, 2, 3].collect { |n| n * 10 } #=> [10, 20, 30]
```

■直感的に思い浮かんだ名前でメソッドを呼べるようにしたいから

Rubyでは配列の大きさを調べたいときはsizeメソッドを呼びます。一方、配列の長さを調べたいときはlengthメソッドを呼びます。……と言われて、「えっ、大きさと長さって別物なの？」と思った人もいるかもしれません。すいません、これはどちらも同じです（つまり、エイリアスメソッド）。ただ、日本語で「配列の大きさは？」と聞かれても、「配列の長さは？」と聞かれても、どちらも自然ですよね。それであればプログラムを書くときも、直感的に頭に思い浮かんだメソッド名を呼び出せたほうが、ストレスが少ないのではないでしょうか。

```
# 配列の大きさは？
[1, 2, 3].size   #=> 3

# 配列の長さは？
[1, 2, 3].length #=> 3
```

■あとからもっといい名前が提案されたから

「最初の命名があまり良くなかったので、あとからもっといい名前を付けた」というパターンもあります。たとえば、Ruby 2.5で導入されたyield_selfメソッドは名前があまり良くなかったため、Ruby 2.6でthenというエイリアスメソッドが追加されました[注12]。ちなみに、これは自分自身をブロックパラメータに渡し、ブロックの戻り値をそのままメソッドの戻り値とするメソッドです（if文やcase文で使われるthenとは無関係です）。

```
# thenメソッドの使用例
# nには10が入り、10 * 3 = 30がメソッドの戻り値になる
10.then { |n| n * 3 } #=> 30
```

■短く書きたいから／英語として自然に書きたいから

ほかにもRuby on Railsでは「長いメソッド名を短くするエイリアスメソッド」や、「英語として自然に見えるようにするエイリアスメソッド」などが用意されていたりします（以下のコードはRails用のサンプルコードです）。

```
# translateの短縮形としてのtメソッド
I18n.translate 'foo.bar'
I18n.t 'foo.bar'

# 単数形のdayメソッドと複数形のdaysメソッド
Date.today + 1.day
Date.today + 2.days
```

読者のみなさんの中には「Rubyはなんでわざわざエイリアスメソッドを作るの!?　ややこしいから1つにすればいいじゃない！」と思った人がいるかもしれませんが、こうやってみるとエイリアスメソッドも悪くない気がしてきませんか？　ぜひエイリアスメソッドを上手に活用してみてください。

注11　[参考] https://magazine.rubyist.net/articles/0038/0038-MapAndCollect.html
注12　[参考] https://bugs.ruby-lang.org/issues/14594

第5章

ハッシュやシンボルを理解する

5.1 イントロダクション

配列と同様、ハッシュも利用頻度の高いオブジェクトです。本格的なRubyプログラミングを書くうえでは避けて通ることはできません。また、シンボルは少し変わったデータ型で、他言語の経験者でも「初めて見た」と思う人がいるかもしれません。最初は文字列と混同してしまうかもしれませんが、こちらもやはり使用頻度が高いデータ型なので、しっかり理解していきましょう。

5.1.1 この章の例題：長さの単位変換プログラム

この章では長さの単位を変換するプログラムを作成します。このプログラムを通じて、ハッシュの使い方を学びます。長さの単位変換プログラムの仕様は次のとおりです。

- メートル（m）、フィート（ft）、インチ（in）の単位を相互に変換する。
- 第1引数に変換元の長さ（数値）、第2引数に変換元の単位、第3引数に変換後の単位を指定する。
- メソッドの戻り値は変換後の長さ（数値）とする。端数が出る場合は小数第3位で四捨五入する。

単位の変換には**表5-1**の数値を使います。

表5-1　各単位の数値

単位	略称	m換算
メートル	m	1.00
フィート	ft	3.28
インチ	in	39.37

5.1.2 長さの単位変換プログラムの実行例

長さの単位変換プログラムの実行例を以下に示します。

```
convert_length(1, 'm', 'in')      #=> 39.37
convert_length(15, 'in', 'm')     #=> 0.38
convert_length(35000, 'ft', 'm') #=> 10670.73
```

なお、上の実行例は初期バージョンです。初期バージョンを実装したら、そこから徐々に引数の指定方法を改善していきます。

5.1.3 この章で学ぶこと

この章では以下のようなことを学びます。

- ハッシュ
- シンボル

冒頭でも述べたとおり、ハッシュもシンボルもRubyプログラムに頻繁に登場するデータ型です。この章の内容を理解して、ちゃんと使いこなせるようになりましょう。

5.2 ハッシュ

ハッシュはキーと値の組み合わせでデータを管理するオブジェクトのことです。ほかの言語では連想配列やディクショナリ（辞書）、マップと呼ばれたりする場合もあります。

ハッシュを作成する場合は以下のような構文（ハッシュリテラル）を使います。ハッシュにおいてはキーと値の組み合わせが1つの要素になります。

```
# 空のハッシュを作る
{}

# キーと値の組み合わせ（要素）を3つ格納するハッシュ
{ キー1 => 値1, キー2 => 値2, キー3 => 値3 }
```

ハッシュはHashクラスのオブジェクトになっています。

```
# 空のハッシュを作成し、そのクラス名を確認する
{}.class #=> Hash
```

以下は国ごとに通貨の単位を格納したハッシュを作成する例です。

```
{ 'japan' => 'yen', 'us' => 'dollar', 'india' => 'rupee' }
```

改行して書くことも可能です。

```
{
  'japan' => 'yen',
  'us' => 'dollar',
  'india' => 'rupee'
}
```

配列と同様、最後にカンマが付いてもエラーにはなりません。

```
{
  'japan' => 'yen',
  'us' => 'dollar',
  'india' => 'rupee',
}
```

同じキーが複数使われた場合は、最後に出てきた値が使われます。ですが、特別な理由がない限りこのようなハッシュを作成する意味はありません。むしろ不具合である可能性のほうが高いでしょう。

```
{ 'japan' => 'yen', 'japan' => '円' } #=> {"japan"=>"円"}
```

ところで、ここまでの説明を読んで「あれ？」と思った方もいるかもしれません。そうです。ハッシュリテラルで使う{}はブロックで使う{}（「4.3.5　do ... endと{}」の項を参照）と使っている記号が同じですね。

```
# ハッシュリテラルの{}
h = { 'japan' => 'yen', 'us' => 'dollar', 'india' => 'rupee' }

# ブロックを作成する{}
[1, 2, 3].each { |n| puts n }
```

Rubyのコードをたくさん読み書きすればそのうちぱっと見分けがつくようになるはずですが、最初のうちは難しいかもしれないので、見分け方のポイントを簡単に説明しておきます（**図5-1**）。

まず、ハッシュであれば`{}`の中にはキーと値の組み合わせを示す`=>`が入ります。ただし、`=>`の代わりに`:`で区切る場合もあります。これは「5.4.1　ハッシュのキーにシンボルを使う」の項で紹介します。

一方、ブロックでは`{}`の中には何らかの処理が書かれます。また、`{`は必ずメソッドの直後（引数がある場合は`( )`の直後）に登場します。ブロックパラメータが使われる場合は`|n|`のようにパイプ（`|`）で囲まれたパラメータが`{`の直後に登場するので、ブロックであることが一目瞭然です。

図5-1　ハッシュの{}とブロックの{}の見分け方

ハッシュリテラルの場合

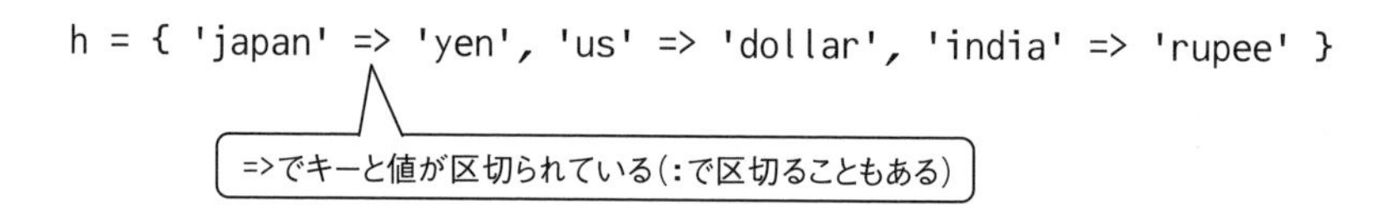

ブロックの場合

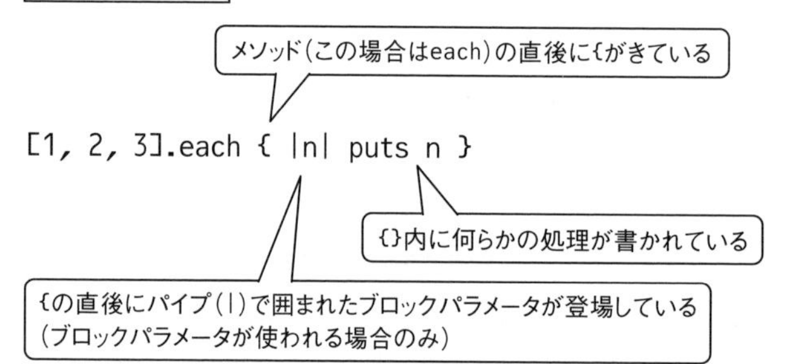

ただし、空のハッシュと空のブロックはどちらも`{}`なので、メソッドの直後に`{`が来ていればブロック、そうでなければハッシュと見分けるぐらいしかありません。とはいえ、空のハッシュを書くことはあっても、空のブロックを書くことはめったにないはずです。

```
# 空のハッシュ
h = {}

# 空のブロック (めったに使われない)
[1, 2, 3].each {}
```

書き方によってはハッシュのつもりで書いた`{}`がブロックと解釈されるケースもあります。そのようなコード例は「5.6.7　ハッシュリテラルの{}とブロックの{}」の項で紹介します。

5.2.1 要素の追加、変更、取得

あとから新しい要素を追加する場合は、次のような構文を使います。

```
ハッシュ[キー] = 値
```

以下は新たにイタリアの通貨を追加するコード例です。

```
currencies = { 'japan' => 'yen', 'us' => 'dollar', 'india' => 'rupee' }

# イタリアの通貨を追加する
currencies['italy'] = 'euro'

currencies #=> {"japan"=>"yen", "us"=>"dollar", "india"=>"rupee", "italy"=>"euro"}
```

すでにキーが存在していた場合は、値が上書きされます。

```
currencies = { 'japan' => 'yen', 'us' => 'dollar', 'india' => 'rupee' }

# 既存の値を上書きする
currencies['japan'] = '円'

currencies #=> {"japan"=>"円", "us"=>"dollar", "india"=>"rupee"}
```

ハッシュから値を取り出す場合は、次のようにしてキーを指定します。

```
ハッシュ[キー]
```

以下はハッシュからインドの通貨を取得するコード例です。なお、ハッシュはその内部構造上、キーと値が大量に格納されている場合でも、指定したキーに対応する値を高速に取り出せるのが特徴です。

```
currencies = { 'japan' => 'yen', 'us' => 'dollar', 'india' => 'rupee' }

currencies['india'] #=> "rupee"
```

存在しないキーを指定するとnilが返ります。

```
currencies = { 'japan' => 'yen', 'us' => 'dollar', 'india' => 'rupee' }

currencies['brazil'] #=> nil
```

5.2.2 ハッシュを使った繰り返し処理

eachメソッドを使うと、キーと値の組み合わせを順に取り出すことができます。キーと値は格納した順に取り出されます。ブロックパラメータがキーと値で2個になっている点に注意してください。

```
currencies = { 'japan' => 'yen', 'us' => 'dollar', 'india' => 'rupee' }

currencies.each do |key, value|
  puts "#{key} : #{value}"
end
```

```
#=> japan : yen
#   us : dollar
#   india : rupee
```

ブロックパラメータを1つにするとキーと値が配列に格納されます。

```
currencies = { 'japan' => 'yen', 'us' => 'dollar', 'india' => 'rupee' }

currencies.each do |key_value|
  key = key_value[0]
  value = key_value[1]
  puts "#{key} : #{value}"
end
#=> japan : yen
#   us : dollar
#   india : rupee
```

5.2.3 ハッシュの同値比較、要素数の取得、要素の削除

==でハッシュ同士を比較すると、同じハッシュかどうかをチェックできます。このときすべてのキーと値が同じであればtrueが返ります。

```
a = { 'x' => 1, 'y' => 2, 'z' => 3 }

# すべてのキーと値が同じであればtrue
b = { 'x' => 1, 'y' => 2, 'z' => 3 }
a == b #=> true

# 並び順が異なっていてもキーと値がすべて同じならtrue
c = { 'z' => 3, 'y' => 2, 'x' => 1 }
a == c #=> true

# キー'x'の値が異なるのでfalse
d = { 'x' => 10, 'y' => 2, 'z' => 3 }
a == d #=> false
```

sizeメソッド（エイリアスメソッドはlength）を使うとハッシュの要素の個数を調べることができます。

```
{}.size #=> 0

{ 'x' => 1, 'y' => 2, 'z' => 3 }.size #=> 3
```

deleteメソッドを使うと指定したキーに対応する要素を削除できます。戻り値は削除された要素の値です。

```
currencies = { 'japan' => 'yen', 'us' => 'dollar', 'india' => 'rupee' }
currencies.delete('japan') #=> "yen"
currencies                 #=> {"us"=>"dollar", "india"=>"rupee"}
```

deleteメソッドで指定したキーがなければnilが返ります。ブロックを渡すと、キーが見つからないときにブロックの戻り値をdeleteメソッドの戻り値にできます。

```
currencies = { 'japan' => 'yen', 'us' => 'dollar', 'india' => 'rupee' }

# 削除しようとしたキーが見つからないときはnilが返る
currencies.delete('italy') #=> nil

# ブロックを渡すとキーが見つからないときの戻り値を作成できる
currencies.delete('italy') { |key| "Not found: #{key}" } #=> "Not found: italy"
```

さて、ここまでハッシュのごくごく基本的な使い方を見てきました。このままハッシュの解説を続けても良いのですが、Rubyの開発ではハッシュのキーにシンボルがよく使われます。そこでいったん、シンボルとは何か、ハッシュではなぜキーにシンボルをよく使うのか、ということを説明したあとで、またハッシュの解説に戻ることにします。

5.3 シンボル

Rubyにおける「シンボル」とは何なのでしょうか？　公式リファレンス[注1]では次のように説明されています。

> シンボルは任意の文字列と一対一に対応するオブジェクトです。
> 文字列の代わりに用いることもできますが、必ずしも文字列と同じ振る舞いをするわけではありません。
> 同じ内容のシンボルはかならず同一のオブジェクトです。

いかがでしょうか？　文章だけだと、「わかったような、わからないような」という感想を持つ人も多いのではないかと思います。シンボルと文字列は見た目にはよく似ています。ですが、両者は基本的に別物です。実際のコードを見ながら確認していきましょう。

シンボルは次のようにコロン（:）に続けて任意の名前を定義します（シンボルリテラル）。

```
:シンボルの名前
```

以下はシンボルを作成するコード例です。

```
:apple
:japan
:ruby_is_fun
```

わざわざ例で示すのも変かもしれませんが、上のシンボルとよく似た文字列を作るコード例です。

```
'apple'
'japan'
'ruby_is_fun'
```

ご覧のとおり、シンボルと文字列は（見た目には）よく似ています。

注1　https://docs.ruby-lang.org/ja/latest/class/Symbol.html

5.3.1 シンボルと文字列の違い

ではここからは、シンボルの特徴と、文字列との違いを説明していきます。まず、シンボルはSymbolクラスのオブジェクトになります。文字列はStringクラスのオブジェクトです。

```
:apple.class  #=> Symbol
'apple'.class #=> String
```

シンボルはRubyの内部で整数として管理されます。表面的には文字列と同じように見えますが、その中身は整数なのです。そのため、2つの値が同じかどうか調べる場合、文字列よりも高速に処理できます。

```
# 文字列よりもシンボルのほうが高速に比較できる
'apple' == 'apple'
:apple  == :apple
```

次に、シンボルは「同じシンボルであればまったく同じオブジェクトである」という特徴があります。このため、「大量の同じ文字列」と「大量の同じシンボル」を作成した場合、シンボルのほうがメモリの使用効率が良くなります。

まったく同じオブジェクトであるかどうかはobject_idを調べるとわかります。同じシンボルを複数作った場合と、同じ文字列を複数作った場合のobject_idを確認してみましょう。

```
:apple.object_id #=> 1143388
:apple.object_id #=> 1143388
:apple.object_id #=> 1143388

'apple'.object_id #=> 70223819213380
'apple'.object_id #=> 70223819233120
'apple'.object_id #=> 70223819227780
```

ご覧のとおり、シンボルはすべて同じIDになりますが、文字列は3つとも異なるIDになります。

最後に、シンボルはイミュータブルなオブジェクトです（イミュータブルなオブジェクトについては「4.7.14　ミュータブル？　イミュータブル？」を参照）。文字列のように破壊的な変更はできないため、「何かに名前を付けたい。名前なので誰かによって勝手に変更されては困る」という用途に向いています。

```
# 文字列は破壊的な変更が可能
string = 'apple'
string.upcase!
string #=> "APPLE"

# シンボルはイミュータブルなので、破壊的な変更は不可能
symbol = :apple
symbol.upcase! #=> undefined method `upcase!' for :apple:Symbol (NoMethodError)
```

5.3.2 シンボルの特徴とおもな用途

シンボルの特徴をまとめると次のようになります。

・表面上は文字列っぽいので、プログラマにとって理解しやすい。

- 内部的には整数なので、コンピュータは高速に値を比較できる。
- 同じシンボルは同じオブジェクトであるため、メモリの使用効率が良い。
- イミュータブルなので、勝手に値を変えられる心配がない。

シンボルがよく使われるのは、ソースコード上では名前を識別できるようにしたいが、その名前が必ずしも文字列である必要はない場合です。

代表的な利用例はハッシュのキーです。ハッシュのキーにシンボルを使うと、文字列よりも高速に値を取り出すことができます。

```
# 文字列をハッシュのキーにする
currencies = { 'japan' => 'yen', 'us' => 'dollar', 'india' => 'rupee' }
# 文字列を使って値を取り出す
currencies['japan'] #=> "yen"

# シンボルをハッシュのキーにする
currencies = { :japan => 'yen', :us => 'dollar', :india => 'rupee' }
# シンボルを使って値を取り出す（文字列より高速）
currencies[:japan] #=> "yen"
```

プログラム上で区分や状態を管理したいときもシンボルがよく使われます。たとえば、以下のようにタスクの状態を0から2の整数値で管理する場合、コンピュータにとって処理効率は良いですが、人間は数値の意味を脳内で変換する必要があるため、可読性はあまり良くありません。

```
# タスクの状態を整数値で管理する（処理効率は良いが、可読性が悪い）
status = 2

case status
when 0 # todo
  'これからやります'
when 1 # doing
  '今やってます'
when 2 # done
  'もう終わりました'
end
#=> "もう終わりました"
```

もちろん、ここからさらに定数を導入するなどして可読性を上げることもできます。ですが、それよりも次のように各状態をシンボルで管理すれば、処理効率を保ったまま可読性を上げることができます。

```
# タスクの状態をシンボルで管理する（処理効率も可読性も良い）
status = :done

case status
when :todo
  'これからやります'
when :doing
  '今やってます'
when :done
  'もう終わりました'
```

```
end
#=> "もう終わりました"
```

シンボルはこのあとにもたくさん登場するので、Rubyがどういう用途でシンボルを使っているのか注目してみてください。シンボルについてはこれぐらいの内容を理解しておけば、いったんは大丈夫です。では再びハッシュの説明に戻ります。

5.4 続・ハッシュについて

5.4.1 ハッシュのキーにシンボルを使う

さて、先ほども説明したように、(設計上、文字列でもシンボルでもどちらでも良いのなら) ハッシュのキーには文字列よりもシンボルのほうが適しています。ハッシュのキーにシンボルを使うと次のようなコードになります。

```
# ハッシュのキーをシンボルにする
currencies = { :japan => 'yen', :us => 'dollar', :india => 'rupee' }
# シンボルを使って値を取り出す
currencies[:us] #=> "dollar"

# 新しいキーと値の組み合わせを追加する
currencies[:italy] = 'euro'
```

しかし、シンボルがキーになる場合、=>を使わずに“**シンボル: 値**”という記法でハッシュを作成できます。コロンの位置が左から右に変わる点に注意してください。

```
# =>ではなく、"シンボル: 値"の記法でハッシュを作成する
currencies = { japan: 'yen', us: 'dollar', india: 'rupee' }
# 値を取り出すときは同じ
currencies[:us] #=> "dollar"
```

キーも値もシンボルの場合は、次のようになります。

```
{ japan: :yen, us: :dollar, india: :rupee }
```

上のハッシュは下のハッシュとまったく同じです。

```
{ :japan => :yen, :us => :dollar, :india => :rupee }
```

コロン (:) 同士が向き合うので不自然な印象を受けるかもしれませんが、Rubyではこのようなハッシュの記法がよく登場します。=>を使うよりも簡潔に書けるため、本書ではこれ以降、“**シンボル: 値**”の記法を使っていきます。

5.4.2 キーや値に異なるデータ型を混在させる

ハッシュのキーは同じデータ型にする必要はありません。たとえば文字列とシンボルを混在させることもできます。しかし、無用な混乱を招くので必要がない限りデータ型はそろえたほうがいいでしょう。

```
# 文字列のキーとシンボルのキーを混在させる（良いコードではないので注意）
hash = { 'abc' => 123, def: 456 }

# 値を取得する場合はデータ型を合わせてキーを指定する
hash['abc'] #=> 123
hash[:def]  #=> 456

# データ型が異なると値は取得できない
hash[:abc]  #=> nil
hash['def'] #=> nil
```

一方、ハッシュに格納する値に関しては、異なるデータ型が混在するケースもよくあります。

```
person = {
  # 値が文字列
  name: 'Alice',
  # 値が数値
  age: 20,
  # 値が配列
  friends: ['Bob', 'Carol'],
  # 値がハッシュ
  phones: { home: '1234-0000', mobile: '5678-0000' }
}

person[:age]               #=> 20
person[:friends]           #=> ["Bob", "Carol"]
person[:phones][:mobile] #=> "5678-0000"
```

5.4.3 メソッドのキーワード引数とハッシュ

Rubyにはキーがシンボルのハッシュによく似た記法でメソッドの引数を指定する「キーワード引数」という機能があります。キーワード引数を使うと、メソッド呼び出し時にどの引数がどんな意味を持つのか対応関係がわかりやすくなります。たとえば、以下のような架空のメソッドがあったとします。

```
def buy_burger(menu, drink, potato)
  # ハンバーガーを購入
  if drink
    # ドリンクを購入
  end
  if potato
    # ポテトを購入
  end
end

# チーズバーガーとドリンクとポテトを購入する
```

```
buy_burger('cheese', true, true)

# フィッシュバーガーとドリンクを購入する
buy_burger('fish', true, false)
```

ここではちゃんとメソッドの引数を確認したあとなので、とくに違和感はないかもしれません。しかし、とくに説明もなく次のようなコードを見せられたらどうでしょうか？

```
buy_burger('cheese', true, true)
buy_burger('fish', true, false)
```

みなさんはこのコードを見て2つめと3つめの引数が何を表しているのか、ぱっと理解できますか？　こういうケースではメソッドのキーワード引数を使うと可読性が上がります。メソッドのキーワード引数は次のように定義します。

```
def メソッド名(キーワード引数1: デフォルト値1, キーワード引数2: デフォルト値2)
  # メソッドの実装
end
```

たとえば、先ほどのbuy_burgerメソッドでキーワード引数を使うと次のようになります。

```
def buy_burger(menu, drink: true, potato: true)
  # 省略
end
```

キーワード引数を持つメソッドを呼び出す場合は、キーがシンボルのハッシュを作るときと同じように、"**引数名: 値**"の形式で引数を指定します。

```
buy_burger('cheese', drink: true, potato: true)
buy_burger('fish', drink: true, potato: false)
```

キーワード引数を使わない場合と比べると、引数の役割が明確になりましたね。

```
# キーワード引数を使わない場合
buy_burger('cheese', true, true)
buy_burger('fish', true, false)

# キーワード引数を使う場合
buy_burger('cheese', drink: true, potato: true)
buy_burger('fish', drink: true, potato: false)
```

キーワード引数にはデフォルト値が設定されているので、引数を省略することもできます。

```
# drinkはデフォルト値のtrueを使うので指定しない
buy_burger('fish', potato: false)

# drinkもpotatoもデフォルト値のtrueを使うので指定しない
buy_burger('cheese')
```

キーワード引数は呼び出し時に自由に順番を入れ替えることができます。

```
buy_burger('fish', potato: false, drink: true)
```

存在しないキーワード引数を指定した場合はエラーになります。

```
buy_burger('fish', salad: true) #=> unknown keyword: :salad (ArgumentError)
```

キーワード引数のデフォルト値は省略することもできます。デフォルト値を持たないキーワード引数は、呼び出し時に省略することができません。

```
# デフォルト値なしのキーワード引数を使ってメソッドを定義する
def buy_burger(menu, drink:, potato:)
  # 省略
end

# キーワード引数を指定すれば、デフォルト値ありの場合と同じように使える
buy_burger('cheese', drink: true, potato: true)

# キーワード引数を省略するとエラーになる
buy_burger('fish', potato: false) #=> missing keyword: :drink (ArgumentError)
```

ちなみに、キーワード引数を使うメソッドを呼び出す場合、**を手前に付けることでハッシュをキーワード引数として渡すこともできます。この内容は「5.6.5　ハッシュを明示的にキーワード引数に変換する**」の項で詳しく説明します。

```
params = { drink: true, potato: false }
# **を付けてハッシュをキーワード引数として利用する
buy_burger('fish', **params)
```

では、ここまでに学んだ知識を使って例題を解いてみましょう。例題の解説が終わったら、再びハッシュやシンボルに関する応用的なトピックを説明していきます。

5.5 例題：長さの単位変換プログラムを作成する

まず、長さの単位変換プログラムの仕様をもう1回確認しておきましょう。

- メートル (m)、フィート (ft)、インチ (in) の単位を相互に変換する。
- 第1引数に変換元の長さ (数値)、第2引数に変換元の単位、第3引数に変換後の単位を指定する。
- メソッドの戻り値は変換後の長さ (数値) とする。端数が出る場合は小数第3位で四捨五入する。

単位の変換には**表5-2**の数値を使います。

表5-2　各単位の数値 (再掲)

単位	略称	m 換算
メートル	m	1.00
フィート	ft	3.28
インチ	in	39.37

長さの単位変換プログラムの実行例を以下に示します。

```
convert_length(1, 'm', 'in')      #=> 39.37
convert_length(15, 'in', 'm')     #=> 0.38
convert_length(35000, 'ft', 'm') #=> 10670.73
```

では今から一緒にこのプログラムを作っていきましょう。

5.5.1 テストコードを準備する

今回もまずテストコードから書いていきます。testディレクトリにconvert_length_test.rbというファイルを作成してください。

```
ruby-book/
├─ lib/
└─ test/
   └─convert_length_test.rb
```

次に、convert_length_test.rbを開き、以下のようなコードを書いてください。

```
require 'minitest/autorun'

class ConvertLengthTest < Minitest::Test
  def test_convert_length
    assert_equal 39.37, convert_length(1, 'm', 'in')
  end
end
```

ファイルを保存したらテストコードを実行します。

```
$ ruby test/convert_length_test.rb
省略

  1) Error:
ConvertLengthTest#test_convert_length:
NoMethodError: undefined method `convert_length' for #<ConvertLengthTest:0x00007fadc20 ……省略>
    test/convert_length_test.rb:5:in `test_convert_length'

1 runs, 0 assertions, 0 failures, 1 errors, 0 skips
```

convert_lengthメソッドを作っていないので、当然テストは失敗します。

では続いてlibディレクトリにconvert_length.rbというファイルを作成してください。

```
ruby-book/
├─ lib/
│  └─ convert_length.rb
└─ test/
   └─ convert_length_test.rb
```

convert_length.rbを開いてconvert_lengthメソッドを実装します。といっても、最初は単純に固定値を返すだけの実装で済ませます。

```
def convert_length(length, unit_from, unit_to)
  39.37
end
```

それからconvert_length_test.rbに戻り、実装コードを読み込みましょう。

```
require 'minitest/autorun'
require_relative '../lib/convert_length'

# 省略
```

こうすれば、とりあえずテストはパスするはずです。

```
$ ruby test/convert_length_test.rb
省略
1 runs, 1 assertions, 0 failures, 0 errors, 0 skips
```

さて、これで実装コードを書いていく準備が整いました。これからが本番です！

5.5.2 いろんな単位を変換できるようにする

では2つめの検証コードを追加してみましょう。今度はインチからメートルへの変換です。

```
require 'minitest/autorun'
require_relative '../lib/convert_length'

class ConvertLengthTest < Minitest::Test
  def test_convert_length
    assert_equal 39.37, convert_length(1, 'm', 'in')
    assert_equal 0.38, convert_length(15, 'in', 'm')
  end
end
```

（変な言い方ですが）期待どおりテストが失敗することを確認します。

```
$ ruby test/convert_length_test.rb
省略
  1) Failure:
ConvertLengthTest#test_convert_length [test/convert_length_test.rb:7]:
Expected: 0.38
  Actual: 39.37

1 runs, 2 assertions, 1 failures, 0 errors, 0 skips
```

ではconvert_lengthメソッドをちゃんと実装していきましょう。今回はメートルとその他の単位との比率をハッシュで定義し、そのハッシュを使って単位を変換することにします。メートルやその他の単位を表すハッシュは次のように書けます。

```
units = { 'm' => 1.0, 'ft' => 3.28, 'in' => 39.37 }
```

また、変換後の長さを求める式は次のようになります。

変換前の単位の長さ ÷ 変換前の単位の比率 × 変換後の単位の比率

1メートルをインチに直すのであれば、

1 ÷ 1.0 × 39.37 = 39.37

になり、1フィートをメートルに直すのであれば、

1 ÷ 3.28 × 1.0 = 0.30（割り切れないので小数第3位を四捨五入）

になります。これらの考えを組み合わせると、Rubyのコードは次のように書けます。

```
def convert_length(length, unit_from, unit_to)
  units = { 'm' => 1.0, 'ft' => 3.28, 'in' => 39.37 }
  (length / units[unit_from] * units[unit_to]).round(2)
end
```

units[unit_from]やunits[unit_to]で各単位の比率をハッシュから取得していることは、みなさんもうおわかりでしょう。端数は小数第3位で四捨五入することになっているので、計算した結果はround(2)で四捨五入しています。

さあ、これでテストを実行するとパスするはずです。やってみましょう。

```
$ ruby test/convert_length_test.rb
省略
1 runs, 2 assertions, 0 failures, 0 errors, 0 skips
```

はい、バッチリですね！　3つめの実行例（フィートからメートルへの変換）も検証してみます。

```
require 'minitest/autorun'
require_relative '../lib/convert_length'

class ConvertLengthTest < Minitest::Test
  def test_convert_length
    assert_equal 39.37, convert_length(1, 'm', 'in')
    assert_equal 0.38, convert_length(15, 'in', 'm')
    assert_equal 10670.73, convert_length(35000, 'ft', 'm')
  end
end
```

テストコードを保存したら、テストを実行してみてください。

```
$ ruby test/convert_length_test.rb
省略
1 runs, 3 assertions, 0 failures, 0 errors, 0 skips
```

こちらも問題なくパスしました！

5.5.3 convert_lengthメソッドを改善する

さて、これだけで終わってしまうとちょっとあっけないので、もう少しこのメソッドを改善してみましょう。まず、メソッドの引数には'm'や'ft'のような文字列を渡していますが、ここでは必ずしも文字列でなくても良い気がします。また、長さの単位はハッシュのキーにもなっています。こういうときに最適なのが……そう、シンボルです！　長さの単位は文字列ではなく、シンボルを渡すようにしてみましょう。

先にテストコードを修正してシンボルを使うようにします。

```
require 'minitest/autorun'
require_relative '../lib/convert_length'

class ConvertLengthTest < Minitest::Test
  def test_convert_length
    assert_equal 39.37, convert_length(1, :m, :in)
    assert_equal 0.38, convert_length(15, :in, :m)
    assert_equal 10670.73, convert_length(35000, :ft, :m)
  end
end
```

それからテストコードを実行して、テストが失敗することを確認します。

```
$ ruby test/convert_length_test.rb
省略
  1) Error:
ConvertLengthTest#test_convert_length:
TypeError: nil can't be coerced into Integer
    /ruby-book/lib/convert_length.rb:3:in `/'
    /ruby-book/lib/convert_length.rb:3:in `convert_length'
    test/convert_length_test.rb:6:in `test_convert_length'

1 runs, 0 assertions, 0 failures, 1 errors, 0 skips
```

シンボルと文字列ではそのままでは互換性がないため、ハッシュから値が取得できずにテストは失敗してしまいました（数値ではなくnilで割り算することになってしまい、TypeErrorが発生しています）。

そこで、ハッシュのキーをシンボルに変更します。キーがシンボルになったので、=>もなくしてシンボルの右側にコロンを付ける記法に書き直しましょう。

```
def convert_length(length, unit_from, unit_to)
  units = { m: 1.0, ft: 3.28, in: 39.37 }
  (length / units[unit_from] * units[unit_to]).round(2)
end
```

これでテストを実行すればパスするはずです。

```
$ ruby test/convert_length_test.rb
省略
1 runs, 3 assertions, 0 failures, 0 errors, 0 skips
```

ご覧のとおり、テストがちゃんとパスしました。

あと、convert_length(1, :m, :in)だと引数の意味が若干わかりにくい気がします。convert_

length(1, from: :m, to: :in)のようにキーワード引数を使うと、引数の意味がより明確になりそうです。というわけで、キーワード引数を使うように再度テストコードを修正します。

```
require 'minitest/autorun'
require_relative '../lib/convert_length'

class ConvertLengthTest < Minitest::Test
  def test_convert_length
    assert_equal 39.37, convert_length(1, from: :m, to: :in)
    assert_equal 0.38, convert_length(15, from: :in, to: :m)
    assert_equal 10670.73, convert_length(35000, from: :ft, to: :m)
  end
end
```

もちろんテストは失敗します。

```
$ ruby test/convert_length_test.rb
省略
  1) Error:
ConvertLengthTest#test_convert_length:
ArgumentError: wrong number of arguments (given 2, expected 3)
    /ruby-book/lib/convert_length.rb:1:in `convert_length'
    test/convert_length_test.rb:6:in `test_convert_length'

1 runs, 0 assertions, 0 failures, 1 errors, 0 skips
```

テストが失敗することを確認したら、キーワード引数を受け取るように実装コードを変更しましょう。デフォルト値はなくてもいいのですが、ここではどちらもメートル（:m）を受け取るようにします。引数の名前がunit_fromやunit_toからfromとtoに変わっている点に注意してください。

```
def convert_length(length, from: :m, to: :m)
  units = { m: 1.0, ft: 3.28, in: 39.37, }
  (length / units[from] * units[to]).round(2)
end
```

これでテストもパスするはずです。

```
$ ruby test/convert_length_test.rb
省略
1 runs, 3 assertions, 0 failures, 0 errors, 0 skips
```

問題ありませんね。

最後に、メソッドの中で作成しているハッシュについて見直してみましょう。このハッシュはとくにキーや値が追加されたり変更されたりしないので、メソッドを実行するたびに作りなおす必要はありません。こういうオブジェクトは、メソッドの外で定数として保持しておくほうが実行効率が良くなります（定数については第7章で詳しく説明するので、ここではとりあえず手順どおりにコードを変更してください）。

というわけで次のようにハッシュをメソッドの外に移動させ、定数化します。

```
UNITS = { m: 1.0, ft: 3.28, in: 39.37 }
def convert_length(length, from: :m, to: :m)
```

```
  (length / UNITS[from] * UNITS[to]).round(2)
end
```

この変更はメソッドの呼び出し方や戻り値に変化がないので（つまり、純粋なリファクタリング）、テストコードはそのままでもパスします。

```
$ ruby test/convert_length_test.rb
省略
1 runs, 3 assertions, 0 failures, 0 errors, 0 skips
```

これでconvert_lengthメソッドは完成です。お疲れ様でした！

ここからあとはまだ説明していないハッシュやシンボルに関する知識を紹介していきます。

Column メソッド定義側のキーワード引数はシンボルっぽいがシンボルではない

Ruby初心者さんの中には、キーワード引数をシンボルとして参照できないことに疑問を持つ方がいらっしゃるようです。たとえば、こういうイメージです。

```
def buy_burger(menu, drink: true, potato: true)
  # なんで if :drink じゃないの？
  if drink
    # 省略
  end
  # なんで if :potato じゃないの？
  if potato
    # 省略
  end
end
```

確かにdrink: true, potato: trueの部分に着目すると、コロン（:）が付いているせいでキーがシンボルのハッシュが書かれているように見えます。ですが、これは記法が似ているだけでシンボルではありません。あくまでメソッドの引数です。よって、第1引数のmenuと同じようにdrink、potatoのように参照します。

```
def buy_burger(menu, drink: true, potato: true)
  # キーワード引数もメソッドの引数の1つなので、menuと同様にdrinkと書く
  if drink
    # 省略
  end
# ...
```

:drink、:potatoのように書いてしまうと、これはメソッドの引数ではなく、ただのシンボルを書いたことになります。

```
def buy_burger(menu, drink: true, potato: true)
  # :drinkと書いた場合はメソッドの引数ではなく、ただのシンボルになる
  if :drink
    # 省略
  end
# ...
```

ただし、上の話はあくまで「メソッドを定義する側」に注目した場合です。メソッドを呼び出す側になると話が変わってきます。

```
# buy_burgerメソッドを呼び出す場合のdrink:やpotato:はシンボルか否か？
buy_burger('cheese', drink: true, potato: true)
```

ややこしいですが、メソッドを呼び出す側に登場する引数については「シンボルだ」と言えます。なぜなら、メソッド定義側と異なり、呼び出し側は=>を使って呼び出すこともできるからです。よって、シンボルそのもの（シンボルのリテラル）を書いていることになります。

```
# 呼び出す側はどっちの記法でも呼び出せる（ただし通常は上の書き方を使う）
buy_burger('cheese', drink: true, potato: true)
buy_burger('cheese', :drink => true, :potato => true)
```

また、シンボルを変数に格納しても呼び出せます。このことからも呼び出し側は「シンボルを渡している」と言えます。

```
# 変数経由で呼び出すこともできる
# 注意：この例はあくまで実験目的であって、実際にこんなコードを書くことはない
key_1 = :drink
key_2 = :potato
buy_burger('cheese', key_1 => true, key_2 => true)
```

「呼び出す側はシンボルとして引数を渡すが、受け取る側はシンボルでない普通のメソッド引数として値を受け取る」というのは少し不自然な気がしますが、この点については実際にどんどん使って慣れてもらうしかありません。

5.6 ハッシュとキーワード引数についてもっと詳しく

5.6.1 ハッシュで使用頻度の高いメソッド

ハッシュにも数多くのメソッドがありますが、その中でも使用頻度が高いと思われるメソッドを紹介します。

- keys
- values
- has_key?/key?/include?/member?

■keys

keysメソッドはハッシュのキーを配列として返します。

```
currencies = { japan: 'yen', us: 'dollar', india: 'rupee' }
currencies.keys #=> [:japan, :us, :india]
```

■values

valuesメソッドはハッシュの値を配列として返します。

```
currencies = { japan: 'yen', us: 'dollar', india: 'rupee' }
currencies.values #=> ["yen", "dollar", "rupee"]
```

■has_key?/key?/include?/member?

has_key?メソッドはハッシュの中に指定されたキーが存在するかどうか確認するメソッドです。key?、include?、member?はいずれもhas_key?のエイリアスメソッドです。

```
currencies = { japan: 'yen', us: 'dollar', india: 'rupee' }
currencies.has_key?(:japan) #=> true
currencies.has_key?(:italy) #=> false
```


> **Column ハッシュをもっと上手に使いこなすために**
>
> 配列と同様、ハッシュにも便利な機能がたくさんあります。今回紹介できていない機能も多いので、ぜひ公式リファレンスもチェックしてください。なお、配列と同様、ハッシュも大きく分けてHashクラス自身に定義されているメソッドと、Enumerableモジュールに定義されているメソッドの2種類があります。目的のメソッドを探す場合は両方の公式リファレンスに目を通しましょう。
>
> - https://docs.ruby-lang.org/ja/latest/class/Hash.html
> - https://docs.ruby-lang.org/ja/latest/class/Enumerable.html

5.6.2 **でハッシュを展開させる

**をハッシュの前に付けるとハッシュリテラル内でほかのハッシュの要素を展開することができます。

```
h = { us: 'dollar', india: 'rupee' }
# 変数hの要素を**で展開させる
{ japan: 'yen', **h } #=> {:japan=>"yen", :us=>"dollar", :india=>"rupee"}

# **を付けない場合は構文エラーになる
{ japan: 'yen', h }
#=> syntax error, unexpected '}', expecting => (SyntaxError)
#   { japan: 'yen', h }
#                     ^
```

上のコードは**のかわりにmergeメソッドを使っても同じ結果が得られます。

```
h = { us: 'dollar', india: 'rupee' }
{ japan: 'yen' }.merge(h) #=> {:japan=>"yen", :us=>"dollar", :india=>"rupee"}
```

5.6.3 ハッシュを使った擬似キーワード引数

「5.4.3 メソッドのキーワード引数とハッシュ」の項で紹介したメソッドのキーワード引数はRuby 2.0から導入された機能です（デフォルト値の省略はRuby 2.1から）。それより前はメソッドの定義で引数としてハッシュそのものを受け取るようにしていました。このようにハッシュを受け取ってキーワード引数のように見せるテクニックを擬似キーワード引数と呼びます。

以下は5.4.3項で紹介したbuy_burgerメソッドを擬似キーワード引数として実装するコード例です。

```
# ハッシュを引数として受け取り、擬似キーワード引数を実現する
def buy_burger(menu, options = {})
  drink = options[:drink]
  potato = options[:potato]
  # 省略
end

buy_burger('cheese', drink: true, potato: true)
```

キーワード引数を使う場合と比較すると、呼び出し側のコードは同じですが注2、メソッドの定義はハッシュから値を取り出すぶん少しコードが増えています。また、キーワード引数は存在しないキーワードを指定するとエラーが発生しましたが、擬似キーワード引数は単なるハッシュであるため、どんなキーを渡してもエラーは発生しません。無効なキーをエラーにしたい場合は、メソッド内で検証用のコードを書く必要があります。

```
# 擬似キーワード引数の場合はどんなキーワードを指定してもエラーにならない
# （無効なキーをエラーにするためにはメソッド側で明示的な実装が必要）
buy_burger('fish', salad: true)
```

擬似キーワード引数を使った書き方は後方互換性維持のためにRuby 3.0でも有効になっていますが、新しく書くコードで使うことは推奨されていません注3。ですので、みなさんがコードを書くときは（擬似ではない本物の）キーワード引数や、この次の項で紹介する**引数を使うようにしてください。

5.6.4 任意のキーワードを受け付ける**引数

すでに述べたとおり、キーワード引数を使うメソッドに定義されていないキーワードを渡すとエラーが発生します。

```
def buy_burger(menu, drink: true, potato: true)
  # 省略
end

# saladとchickenは未定義のキーワード引数なのでエラーになる
buy_burger('fish', drink: true, potato: false, salad: true, chicken: false)
#=> unknown keywords: :salad, :chicken (ArgumentError)
```

しかし、任意のキーワードも同時に受け取りたい、というケースもあるかもしれません。そんな場合は**を付けた引数を最後に用意します。**を付けた引数にはキーワード引数で指定されていないキーワードがハッシュとして格納されます。

```
# 想定外のキーワードはothers引数で受け取る
def buy_burger(menu, drink: true, potato: true, **others)
```

注2　見た目はキーワード引数と同じですが、実はdrink: true, potato: trueの部分はハッシュリテラルの{ }が省略されたものです。詳しくは「5.6.6　メソッド呼び出し時の{}の省略」の項で説明します。

注3　以下のページにある「What is deprecated?」の項（英語）を参照。
https://www.ruby-lang.org/en/news/2019/12/12/separation-of-positional-and-keyword-arguments-in-ruby-3-0/

```
  # othersはハッシュとして渡される
  puts others

  # 省略
end

buy_burger('fish', drink: true, potato: false, salad: true, chicken: false)
#=> {:salad=>true, :chicken=>false}
```

5.6.5 ハッシュを明示的にキーワード引数に変換する**

Ruby 2.x（Ruby 2.0から2.7）では次のコードのようにハッシュを引数として渡すと、それが自動的にキーワード引数に変換されていました。

```
def buy_burger(menu, drink: true, potato: true)
  # 省略
end

# キーワード引数として渡したいハッシュを定義する
params = { drink: true, potato: false }
# ハッシュを引数として渡すと自動的にキーワード引数に変換される（Ruby 2.x）
buy_burger('fish', params)
```

ですが、Ruby 3.0ではキーワード引数への自動変換が行われないため、エラーが発生します。これは「キーワード引数の分離」と呼ばれるRuby 3.0の仕様変更による影響です。

```
# Ruby 3.0ではハッシュはキーワード引数に自動変換されないため、エラーが発生する
buy_burger('fish', params)
#=> `buy_burger': wrong number of arguments (given 2, expected 1) (ArgumentError)
```

また、Ruby 2.7がリリースされた時点でRuby 3.0のこの仕様変更は決定事項だったため、Ruby 2.7では警告が出てコードの修正を促されます。

```
# 非推奨警告の出力を有効化する
Warning[:deprecated] = true

# Ruby 2.7ではキーワード引数への自動変換が行われると警告が出る
buy_burger('fish', params)
#=> warning: Using the last argument as keyword parameters is deprecated; maybe ** should be ⏎
added to the call
#   warning: The called method `buy_burger' is defined here
```

このような場合、Ruby 2.7およびRuby 3.0以降では`**`を使って明示的にハッシュをキーワード引数に変換する必要があります。

```
# **付きでハッシュを渡すと、ハッシュがキーワード引数として扱われるようになる（警告やエラーが出ない）
buy_burger('fish', **params)
```

なお、`**params`のように、ハッシュに`**`を付けてメソッドの引数として渡す記法自体はRuby 2.6以前でも有効です。

5.6.6 メソッド呼び出し時の{}の省略

Rubyでは「最後の引数がハッシュであればハッシュリテラルの{}を省略できる」というルールがあります。たとえば以下のように、キーワード引数ではなく、引数として純粋にハッシュを受け取りたいメソッドがあったとします。

```
# optionsは任意のハッシュを受け付ける
def buy_burger(menu, options = {})
  puts options
end
```

キーワード引数の場合は呼び出し時に必ず引数名をシンボルで指定する必要があります。ここではキーワード引数との違いを明確にするため、以下のようにキーを文字列にしたハッシュを渡すことにします。

```
# ハッシュを第2引数として渡す
buy_burger('fish', {'drink' => true, 'potato' => false}) #=> {"drink"=>true, "potato"=>false}
```

上のコードは間違いではありませんし、正常に呼び出すことも可能です。ただし冒頭でも述べたとおり、Rubyでは「最後の引数がハッシュであればハッシュリテラルの{}を省略できる」というルールがあるため、上のコードは以下のように書いても同じように動作します。

```
# ハッシュリテラルの{}を省略してメソッドを呼び出す
buy_burger('fish', 'drink' => true, 'potato' => false) #=> {"drink"=>true, "potato"=>false}
```

あくまで「最後の引数がハッシュであれば」という条件があるので、次のように最後の引数にハッシュがきていない場合はエラーになります。

```
# menuとoptionsの順番を入れ替える
def buy_burger(options = {}, menu)
  puts options
end

# optionsは最後の引数ではないので、ハッシュリテラルの{}は省略できない
buy_burger('drink' => true, 'potato' => false, 'fish')
#=> syntax error, unexpected ')', expecting => (SyntaxError)
#   ...rue, 'potato' => false, 'fish')
#   ...                              ^

# 最後の引数でなければ{}を付けて普通にハッシュを作成する
buy_burger({'drink' => true, 'potato' => false}, 'fish') #=> {"drink"=>true, "potato"=>false}
```

なお、「最後がハッシュであれば{}は省略可能」というルールは配列リテラルでも同様です。たとえば、以下のaとbは同じ構造の配列を定義していることになります。

```
a = ['fish', { drink: true, potato: false }]
a[0] #=> "fish"
a[1] #=> {:drink=>true, :potato=>false}

b = ['fish', drink: true, potato: false]
```

```
b[0] #=> "fish"
b[1] #=> {:drink=>true, :potato=>false}
```

5.6.7 ハッシュリテラルの{}とブロックの{}

1つ前の項では次のようなサンプルコードを紹介しました。

```
def buy_burger(options = {}, menu)
  puts options
end

buy_burger({'drink' => true, 'potato' => false}, 'fish')
```

このコードを使ってもうひとつRubyの文法を説明します。すでにご存じだと思いますが、Rubyではメソッド呼び出しの()を省略することができます。

```
# ()ありのメソッド呼び出し
puts('Hello')

# ()なしのメソッド呼び出し
puts 'Hello'
```

では、先ほどのサンプルコードで()を省略するとどうなるでしょうか？　実際にやってみましょう。

```
buy_burger {'drink' => true, 'potato' => false}, 'fish'
#=> syntax error, unexpected ',', expecting '}' (SyntaxError)
#   buy_burger {'drink' => true, 'potato' => false}, 'fish'
#                               ^
```

おや、エラーが発生してしまいました。これはなぜなのでしょうか？　実はこれは、ハッシュリテラルの{}がブロックの{}だとRubyに解釈されたためです。しかしプログラマはブロックの{}ではなく、ハッシュの{}としてコードを書いてしまっているため、Rubyに構文エラーだと怒られたのです。

というわけで、このようにメソッドの第1引数にハッシュを渡そうとする場合は必ず()を付けてメソッドを呼び出す必要があります。

```
# 第1引数にハッシュの{}がくる場合は()を省略できない
buy_burger({'drink' => true, 'potato' => false}, 'fish')
```

逆に言うと、第2引数以降にハッシュがくる場合は()を省略してもエラーになりません。

```
def buy_burger(menu, options = {})
  puts options
end

# 第2引数以降にハッシュがくる場合は、()を省略してもエラーにならない
buy_burger 'fish', {'drink' => true, 'potato' => false}

# この場合、そもそもハッシュが最後の引数なので、{}を省略することもできる
buy_burger 'fish', 'drink' => true, 'potato' => false
```

ちょっとややこしいルールですが、ここで説明した構文エラーは以下のような場面で「ついうっかり」やってしまいがちです。

```
# ついうっかり・その1「ハッシュの内容をターミナルに出力したい！→エラー」
puts { foo: 1, bar: 2 }
#=> syntax error, unexpected ':', expecting '}' (SyntaxError)

# ()で囲む必要がある
puts({ foo: 1, bar: 2 })

# ついうっかり・その2「resultの内容が指定したハッシュの内容に一致するか検証したい！→エラー」
assert_equal { foo: 1, bar: 2 }, result
#=> syntax error, unexpected ':', expecting '}' (SyntaxError)

# ()で囲む必要がある
assert_equal({ foo: 1, bar: 2 }, result)
```

ハッシュリテラルの{}の前後で構文エラーが発生した場合は、()の省略が原因になっていないか確認するようにしてください。

5.6.8 ハッシュから配列へ、配列からハッシュへ

ハッシュはto_aメソッドを使って配列に変換することができます。to_aメソッドを使うとキーと値が1つの配列に入り、さらにそれが複数並んだ配列になって返ります。

```
currencies = { japan: 'yen', us: 'dollar', india: 'rupee' }
currencies.to_a #=> [[:japan, "yen"], [:us, "dollar"], [:india, "rupee"]]
```

反対に、配列に対してto_hメソッドを呼ぶと、配列をハッシュに変換することができます。このとき、ハッシュに変換する配列はキーと値の組み合わせごとに1つの配列に入り、それが要素の分だけ配列として並んでいる必要があります。

```
array = [[:japan, "yen"], [:us, "dollar"], [:india, "rupee"]]
array.to_h #=> {:japan=>"yen", :us=>"dollar", :india=>"rupee"}
```

ハッシュとして解析不能な配列に対してto_hメソッドを呼ぶとエラーになります。

```
array = [1, 2, 3, 4]
array.to_h #=> wrong element type Integer at 0 (expected array) (TypeError)
```

キーが重複した場合は最後に登場した配列の要素がハッシュの値に採用されます。ですが、思いがけない不具合を生む原因になるので、特別な理由がない限りキーは必ず一意な値にしておきましょう。

```
array = [[:japan, "yen"], [:japan, "円"]]
array.to_h #=> {:japan=>"円"}
```

to_hメソッドが登場したRuby 2.1より前の時代はキーと値のペアの配列をHash[]に対して渡すことで配列をハッシュに変換していました。

```
# キーと値のペアの配列をHash[]に渡す
array = [[:japan, "yen"], [:us, "dollar"], [:india, "rupee"]]
Hash[array] #=> {:japan=>"yen", :us=>"dollar", :india=>"rupee"}

# キーと値が交互に並ぶフラットな配列を*付きで渡しても良い
# *演算子については「4.7.6 1つの配列を複数の引数やwhen節の条件として展開する」を参照
array = [:japan, "yen", :us, "dollar", :india, "rupee"]
Hash[*array] #=> {:japan=>"yen", :us=>"dollar", :india=>"rupee"}
```

Hash[]を使った変換方法は現行のRubyでも有効です。昔からメンテナンスされているコードではHash[]が使われているケースもあるかもしれません。

5.6.9 ハッシュのデフォルト値を理解する

すでに説明したとおり、ハッシュに対して存在しないキーを指定するとnilが返ります。

```
h = {}
h[:foo] #=> nil
```

nil以外の値を返したいときは、Hash.newでハッシュを作成し、引数にデフォルト値となる値を指定します。

```
# キーがなければ'hello'を返す
h = Hash.new('hello')
h[:foo] #=> "hello"
```

ただし、配列のデフォルト値（「4.7.12　配列にデフォルト値を設定する」を参照）と同様、ここでも参照の概念を理解しておかないと思わぬ不具合を作り込んでしまう可能性があります。newの引数としてデフォルト値を指定した場合は、デフォルト値として毎回同じオブジェクトが返ります。そのため、デフォルト値に対して破壊的な変更を適用すると、ほかの変数の値も一緒に変わってしまいます。

```
h = Hash.new('hello')
a = h[:foo] #=> "hello"
b = h[:bar] #=> "hello"

# 変数aと変数bは同一オブジェクト
a.equal?(b) #=> true

# 変数aに破壊的な変更を適用すると、変数bの値も一緒に変わってしまう
a.upcase!
a #=> "HELLO"
b #=> "HELLO"

# ちなみにハッシュ自身は空のままになっている
h #=> {}
```

文字列や配列など、ミュータブルなオブジェクトをデフォルト値として返す場合はHash.newとブロックを組み合わせてデフォルト値を返すことで、このような問題を避けることができます。

```
# キーが見つからないとブロックがその都度実行され、ブロックの戻り値がデフォルト値になる
h = Hash.new { 'hello' }
```

```
a = h[:foo] #=> "hello"
b = h[:bar] #=> "hello"

# 変数aと変数bは異なるオブジェクト（ブロックの実行時に毎回新しい文字列が作成される）
a.equal?(b) #=> false

# 変数aに破壊的な変更を適用しても、変数bの値は変わらない
a.upcase!
a #=> "HELLO"
b #=> "hello"

# ハッシュは空のまま
h #=> {}
```

また、Hash.newにブロックを与えると、ブロックパラメータとしてハッシュ自身と見つからなかったキーが渡されます。そこでこのブロックパラメータを使って、ハッシュにキーとデフォルト値も同時に設定するコードもよく使われます[注4]。

```
# デフォルト値を返すだけでなく、ハッシュに指定されたキーとデフォルト値を同時に設定する
h = Hash.new { |hash, key| hash[key] = 'hello' }
h[:foo] #=> "hello"
h[:bar] #=> "hello"

# ハッシュにキーと値が追加されている
h #=> {:foo=>"hello", :bar=>"hello"}
```

少しややこしいですが、ハッシュでnil以外のデフォルト値を指定したくなった場合は、ここで説明した内容を思い出すようにしてください。

5.6.10 その他、キーワード引数に関する高度な話題

この項で説明する内容はRuby 2.7以降で導入された新しい機能かつ、Ruby初心者にとってはかなり高度な話題になるため、さっと目を通すだけでかまいません。「こういった構文もあるのか」ということを頭の片隅に置いてもらって、何かあったときに読み直せるようにしておけばOKです。

■キーワード引数をいっさい受け取らない**nil引数

1つめは**nilという名前の引数です。メソッド定義にこの引数が含まれていると、そのメソッドがキーワード引数を1つも受け取らないことを意味します。**nilはRuby 2.7以降で使用可能です。以下に**nilを使わない場合と使う場合の挙動の違いを示します。

```
def foo(*args)
  p args
end
# **nilなしだと、キーワード引数がハッシュになってargsに格納される
```

注4　中級者向けに技術的に少し踏み込んだ解説をすると、Rubyでは値を代入すると、代入した値が代入式自身の値（いわば戻り値）になります。そのため、hash[key] = 'hello'と書くと、代入した'hello'が代入式自身の戻り値になり、それがそのままブロックの戻り値になります。それゆえ、代入した'hello'がハッシュのデフォルト値になる、というわけです。

```
foo(x: 1)
#=> [{:x=>1}]

# **nilはRuby 2.7以上で使用可能
def bar(*args, **nil)
  p args
end
# **nilがあるとキーワード引数をいっさい受け取らないため、このメソッド呼び出しはエラーになる
bar(x: 1)
#=> no keywords accepted (ArgumentError)

# キーワード引数ではなく、ハッシュオブジェクトを引数として渡すのはOK
bar({x: 1})
#=> [{:x=>1}]
```


■...を使った引数の委譲

2つめは...を使った引数の委譲です。Ruby 2.x（Ruby 2.0から2.7）では、次のようにして普通の引数もキーワード引数もまとめて別のメソッドに渡すことができました（引数の委譲）。

```
# Ruby 2.xでは*付きの引数を使うと別のメソッドに引数をまるごと委譲できた
def foo(*args)
  bar(*args)
end

def bar(a, b, c: 1)
  puts "a=#{a}, b=#{b}, c=#{c}"
end

# fooに渡した引数がそのままbarに委譲される
foo(10, 20, c: 30)
#=> a=10, b=20, c=30
```

しかし、Ruby 3.0では「キーワード引数の分離」（「5.6.5 ハッシュを明示的にキーワード引数に変換する**」の項を参照）が行われた関係でエラー（Ruby 2.7では警告）が発生します。

```
# Ruby 3.0では上のコードのような方法では引数を委譲できない
foo(10, 20, c: 30)
#=> wrong number of arguments (given 3, expected 2) (ArgumentError)
```

この問題を回避するには、次のように通常の引数とキーワード引数を別々に委譲する必要があります。

```
# Ruby 2.7以降では通常の引数とキーワード引数を別々に委譲する必要がある
def foo(*args, **opts)
  bar(*args, **opts)
end
```

ですが、Ruby 2.7で導入された...引数を使うと、より簡潔に通常の引数とキーワード引数をまとめて別のメソッドに委譲できます。

```
# ...引数を使うと通常の引数とキーワード引数をまとめて委譲できる（Ruby 2.7以降）
def foo(...)
  bar(...)
end
```

Ruby 2.7.3以降では**...**引数が改善され、先頭の引数（複数指定可）を取り出せるようになっています。

```
# Ruby 2.7.3以降では...で委譲する引数の中から先頭のいくつかの引数を取り出せる
def foo(a, ...)
  # 第1引数だけ100倍してbarに渡す
  bar(a * 100, ...)
end

# barは同じなので省略

foo(10, 20, c: 30)
#=> a=1000, b=20, c=30
```

5.7 シンボルについてもっと詳しく

5.7.1 シンボルを作成するさまざまな方法

シンボルを作成する場合はコロンに続けて、変数名やクラス名、メソッド名の識別子として有効な文字列を書きます（以下の例に出てくる**$**はグローバル変数の、**@**はインスタンス変数の識別子としてそれぞれ有効です。また、**+**や**==**など、再定義可能な演算子も**:**を付けてシンボルにできます。これらの内容は第7章で詳しく説明します）。

```
:apple
:Apple
:ruby_is_fun
:okay?
:welcome!
:_secret
:$dollar
:@at_mark
:+
:==
```

識別子として無効な文字列（たとえば数字で始まったり、ハイフンやスペースが含まれたりする文字列）を使うとエラーが発生します[注5]。

注5　本書執筆時点のirb（irb 1.3.5）では**:12345**や**:()**を入力すると反応がなくなるため、CTRL＋Cで復帰させる必要があります。irbではなくサンプルコードをファイルに保存してrubyコマンドで実行するとSyntaxErrorが発生することを確認できます。

```
# 以下のようにシンボルを作ろうとするとエラーになる
:12345        #=> SyntaxError
:ruby-is-fun #=> NameError
:ruby is fun #=> SyntaxError
:()          #=> SyntaxError
```

ただし、この場合でもシングルクオートで囲むとシンボルとして有効になります。

```
# シングルクオートで囲むとシンボルとして有効
:'12345'       #=> :"12345"
:'ruby-is-fun' #=> :"ruby-is-fun"
:'ruby is fun' #=> :"ruby is fun"
:'()'          #=> :"()"
```

シングルクオートの代わりにダブルクオートを使うと、文字列と同じように式展開を使うことができます。

```
name = 'Alice'
:"#{name.upcase}" #=> :ALICE
```

ハッシュを作成する際に **"文字列リテラル: 値"** の形式で書いた場合も **":文字列リテラル"** と同じように見なされ、キーがシンボルになります。

```
# "文字列リテラル: 値"の形式で書くと、キーがシンボルになる
hash = { 'abc': 123 } #=> {:abc=>123}
```

5.7.2 %記法でシンボルやシンボルの配列を作成する

%記法を使ってシンボルを作成することもできます。シンボルを作成する場合は%sを使います。

```
# !を区切り文字に使う
%s!ruby is fun!  #=> :"ruby is fun"

# ()を区切り文字に使う
%s(ruby is fun) #=> :"ruby is fun"
```

シンボルの配列を作成する場合は、%iを使うことができます。この場合、空白文字が要素の区切りになります。

```
%i(apple orange melon) #=> [:apple, :orange, :melon]
```

改行文字を含めたり、式展開したりする場合は%Iを使います。

```
name = 'Alice'

# %iでは改行文字や式展開の構文が、そのままシンボルになる
%i(hello\ngood-bye #{name.upcase}) #=> [:"hello\\ngood-bye", :"\#{name.upcase}"]

# %Iでは改行文字や式展開が有効になったうえでシンボルが作られる
%I(hello\ngood-bye #{name.upcase}) #=> [:"hello\ngood-bye", :ALICE]
```

5.7.3 シンボルと文字列の関係

文字列とシンボルは見た目は似ていても、別物なので互換性はありません。

```
string = 'apple'
symbol = :apple

string == symbol #=> false
string + symbol  #=> no implicit conversion of Symbol into String (TypeError)
```

ただし、to_symメソッド（エイリアスメソッドはintern）を使うと、文字列をシンボルに変換することができます。

```
string = 'apple'
symbol = :apple

string.to_sym           #=> :apple
string.to_sym == symbol #=> true
```

反対に、シンボルを文字列に変換する場合はto_sメソッド（エイリアスメソッドはid2name）を使います。

```
string = 'apple'
symbol = :apple

symbol.to_s           #=> "apple"
string == symbol.to_s #=> true
string + symbol.to_s  #=> "appleapple"
```

メソッドによっては文字列とシンボルを同等に扱うものがあります。たとえば、respond_to?メソッドはオブジェクトに対して、文字列またはシンボルで指定した名前のメソッドを呼び出せるかどうかを調べることができます。

```
# respond_to?メソッドの引数には文字列とシンボルの両方を渡せる
'apple'.respond_to?('include?') #=> true
'apple'.respond_to?(:include?)  #=> true

'apple'.respond_to?('foo_bar')  #=> false
'apple'.respond_to?(:foo_bar)   #=> false
```

しかし、文字列とシンボルを同等に扱うかどうかはメソッドの仕様によります。一般的には同等に扱わない（文字列とシンボルを区別する）ケースのほうが多いでしょう。

```
# 文字列に'pp'が含まれるか調べる
'apple'.include?('pp') #=> true

# シンボルを引数で渡すとエラーになる
'apple'.include?(:pp)  #=> no implicit conversion of Symbol into String (TypeError)
```

5.8 この章のまとめ

この章で学習した内容は以下のとおりです。

- ハッシュ
- シンボル

繰り返しになりますが、Rubyでは配列と同様にハッシュも非常によく使われます。また、本格的なRubyプログラムになると、シンボルもあちこちで目にするはずです。この章で説明した内容はこれからRubyの学習を進めていくうえで避けて通れない話ばかりですので、理解があやふやな人はこの章を繰り返し読み、サンプルコードを自分の手で動かしてしっかりと知識を定着させましょう。

さて、次の章では文字列処理を効率良く実装するのに便利な正規表現を学習していきます。

Column メソッド定義時の引数の順番

ここまでメソッドの引数には以下のような種類があることを説明してきました。

- 通常の引数（デフォルト値なし）
- デフォルト値付きの引数
- 可変長引数
- キーワード引数
- **を使った任意のキーワード引数

さらに、まだ説明していませんが、&blockのようにメソッドと一緒に渡されたブロックを受け取るための引数もあります（これは第10章で説明します）。

これらの種類を組み合わせてメソッドを定義する場合、その種類ごとに並ぶ順番が決まっています。以下がその順番です。

- 通常の引数
- デフォルト値付きの引数
- 可変長引数（1つだけ）
- 通常の引数
- キーワード引数
- **を使った任意のキーワード引数（1つだけ）
- &を使ったブロックを受け取る引数（1つだけ）

たとえば、次のようなメソッド定義は文法的に有効です。

```
def foo(a, b, c = 3, d = 4, *ef, g, h, i: 9, j: 10, **kl, &block)
  "a: #{a}, b: #{b}, c: #{c}, d: #{d}, ef: #{ef}, g: #{g}, h: #{h}, i: #{i}, ⏎
j: #{j}, kl: #{kl}, block: #{block}"
end
```

```
foo(1, 2, 3, 4, 5, 6, 7, 8, i: 9, j: 10, k: 11, l: 12) { 13 }
#=> "a: 1, b: 2, c: 3, d: 4, ef: [5, 6], g: 7, h: 8, i: 9, j: 10, kl: {:k=>11, :l=>12}, ⏎
block: #<Proc:0x007f9f19228ef8>"
```

もちろん、これは文法を確認するための極端な例です。無駄に引数の数や種類が多いとメソッドを定義する側も使う側も混乱してしまうので、必要最小限に留めておくに越したことはありません。

もし、メソッド定義時に引数の種類をいくつか混在させる必要が出てきた場合は、このように種類ごとに順番が決まっていることを思い出してください。

Column　よく使われるイディオム(1)　条件分岐で変数に代入／&.演算子

Rubyは同じことを実現するのにいろいろな書き方ができます。そして熟練者になればなるほど簡潔な記述をよく使います。書き手も読み手もスキルがあれば簡潔な書き方でも理解できますが、初心者の人は熟練者の書いた簡潔な書き方を見ると「何をやっているんだこれは？」と戸惑ってしまうかもしれません。というわけで、ここでは条件分岐や真偽値の扱いでよく使われる定番の書き方（イディオム）をいくつか紹介します。

最初に紹介するのは「変数への代入と条件分岐を同時に実現するイディオム」です。たとえば以下のようなコードがあったとします。

```
# 国名に応じて通貨を返す（該当する通貨がなければnil）
def find_currency(country)
  currencies = { japan: 'yen', us: 'dollar', india: 'rupee' }
  currencies[country]
end

# 指定された国の通貨を大文字にして返す
def show_currency(country)
  currency = find_currency(country)
  # nilでないことをチェック（nilだとupcaseが呼び出せないため）
  if currency
    currency.upcase
  end
end

# 通貨が見つかる場合と見つからない場合の結果を確認
show_currency(:japan)  #=> "YEN"
show_currency(:brazil) #=> nil
```

上のshow_currencyメソッドはfind_currencyメソッドの結果を変数に格納し、それからif文でnilでないことをチェックしています。

このままでも問題はないのですが、Rubyでは変数への代入自体が戻り値を持つため、次のようにif文の中で直接変数に代入することも可能です。

```
def show_currency(country)
  # 条件分岐内で直接変数に代入してしまう（値が取得できれば真、できなければ偽）
  if currency = find_currency(country)
    currency.upcase
  end
end
```

ただし、この書き方は「もしかして=と==を書き間違えたのではないか？」と勘違いされる可能性もあるため、あまり好ましくないと考える人もいます。

ところで、nilかもしれないオブジェクトに対して安全にメソッドを呼び出したい場合は、&.演算子を使うこともできます。&.演算子を使ってメソッドを呼び出すと、メソッドを呼び出されたオブジェクトがnilでない場合はその結果を、nilだった場合はnilを返します。

```
# nil以外のオブジェクトであれば、a.upcaseと書いた場合と同じ結果になる
a = 'foo'
a&.upcase #=> "FOO"

# nilであれば、nilを返す（a.upcaseと違ってエラーにはならない）
a = nil
a&.upcase #=> nil
```

先ほどのshow_currencyメソッドも&.演算子を使って次のように書き換えることができます。

```
def show_currency(country)
  currency = find_currency(country)
  # currencyがnilの場合を考慮して、&.演算子でメソッドを呼び出す
  currency&.upcase
end
```

ちなみに&.演算子には“safe navigation operator”という名前が付けられていますが、&.の形が独りぼっちでひざを抱えている姿のようにも見える（**図5-2**）ことから“lonely operator（ぼっち演算子）”と呼ばれることもあります[注6]。

図5-2 ぼっち演算子とひとりぼっちの筆者

注6 出典：https://www.ruby-lang.org/ja/news/2015/12/25/ruby-2-3-0-released/

Column よく使われるイディオム（2） ||=を使った自己代入（nilガード）

Rubyでは次のようなコードをよく見かけます。

```
limit ||= 10
```

このコードの意味は「変数limitがnilまたはfalseであれば、10を代入する（それ以外はlimitの値をそのまま使う）」の意味になります。実際にやってみましょう。

```
limit = nil
limit ||= 10
limit #=> 10

limit = 20
limit ||= 10
limit #=> 20
```

なぜlimitがnilのときは10が代入されるのでしょうか？ これはlimit ||= 10が次のように評価されるためです[注7]。

```
limit || limit = 10
```

「2.10.1 &&や||の戻り値と評価を終了するタイミング」でも説明したように、論理演算子の||は式全体の真偽値が確定した時点で式の評価を終了し、そのときの値を戻り値として返します。limitが真（つまりfalseでもnilでもない値）であれば、limitを評価するだけで終わります（つまり、何も起きない）。一方、limitが偽（falseまたはnil）であればlimit = 10が実行されるため、limitのデフォルト値が10になります。

デフォルト値を求める処理が1行で終わらない場合は、||=に続けてbegin/endで囲む方法もあります。

```
limit = nil
limit ||= begin
  a = 10
  b = 20
  a + b
end
limit #=> 30
```

このイディオムは「変数にnil以外の値を入れておきたい」という目的で使われることが多いため、「nilガード」と呼ばれることがあります。

最初はなかなかピンとこないかもしれませんが、熟練者の書いたコードには||=が結構な頻度で登場します。X ||= Aというコードを見たら「変数Xがnilまたはfalseなら、AをXに代入」と頭の中で読み替えるようにしてください。

なお、第7章では「||=を使ったメモ化や遅延初期化」というコラム（p.260）で||=の応用的な使い方を説明します。

注7 「2.4.3 変数に格納された数値の増減」の項では「n += 1はn = n + 1と同じ」と説明しましたが、||=と&&=はn || (n = 1)やn && (n = 1)のように評価されます。
参考：https://docs.ruby-lang.org/ja/3.0.0/doc/spec=2foperator.html#selfassign

Column　よく使われるイディオム（3）　!!を使った真偽値の型変換

最後に紹介するのは「確実にtrueまたはfalseを返すイディオム」です。第2章で説明したとおり、Rubyでは「nilまたはfalseであれば偽、それ以外はすべて真」と扱われます。しかし、「?で終わるメソッドを自分で定義した場合は確実にtrueまたはfalseだけを返すようにしたい」と思うかもしれません。たとえば以下のような架空のコードを考えてみます。

```
def user_exists?
  # データベースなどからユーザを探す（なければnil）
  user = find_user
  if user
    # userが見つかったのでtrue
    true
  else
    # userが見つからないのでfalse
    false
  end
end
```

上のようなコードは次のように書くとコンパクトに書くことができます。

```
def user_exists?
  !!find_user
end
```

!!とはいったい何なのでしょうか？　!は論理否定の演算子です。!Aと書いた場合、Aが真であればfalseを、そうでなければtrueを返します。つまり、ここで値がtrueまたはfalseのどちらかに変換されます。それをもう一度!で反転させると、元のAに対応する真偽値がtrueまたはfalseとして得られるわけです。irbなどで次のようなコードを入力してみるとよりわかりやすいかもしれません。

```
!!true  #=> true
!!1     #=> true
!!false #=> false
!!nil   #=> false
```

ご覧のとおり、!!を付けると値がtrueまたはfalseのどちらかに変換されますね。コードにいきなり!!が出てくるとインパクトがありますが、「これはtrueまたはfalseに変換するためだな」と解釈してください。

第6章

正規表現を理解する

6.1 イントロダクション

正規表現はパターンを指定して文字列検索や置換を行う一種のミニ言語です。Rubyで正規表現を使えるようになるためには、「Rubyにおける正規表現オブジェクトの使い方」と「正規表現という言語そのものの使い方」の両方を習得しておく必要があります。もし両方とも知らないという人にとっては、後者のほうがハードルが高いかもしれません。ですが、正規表現は非常に便利ですし、一度覚えてしまえばほかのプログラミング言語でも使えます。本書では「正規表現そのものの使い方を知らない」という人にとっても、ある程度理解できるように説明していきます。

6.1.1 この章の例題：ハッシュ記法変換プログラム

この章ではRubyのハッシュ記法を変換するプログラムを作成します。

第5章でシンボルをキーとする場合のハッシュの書き方を2通り説明しました。具体的には=>を使う記法と、=>を使わずコロン（:）を右側に付ける記法の2種類です。

```
# => を使う記法
{
  :name => 'Alice',
  :age => 20,
  :gender => :female
}

# => を使わない記法
{
  name: 'Alice',
  age: 20,
  gender: :female
}
```

どちらも有効な記法なので、どっちを使ってもかまわないのですが、ソースコード上はどちらか一方に統一してあるほうが望ましいですよね。そこで=>を使わずにコロンを右側に付ける記法（つまり後者）に統一するようにします。=>を使う記法で書いた文字列を変換メソッドに渡すと、=>を使わないハッシュ記法の文字列が戻り値として返ってくる、というのがこの変換プログラムの要求仕様です。

なお、“:age=>20”や“:gender => :female”のように、=>の前後のスペースがバラバラになっていても問題なく変換できる必要があります（変換後の文字列ではキーの後ろはスペース1個に統一されます）。

このプログラムを通じて、正規表現の使い方と便利さを学びましょう。

6.1.2 ハッシュ記法変換プログラムの実行例

ハッシュ記法変換プログラムの実行例を以下に示します。“:age=>20”や“:gender => :female”のように=>の前後のスペースがバラバラでも変換できている点にも注目してください。

```
old_syntax = <<TEXT
{
  :name => 'Alice',
  :age=>20,
  :gender  =>  :female
}
TEXT

convert_hash_syntax(old_syntax)
# => {
#      name: 'Alice',
#      age: 20,
#      gender: :female
#    }
```

ちなみに<<TEXTはヒアドキュメントで文字列を作成する構文です。忘れてしまったという人は「2.8.3 ヒアドキュメント（行指向文字列リテラル）」の項を読み直してください。

6.1.3 この章で学ぶこと

この章では以下のようなことを学びます。

- 正規表現そのものについて
- Rubyにおける正規表現オブジェクト

正規表現についてすでに理解している人であれば、Rubyにおける正規表現オブジェクトもすぐに使いこなせるようになると思います。そもそも正規表現をよく知らない、という人はこの機会に正規表現もぜひ一緒にマスターしてください。

6.2 正規表現って何？

読者のみなさんの中には「そもそも正規表現って何？」と疑問に思っている方がいるかもしれません。日本語版Wikipedia[注1]には次のような説明が書いてあります。

> 正規表現（せいきひょうげん、英: regular expression）は、文字列の集合を一つの文字列で表現する方法の一つである。

うーん、これだけ読んでもピンときませんね。Wikipediaの説明を無視して、筆者なりに正規表現を説明するなら、「パターンを指定して、文字列を効率良く検索／置換するためのミニ言語」だと考えています。

注1 https://ja.wikipedia.org/wiki/正規表現

とはいえ、どちらの説明を読んでも、初心者の方はピンとこないかもしれません。でも大丈夫です。本書ではまず、正規表現の利用例を紹介し、正規表現の便利さを知ってもらうところから説明していきます。

正規表現はRubyの専用の機能ではありません。ほかのプログラミング言語やテキストエディタでも広く一般的に使われている機能です。実行環境によって多少の仕様の違い（方言と呼ばれます）はありますが、正規表現の基本的な考え方は共通しています。すでに正規表現を学んだことがある人はその知識をRubyでも活かせますし、正規表現を学んだことがない人もRubyで正規表現が使えるようになれば、ほかの環境でも正規表現が使えるようになります。正規表現は文字列の検索や置換で強力なパワーを発揮するので、この章をしっかり読んで正規表現を使いこなせるようになりましょう！

なお、Wikipediaの説明にもあるとおり、正規表現は英語でregular expressionと言います。正規表現を表すRubyのRegexpクラスはこの英語名の略称に由来します。ほかのプログラミング言語ではRegexクラスという名前が付けられているものもあります。RegexpやRegexという言葉を見かけたら正規表現のことを表しているんだな、と考えてください。

6.2.1 正規表現の便利さを知る

さて、この項では正規表現をまったく知らないという方のために、正規表現を使った検索や置換をお見せします。みなさんもぜひirbなどを使って、実際に動かしてみてください。

最初は英文の中からプログラミング言語っぽい単語を抜き出してみましょう。たとえばこんな文章があったとします。

```
I love Ruby.
Python is a great language.
Java and JavaScript are different.
```

もしこの中から、「プログラミング言語っぽい文字列を抜き出すプログラムを書け」と言われたらどうしますか？　つまり、“Ruby”や“Python”、“Java”、“JavaScript”を抜き出すのがプログラムの要件です。

正規表現を知っている人であれば、「ふむ、正規表現を使えば簡単にできそうだ」と思うかもしれませんが、そうでなければ「えーと……」と困ってしまうかもしれません。実はこんなふうにすればできてしまいます。細かい理屈は抜きにして、次のようなコードをirb上に打ち込んでみてください。

```
text = <<TEXT
I love Ruby.
Python is a great language.
Java and JavaScript are different.
TEXT

text.scan(/[A-Z][A-Za-z]+/) #=> ["Ruby", "Python", "Java", "JavaScript"]
```

どうですか？　ちゃんと「プログラミング言語っぽい文字列」を抜き出すことができましたか？

実はscanメソッドに渡した/[A-Z][A-Za-z]+/が正規表現です。正確には正規表現の文法を用いて表現した文字列のパターンです。一見、意味不明な呪文に見えるかもしれませんが、正規表現の文法（ルール）をわかっていればこの呪文の意味がわかりますし、この呪文をゼロから自力で書くこともできます。

もうひとつ、正規表現の例題を見てみましょう。今度は文字列の置換です。たとえばこんな文章があったとします。

```
私の郵便番号は1234567です。
僕の住所は6770056 兵庫県西脇市板波町1234だよ。
```

2つの郵便番号が載っていますが、ハイフンで区切られていないのでちょっと読みづらいですね。これをRubyを使ってハイフンで区切ってみましょう。つまりこんなふうにするのが要件です。

```
私の郵便番号は123-4567です。
僕の住所は677-0056 兵庫県西脇市板波町1234だよ。
```

これも正規表現を使えば簡単に書き換えることができます。次のようなコードを打ち込んでみてください。

```
text = <<TEXT
私の郵便番号は1234567です。
僕の住所は6770056 兵庫県西脇市板波町1234だよ。
TEXT

puts text.gsub(/(\d{3})(\d{4})/) { "#{$1}-#{$2}" }
#=> 私の郵便番号は123-4567です。
#   僕の住所は677-0056 兵庫県西脇市板波町1234だよ。
```

どうでしょう？　きっちり同じようにコードを打ち込んでいれば郵便番号がハイフン区切りになって表示されたはずです。

上記のコードではgsubメソッドに`/(\d{3})(\d{4})/`という正規表現を渡しました。ブロックで使われている$1や$2もちょっと特殊な意味を持っています。

ただし、ここでは正規表現の細かい説明はしません。上のサンプルコードを見て、「正規表現すごい！　使いこなせるようになりたい！」とモチベーションを上げてもらうのがこの項の目的です。

6.2.2 正規表現をゼロから学習するための参考資料

ではここから正規表現を学んでいきましょう！　……と言いたいところですが、本書はRubyに関する書籍なので、正規表現の説明をゼロから説明するほどの紙面は割けません。そこでここでは正規表現の学習に役立つ参考資料をいくつか紹介します。

1つは筆者がネット上で公開している正規表現の解説記事です。

- 初心者歓迎！手と目で覚える正規表現入門・その1「さまざまな形式の電話番号を検索しよう」- Qiita[注2]
- 初心者歓迎！手と目で覚える正規表現入門・その2「微妙な違いを許容しつつ置換しよう」- Qiita[注3]
- 初心者歓迎！手と目で覚える正規表現入門・その3「空白文字を自由自在に操ろう」- Qiita[注4]
- 初心者歓迎！手と目で覚える正規表現入門・その4（最終回）「中級者テクニックをマスターしよう」- Qiita[注5]

注2　https://qiita.com/jnchito/items/893c887fbf19e17d3ff9
注3　https://qiita.com/jnchito/items/64c3fdc53766ac6f2008
注4　https://qiita.com/jnchito/items/6f0c885c1c4929092578
注5　https://qiita.com/jnchito/items/b0839f4f4651c29da408
※ 上記URLへは右のQRコードからもアクセスできます（左から注2、3、4、5）。

全部で4つの回に分かれていますが、「正規表現をまったく知らない」という人は最低限、第1回の記事は必ず読むようにしてください。また、よく使うメタ文字（正規表現の中で特別な意味を持つ文字）は第1回から第3回でカバーしているので、第3回まで読んでおけば本書で登場する正規表現もほぼ理解できるはずです。もちろん余裕があれば第4回まで読んでもらってかまいません。

また、上記のWeb記事とほぼ同等の内容が書籍『プロになるなら身につけたい プログラマのコーディング基礎力』注6に収録されています。Web記事の代わりにこちらを読んでもらっても大丈夫です。

時間をかけてしっかり正規表現を学びたい、という場合は『詳説 正規表現 第3版』注7をお勧めします。一見難しそうな本に見えますが、こちらの本も最初は正規表現をまったく知らない人でもわかるよう、非常に丁寧に正規表現を説明してくれます。また、初心者向けの内容だけでなく、正規表現に関する高度な話題もカバーしています。

正規表現をまったく知らない、もしくは非常に苦手、という人はこれらの資料を読んでから本書に戻ってきてください……って、あ、そこのあなた！　そのまま読み進めようとしましたね!?　ダメですよ、正規表現を知らない状態でこのまま読み進めてもまったく内容が頭に入ってこないはずです。

オーケー、では簡単なチェックをしてみましょう。以下のようなメタ文字が正規表現の中に出てきたらどんな意味かわかりますか？

```
[ ] [^ ] - . ( ) ? * + {n,m} | ^ $ \
```

「うん、だいたいわかるよ」と言える人はこのまま読み進めてもらっても大丈夫です。そうじゃない人は先ほど挙げた資料を必ず読んでおきましょう！　ちなみに各メタ文字の意味はそれぞれ**表6-1**のとおりです。

表6-1　おもな正規表現のメタ文字

メタ文字	メタ文字の意味
[ ]	いずれか1文字を表す文字クラスを作る
[^]	～以外の任意の1文字を表す文字クラスを作る
-	[ ]内で使われると文字の範囲を表す
.	任意の1文字（ただし改行は除く）を表す
( )	グループ化やキャプチャで使用する
?	直前の文字やパターンが1回、もしくは0回現れる
*	直前の文字やパターンが0回以上連続する
+	直前の文字やパターンが1回以上連続する
{n,m}	直前の文字やパターンがn回以上、m回以下連続する
		OR条件を作る
^	行頭を表す
$	行末を表す
\	メタ文字をエスケープしたり、\nや\wといったほかのメタ文字の一部になったりする

注6　Software Design編集部 編、『プロになるなら身につけたい プログラマのコーディング基礎力』、技術評論社、2017年
注7　Jeffrey E.F. Friedl 著、株式会社ロングテール／長尾高弘 訳、『詳説 正規表現 第3版』、オライリー・ジャパン、2008年

6.3 Rubyにおける正規表現オブジェクト

さて、ここからはRubyにおける正規表現オブジェクトの使い方を説明していきます。正規表現オブジェクトは次のようにスラッシュでパターンを囲んで作成します（正規表現リテラル）。

```
/正規表現/
```

以下は正規表現オブジェクトを作成するコード例です。ご覧のとおり、正規表現はRegexpクラスのオブジェクトになります。

```
r = /\d{3}-\d{4}/
r.class #=> Regexp
```


文字列と正規表現のマッチ[注8]を試みる方法はいくつかあります。その1つが=~です。=~を使うと、正規表現がマッチした場合は文字列中の最初にマッチした位置（0以上の数値）が返り、マッチしなかった場合はnilが返ります。

```
# マッチした場合は最初にマッチした文字列の開始位置が返る（つまり真）
'123-4567' =~ /\d{3}-\d{4}/ #=> 0

# マッチしない場合はnilが返る（つまり偽）
'hello' =~ /\d{3}-\d{4}/    #=> nil
```

=~の戻り値はマッチすれば真、マッチしなければ偽を表すため、if文などの条件分岐でもよく使われます。

```
# if文で=~を使うとマッチしたかどうかを判別できる
if '123-4567' =~ /\d{3}-\d{4}/
  puts 'マッチしました'
else
  puts 'マッチしませんでした'
end
#=> マッチしました
```

また、=~は文字列と正規表現を入れ替えても同じ結果になります（ただし、名前付きキャプチャを使うときは動作に違いが出ます。詳しくは「6.3.3　キャプチャに名前を付ける」の項で説明します）。

```
# 左辺に正規表現を置いても結果は同じ
/\d{3}-\d{4}/ =~ '123-4567' #=> 0
/\d{3}-\d{4}/ =~ 'hello'    #=> nil
```

!~を使うとマッチしなかったときにtrueを、マッチしたときにfalseを返します。

```
# マッチしなければtrue
'hello' !~ /\d{3}-\d{4}/     #=> true

# マッチすればfalse
```

注8　正規表現で指定されたパターンに文字列の一部、または全体が合致すること。

```
'123-4567' !~ /\d{3}-\d{4}/ #=> false
```

Rubyではこのほかにもmatchメソッドやmatch?メソッドなど、=~と同じように文字列と正規表現のマッチを試みるメソッドが用意されています。そうしたメソッドについてはこのあとで適宜説明していきます。

6.3.1 Rubularで視覚的にマッチする文字列を確認する

正規表現が得意な人でも少し複雑なパターンを作る必要が出てきたときは何度か試行錯誤すると思います。そんなときは正規表現にマッチする文字列を視覚的に確認できるオンラインツールを使うと便利です。Rubyの正規表現をチェックしたい場合はRubular[注9]というオンラインツールがあります（**図6-1**）。Rubularにアクセスし、実際に使ってみましょう。

図6-1　Rubular

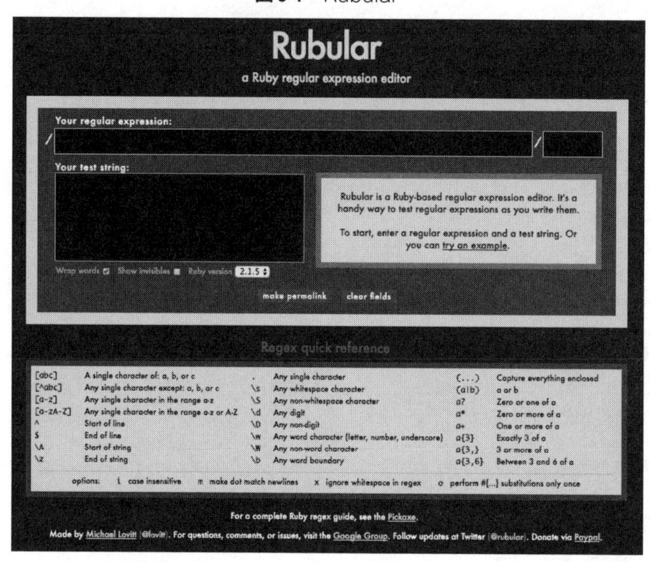

まず、検索対象の文字列を"Your test string"欄に入力します。ここでは「**私の電話番号は**090-1234-5678**です。**」の文字列を入力してください（**図6-2**）。

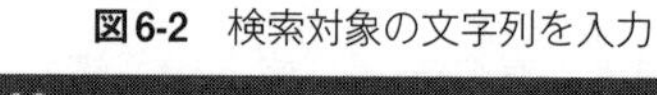
図6-2　検索対象の文字列を入力

正規表現は"Your regular expression"欄に入力します。ここでは[\d-]+という正規表現を入力してください（**図6-3**）。

注9　https://rubular.com/

図6-3　正規表現を入力

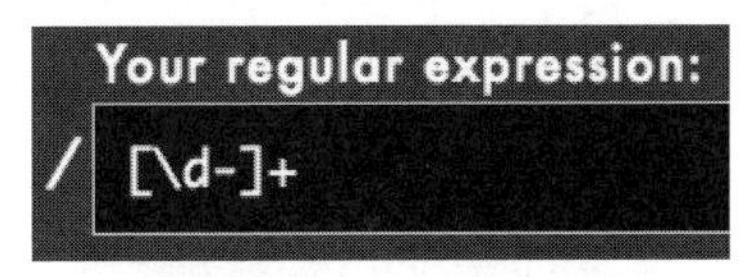

すると“Match result”欄で正規表現にマッチした文字列がハイライトされます（**図6-4**）。

図6-4　マッチした文字列がハイライトされる

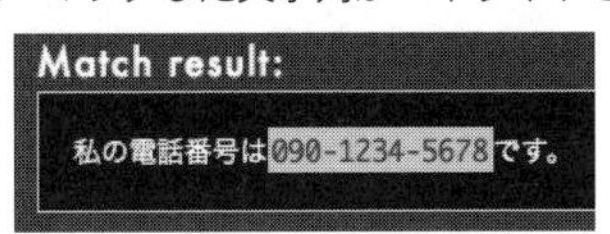

このようにRubularを使うと検索対象の文字列や正規表現を次から次に変えながらマッチする文字列を確認できるので非常に便利です。

ただし、検索対象の文字列が外部に送信されるので、実在するパスワードやクレジットカードの番号など他者に知られてはならない文字列を入力しないようにしてください。

また、Rubularは個人で運営されているオンラインツールであるため、将来的に突然閉鎖されたり仕様が大きく変わったりする可能性もあります。その場合は本書のサポートページ（「1.7.1　サンプルコードがうまく動かない場合」の項を参照）で何らかの対応策を紹介するようにします。

6.3.2 正規表現のキャプチャを利用する

正規表現にはキャプチャと呼ばれる便利な機能があります。たとえば次のようなテキストがあったとします。

```
私の誕生日は1977年7月17日です。
```

この中から生年月日の“1977”、“7”、“17”の3つの文字列を正規表現で抜き出してみましょう。正規表現としては次のようなパターンが使えそうです。

```
\d+年\d+月\d+日
```

念のためRubularで確認してみましょう（**図6-5**）。

図6-5　“\d+年\d+月\d+日”のマッチ結果

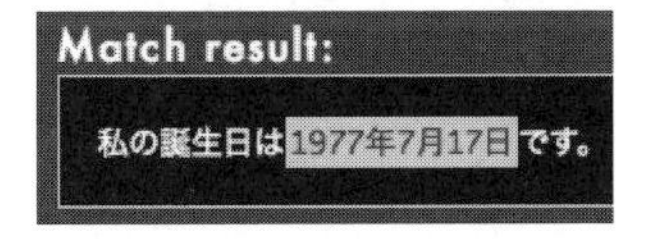

確かに生年月日の文字列にマッチしていますね。ただし、このままだと“1977年7月17日”というひと続きの文字列にマッチしたことになります。なので、このあとさらに年と月と日をそれぞれ分解する必要が出てきます。こんなときは正規表現のキャプチャ機能を使うと便利です。キャプチャは()を使って抜き出したい部分を指定します。今回であれば次のような正規表現になります。

```
(\d+)年(\d+)月(\d+)日
```

この正規表現をRubularに入力してみましょう（**図6-6**）。すると画面に“Match groups”という欄が現れ、1977、7、17が順に抜き出されていることがわかります。

図6-6　“(\d+)年(\d+)月(\d+)日”のマッチ結果

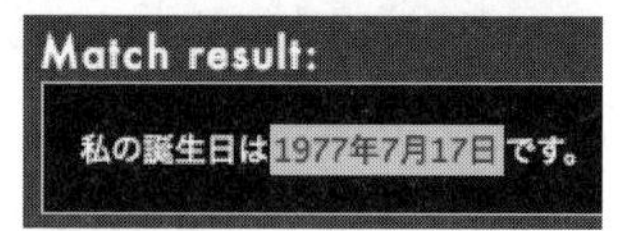

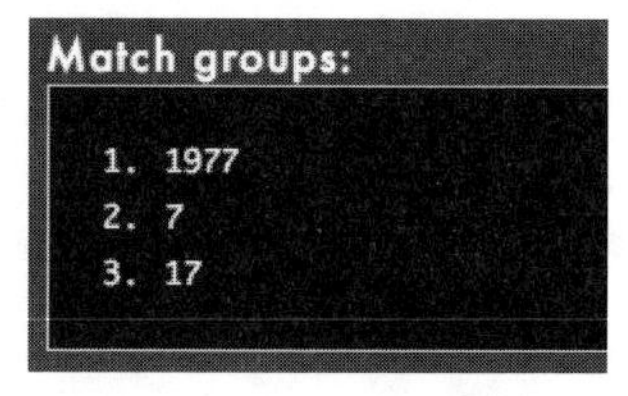

Ruby上でもキャプチャを使って年月日の数字だけをそれぞれ抜き出すことができます。やってみましょう。

```
text = '私の誕生日は1977年7月17日です。'
m = /(\d+)年(\d+)月(\d+)日/.match(text)
m[1] #=> "1977"
m[2] #=> "7"
m[3] #=> "17"
```

上記のコードのようにキャプチャを活用する方法の1つは`match`メソッドを使うことです。

文字列が正規表現にマッチすると、MatchDataオブジェクトが返ります。マッチしない場合は`nil`が返ります。

```
/(\d+)年(\d+)月(\d+)日/.match(text)  #=> #<MatchData "1977年7月17日" 1:"1977" 2:"7" 3:"17">
/(\d+)年(\d+)月(\d+)日/.match('foo') #=> nil
```

この性質を使って、条件分岐の中で真偽値の判定とローカル変数への代入を同時にやってしまうコードがよく使われます（第5章のコラム「よく使われるイディオム（1）　条件分岐で変数に代入／&.演算子」（p.200）を参照）。

```
text = '私の誕生日は1977年7月17日です。'
# 真偽値の判定とローカル変数への代入を同時にやってしまう
if m = /(\d+)年(\d+)月(\d+)日/.match(text)
  # マッチした場合の処理（ローカル変数のmを使う）
else
  # マッチしなかった場合の処理
end
```

MatchDataは`[]`を使って正規表現の処理結果を配列と同じような方法で取得できます。

```
text = '私の誕生日は1977年7月17日です。'
m = /(\d+)年(\d+)月(\d+)日/.match(text)
# マッチした部分全体を取得する
m[0]     #=> "1977年7月17日"

# キャプチャの1番目を取得する
m[1]     #=> "1977"

# キャプチャの2番目から2個取得する
m[2, 2] #=> ["7", "17"]

# 最後のキャプチャを取得する
m[-1]    #=> "17"
```

```
# Rangeを使って取得する
m[1..3] #=> ["1977", "7", "17"]
```

なお、matchメソッドはStringクラスとRegexpクラスの両方に定義されているため、文字列と正規表現オブジェクトを入れ替えても同じように動作します。

```
text = '私の誕生日は1977年7月17日です。'
m = text.match(/(\d+)年(\d+)月(\d+)日/) #=> #<MatchData "1977年7月17日" 1:"1977" 2:"7" 3:"17">
```

6.3.3 キャプチャに名前を付ける

さて、キャプチャはこのままでも便利なのですが、結果を連番で取得する必要があるため「何番目が何の値か」ということをプログラマが意識しなくてはいけません。そこでキャプチャには(?<name>)というメタ文字を使って名前を付けることができます。たとえば先ほどの正規表現を次のように変えてみましょう。

```
(?<year>\d+)年(?<month>\d+)月(?<day>\d+)日
```

こうすると連番ではなく名前でキャプチャの結果を取得することができるため、「何番目が何の値か」を気にしなくてよくなります。

```
text = '私の誕生日は1977年7月17日です。'
m = /(?<year>\d+)年(?<month>\d+)月(?<day>\d+)日/.match(text)
# シンボルで名前を指定してキャプチャの結果を取得する
m[:year]  #=> "1977"
m[:month] #=> "7"
m[:day]   #=> "17"

# 文字列で指定することもできる
m['year'] #=> "1977"

# 連番で指定することもできる
m[2]      #=> "7"
```

名前付きキャプチャを使った正規表現にはもうひとつの機能があります。それは左辺に正規表現リテラルを、右辺に文字列を置いて=~演算子を使うと、キャプチャの名前がそのままローカル変数に割り当てられるのです。

```
text = '私の誕生日は1977年7月17日です。'
# キャプチャの名前がそのままローカル変数に割り当てられる
if /(?<year>\d+)年(?<month>\d+)月(?<day>\d+)日/ =~ text
  puts "#{year}/#{month}/#{day}"
end
#=> 1977/7/17
```

ただし、この機能は左辺と右辺を逆にすると使えません[注10]。

```
text = '私の誕生日は1977年7月17日です。'
# 正規表現が右辺にくるとローカル変数が作成されない
```

注10 irbで試す場合は定義済みのローカル変数を参照しないように、irbを再起動してください。

```
if text =~ /(?<year>\d+)年(?<month>\d+)月(?<day>\d+)日/
  puts "#{year}/#{month}/#{day}"
end
#=> undefined local variable or method `year' for main:Object (NameError)
```

また、正規表現オブジェクトをいったん変数に入れたりした場合も使えないので注意してください（正規表現リテラルを直接左辺におく必要があります）。

```
text = '私の誕生日は1977年7月17日です。'
regexp = /(?<year>\d+)年(?<month>\d+)月(?<day>\d+)日/
# 正規表現オブジェクトが変数に入っている場合も無効
if regexp =~ text
  puts "#{year}/#{month}/#{day}"
end
#=> undefined local variable or method `year' for main:Object (NameError)
```

6.3.4 組み込み変数でマッチの結果を取得する

Rubyには$で始まる特殊な変数（組み込み変数[注11]）が存在します。=~演算子やmatchメソッドを使うと、いくつかの組み込み変数にマッチした結果が代入されます。組み込み変数でもMatchDataオブジェクトとほとんど同等の情報を得ることができます。

```
text = '私の誕生日は1977年7月17日です。'

# =~やmatchメソッドを使うとマッチした結果が組み込み変数に代入される
text =~ /(\d+)年(\d+)月(\d+)日/

# MatchDataオブジェクトを取得する
$~ #=> #<MatchData "1977年7月17日" 1:"1977" 2:"7" 3:"17">

# マッチした部分全体を取得する
$& #=> "1977年7月17日"

# 1番目〜3番目のキャプチャを取得する
$1 #=> "1977"
$2 #=> "7"
$3 #=> "17"

# 最後のキャプチャ文字列を取得する
$+ #=> "17"
```

$1や$2のような組み込み変数はこのあとに説明するgsubメソッドなどでよく使われます。$の後ろに続けて書く数字は、正の整数であれば制限はありません。ただし、それ以外の組み込み変数（$~や$&など）は記号の意味を覚えるのが大変なので、こうした組み込み変数はなるべく使わず、明示的にMatchDataオブジェクトを受け取るようなコードを書くのがお勧めです。

注11　組み込み変数については「7.9.3　グローバル変数と組み込み変数」で詳しく説明します。

6.3.5 正規表現と組み合わせると便利なStringクラスのメソッド

Stringクラスには正規表現と組み合わせると便利に使えるメソッドがいくつか用意されています。ここからは以下のメソッドについて説明していきます。

- scan
- []、slice、slice!
- split
- gsub、gsub!

■scan

scanメソッドは引数で渡した正規表現にマッチする部分を配列に入れて返します。

```
'123 456 789'.scan(/\d+/) #=> ["123", "456", "789"]
```

正規表現に()があると、キャプチャされた部分が配列の配列になって返ってきます。

```
'1977年7月17日 2021年12月31日'.scan(/(\d+)年(\d+)月(\d+)日/)
#=> [["1977", "7", "17"], ["2021", "12", "31"]]
```

グループ化はしたいが、キャプチャはしたくない（マッチした文字列全体を取得したい）という場合は、(?:)というメタ文字を使ってください。

```
'1977年7月17日 2021年12月31日'.scan(/(?:\d+)年(?:\d+)月(?:\d+)日/)
#=> ["1977年7月17日", "2021年12月31日"]
```

なお、上の正規表現は説明のために(?:)を使いましたが、\d+年\d+月\d+日と書いたほうが簡潔な正規表現になります。

```
'1977年7月17日 2021年12月31日'.scan(/\d+年\d+月\d+日/)
#=> ["1977年7月17日", "2021年12月31日"]
```

■[]、slice、slice!

[]に正規表現を渡すと、文字列から正規表現にマッチした部分を抜き出します。

```
text = '郵便番号は123-4567です'
text[/\d{3}-\d{4}/] #=> "123-4567"
```

マッチする部分が複数ある場合は、最初にマッチした文字列が返ります。

```
text = '123-4567 456-7890'
text[/\d{3}-\d{4}/] #=> "123-4567"
```

キャプチャを使うと第2引数で何番目のキャプチャを取得するか指定できます。

```
text = '誕生日は1977年7月17日です'

# 第2引数がないとマッチした部分全体が返る
text[/(\d+)年(\d+)月(\d+)日/]     #=> "1977年7月17日"
```

```
# 第2引数を指定して3番目のキャプチャを取得する
text[/(\d+)年(\d+)月(\d+)日/, 3] #=> "17"
```

名前付きキャプチャであれば名前で指定することもできます。

```
text = '誕生日は1977年7月17日です'

# シンボルでキャプチャの名前を指定する
text[/(?<year>\d+)年(?<month>\d+)月(?<day>\d+)日/, :day]  #=> "17"

# 文字列でキャプチャの名前を指定する
text[/(?<year>\d+)年(?<month>\d+)月(?<day>\d+)日/, 'day'] #=> "17"
```

sliceメソッドは[]のエイリアスメソッドです。

```
text = '郵便番号は123-4567です'
text.slice(/\d{3}-\d{4}/)              #=> "123-4567"

text = '誕生日は1977年7月17日です'
text.slice(/(\d+)年(\d+)月(\d+)日/, 3) #=> "17"
```

slice!にするとマッチした部分が文字列から破壊的に取り除かれます。

```
text = '郵便番号は123-4567です'
text.slice!(/\d{3}-\d{4}/) #=> "123-4567"
text                       #=> "郵便番号はです"
```

■split

splitに正規表現を渡すと、マッチした文字列を区切り文字にして文字列を分解し、配列として返します。

```
text = '123,456-789'

# 文字列で区切り文字を指定する
text.split(',')   #=> ["123", "456-789"]

# 正規表現を使ってカンマまたはハイフンを区切り文字に指定する
text.split(/,|-/) #=> ["123", "456", "789"]
```

■gsub、gsub!

gsubメソッドを使うと、第1引数の正規表現にマッチした文字列を第2引数の文字列で置き換えます。

```
text = '123,456-789'

# 第1引数に文字列を渡すと、完全一致する文字列を第2引数で置き換える
text.gsub(',', ':')    #=> "123:456-789"

# 正規表現を渡すと、マッチした部分を第2引数で置き換える
text.gsub(/,|-/, ':') #=> "123:456:789"
```

第2引数にハッシュを渡して、変換のルールを指定することもできます。

```
text = '123,456-789'
# カンマはコロンに、ハイフンはスラッシュに置き換える
hash = { ',' => ':', '-' => '/' }
text.gsub(/,|-/, hash) #=> "123:456/789"
```

第2引数を渡す代わりに、ブロックの戻り値で置き換える文字列を指定することもできます。

```
text = '123,456-789'
# カンマはコロンに、それ以外はスラッシュに置き換える
text.gsub(/,|-/) { |matched| matched == ',' ? ':' : '/' }
#=> "123:456/789"
```

gsub!メソッドは文字列の内容を破壊的に置換します。

```
text = '123,456-789'
text.gsub!(/,|-/, ':')
text #=> "123:456:789"
```

gsubやgsub!はキャプチャと組み合わせて文字列を置換することもできます。キャプチャを使う場合、第2引数に文字列で指定する方法と、ブロックと組み込み変数を使う方法の2種類があります。

第2引数に文字列で指定する場合は、\1や\2のようにしてキャプチャした文字列を連番で参照できます（このとき、有効な連番は\1から\9までです）。

```
text = '誕生日は1977年7月17日です'
text.gsub(/(\d+)年(\d+)月(\d+)日/, '\1-\2-\3') #=> "誕生日は1977-7-17です"
```

ただし、\1や\2を第2引数に指定する場合は、文字列をシングルクオートで囲むか、ダブルクオートで囲むかで書き方が変わる点に注意してください。ダブルクオートで囲む場合は\1や\2がバックスラッシュ記法の一種だと解釈されてしまうため、\を2つ重ねてエスケープする必要があります（「2.3.1　シングルクオートとダブルクオート」の項を参照）。

```
# ダブルクオートで囲む場合は、\\1のようにバックスラッシュを2つ重ねる
text.gsub(/(\d+)年(\d+)月(\d+)日/, "\\1-\\2-\\3") #=> "誕生日は1977-7-17です"
```

バックスラッシュをエスケープしようとすると、第2引数に指定する文字列がかなり複雑になる場合があります。この問題を避けるためにgsubやgsub!では第2引数の代わりにブロックを使って文字列を置換できます。ブロックの内部では「6.3.4　組み込み変数でマッチの結果を取得する」の項で説明した、$1や$2のような組み込み変数を使ってキャプチャした文字列を参照できます。そして、ブロックの戻り値が置換後の文字列になります。

```
# 第2引数の代わりにブロックを使うと、バックスラッシュをどうエスケープするか迷わずに済む
# キャプチャした文字列は$1や$2で参照でき、ブロックの戻り値が置き換え後の文字列になる
text.gsub(/(\d+)年(\d+)月(\d+)日/) do
  "#{$1}-#{$2}-#{$3}"
end
#=> "誕生日は1977-7-17です"
```

名前付きキャプチャを使う場合も第2引数に文字列で指定する方法とブロックを使う方法の2種類があります。文字列で指定する場合は\k<name>（ダブルクオートで囲む場合は\\k<name>）のようにして参照できます。

```
text = '誕生日は1977年7月17日です'
text.gsub(
  /(?<year>\d+)年(?<month>\d+)月(?<day>\d+)日/,
  '\k<year>-\k<month>-\k<day>'
)
#=> "誕生日は1977-7-17です"
```

ブロックを使う場合は$~でMatchDataオブジェクトが参照できるため、キャプチャした文字列は$~[:name]のようにして参照します。

```
text.gsub(/(?<year>\d+)年(?<month>\d+)月(?<day>\d+)日/) do
  "#{$~[:year]}-#{$~[:month]}-#{$~[:day]}"
end
#=> "誕生日は1977-7-17です"
```

なお、公式リファレンス上では第2引数を渡す方法より、ブロックを使う方法を推奨しています[注12]。このため、なるべくブロックを使うようにするのが良いでしょう[注13]。

Stringクラスで正規表現が使えるメソッドはほかにもまだあります。詳しくはRubyの公式リファレンスを参照してください。

・https://docs.ruby-lang.org/ja/latest/class/String.html

さて、これで例題を解くのに必要となる知識は一通り説明しました。次は例題の解説に移ります。

6.4 例題：Rubyのハッシュ記法を変換する

それでは例題のおさらいです。今回の例題はRubyのハッシュ記法を文字列として受け取り、シンボルがキーであるものについては=>を使わない新しい記法に修正して返す、というのがプログラムの要件です。プログラムの実行例を以下に示します。

```
# キーがシンボルなら新しいハッシュ記法に変換する
old_syntax = <<TEXT
{
  :name => 'Alice',
  :age=>20,
  :gender  =>  :female
}
TEXT
convert_hash_syntax(old_syntax)
#=> {
#     name: 'Alice',
```

注12　「このような間違いを確実に防止し、コードの可読性を上げるには、\&や\1よりも下記のようにブロック付き形式のgsubを使うべきです。」（出典：https://docs.ruby-lang.org/ja/latest/method/String/i/gsub.html）

注13　とはいえ、名前付きキャプチャを使う場合はブロックを使わずに、第2引数を使って\k<year>のように書いたほうが明らかにシンプルで読みやすいので、筆者個人としては「両者のメリット・デメリットを理解したうえで、適宜使い分ければ良い」と考えています。

```
#     age: 20,
#     gender: :female
#   }
```

6.4.1 テストコードを準備する

今回もテストコードから作成していきましょう。ただし、何度も同じ手順を説明してきているので、今回は最初から仮実装のテストがパスするところまで進めておきます。

まず、testディレクトリにconvert_hash_syntax_test.rbを作成します。

```
ruby-book/
├──lib/
└──test/
     └─── convert_hash_syntax_test.rb
```

次に、convert_hash_syntax_test.rbを開き、次のようなコードを書いてください。今回はプログラム本体の読み込みと、仮のテストコードも先に書いておきます。

```
require 'minitest/autorun'
require_relative '../lib/convert_hash_syntax'

class ConvertHashSyntaxTest < Minitest::Test
  def test_convert_hash_syntax
    assert_equal '{}', convert_hash_syntax('{}')
  end
end
```

続いて、libディレクトリにconvert_hash_syntax.rbを作成します。

```
ruby-book/
├── lib/
│    └─── convert_hash_syntax.rb
└── test/
     └─── convert_hash_syntax_test.rb
```

convert_hash_syntax.rbを開いて、convert_hash_syntaxメソッドを仮実装します。

```
def convert_hash_syntax(old_syntax)
  # 何も変換せずに返す
  old_syntax
end
```

ここまでできたら、テストを実行してパスすることを確認しましょう。

```
$ ruby test/convert_hash_syntax_test.rb
省略
1 runs, 1 assertions, 0 failures, 0 errors, 0 skips
```

現時点ではあくまで仮の実装ですが、テストがパスすればOKです。エラーが出た場合はあわてずに、エラーメッセージをじっくり読んで、原因を見つけてください（解決に時間がかかる場合は第12章で説明しているデバッグ技法も参考にしてください）。

では次に、例題と同じテストパターンをテストコードに入力してください。

```
require 'minitest/autorun'
require_relative '../lib/convert_hash_syntax'

class ConvertHashSyntaxTest < Minitest::Test
  def test_convert_hash_syntax
    old_syntax = <<~TEXT
      {
        :name => 'Alice',
        :age=>20,
        :gender  =>  :female
      }
    TEXT
    expected = <<~TEXT
      {
        name: 'Alice',
        age: 20,
        gender: :female
      }
    TEXT
    assert_equal expected, convert_hash_syntax(old_syntax)
  end
end
```

<<~はヒアドキュメントからインデント（行頭の空白文字）を自動的に取り除いてくれる記法です（「2.8.3　ヒアドキュメント（行指向文字列リテラル）」の項を参照）。

この状態でテストを実行すると当然テストは失敗します（Windows環境では「3.3.1　putsメソッドをテストコードに置き換える」の項で説明した理由のため、Failureの表示が以下とは異なります）。

```
$ ruby test/convert_hash_syntax_test.rb
省略
  1) Failure:
ConvertHashSyntaxTest#test_convert_hash_syntax [test/convert_hash_syntax_test.rb:20]:
--- expected
+++ actual
@@ -1,6 +1,6 @@
 "{
-   name: 'Alice',
-   age: 20,
-   gender: :female
+   :name => 'Alice',
+   :age=>20,
+   :gender  =>  :female
 }
 "


1 runs, 1 assertions, 1 failures, 0 errors, 0 skips
```

では今から変換プログラムを実装していきましょう。

6.4.2 ハッシュ記法変換プログラムを実装する

みなさんはこのプログラムをどうやって実装するかイメージがついていますか？　「文字列を1行ずつ分割して、各行について“**:**”の位置と“**=>**”の位置を取得して、その間にある文字列を切り出して……」というような面倒くさい処理を考えていたとしたらNGです！　こういうケースは正規表現を使えば一発で変換できます。とはいえ、正規表現に不慣れだと何から手をつければいいかわからないと思います。そこで筆者と一緒に正規表現を考えていきましょう。

正規表現を作っていくときはRubularのようなオンラインツールを使って、トライアンドエラーを繰り返しながら正規表現を作るのが便利です。まずは以下のテキストをRubularの“Your test string”欄に入力してください。

```
{
  :name => 'Alice',
  :age=>20,
  :gender  =>  :female
}
```

それから“Your regular expression”欄に“**:**”を入力してください。これはメタ文字ではなく、ただのコロンです。なので普通の文字列検索と同じく、文字列中のコロンがマッチするはずです（**図6-7**）。

図6-7　“:”のマッチ結果

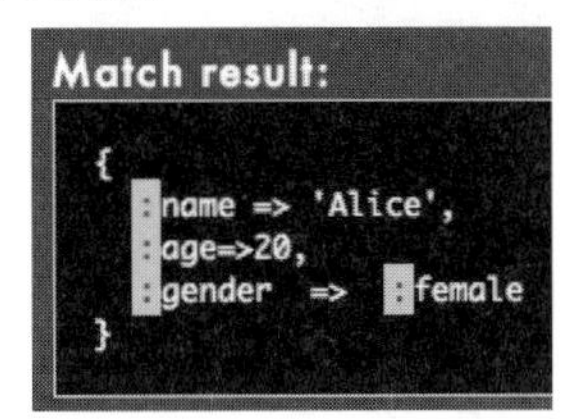

シンボルであれば、コロンの後ろにアルファベットや数字、アンダースコアが続きます。そこで“**:[a-z0-9_]+**”という正規表現を入力してください。そうするとシンボル全体がマッチします（**図6-8**）。

図6-8　“:[a-z0-9_]+”のマッチ結果

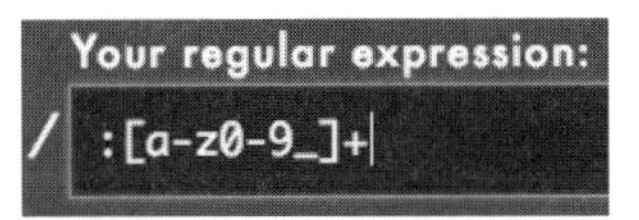

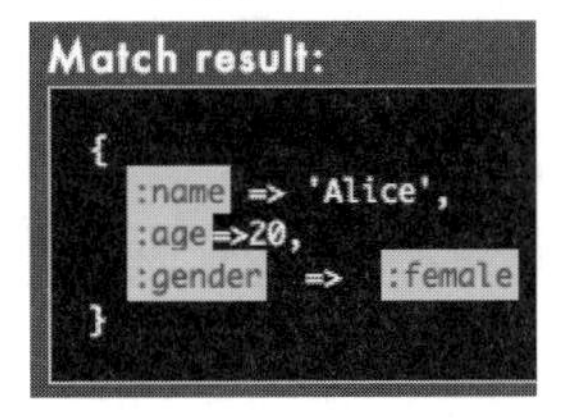

`[]`は`[]`内のいずれか1文字を表すメタ文字です。`a-z`や`0-9`はそれぞれ「小文字のアルファベットのaからzまで」と「数字の0から9まで」を表しています。つまり、`[a-z0-9_]`は「アルファベットの小文字、または数字、またはアンダースコアのいずれか1文字」の意味になります。最後に付いている`+`は「直前の文字が1回以上連続する」ということを意味するメタ文字です。全部を合わせると、この正規表現は「“**:**”で始まり、アルファベットの小文字、または数字、またはアンダースコアが1文字以上続く文字列」という意味になります。

ところで、[a-z0-9_]とほぼ同じ意味を持つメタ文字があります。それは\wです。\wは[A-Za-z0-9_]と同じ意味になります。アルファベットの大文字が含まれる点が先ほどの正規表現と異なりますが、ここではとくに問題にならないでしょう。というわけで、先ほどの正規表現を“**:\w+**”に直してください。これでも同じ結果になります（**図6-9**）。

図6-9　“:\w+”のマッチ結果

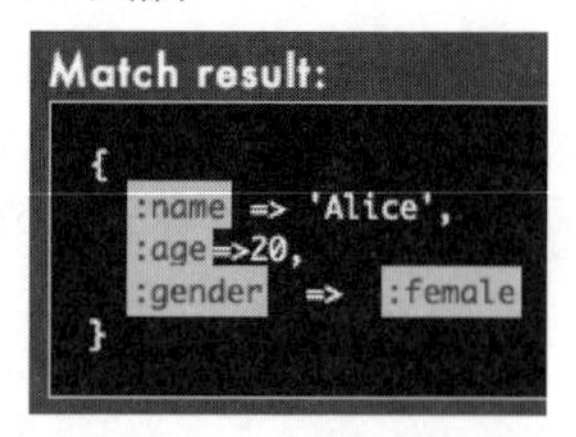

さて、ハッシュのキーであれば、その後ろに“=>”が付きます。ここではまず単純に“**:\w+ =>** ”という正規表現を入力してください（“=>”の後ろにもスペースを1つ入れてください）。

“=>”はメタ文字ではない、ただの文字列です。Rubularの結果は**図6-10**のようになります。

図6-10　“:\w+ => ”のマッチ結果

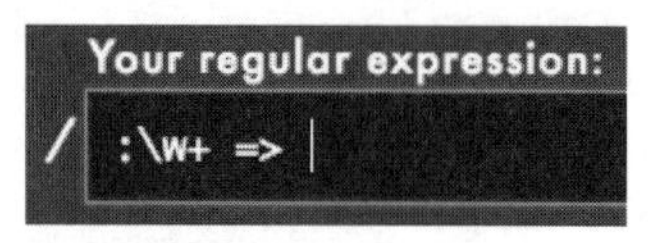

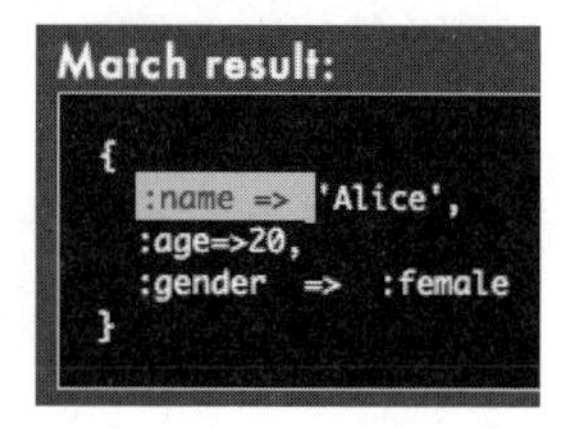

3つの要素のうち1つはマッチしましたが、2つはマッチしませんでした。マッチしなかった理由は“=>”の前後にあるスペースの数が0個だったり、2つ以上だったりしているためです。そこで先ほどの正規表現を少し工夫して、「スペースは0個以上であれば良しとする」というふうに変更しましょう。「直前の文字が0個以上」を表すメタ文字は*なので、正規表現は“**:\w+ *=> ***”と書けます。こうするとご覧のとおり、3つともマッチさせることができました（**図6-11**）。

図6-11　“:\w+ *=> *”のマッチ結果

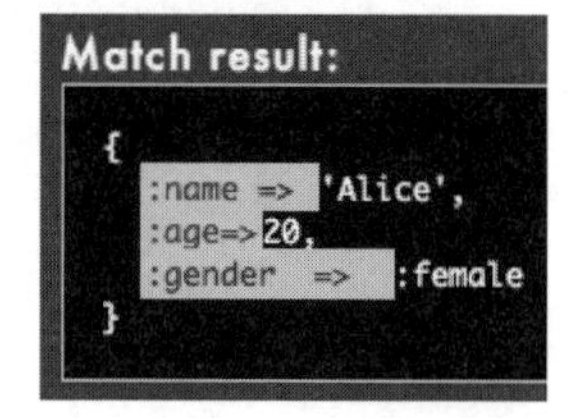

では次に、置換することを検討していきましょう。ここでの目的は“**:キー =>** ”のようになっている文字列を、“**キー:** ”に変換することです。キーの部分は要素によって異なります。そこで要素ごとに異なる部分はキャプチャして、その文字列を置換する際に再利用します。それ以外の部分は固定の文字列として置換します。

正規表現で文字列をキャプチャする場合は()を使うのでした。“**:(\w+) *=> ***”という正規表現にすれば、キーの文字列をキャプチャすることができます（**図6-12**）。Rubularの“Match groups”欄を見るとキーの部分の文字列がちゃんとキャプチャできていることがわかりますね。

図6-12　":(\w+) *=> *"のマッチ結果

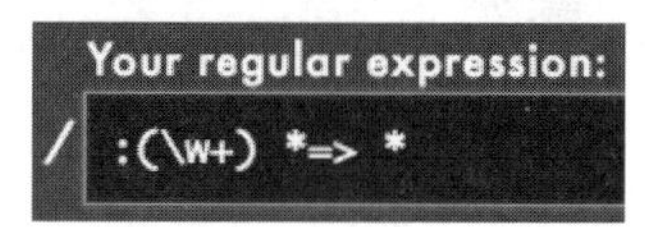

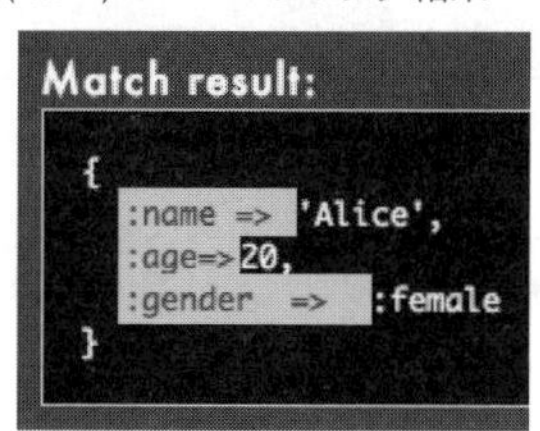

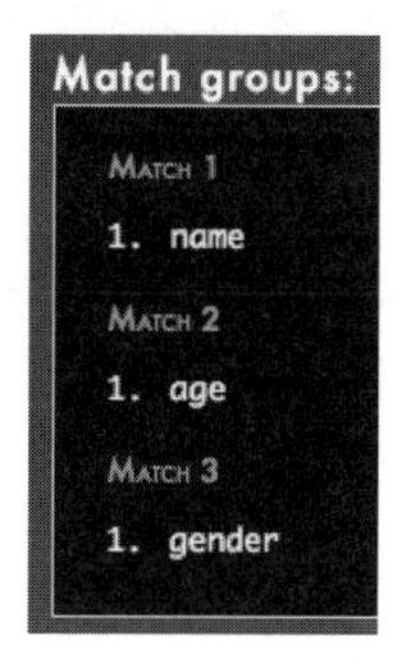

さて、ここまで来ればできたも同然です。あとはRubyのコードに戻って、gsubメソッドを使って置換処理を実装します。convert_hash_syntax.rbを開き、次のようなコードを入力してください。

```
def convert_hash_syntax(old_syntax)
  old_syntax.gsub(/:(\w+) *=> */) do
    "#{$1}: "
  end
end
```

上のコードではgsubメソッドとブロックの組み合わせで置換後の文字列を組み立てています。組み込み変数の$1では1番目にキャプチャされた文字列を参照できます。つまり、この変数を使って"name"や"age"を参照できます。そして、その後ろにコロンとスペース（: ）が入ります。その結果、ハッシュのキー部分は"name: "や"age: "のような文字列に置き換えられることになります。さあ、これでテストを実行してみましょう。

```
$ ruby test/convert_hash_syntax_test.rb
省略
1 runs, 1 assertions, 0 failures, 0 errors, 0 skips
```

ご覧のとおり、見事にテストがパスしました！　本当に置換できているのか実感がわかない場合は、次のようにして試しに実行結果を出力してみるのも良いでしょう。

```
# 実行結果をいったん変数に入れて、ターミナルに出力する
actual = convert_hash_syntax(old_syntax)
puts actual
assert_equal expected, actual
```

するとテスト実行時に次のような文字列が出力されるはずです。

```
省略
# Running:

{
  name: 'Alice',
  age: 20,
  gender: :female
```

```
}
.
Finished in 0.002351s, 425.2626 runs/s, 1275.7879 assertions/s.
省略
```

確認したらテストコードは元に戻しておいてください。

正規表現を使うとこのように、とても短いコードで文字列の検索や置換を実装することができます。もしみなさんがこれまで「“:” と “=>” の位置を探して、その間にある文字列を切り出して……」というような処理しか書いてこなかったのであれば、これを機会にぜひ正規表現をマスターしましょう！

ところで、Rubyの正規表現オブジェクトに関して、まだ説明していない内容がいくつか残っています。ここからはその内容を紹介していきます。

6.5 正規表現オブジェクトについてもっと詳しく

6.5.1 正規表現オブジェクトを作成するさまざまな方法

正規表現オブジェクトを作成する方法は/ /だけではありません。これ以外にもいくつか方法があります。1つはRegexp.new（エイリアスメソッドはRegexp.compile）の引数にパターンの文字列を渡す方法です。

```
# /\d{3}-\d{4}/と書いた場合と同じ
Regexp.new('\d{3}-\d{4}')
```

もうひとつは%rを使う方法です（%記法）。以下の3つの正規表現はどれもまったく同じものです。

```
# スラッシュで囲むと、スラッシュをエスケープする必要がある
/https:\/\/example\.com/

# %rを使うとスラッシュをエスケープしなくて良い
%r!https://example\.com!

# !ではなく{}を区切り文字にする
%r{https://example\.com}
```

/ /や%rの中で#{}を使うと式の値を埋め込むことができます。

```
pattern = '\d{3}-\d{4}'
# 変数が展開されるので/\d{3}-\d{4}/と書いたことと同じになる
'123-4567' =~ /#{pattern}/ #=> 0
```

6.5.2 case文で正規表現を使う

正規表現はcase文のwhen節で使うこともできます。case節で指定した文字列がwhen節で指定した正規表現にマッチするとwhen節の処理が実行されます。

```
text = '03-1234-5678'

case text
when /^\d{3}-\d{4}$/
  puts '郵便番号です'
when /^\d{4}\/\d{1,2}\/\d{1,2}$/
  puts '日付です'
when /^\d+-\d+-\d+$/
  puts '電話番号です'
end
#=> 電話番号です
```

なお、case文のwhen節で正規表現を使った場合も、「6.3.4　組み込み変数でマッチの結果を取得する」の項で説明した組み込み変数（$&や$~など）でマッチした結果を参照できます。

```
$& #=> "03-1234-5678"
$~ #=> #<MatchData "03-1234-5678">
```


6.5.3 正規表現オブジェクト作成時のオプション

正規表現オブジェクトの作成時にはいくつかのオプションを渡すことができます。

```
/正規表現/オプション
```

1つはiオプションです。このオプションはアルファベットの大文字と小文字の違いを無視してマッチします。

```
# iオプションを付けると大文字小文字を区別しない
'HELLO' =~ /hello/i   #=> 0

# %rを使った場合も最後にオプションを付けられる
'HELLO' =~ %r{hello}i #=> 0
```

Regexp.newを使う場合は、Regexp::IGNORECASEという定数を渡します。

```
regexp = Regexp.new('hello', Regexp::IGNORECASE)
'HELLO' =~ regexp #=> 0
```

mオプションを使うと、任意の文字を表すドット（.）が改行文字にもマッチするようになります。

```
# mオプションがないと.は改行文字にマッチしない
"Hello\nBye" =~ /Hello.Bye/  #=> nil

# mオプションを付けると.が改行文字にもマッチする
"Hello\nBye" =~ /Hello.Bye/m #=> 0
```

Regexp.newを使う場合は、Regexp::MULTILINEという定数を渡します。

```
regexp = Regexp.new('Hello.Bye', Regexp::MULTILINE)
"Hello\nBye" =~ regexp #=> 0
```

xオプションを使うと、空白文字（半角スペースや改行文字）が無視され、#を使って正規表現中にコメントが書けるようになります。

```
# xオプションを付けたので改行やスペースが無視され、コメントも書ける
regexp = /
  \d{3} # 郵便番号の先頭3桁
  -     # 区切り文字のハイフン
  \d{4} # 郵便番号の末尾4桁
/x
'123-4567' =~ regexp #=> 0
```

xオプションを付けているときに、空白を無視せず正規表現の一部として扱いたい場合はバックスラッシュでエスケープします。

```
regexp = /
  \d{3}
  \     # 半角スペースで区切る
  \d{4}
/x
'123 4567' =~ regexp #=> 0
```

Regexp.newを使う場合は、Regexp::EXTENDEDという定数を渡します。

```
# バックスラッシュを特別扱いしないように'TEXT'を使う（2.8.3項参照）
pattern = <<'TEXT'
  \d{3} # 郵便番号の先頭3桁
  -     # 区切り文字のハイフン
  \d{4} # 郵便番号の末尾4桁
TEXT
regexp = Regexp.new(pattern, Regexp::EXTENDED)
'123-4567' =~ regexp #=> 0
```

これらのオプションは同時に使うこともできます。

```
# iオプションとmオプションを同時に使う
"HELLO\nBYE" =~ /Hello.Bye/im #=> 0
```

Regexp.newを使う場合は|で連結します。

```
regexp = Regexp.new('Hello.Bye', Regexp::IGNORECASE | Regexp::MULTILINE)
"HELLO\nBYE" =~ regexp #=> 0
```

6.5.4 Regexp.last_matchでマッチの結果を取得する

Regexp.last_matchメソッドを使うと、「6.3.4　組み込み変数でマッチの結果を取得する」の項で説明した組み込み変数のように、=~演算子などで最後にマッチした結果をMatchDataオブジェクトとして取得できます。

```
text = '私の誕生日は1977年7月17日です。'

# =~演算子などを使うと、マッチした結果をRegexp.last_matchで取得できる
text =~ /(\d+)年(\d+)月(\d+)日/
```

```
# MatchDataオブジェクトを取得する
Regexp.last_match     #=> #<MatchData "1977年7月17日" 1:"1977" 2:"7" 3:"17">

# マッチした部分全体を取得する
Regexp.last_match(0)  #=> "1977年7月17日"

# 1番目～3番目のキャプチャを取得する
Regexp.last_match(1)  #=> "1977"
Regexp.last_match(2)  #=> "7"
Regexp.last_match(3)  #=> "17"

# 最後のキャプチャ文字列を取得する
Regexp.last_match(-1) #=> "17"
```

Regexp.last_matchを使えば$~のような組み込み変数よりは可読性が上がります。とはいえ、matchメソッドで明示的にMatchDataオブジェクトを受け取る方法に比べると、Regexp.last_matchは暗黙的に値が設定される点が少しわかりづらいため、多用するのは避けたほうが良いでしょう。

6.5.5 組み込み変数を書き換えないmatch?メソッド

match?メソッドは文字列が正規表現にマッチすればtrue、マッチしなければfalseを返します。ただし、マッチした場合でも組み込み変数やRegexp.last_matchの内容を書き換えません。そのため、=~演算子やmatchメソッドよりも高速に動作します注14。

```
# マッチすればtrueを返す
/\d{3}-\d{4}/.match?('123-4567') #=> true

# マッチしても組み込み変数やRegexp.last_matchを書き換えない
$~                 #=> nil
Regexp.last_match #=> nil

# 文字列と正規表現を入れ替えてもOK
'123-4567'.match?(/\d{3}-\d{4}/) #=> true
```

本書で紹介していない、Regexpクラスに定義されているその他のメソッドについては公式リファレンスを参照してください。

- https://docs.ruby-lang.org/ja/latest/class/Regexp.html

また、マッチした結果が格納されるMatchDataクラスについても、公式リファレンスを参照しておくと良いでしょう。

- https://docs.ruby-lang.org/ja/latest/class/MatchData.html

注14 irbで試す場合はすでに書き換えられた$~やRegexp.last_matchを参照しないように、irbを再起動してください。

Column　正規表現を使う場合は方言に注意

正規表現の基本的な考え方はどのプログラミング言語でも共通していますが、使用可能なメタ文字や、メタ文字の意味は言語によって異なることがあります。これは言い方を変えると、正規表現にはたくさんの方言があるということです。本書で使用したRubularはRubyの方言に対応したWebサービスです。ですので、RubularはRuby上で動かす正規表現を確認するためには最適です。一方、JavaScript上で動かす正規表現を試す場合はRubularは不適切です。この場合はRubularではなく、JavaScriptの方言に対応したWebサービス（https://regexr.com/など）を利用しないと間違った正規表現ができあがってしまう恐れがあるので注意してください。

6.6 この章のまとめ

この章で学習したおもな内容は以下のとおりです。

- 正規表現そのものについて
- Rubyにおける正規表現オブジェクト

本書は正規表現の専門書ではないため、正規表現に関するすべての知識をカバーしたわけではありません。ですが、正規表現を今までまったく知らなかった方は、ここに書いてある内容だけでも正規表現のパワーを実感してもらえたのではないでしょうか？

正規表現は何も知らない人が見ると「意味不明で恐ろしい呪文」のようにしか見えませんが、きちんと理解すると非常に便利な道具です。また、ほかの言語やテキストエディタ上など、Ruby以外の環境でも基本的な知識は活用できるので、いろんな場面で作業効率を高めることができます。Rubyと一緒に正規表現の勉強もぜひしておきましょう！

ところで、Rubyはオブジェクト指向言語だと言いながらも、ここまで自分でクラスを作る方法についてはまったく説明してきませんでした。お待たせしました。いよいよ次の章で独自のクラスを定義する方法を説明していきます。

第7章

クラスの作成を理解する

7.1 イントロダクション

Rubyはオブジェクト指向言語です。これまでStringクラスやArrayクラスなど、いろんなクラスを使ってきました。しかし、クラスは使うだけでなく、当然自分でクラスを作ることもできます。この章ではいよいよ独自のクラスを作成する方法を説明していきます。

7.1.1 この章の例題：改札機プログラム

ではこの章の例題を紹介します。今回は電車の改札機をシミュレートしたプログラムを作成します。もちろん、本格的なものではなく、あくまで簡単なシミュレーションにとどめます。ですが、これまでの「メソッドだけ」のプログラムに比べるとぐっと「プログラムらしさ」が増していると思います。

■改札機の機能

まず、**表7-1**のように3つの駅と運賃が決められています（関西の方はご存じかもしれませんが、これは実在する阪急宝塚線の駅名です[注1]）。

表7-1　運賃表

梅田（うめだ）		
160	十三（じゅうそう）	
190	160	三国（みくに）

改札機を通るためにはまず切符を購入します。購入可能な切符は160円と190円の2種類です。

切符は入場時と出場時に改札機に通します。運賃が足りていれば出場できますが、不足していると出場できません。たとえば、以下のようなテストシナリオが想定できます。

シナリオ1（1区間）

・160円の切符を購入する。

・梅田で入場し、十三で出場する。

・期待する結果：出場できる。

シナリオ2（2区間・運賃不足）

・160円の切符を購入する。

・梅田で入場し、三国で出場する。

・期待する結果：出場できない。

シナリオ3（2区間・運賃ちょうど）

・190円の切符を購入する。

・梅田で入場し、三国で出場する。

注1　梅田駅は大阪梅田駅が正式名称ですが、長いのでここでは梅田駅とします。

・期待する結果：出場できる。

シナリオ4（梅田以外の駅から乗車する）

・160円の切符を購入する。
・十三で入場し、三国で出場する。
・期待する結果：出場できる。

■改札機プログラムの実行例

人によってイメージするプログラムの実行例は異なると思いますが、本書では以下のような仕様で実装します。

```
# 改札機オブジェクトの作成
umeda = Gate.new(:umeda)
mikuni = Gate.new(:mikuni)

# 160円の切符を購入して梅田で乗車し、三国で降車する（NG）
ticket = Ticket.new(160)
umeda.enter(ticket)
mikuni.exit(ticket) #=> false

# 190円の切符を購入して梅田で乗車し、三国で降車する（OK）
ticket = Ticket.new(190)
umeda.enter(ticket)
mikuni.exit(ticket) #=> true
```

さて、Rubyでこのようなプログラムを作る場合はどうしたらいいでしょうか？　このあとの説明をしっかり読み、それから一緒に実装してみましょう！

7.1.2 この章で学ぶこと

この章では以下のようなことを学びます。

・オブジェクト指向プログラミングの基礎知識
・クラスの定義
・selfキーワード
・クラスの継承
・メソッドの可視性
・定数
・さまざまな種類の変数
・クラス定義やRubyの言語仕様に関する高度な話題

この章はこれまでの章に比べるとかなりボリュームが多く、内容も難しくなっています。できるだけ丁寧に説明していきますが、もししんどくなってきたら第1章のコラム「本書を最後まで読み切るコツ」(p.20) で紹介したように、頭の中にインデックスを作るスタイルに切り替えるのもOKです。

7.2 オブジェクト指向プログラミングの基礎知識

7.2.1 クラスを使う場合と使わない場合の比較

本書はオブジェクト指向プログラミングの専門書ではないため、オブジェクト指向プログラミングやオブジェクト指向設計についてそこまで詳しく説明しません。初歩の初歩から体系的に学びたい場合や、オブジェクト指向設計に関する「すべきこと」「すべきでないこと」を詳しく知りたい場合はほかの専門書を読むことをお勧めします。その代わりに、ここではざっくりと「クラスを使うプログラミングと、使わないプログラミングの違い」について説明します。

たとえば、ユーザを表すデータをプログラム上で処理したいとします。ユーザはデータとして氏名（first_nameとlast_name）と、年齢を持ちます。ハッシュと配列を使うなら、次のように処理することができます。

```
# ユーザのデータを作成する
users = []
users << { first_name: 'Alice', last_name: 'Ruby', age: 20 }
users << { first_name: 'Bob', last_name: 'Python', age: 30 }

# ユーザのデータを表示する
users.each do |user|
  puts "氏名: #{user[:first_name]} #{user[:last_name]}、年齢: #{user[:age]}"
end
#=> 氏名: Alice Ruby、年齢: 20
#   氏名: Bob Python、年齢: 30
```

氏名についてはメソッドを作っておくと、ほかにも氏名を使う場面が出てきたときにそのメソッドを再利用できますね。

```
# ユーザのデータを作成する
users = []
users << { first_name: 'Alice', last_name: 'Ruby', age: 20 }
users << { first_name: 'Bob', last_name: 'Python', age: 30 }

# 氏名を作成するメソッド
def full_name(user)
  "#{user[:first_name]} #{user[:last_name]}"
end

# ユーザのデータを表示する
users.each do |user|
  puts "氏名: #{full_name(user)}、年齢: #{user[:age]}"
end
#=> 氏名: Alice Ruby、年齢: 20
#   氏名: Bob Python、年齢: 30
```

ですが、ハッシュを使うとキーをタイプミスした場合にnilが返ってきてしまいます。間違ったキーを指定してもエラーにならないので、ぼーっとしているとこの不具合に気づかないかもしれません。

```
users[0][:first_name] #=> "Alice"

# ハッシュだとタイプミスしてもnilが返るだけなので不具合に気づきにくい
users[0][:first_mame] #=> nil
```

ほかにも、ハッシュは新しくキーを追加したり、内容を変更したりできるので「もろくて壊れやすいプログラム」になりがちです。

```
# 勝手に新しいキーを追加
users[0][:country] = 'japan'
# 勝手にfirst_nameを変更
users[0][:first_name] = 'Carol'
# ハッシュの中身が変更される
users[0] #=> {:first_name=>"Carol", :last_name=>"Ruby", :age=>20, :country=>"japan"}
```

ここで示したような小さなプログラムではハッシュのままでも問題ないかもしれませんが、大きなプログラムになってくると、とてもハッシュでは管理しきれなくなってきます。そこで登場するのがクラスです。こういう場合はUserクラスという新しいデータ型を作り、そこにデータを入れたほうがより堅牢なプログラムになります。

構文の意味はのちほど詳しく説明するので、ここではUserクラスを導入した場合のコードの変化に着目してください。

```
# Userクラスを定義する
class User
  attr_reader :first_name, :last_name, :age

  def initialize(first_name, last_name, age)
    @first_name = first_name
    @last_name = last_name
    @age = age
  end
end

# ユーザのデータを作成する
users = []
users << User.new('Alice', 'Ruby', 20)
users << User.new('Bob', 'Python', 30)

# 氏名を作成するメソッド
def full_name(user)
  "#{user.first_name} #{user.last_name}"
end

# ユーザのデータを表示する
users.each do |user|
  puts "氏名: #{full_name(user)}、年齢: #{user.age}"
end
```

```
#=> 氏名: Alice Ruby、年齢: 20
#   氏名: Bob Python、年齢: 30
```

Userクラスを導入すると、タイプミスをしたときにエラーが発生します。

```
users[0].first_name #=> "Alice"

users[0].first_mame
#=> undefined method `first_mame' for #<User:0x000000015583fa80 ...> (NoMethodError)
```

新しく属性（データ項目）を追加したり、内容を変更したりすることも防止できます。

```
# 勝手に属性を追加できない
users[0].country = 'japan'
#=> undefined method `country=' for #<User:0x000000015583fa80 ...> (NoMethodError)

# 勝手にfirst_nameを変更できない
users[0].first_name = 'Carol'
#=> undefined method `first_name=' for #<User:0x000000015583fa80 ...> (NoMethodError)
```

また、クラスの内部にメソッドを追加することもできます。たとえば、先ほど作成したfull_nameメソッドはUserクラスの内部で定義したほうが引数を渡す必要がなくなるぶんシンプルになります。

```
# Userクラスを定義する
class User
  attr_reader :first_name, :last_name, :age

  def initialize(first_name, last_name, age)
    @first_name = first_name
    @last_name = last_name
    @age = age
  end

  # 氏名を作成するメソッド
  def full_name
    "#{first_name} #{last_name}"
  end
end

# ユーザのデータを作成する
users = []
users << User.new('Alice', 'Ruby', 20)
users << User.new('Bob', 'Python', 30)

# ユーザのデータを表示する
users.each do |user|
  puts "氏名: #{user.full_name}、年齢: #{user.age}"
end
#=> 氏名: Alice Ruby、年齢: 20
#   氏名: Bob Python、年齢: 30
```

クラスはこのように、内部にデータを保持し、さらに自分が保持しているデータを利用する独自のメソッドを持つことができます。データとそのデータに関するメソッドが常にセットになるので、クラスを使わない場合に比べてデータとメソッドの整理がしやすくなります。このサンプルプログラムのような小さなプログラムではそこまでメリットが見えないかもしれませんが、プログラムが大規模になればなるほど、データとメソッドを一緒に持ち運べるクラスのメリットが大きくなってきます。

7.2.2 オブジェクト指向プログラミング関連の用語

オブジェクト指向プログラミングでは以下のような用語がよく登場します。

- クラス
- オブジェクト
- インスタンス
- レシーバ
- メソッド
- メッセージ
- 状態（ステート）
- 属性（アトリビュート、プロパティ）

これらの用語について、ここで簡単にまとめておきます。

■クラス

クラスは一種のデータ型です。「オブジェクトの設計図」とか「オブジェクトのひな形」と呼ばれたりすることもあります。Rubyではオブジェクトは必ず何らかのクラスに属しています。クラスが同じであれば、保持している属性（データ項目）や使えるメソッドは（原則として）同じになります。

■オブジェクト、インスタンス、レシーバ

クラスはあくまで設計図なので、設計図だけ持っていてもしかたありません。車の設計図から赤い車や黒い車が作られるのと同じように、オブジェクト指向プログラミングではクラスからさまざまなオブジェクトが作成できます。同じクラスから作られたオブジェクトは同じ属性（データ項目）やメソッドを持ちますが、属性の中に保持されるデータ（名前や数値、色など）はオブジェクトによって異なります。

```
# 「Alice Rubyさん、20歳」というユーザのオブジェクトを作成する
alice = User.new('Alice', 'Ruby', 20)
# 「Bob Pythonさん、30歳」というユーザのオブジェクトを作成する
bob = User.new('Bob', 'Python', 30)

# どちらもfull_nameメソッドを持つが、保持しているデータが異なるので戻り値は異なる
alice.full_name
#=> "Alice Ruby"

bob.full_name
#=> "Bob Python"
```

このように、クラスをもとにして作られたデータのかたまりをオブジェクトと呼びます。場合によってはオブジェクトではなくインスタンスと呼ぶこともあります。以下の文章は同じ意味だと考えて問題ありません。

「これはUserクラスのオブジェクトです」。

「これはUserクラスのインスタンスです」。

また、メソッドとの関係を説明する場合には、オブジェクトのことをレシーバと呼ぶこともよくあります。たとえば、以下のようなサンプルコードがあったとします。

```
user = User.new('Alice', 'Ruby', 20)
user.first_name
```

このコードは以下のように説明される場合があります。

「2行目でUserオブジェクトのfirst_nameメソッドを呼び出しています」。

「ここでのfirst_nameメソッドのレシーバはuserです」。

レシーバは英語で書くと"receiver"で、「受け取る人」や「受信者」という意味です。なので、「レシーバ」は「メソッドを呼び出された側」というニュアンスを出したいときによく使われます。

プログラムのことを「プログラム」と呼んだり、「コード」と呼んだり、「ソースコード」と呼んだりするように、オブジェクトもいろんな呼ばれ方をします。文脈によっては「オブジェクト」と呼ばないと違和感があったり、用語の定義にこだわる人は「オブジェクトとインスタンスは違う！」と怒ったりするかもしれませんが、プログラマ同士の日常的な会話では「オブジェクト」や「インスタンス」や「レシーバ」といった用語がプログラマ個人の好みや会話の文脈の中で使い分けられています。

■メソッド、メッセージ

オブジェクトが持つ「動作」や「振る舞い」をメソッドと呼びます。「オブジェクトの動作」とか「振る舞い」と呼ぶとすごく難しく聞こえるかもしれませんが、要するに何らかの処理をひとまとめにして名前を付け、何度も再利用できるようにしたものがメソッドです。ほかのプログラミング言語の経験者であれば、「関数」や「サブルーチン」をイメージしてもらえればほぼOKです。

ところで、1つ前の項で次のようなサンプルコードをお見せしました。

```
user = User.new('Alice', 'Ruby', 20)
user.first_name
```

このコードは「レシーバ」と「メッセージ」という用語を使って説明される場合もあります。たとえば次のような感じです。

「2行目ではuserというレシーバに対して、first_nameというメッセージを送っている」。

イメージ的にいうと、**図7-1**のような感じですね。

図7-1 user.first_nameのイメージ

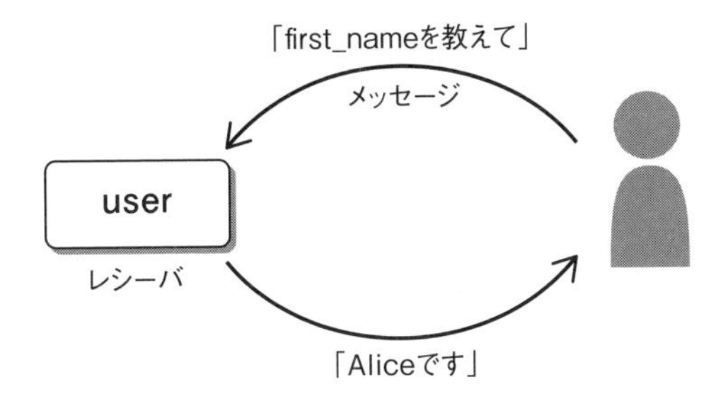

レシーバとメッセージという呼び方は、Smalltalk（スモールトーク）というオブジェクト指向言語でよく使われる呼び方です。RubyもSmalltalkの影響を受けている部分があるので、ときどきレシーバとメッセージという用語が使われる場合があります。

■状態（ステート）

オブジェクトごとに保持されるデータのことを「オブジェクトの状態（もしくはステート）」と呼ぶことがあります。たとえば、「信号機オブジェクトの現在の状態は赤です」といった感じです。また、Userクラスが持つ「名前」や「年齢」といったデータも、オブジェクト指向の考え方で言うと「Userの状態」に含まれます。

■属性（アトリビュート、プロパティ）

オブジェクトの状態（オブジェクト内の各データ）は外部から取得したり変更したりできる場合があります。たとえば以下のコードはuserの名前（first_name）を外部から取得したり、変更したりしています。

```
class User
  # first_nameの読み書きを許可する
  attr_accessor :first_name
  # 省略
end
user = User.new('Alice', 'Ruby', 20)
user.first_name #=> "Alice"
# first_nameを変更する
user.first_name = 'ありす'
user.first_name #=> "ありす"
```

このようにオブジェクトから取得（もしくはオブジェクトに設定）できる値のことを属性（もしくはアトリビュートやプロパティ）と呼びます。多くの場合、属性の名前は名詞になっています。

さて、ざっくりとオブジェクト指向プログラミングに関する基礎知識を説明したので、次からは独自のクラスを定義する際に使われるRubyの構文を説明していきます。

7.3 クラスの定義

Rubyのクラスを定義する場合は次のような構文を使います。

```
class クラス名
end
```

クラス名は必ず大文字で始めます。小文字で始めると構文エラーになります。慣習として、UserやOrderItemのようにキャメルケースで書くのが一般的です。

```
# Userクラスの定義
class User
end

# OrderItemクラスの定義
class OrderItem
end
```

7.3.1 オブジェクトの作成とinitializeメソッド

クラスからオブジェクトを作成する場合は以下のようにnewメソッドを使います。

```
User.new
```

このときに呼ばれるのがinitializeメソッドです。インスタンスを初期化するために実行したい処理があれば、このinitializeメソッドでその処理を実装します（とくに必要がなければ定義しなくてもかまいません）。ほかのプログラミング言語の経験者であれば、コンストラクタのようなものと考えるとわかりやすいと思います。次のようにすると、newメソッドを呼び出したときに、initializeメソッドが呼ばれていることがわかります。

```
class User
  def initialize
    puts 'Initialized.'
  end
end
User.new
#=> Initialized.
```

initializeメソッドは特殊なメソッドで、デフォルトでprivateメソッドになっているため外部から呼び出すことはできません（privateメソッドについては「7.7.2　privateメソッド」の項で説明します）。

```
user = User.new
user.initialize
#=> private method `initialize' called for #<User:0x000000015583fa80 ...> (NoMethodError)
```

initializeメソッドに引数を付けると、newメソッドを呼ぶときにも引数が必要になります。

```
class User
  def initialize(name, age)
    puts "name: #{name}, age: #{age}"
  end
end
User.new #=> wrong number of arguments (given 0, expected 2) (ArgumentError)
User.new('Alice', 20) #=> name: Alice, age: 20
```

7.3.2 インスタンスメソッドの定義

クラス構文の内部で以下のようにメソッドを定義すると、そのメソッドはインスタンスメソッドになります。インスタンスメソッドはその名のとおり、そのクラスのインスタンスに対して呼び出すことができるメソッドです。

```
class User
  # インスタンスメソッドの定義
  def hello
    "Hello!"
  end
end

user = User.new
# インスタンスメソッドの呼び出し
user.hello #=> "Hello!"
```

7.3.3 インスタンス変数とアクセサメソッド

クラスの内部ではインスタンス変数を使うことができます。インスタンス変数とは同じインスタンス（同じオブジェクト）の内部で共有される変数です。Rubyでは@で始まる変数がインスタンス変数になります。以下はインスタンス変数の使用例です。

```
class User
  def initialize(name)
    # インスタンス作成時に渡された名前をインスタンス変数に保存する
    @name = name
  end

  def hello
    # インスタンス変数に保存されている名前を表示する
    "Hello, I am #{@name}."
  end
end
user = User.new('Alice')
user.hello #=> "Hello, I am Alice."
```

@、@@や$といったプレフィックス（接頭辞）が付かない変数はローカル変数になります。ローカル変数については「2.2.8　変数（ローカル変数）の宣言と代入」の項で説明しました。ちなみに、@@はクラス変数の、$はグローバル変数のプレフィックスです。この2種類の変数についてはそれぞれ「7.9.2　クラス変数」の項と「7.9.3

グローバル変数と組み込み変数」の項で説明します。また、アルファベットの大文字で始まる識別子は定数と見なされます。定数については「7.3.5　定数」の項で説明します。

メソッドやブロックの内部で宣言（代入）されたローカル変数のスコープ（有効範囲）はその変数が宣言された位置から、自身が宣言されたメソッドまたはブロックの終わりまでです。メソッドやブロックが繰り返し呼ばれると、その都度新しいローカル変数が作られます。以下はローカル変数の使用例です。

```
class User
  # 省略

  def hello
    # shuffled_nameはローカル変数
    shuffled_name = @name.chars.shuffle.join
    "Hello, I am #{shuffled_name}."
  end
end
user = User.new('Alice')
user.hello #=> "Hello, I am cieAl."
```

「2.2.8　変数（ローカル変数）の宣言と代入」の項でも説明したとおり、ローカル変数は参照する前に必ず=で値を代入して作成する必要があります。まだ作成されていないローカル変数を参照しようとするとエラーが発生します。

```
class User
  # 省略

  def hello
    # わざとローカル変数への代入をコメントアウトする
    # shuffled_name = @name.chars.shuffle.join
    "Hello, I am #{shuffled_name}."
  end
end
user = User.new('Alice')
# いきなりshuffled_nameを参照したのでエラーになる
user.hello
#=> undefined local variable or method `shuffled_name' for #<User:0x000000014 ...> (NameError)
```

一方、インスタンス変数は作成（値を代入）する前にいきなり参照してもエラーになりません。まだ作成されていないインスタンス変数を参照した場合はnilが返ります。

```
class User
  def initialize(name)
    # わざとインスタンス変数への代入をコメントアウトする
    # @name = name
  end

  def hello
    "Hello, I am #{@name}."
  end
end
user = User.new('Alice')
```

```
# @nameを参照するとnilになる（つまり名前の部分に何も出ない）
user.hello #=> "Hello, I am ."
```

このため、インスタンス変数名をうっかりタイプミスすると、思いがけない不具合の原因になります。

```
class User
  def initialize(name)
    @name = name
  end

  def hello
    # 間違って@nameを@mameと書いてしまった！（@mameはnilになる）
    "Hello, I am #{@mame}."
  end
end
user = User.new('Alice')
# タイプミスに気づいていないと、名前が出ないことにびっくりするはず
user.hello #=> "Hello, I am ."
```


インスタンス変数はクラスの外部から参照することができません[注2]。もし参照したい場合は参照用のメソッドを作る必要があります。

```
class User
  def initialize(name)
    @name = name
  end

  # @nameを外部から参照するためのメソッド
  def name
    @name
  end
end
user = User.new('Alice')
# nameメソッドを経由して@nameの内容を取得する
user.name #=> "Alice"
```

同じく、インスタンス変数の内容を外部から変更したい場合も変更用のメソッドを定義します。ほかの言語の経験者は少し驚くかもしれませんが、Rubyは=で終わるメソッドを定義すると、変数に代入するような形式でそのメソッドを呼び出すことができます。

```
class User
  def initialize(name)
    @name = name
  end

  # @nameを外部から参照するためのメソッド
  def name
    @name
```

注2　メタプログラミングと呼ばれるテクニックを使って、直接インスタンス変数の値を取り出すこともできますが、メタプログラミングは本書のスコープを超えるためここでは説明を割愛します。

```
  end

  # @nameを外部から変更するためのメソッド
  def name=(value)
    @name = value
  end
end
user = User.new('Alice')
# 変数に代入しているように見えるが、実際はname=メソッドを呼び出している
user.name = 'Bob'
user.name #=> "Bob"
```

nameメソッドのように値を読み出すメソッドを「ゲッターメソッド」、name=メソッドのように値を書き込むメソッドを「セッターメソッド」と呼びます。ほかの言語ではget_やset_といった接頭辞（プリフィックス）が付くことがありますが、Rubyではget_nameやset_nameのような名前が付けられることはまれです。また、ゲッターメソッドとセッターメソッドを総称して、「アクセサメソッド」と呼びます。

Rubyの場合、単純にインスタンス変数の内容を外部から読み書きするのであれば、attr_accessorというメソッドを使って退屈なアクセスメソッドの定義を省略することができます。attr_accessorメソッドを使うと、上記のコードは次のように書き換えられます。

```
class User
  # @nameを読み書きするメソッドが自動的に定義される
  attr_accessor :name

  def initialize(name)
    @name = name
  end

  # nameメソッドやname=メソッドを明示的に定義する必要がない
end
user = User.new('Alice')
# @nameを変更する
user.name = 'Bob'
# @nameを参照する
user.name #=> "Bob"
```

インスタンス変数の内容を読み取り専用にしたい場合はattr_accessorの代わりにattr_readerメソッドを使います[注3]。

```
class User
  # 読み取り用のメソッドだけを定義する
  attr_reader :name

  def initialize(name)
    @name = name
  end
end
```

注3　irbで以下のコードを試す場合は一度irbを再起動しないと、実行例と同じエラーが発生しないかもしれません。その理由については、次ページのコラム「irb上でクラス定義を繰り返す際の注意点」を参照してください。

```
user = User.new('Alice')
# @nameの参照はできる
user.name #=> "Alice"

# @nameを変更しようとするとエラーになる
user.name = 'Bob'
#=> undefined method `name=' for #<User:0x0000000158bc7b50 ...> (NoMethodError)
```

逆に書き込み専用にしたい場合はattr_writerを使います。

```
class User
  # 書き込み用のメソッドだけを定義する
  attr_writer :name

  def initialize(name)
    @name = name
  end
end
user = User.new('Alice')
# @nameは変更できる
user.name = 'Bob'

# @nameの参照はできない
user.name
#=> undefined method `name' for #<User:0x0000000143ad1c60 ...> (NoMethodError)
```

カンマで複数の引数を渡すと、複数のインスタンス変数に対するアクセサメソッドを定義することもできます。

```
class User
  # @nameと@ageへのアクセサメソッドを定義する
  attr_accessor :name, :age

  def initialize(name, age)
    @name = name
    @age = age
  end
end
user = User.new('Alice', 20)
user.name #=> "Alice"
user.age = 30
```

Column irb上でクラス定義を繰り返す際の注意点

本書のサンプルコードは基本的にirb上で動作確認できるようになっています。ただし、この章のサンプルコードをirbに入力していくと、ときどき紙面とは異なる結果になる場合があります。というのも、この章のサンプルコードではUserクラスやProductクラスなど、同じ名前のクラスが何度も出てくるからです。

実はRubyではクラス構文を使って同じ名前のクラスを定義すると、そのクラスはゼロから作りなおされるのではなく、既存の実装が上書きされます。たとえば、irbを再起動してから以下のコードを実行すると、クラスの定義が上書きされていることがわかります。

```
class User
  def hello
    'Hello.'
  end
end

# このクラス定義は既存のUserクラスにbyeメソッドを追加することになる
class User
  def bye
    'Bye.'
  end
end

user = User.new
# helloメソッドもbyeメソッドも呼び出せる
user.hello #=> "Hello."
user.bye   #=> "Bye."
```

サンプルコードによっては同じUserクラスでも、それ以前に出てきたUserクラスとは別物として扱っている場合があります。そういう場合はirb上で連続してサンプルコードを入力していると、既存のクラス定義と新しいクラス定義がバッティングして予期しないエラーが発生したり、本書の実行例とは異なる実行結果になったりする場合があります。このように、もしおかしな挙動に遭遇した場合は一度irbを再起動して、サンプルコードを再度入力しなおしてください。既存のクラス定義が存在しない状態でサンプルコードを入力すれば、本書の実行例と同じ結果が得られるはずです。

なお、「既存のクラス定義はあとから上書きできる」というRubyの特性は「オープンクラス」や「モンキーパッチ」として意図的に活用することもできます。これについてはのちほど詳しく説明します。

7.3.4 クラスメソッドの定義

「7.3.2　インスタンスメソッドの定義」の項で説明したとおり、クラス構文の内部で単純にメソッドを定義すると、そのメソッドはインスタンスメソッドになります。インスタンスメソッドはそのクラスのインスタンスに対して呼び出すことができるメソッドであり、インスタンスに含まれるデータ（つまりインスタンス変数）を読み書きする場合はインスタンスメソッドを定義します。

```
class User
  def initialize(name)
    @name = name
  end

  # これはインスタンスメソッド
  def hello
    # @nameの値はインスタンスによって異なる
    "Hello, I am #{@name}."
  end
end
alice = User.new('Alice')
# インスタンスメソッドはインスタンス（オブジェクト）に対して呼び出す
```

```
alice.hello #=> "Hello, I am Alice."

bob = User.new('Bob')
# インスタンスによって内部のデータが異なるので、helloメソッドの結果も異なる
bob.hello   #=> "Hello, I am Bob."
```

一方、そのクラスに関連は深いものの、ひとつひとつのインスタンスに含まれるデータは使わないメソッドを定義したい場合もあります。そのような場合はクラスメソッドを定義したほうが使い勝手が良くなります。クラスメソッドを定義する方法の1つは、以下のようにメソッド名の前にself.を付けることです。

```
# クラスメソッドを定義する方法 その1
class クラス名
  def self.クラスメソッド
    # クラスメソッドの処理
  end
end
```

もうひとつは次のようにclass << selfからendの間にメソッドを書く方法です。

```
# クラスメソッドを定義する方法 その2
class クラス名
  class << self
    def クラスメソッド
      # クラスメソッドの処理
    end
  end
end
```

後者の方法は入れ子が1段深くなりますが、その代わりにクラスメソッドをたくさん定義したい場合はメソッド名の前に毎回self.を付けなくても済みます。どちらでもかまいませんが、本書ではおもに前者の方法を使うことにします。

クラスメソッドを呼び出す場合は以下のように、クラス名の直後にドット(.)を付けてメソッドを呼び出します。

```
クラス名.メソッド名
```

例としてUserクラスにクラスメソッドを追加してみましょう。たとえば、名前の配列を渡すと、Userクラスのインスタンスを配列に入れて返すcreate_usersメソッドを定義してみます。

```
class User
  def initialize(name)
    @name = name
  end

  # self.を付けるとクラスメソッドになる
  def self.create_users(names)
    # mapメソッドを忘れた人は「4.4.1  map/collect」の項を参照
    names.map do |name|
      User.new(name)
    end
```

```
  end

  # これはインスタンスメソッド
  def hello
    "Hello, I am #{@name}."
  end
end

names = ['Alice', 'Bob', 'Carol']
# クラスメソッドの呼び出し
users = User.create_users(names)
users.each do |user|
  # インスタンスメソッドの呼び出し
  puts user.hello
end
#=> Hello, I am Alice.
#   Hello, I am Bob.
#   Hello, I am Carol.
```

ところで、この項ではUser.create_usersのようなメソッドをクラスメソッドと呼びましたが、このようなメソッドは厳密に言うと「クラスオブジェクトの特異メソッド」を定義していることになります。特異メソッドについては「7.10.8　クラスメソッドは特異メソッドの一種」の項で詳しく説明します。

Column　メソッド名の表記法について

Rubyではインスタンスメソッドを表す場合に"**クラス名#メソッド名**"と書くことがあります。たとえばString#to_iであれば、「Stringクラスのto_iというインスタンスメソッド」を表します。

また、クラスメソッドの場合は"**クラス名.メソッド名**"(または"**クラス名::メソッド名**")と書きます。たとえばFile.exist?(またはFile::exist?)であれば、「Fileクラスのexist?というクラスメソッド」を表します。

7.3.5 定数

クラスの中には定数を定義することもできます。たとえば以下はデフォルトの価格(0円)を定数として定義する例です。

```
class Product
  # デフォルトの価格を定数として定義する
  DEFAULT_PRICE = 0

  attr_reader :name, :price

  # 第2引数priceのデフォルト値を定数DEFAULT_PRICE(つまり0)とする
  def initialize(name, price = DEFAULT_PRICE)
    @name = name
    @price = price
  end
end
```

```
product = Product.new('A free movie')
product.price #=> 0
```

定数は必ず大文字で始める必要があります。慣習的にアルファベットの大文字と数字、それにアンダースコアで構成されることが多いです。

```
# 定数名の例
DEFAULT_PRICE = 0
UNITS = { m: 1.0, ft: 3.28, in: 39.37 }
```

定数はインスタンスメソッド内でもクラスメソッド内でも同じ方法で参照することができます。

```
class Product
  DEFAULT_PRICE = 0

  def self.default_price
    # クラスメソッドから定数を参照する
    DEFAULT_PRICE
  end

  def default_price
    # インスタンスメソッドから定数を参照する
    DEFAULT_PRICE
  end
end

Product.default_price #=> 0

product = Product.new
product.default_price #=> 0
```

さて、クラス定義に関する説明はまだまだ残っているのですが、例題に必要な知識はだいたいそろったので、ここでいったん例題の解説に移ります。

7.4 例題：改札機プログラムの作成

それでは例題をおさらいしましょう。改札機プログラムの要件は以下のとおりです。

■改札機の機能

まず、**表7-2**のように3つの駅と運賃が決められています。

表7-2　運賃表（再掲）

梅田（うめだ）		
160	十三（じゅうそう）	
190	160	三国（みくに）

改札機を通るためにはまず切符を購入します。購入可能な切符は160円と190円の2種類です。

切符は入場時と出場時に改札機に通します。運賃が足りていれば出場できますが、不足していると出場できません。続いて、テストシナリオも確認しておきましょう。

シナリオ1（1区間）

・160円の切符を購入する。
・梅田で入場し、十三で出場する。
・期待する結果：出場できる。

シナリオ2（2区間・運賃不足）

・160円の切符を購入する。
・梅田で入場し、三国で出場する。
・期待する結果：出場できない。

シナリオ3（2区間・運賃ちょうど）

・190円の切符を購入する。
・梅田で入場し、三国で出場する。
・期待する結果：出場できる。

シナリオ4（梅田以外の駅から乗車する）

・160円の切符を購入する。
・十三で入場し、三国で出場する。
・期待する結果：出場できる。

■改札機プログラムの実行例

改札機プログラムの実行例は以下のようになります。

```
# 改札機オブジェクトの作成
umeda = Gate.new(:umeda)
mikuni = Gate.new(:mikuni)

# 160円の切符を購入して梅田で乗車し、三国で降車する（NG）
ticket = Ticket.new(160)
umeda.enter(ticket)
mikuni.exit(ticket) #=> false

# 190円の切符を購入して梅田で乗車し、三国で降車する（OK）
ticket = Ticket.new(190)
umeda.enter(ticket)
mikuni.exit(ticket) #=> true
```

7.4.1 テストコードを準備する

今回もテストコードを用意します。以下の手順に従って実装の準備を整えてください。

まず、testディレクトリにgate_test.rbを作成します。

```
ruby-book/
├── lib/
└── test/
    └──gate_test.rb
```

次に、gate_test.rbを開き、次のようなコードを書いてください。プログラム本体の読み込みと、仮のテストコードも先に書いておきます。

```
require 'minitest/autorun'
require_relative '../lib/gate'

class GateTest < Minitest::Test
  def test_gate
    # とりあえずGateオブジェクトが作れることを確認する
    assert Gate.new
  end
end
```

続いて、libディレクトリにgate.rbを作成します。

```
ruby-book/
├── lib/
│   └──gate.rb
└── test/
    └──gate_test.rb
```

gate.rbを開いて、Gateクラスを定義します。ここでは中身は空でかまいません。

```
class Gate
end
```

ここまでできたら、テストを実行してパスすることを確認しましょう。

```
$ ruby test/gate_test.rb
省略
1 runs, 1 assertions, 0 failures, 0 errors, 0 skips
```

準備ができたらGateクラスの実装に移ります。

7.4.2 必要なメソッドやクラスを仮実装する

まずは最初のテストシナリオを実装します。

- 160円の切符を購入する。
- 梅田で入場し、十三で出場する。
- 期待する結果：出場できる。

先にテストコードを書きましょう。上のシナリオをテストコードで表すと次のようになります（最初に書いた仮のテストコードは削除してください）。

```
class GateTest < Minitest::Test
  def test_gate
    umeda = Gate.new(:umeda)
    juso = Gate.new(:juso)

    ticket = Ticket.new(160)
    umeda.enter(ticket)
    assert juso.exit(ticket)
  end
end
```

このテストシナリオでは「出場できる」という結果を期待しているので、juso.exit(ticket)の戻り値はtrueになるはずです。そのため、最後にassertメソッドで戻り値がtrueになることを検証しています。

さて、この状態でテストを実行すると当然失敗しますが、手順としてはこれでOKです。

```
$ ruby test/gate_test.rb
省略
  1) Error:
GateTest#test_gate:
ArgumentError: wrong number of arguments (given 1, expected 0)
    test/gate_test.rb:6:in `initialize'
    test/gate_test.rb:6:in `new'
    test/gate_test.rb:6:in `test_gate'

1 runs, 0 assertions, 0 failures, 1 errors, 0 skips
```

それでは実装を開始しましょう。まずGateクラスにinitializeメソッドを定義して、引数として駅の名前を受け取れるようにします。受け取った駅の名前はあとで使えるようにインスタンス変数に格納しておきましょう。

```
class Gate
  def initialize(name)
    @name = name
  end
end
```

initializeメソッドを実装したので、テストを実行するとエラーの内容が変わるはずです。

```
$ ruby test/gate_test.rb
省略
  1) Error:
GateTest#test_gate:
NameError: uninitialized constant GateTest::Ticket
    test/gate_test.rb:9:in `test_gate'

1 runs, 0 assertions, 0 failures, 1 errors, 0 skips
```

NameError: uninitialized constant GateTest::Ticketというエラーが出ていますね。エラーメッセージを訳すと「GateTest::Ticket（GateTestクラス内のTicket）という定数が初期化されていません」という意味になります。もう少しわかりやすく言い換えると、ここでは「Ticketクラスが見つかりません」ということを意味しています。Rubyはクラス名も定数の1つなので、エラーメッセージも「定数が見つからない」という内容になります。

というわけでTicketクラスを作成しましょう。まずはlibディレクトリの下にticket.rbを作成します。

```
ruby-book/
├── lib/
│   ├── gate.rb
│   └── ticket.rb
└── test/
    └── gate_test.rb
```

それからticket.rbを開いてTicketクラスを定義します。Ticketクラスはinitializeメソッドで切符の購入額（fare）を受け取れるようにします。

```
class Ticket
  def initialize(fare)
    @fare = fare
  end
end
```

さらに、gate_test.rbでticket.rbを読み込みます。

```
require 'minitest/autorun'
require_relative '../lib/gate'
require_relative '../lib/ticket'

class GateTest < Minitest::Test
  # 省略
```

さあ、これでテストを再度実行してみましょう。

```
$ ruby test/gate_test.rb
省略
  1) Error:
GateTest#test_gate:
NoMethodError: undefined method `enter' for #<Gate:0x007ffdf1063d70 @name=:umeda>
    test/gate_test.rb:11:in `test_gate'

1 runs, 0 assertions, 0 failures, 1 errors, 0 skips
```

まだテストはパスしませんが、エラーメッセージは変わりました。今度は「Gateクラスにenterメソッドが定義されていない」という内容になっています。実際、まだ定義していないので当然ですね。というわけでenterメソッドを実装します。また、一緒にexitメソッドも実装してしまいましょう。ただし、この段階ではテストをパスさせるだけの単純な仮実装にしておきます。

```
class Gate
  # 省略

  def enter(ticket)
  end
```

```
  def exit(ticket)
    true
  end
end
```

ご覧のとおり、enterメソッドとexitメソッドは引数としてticketを受け取るようにしてあるものの、中身はほとんど空っぽです。しかし、最初のテストシナリオはこれでもパスさせることができます。テストを実行してみてください。

```
$ ruby test/gate_test.rb
省略
1 runs, 1 assertions, 0 failures, 0 errors, 0 skips
```

確かにパスしましたね。とりあえず現段階ではこれでOKです。次のテストシナリオに進み、そこでちゃんとした実装を書くことにしましょう。

7.4.3 運賃が足りているかどうかを判別する

2つめのテストシナリオは次のようになっています。

- 160円の切符を購入する。
- 梅田で入場し、三国で出場する。
- 期待する結果：出場できない。

今回は新しくテスト用のメソッドを定義し、そこに2つめのテストシナリオをコードとして表現します。

```
class GateTest < Minitest::Test
  # 省略

  def test_umeda_to_mikuni_when_fare_is_not_enough
    umeda = Gate.new(:umeda)
    mikuni = Gate.new(:mikuni)

    ticket = Ticket.new(160)
    umeda.enter(ticket)
    refute mikuni.exit(ticket)
  end
end
```

テストメソッド名は少し長いですが、ほかのテストメソッドと区別しやすいように「梅田から三国まで、運賃が不足しているとき（Umeda to Mikuni when fare is not enough）」という意味の英語にしてあります。では実行してみましょう。

```
$ ruby test/gate_test.rb
省略
  1) Failure:
GateTest#test_umeda_to_mikuni_when_fare_is_not_enough [test/gate_test.rb:21]:
Expected true to not be truthy.
```

```
2 runs, 2 assertions, 1 failures, 0 errors, 0 skips
```

やはりテストは失敗しましたね。現時点では仮実装しかしていないので当然です。というわけで、ここから本当の実装をしていきます。ただし、コードを書く前にプログラムの設計をしておきましょう。今回は次のような方針で実装することにします。

- Gateクラスのenterメソッドは、引数として渡された切符（Ticket）に自分の駅名を保存する。
- Ticketクラスにstampというメソッドを用意する。このメソッドに駅名を渡すとその駅名がTicketクラスのインスタンスに保存される。
- 乗車駅を取得する場合はTicketクラスのstamped_atメソッドを使う。
- Gateクラスのexitメソッドは、引数として渡された切符（Ticket）から運賃（fare）と乗車駅を取得する。
- exitメソッドではさらに乗車駅と自分の駅名から運賃を割り出す。運賃が足りていればtrueを、そうでなければfalseを返す。

上の内容をシーケンス図（クラスやオブジェクト間のやりとりを時間軸に沿って表現する図[注4]）で表すと**図7-2**のようになります。

図7-2 改札機プログラムのシーケンス図

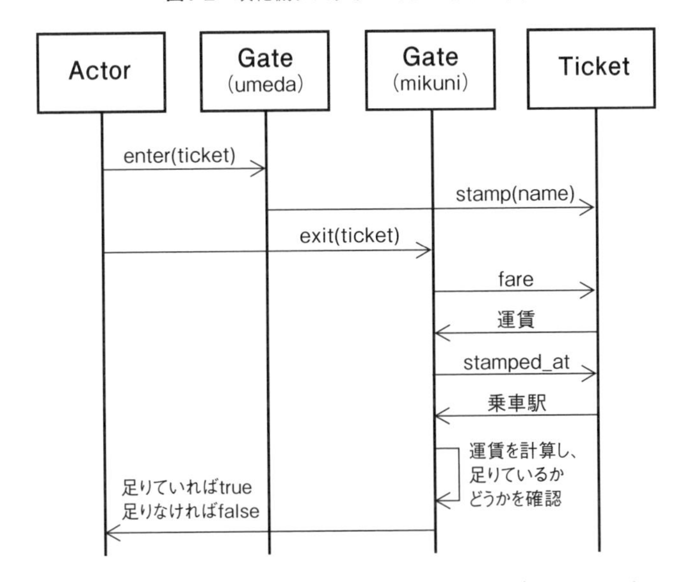

では実装していきましょう。Gateクラスのenterメソッドを実装します。ここではTicketクラスのstampメソッドを呼び出し、自分の駅名を渡します。

```
class Gate
  # 省略

  def enter(ticket)
```

注4　シーケンス図の説明文は、IT専科のサイト（https://www.itsenka.com/contents/development/uml/sequence.html）から引用しました。

```
    ticket.stamp(@name)
  end

  # 省略
end
```

Ticketクラスにもstampメソッドが必要ですね。ここでは@stamped_atというインスタンス変数に駅名を格納しておきます。

```
class Ticket
  # 省略

  def stamp(name)
    @stamped_at = name
  end
end
```

また、運賃（fare）と乗車駅（stamped_at）が外部から取得できるようにゲッターメソッドを追加しておきます。

```
class Ticket
  attr_reader :fare, :stamped_at

  # 省略
end
```

続いて、Gateクラスのexitメソッドを実装します。ここでは乗車駅と自分の駅名から適切な運賃を割り出せるようにする必要があります。本物の電車の運賃計算はかなり複雑ですが、この例題では「1区間なら160円、2区間なら190円」「有効な駅名は梅田、十三、三国の3種類」というシンプルなルールなので、この要件を最低限満たす実装を考えることにします。

具体的には次のように実装します。

- 運賃を配列として用意する。
- 駅名も配列として用意する。
- 駅名の配列から乗車駅と降車駅を検索し、その添え字を取得する。
- 「降車駅の添え字－乗車駅の添え字」で、区間の長さを取得する。
- 「区間の長さ－1」を添え字として運賃の配列から適切な運賃を取得する。

文字として書くよりも、コードを見てもらったほうが早いかもしれません。ここではcalc_fareというメソッドを定義しました。

```
class Gate
  STATIONS = [:umeda, :juso, :mikuni]
  FARES = [160, 190]

  # 省略

  def calc_fare(ticket)
    from = STATIONS.index(ticket.stamped_at)
```

```
    to = STATIONS.index(@name)
    distance = to - from
    FARES[distance - 1]
  end
end
```

calc_fareメソッドの中で使用しているindexメソッドは、配列の中から引数に合致する要素の添え字を取得するメソッドです。

```
[:umeda, :juso, :mikuni].index(:juso) #=> 1
```

たとえば、乗車駅が梅田（:umeda）で降車駅が三国（:mikuni）であれば、変数fromとtoの値はそれぞれ0と2になります。また、distanceは「2 − 0 = 2」になります。配列の添え字は0から始まるので、配列FARESから値を取得する場合はdistanceの値から1を引きます。つまり、FARES[1]を取得するので、190がcalc_fareメソッドの戻り値になります。

ちなみにcalc_fareメソッドはクラスの外部からアクセスされないメソッドなので、本来ならprivateメソッドにすべきです。しかし、メソッドの可視性の指定方法をまだ説明していないため、ここではpublicメソッド（クラスの外部から呼び出せるメソッド）にしておきます。

さて、ここまできたらexitメソッドは完成したも同然です。あとは適切な運賃と切符の購入額を比較し、足りているか否かを戻り値として返せばOKです。

```
class Gate
  # 省略

  def exit(ticket)
    fare = calc_fare(ticket)
    fare <= ticket.fare
  end

  # 省略
end
```

正しく実装できていればテストはパスするはずですが、どうでしょうか？　実行してみましょう。

```
$ ruby test/gate_test.rb
省略
2 runs, 2 assertions, 0 failures, 0 errors, 0 skips
```

はい、ちゃんとパスしましたね！　もしパスしなかった場合は表示されたエラーメッセージをしっかり読んで、失敗した原因を突き止めましょう。

7.4.4 テストコードのリファクタリング

では続けて3つめのテストシナリオを……と言いたいところですが、その前にテストコードを少しきれいにしましょう。現時点ではテストコードは次のようになっています。

```
# 省略
```

```
class GateTest < Minitest::Test
  def test_gate
    umeda = Gate.new(:umeda)
    juso = Gate.new(:juso)

    ticket = Ticket.new(160)
    umeda.enter(ticket)
    assert juso.exit(ticket)
  end

  def test_umeda_to_mikuni_when_fare_is_not_enough
    umeda = Gate.new(:umeda)
    mikuni = Gate.new(:mikuni)

    ticket = Ticket.new(160)
    umeda.enter(ticket)
    refute mikuni.exit(ticket)
  end
end
```

このコードを見ると気になる点が2つあります。1つめはテストメソッドの名前に一貫性がないこと、もうひとつはこのままいくとGateオブジェクトの作成が毎回必要になることです。

最初にテストメソッドの名前を修正しましょう。1つめのテストシナリオで作成したtest_gateメソッドを次のように変更してください。

```
class GateTest < Minitest::Test
  def test_umeda_to_juso
    # 省略
```

test_umeda_to_juso_when_fare_is_enoughとしてもいいのですが、運賃が足りない場合のテストケースは作れない（160円未満の切符は存在しない）ので、ここでは_when以降の名前は省略することにしました。

続いてGateオブジェクトの作成を共通化しましょう。Minitestではsetupメソッドを定義すると、テストメソッドの実行前に毎回setupメソッドが呼び出されます。そこで、Gateオブジェクトはsetupメソッドで作成し、各Gateオブジェクトをインスタンス変数に格納することにします。各テストメソッドではローカル変数の代わりにこのインスタンス変数を使います。テストコードは次のようになります。

```
class GateTest < Minitest::Test
  # テストメソッドが実行される前にこのメソッドが毎回呼ばれる
  def setup
    @umeda = Gate.new(:umeda)
    @juso = Gate.new(:juso)
    @mikuni = Gate.new(:mikuni)
  end

  def test_umeda_to_juso
    ticket = Ticket.new(160)
    @umeda.enter(ticket)
    assert @juso.exit(ticket)
  end
```

```
  def test_umeda_to_mikuni_when_fare_is_not_enough
    ticket = Ticket.new(160)
    @umeda.enter(ticket)
    refute @mikuni.exit(ticket)
  end
end
```

これでGateオブジェクトの共通化もできました。テストを実行して問題なく動作することを確認してください。

```
$ ruby test/gate_test.rb
省略
2 runs, 2 assertions, 0 failures, 0 errors, 0 skips
```

大丈夫ですね。それでは残りのテストケースを見ていきます。

7.4.5 残りのテストケースをテストする

実装コードが正しければ、3つめと4つめのテストシナリオはGateクラスやTicketクラスの変更なしでパスするはずです。テストシナリオはそれぞれ以下のとおりでした。

シナリオ3（2区間・運賃ちょうど）

- 190円の切符を購入する。
- 梅田で入場し、三国で出場する。
- 期待する結果：出場できる。

シナリオ4（梅田以外の駅から乗車する）

- 160円の切符を購入する。
- 十三で入場し、三国で出場する。
- 期待する結果：出場できる。

それぞれテストコードに直してみましょう。

```
class GateTest < Minitest::Test
  # 省略

  def test_umeda_to_mikuni_when_fare_is_enough
    ticket = Ticket.new(190)
    @umeda.enter(ticket)
    assert @mikuni.exit(ticket)
  end

  def test_juso_to_mikuni
    ticket = Ticket.new(160)
    @juso.enter(ticket)
    assert @mikuni.exit(ticket)
  end
end
```

テストコードは技術的にとくに新しい内容はありません。運賃や駅の名前、assert/refuteの使い分けが間違っていないかだけ、注意してコードを書いてください。ではテストを実行してみます。

```
$ ruby test/gate_test.rb
省略
4 runs, 4 assertions, 0 failures, 0 errors, 0 skips
```

はい、問題なくテストがパスしました！　これで今回の例題はめでたく完成となります。

さて、例題は完成しましたが、クラスの作成に関する話題はまだまだ残っています。ボリュームが多く、難しい内容もあるので、しんどくなってきたら頭の中にインデックスを作る読書スタイルに切り替えましょう。

Column　||=を使ったメモ化や遅延初期化

第5章のコラム「よく使われるイディオム（2）　||=を使った自己代入（nilガード）」（p.202）では次のように、変数がnilまたはfalseであれば、別の値を代入するコード例を紹介しました。

```
limit ||= 10
```

このイディオムはクラスの内部でもときどき使われます。ただし、その場合はメモ化や遅延初期化が第一の目的であることが多いです。たとえば、インターネット上からデータを取得するような処理はRuby内で完結する処理に比べるとかなり重たい処理になります。以下はTwitter APIからアカウント情報を取得して、アイコン画像のURLやユーザが住んでいる地域を返す架空のコード例です。

```
class User
  # 省略

  def icon_url
    twitter_data[:icon]
  end

  def location
    twitter_data[:location]
  end

  def twitter_data
    # Twitter APIからデータを取得して変数dataに代入する処理を書く
    # .
    # .
    data
  end
end
```

上記のコードではicon_urlメソッドやlocationメソッドを呼び出すとtwitter_dataメソッドを通じて毎回Twitter APIへの呼び出しが発生します。Twitterのアカウント情報はそこまで頻繁に変更されるものではないので、1回呼び出したらその情報を保持して再利用するのが良さそうです。このような場合にインスタンス変数と||=を使って、データをメモ化するテクニックが使えます。

```
def twitter_data
  # インスタンス変数と||=を使ったメモ化（データの保持）
  @twitter_data ||= begin
    # Twitter APIからデータを取得する処理を書く
    # .
    # .
  end
end
```

こうすると`twitter_data`メソッドを初めて呼び出したときだけTwitter APIからデータを取得する処理が実行されます。２回目以降の呼び出しでは`@twitter_data`に保存された値が返却されるだけなので、プログラムのパフォーマンスが向上します。

また、これとよく似た目的で`initialize`メソッド内で重たい初期化処理が実行されることを避ける「遅延初期化」というテクニックもあります。これも先ほどと同様にインスタンス変数と`||=`を使います。以下は遅延初期化を使わない場合と使う場合のコード例です。

```
# 遅延初期化を使わない場合
class Foo
  attr_reader :bar

  # この場合、Foo.newするだけで時間がかかってしまう
  def initialize
    @bar = # 何か重い処理で@barを初期化……
  end
end

# 遅延初期化を使う場合
class Foo
  # initializeでは何もしないため、Foo.newが即座に終わる
  # def initialize
  # end

  # 遅延初期化のテクニックを使ってbarの値を返す
  def bar
    @bar ||= # 何か重い処理で@barを初期化……
  end
end
```

遅延初期化のテクニックを使うと、`bar`メソッドを呼び出さない限り重い初期化処理が走らないため、プログラムのパフォーマンスを最適化しやすくなります。

7.5 selfキーワード

Rubyにはインスタンス自身を表すselfキーワードがあります。JavaやC#の経験者であれば、thisキーワードとほぼ同じものと考えてかまいません。メソッドの内部でほかのメソッドを呼び出す場合は暗黙的にselfに対してメソッドを呼び出しています。そのためselfは省略可能ですが、明示的にselfを付けてメソッドを呼び出してもかまいません。

以下はselfなしでnameメソッドを呼び出す場合と、self付きで呼び出す場合、それに加えて直接インスタンス変数を参照する場合の3パターンで@nameの内容を参照しています。

```
class User
  attr_accessor :name

  def initialize(name)
    @name = name
  end

  def hello
    # selfなしでnameメソッドを呼ぶ
    "Hello, I am #{name}."
  end

  def hi
    # self付きでnameメソッドを呼ぶ
    "Hi, I am #{self.name}."
  end

  def my_name
    # 直接インスタンス変数の@nameにアクセスする
    "My name is #{@name}."
  end
end
user = User.new('Alice')
user.hello   #=> "Hello, I am Alice."
user.hi      #=> "Hi, I am Alice."
user.my_name #=> "My name is Alice."
```

上のコードではご覧のとおり、nameもself.nameも@nameも同じ文字列"Alice"を返します。この場合はどれも同じ結果になるので、「これが正解」と1つを選ぶことはできません。selfを付けたり付けなかったり、そのままインスタンス変数にアクセスしたり、人によって書き方が異なるところです[注5]。

7.5.1 selfの付け忘れで不具合が発生するケース

ところが、値をセットするname=メソッドの場合は話が異なります。以下のコードを見てください。

```
class User
  attr_accessor :name
```

注5　チームで開発する場合はコーディング規約で書き方が決められている場合があります。その場合は規約に従ってください。

```
  def initialize(name)
    @name = name
  end

  def rename_to_bob
    # selfなしでname=メソッドを呼ぶ（？）
    name = 'Bob'
  end

  def rename_to_carol
    # self付きでname=メソッドを呼ぶ
    self.name = 'Carol'
  end

  def rename_to_dave
    # 直接インスタンス変数を書き換える
    @name = 'Dave'
  end
end
user = User.new('Alice')

# Bobにリネーム……できていない!!
user.rename_to_bob
user.name #=> "Alice"

# Carolにリネーム
user.rename_to_carol
user.name #=> "Carol"

# Daveにリネーム
user.rename_to_dave
user.name #=> "Dave"
```

rename_to_bobメソッドだけリネームがちゃんとできず、"Alice"のままになっていますね。これはなぜなのでしょうか？　もう一度、rename_to_bobメソッドを見てみましょう。

```
def rename_to_bob
  name = 'Bob'
end
```

実はこのコードを実行すると、「nameというローカル変数に"Bob"という文字列を代入した」と解釈されてしまうのです。確かに構文だけ見るとローカル変数の代入とまったく同じ形になっていますね。

なので、name=のようなセッターメソッドを呼び出したい場合は、必ずselfを付ける必要があります。self.name = 'Bob'のように書けば、ローカル変数の代入とは構文が異なるので確実にname=メソッドを呼び出すことができます。

```
def rename_to_bob
  # メソッド内でセッターメソッドを呼び出す場合はselfを必ず付ける!!
  self.name = 'Bob'
end
```

7

クラスの作成を理解する

セッターメソッド呼び出し時のselfの付け忘れは熟練者でもうっかりやってしまうことがあるので、このミスには十分注意してください。

7.5.2 クラスメソッドの内部やクラス構文直下のself

クラス定義内に登場するselfは場所によって「そのクラスのインスタンス自身」を表したり、「クラス自身」を表したりします。以下のコードを見てください。

```
class Foo
  # 注：このputsはクラス定義の読み込み時に呼び出される
  puts "クラス構文の直下のself: #{self}"

  def self.bar
    puts "クラスメソッド内のself: #{self}"
  end

  def baz
    puts "インスタンスメソッド内のself: #{self}"
  end
end
#=> クラス構文の直下のself: Foo

Foo.bar #=> クラスメソッド内のself: Foo

foo = Foo.new
foo.baz #=> インスタンスメソッド内のself: #<Foo:0x000000012da3e2f0>
```

クラス構文の直下とクラスメソッド内でのselfはFooと表示されています。このFooは「Fooクラス自身」を表しています。一方、インスタンスメソッド内でのselfは#<Foo:0x000000012da3e2f0>と表示されています。これは「Fooクラスのインスタンス」を表しています。

よって、次のようなコードはエラーになります。

```
class Foo
  def self.bar
    # クラスメソッドからインスタンスメソッドのbazを呼び出す？
    self.baz
  end

  def baz
    # インスタンスメソッドからクラスメソッドのbarを呼び出す？
    self.bar
  end
end

# selfが異なるためクラスメソッドのbarからはインスタンスメソッドのbazは呼び出せない
Foo.bar #=> undefined method `baz' for Foo:Class (NoMethodError)

# selfが異なるためインスタンスメソッドのbazからはクラスメソッドのbarは呼び出せない
foo = Foo.new
foo.baz #=> undefined method `bar' for #<Foo:0x000000013482ff20> (NoMethodError)
```

これはselfを省略して呼び出した場合も同じです。

ちなみに、クラス構文の直下ではクラスメソッドを呼び出すことができます。なぜなら、selfがどちらも「クラス自身」になるからです。ただし、この場合でもクラスメソッドを定義したあと、つまりクラスメソッドの定義よりも下側でクラスメソッドを呼び出す必要があります。

```
class Foo
  # この時点ではクラスメソッドbarが定義されていないので呼び出せない
  # （NoMethodErrorが発生する）
  # self.bar

  def self.bar
    puts 'hello'
  end

  # クラス構文の直下でクラスメソッドを呼び出す
  # （クラスメソッドbarが定義された後なので呼び出せる）
  self.bar
end
#=> hello
```

ほかのプログラミング言語の経験者からすると、クラス構文の直下で直接クラスメソッドが呼び出せるということ自体に驚くかもしれません。しかし、Rubyの場合、クラス定義自体も上から順番に実行されるプログラムになっているので、クラス構文の直下でクラスメソッドを呼び出すこともできるのです。極端な例ですが、クラス構文の直下に繰り返し処理のような普通のコードを書いても実行可能です。

```
class Foo
  # クラス定義が読み込まれたタイミングで"Hello!"を3回出力する
  3.times do
    puts 'Hello!'
  end
end
#=> Hello!
#   Hello!
#   Hello!
```

7.5.3 クラスメソッドをインスタンスメソッドで呼び出す

クラスメソッドをインスタンスメソッドの内部から呼び出す場合は、次のように書きます。

```
クラス名.メソッド名
```

以下はインスタンスメソッドからクラスメソッドを呼び出すコード例です。

```
class Product
  attr_reader :name, :price

  def initialize(name, price)
    @name = name
    @price = price
```

```
  end

  # 金額を整形するクラスメソッド
  def self.format_price(price)
    "#{price}円"
  end

  def to_s
    # インスタンスメソッドからクラスメソッドを呼び出す
    formatted_price = Product.format_price(price)
    "name: #{name}, price: #{formatted_price}"
  end
end

product = Product.new('A great movie', 1000)
product.to_s #=> "name: A great movie, price: 1000円"
```

"クラス名.メソッド名" と書く代わりに、**"self.class.メソッド名"** のように書く場合もあります。なぜならself.classは「インスタンスが属しているクラス（上の例であればProductクラス）」を返すので、結果として **"クラス名.メソッド名"** と書いたのと同じことになるからです。

```
# クラス名.メソッド名の形式でクラスメソッドを呼び出す
Product.format_price(price)

# self.class.メソッド名の形式でクラスメソッドを呼び出す
self.class.format_price(price)
```

7.6 クラスの継承

さて、この節で説明するのはクラスの継承です。オブジェクト指向プログラミングと聞いて真っ先に思い浮かべるのは継承だ、という人もおそらく多いと思います。

まず、クラスの継承に関する用語を簡単に整理しておきましょう。DVDクラスがProductクラスを継承するとき、ProductクラスのことをDVDクラスの「スーパークラス（または親クラス）」と呼びます。逆にProductクラスから見ると、DVDクラスはProductクラスの「サブクラス（または子クラス）」と呼びます。

クラスの継承関係を図解するときは、クラス図と呼ばれる図がよく使われます。**図7-3**はクラス図の例です。

図7-3　クラス図

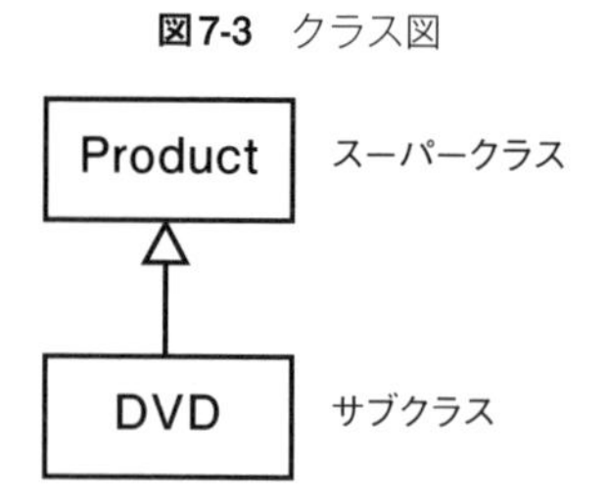

クラス図は多くの場合、スーパークラスを上に、サブクラスを下に配置し、サブクラスからスーパークラスへ向かって矢印を伸ばすことで、サブクラスがスーパークラスを継承していることを表します。

継承はときどき「スーパークラスの機能を全部引き継ぐためのしくみ」と見なされる場合がありますが、それは誤解です。そのように考えると非常に扱いづらいクラスができあがってしまいます。継承を使いたいと思ったときは機能ではなく、性質や概念の共通点に着目してください。

性質や概念が共通しているかどうか（つまりクラスの継承が適切かどうか）を判断する方法の1つは、

「サブクラスはスーパークラスの一種である（サブクラス is a スーパークラス）」

と声に出して読んだときに違和感がないか確かめることです。これは「is-aの関係」と呼ばれます。たとえば販売管理を行うシステムで、商品クラスがスーパークラス、DVDクラスがサブクラスだった場合、

「DVDは商品の一種である（DVD is a product）」

と声に出して読んでも違和感がありませんね。こういうケースは適切な継承関係である可能性が高いです。

また、サブクラスはスーパークラスの性質を特化したもので、反対にスーパークラスはサブクラスの性質を汎化したものである、という関係もなりたちます。「特化」とは性質がより細かく具体的になることで、「汎化」とは性質がより大雑把に抽象化されることです。

たとえばDVDと商品を比較した場合、DVDのほうが単に「商品」と呼んだときよりも性質や概念が具体的になっています。逆に商品はDVDに比べると中身があいまいで、「売るための何か」ということはわかりますが、「具体的に言うとそれって何？」となってしまいますね。つまり、商品はDVDよりも抽象的な概念になっています。これが特化と汎化の関係です。

少し面倒くさい話をしましたが、こうした内容を頭に入れておいたほうがこのあとの説明を理解しやすくなるはずです。オブジェクト指向プログラミングやオブジェクト指向設計の考え方は非常に奥が深いので、もっと深く掘り下げて勉強したい方はぜひ『オブジェクト指向設計実践ガイド』[注6]のような専門書を読んでみてください。

7.6.1 標準ライブラリの継承関係

Rubyの標準ライブラリの継承関係についても簡単に確認しておきしょう。

まずRubyの継承は単一継承です。つまり、継承できるスーパークラスは1つだけになります（ただし、Rubyはミックスインという多重継承に似た機能を持っています。ミックスインについては次の第8章で説明します）。

次に、標準ライブラリの継承関係をクラス図で表すと**図7-4**のようになります（代表的なクラスだけを抜粋）。

注6 Sandi Metz 著、髙山泰基 訳、『オブジェクト指向設計実践ガイド Rubyでわかる進化しつづける柔軟なアプリケーションの育て方』、技術評論社、2016年

図7-4　標準ライブラリの継承関係

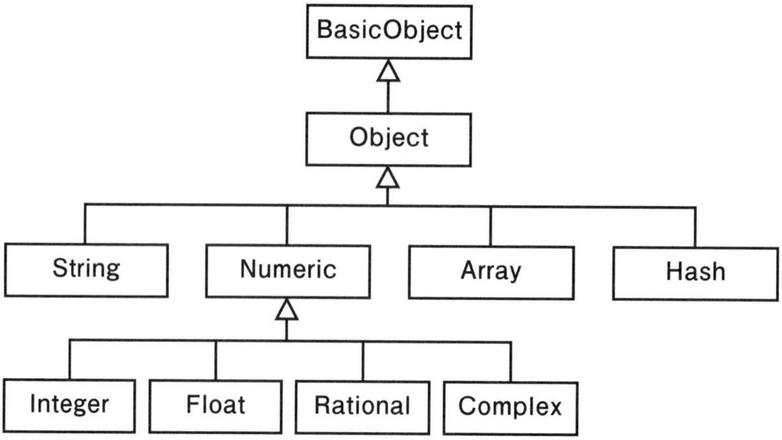

BasicObject
Object
String　Numeric　Array　Hash
Integer　Float　Rational　Complex

継承関係の頂点にいるのはBasicObjectクラスです。それをObjectクラスが継承しています。StringクラスやArrayクラスといったこれまでに説明してきた代表的なクラスは、すべてObjectクラスを継承しています。このことからStringクラスやArrayクラスは、Objectクラスとis-aの関係にある、つまりStringはObjectの一種で、ArrayもObjectの一種と言えます。

BasicObjectクラスはRuby 1.9から導入されたクラスで、それまではObjectクラスが頂点にいました。ObjectクラスとBasicObjectクラスを区別する必要があるのは特殊な用途に限られるので、通常は「Objectクラスが頂点」と考えて差し支えありません。

7.6.2 デフォルトで継承されるObjectクラス

この章のサンプルコードで使ったUserクラスのように、継承元を指定せずに作成したクラスはデフォルトでObjectクラスを継承しています。たとえば、次のように中身をまったく書かないクラスを作成したとします。

```
class User
end
```

このクラスにはメソッドを何一つ定義していませんが、Userクラスのオブジェクトは`to_s`メソッドや`nil?`メソッドを呼び出すことができます。

```
user = User.new
user.to_s #=> "#<User:0x000000010a027618>"
user.nil? #=> false
```

これはUserクラスがObjectクラスを継承しているためです。

```
User.superclass #=> Object
```

次のようにするとObjectクラスから継承したメソッドの一覧を確認できます[注7]。

```
user = User.new
user.methods.sort #=> [:!, :!=, :!~, :<=>, :==, （省略） :untrust, :untrusted?]
```

7.6.3 オブジェクトのクラスを確認する

オブジェクトのクラスを調べる場合はclassメソッドを使います（すでに何度も使っていますね）。

```
user = User.new
user.class #=> User
```

instance_of?メソッドを使って調べることもできます。

```
user = User.new

# userはUserクラスのインスタンスか？
user.instance_of?(User)   #=> true

# userはStringクラスのインスタンスか？
user.instance_of?(String) #=> false
```

継承関係（is-a関係にあるかどうか）を含めて確認したい場合はis_a?メソッド（エイリアスメソッドはkind_of?）を使います[注8]。

```
user = User.new

# instance_of?は引数で指定したクラスそのもののインスタンスでないとtrueにならない
user.instance_of?(Object) #=> false

# is_a?はis-a関係にあればtrueになる
user.is_a?(User)          #=> true
user.is_a?(Object)        #=> true
user.is_a?(BasicObject)   #=> true

# is-a関係にない場合はfalse
user.is_a?(String)        #=> false
```

7.6.4 ほかのクラスを継承したクラスを作る

独自のクラスを定義する際はObjectクラス以外のクラスを継承することもできます。ここでは例としてProduct（商品）クラスとそれを継承したDVDクラスを作成します（**図7-5**）。

注7　sortメソッドは、メソッドの一覧をメソッド名の昇順に並び替えるために使っています。メソッドの一覧を確認するだけであれば、user.methodsだけで構いません。

注8　is_a?メソッドは継承関係だけでなく、モジュールがincludeされているかどうかを確認する場合にも使えます。この内容は「8.5.1　includeされたモジュールの有無を確認する」の項で説明します。

図7-5　Productクラスとそれを継承したDVDクラス

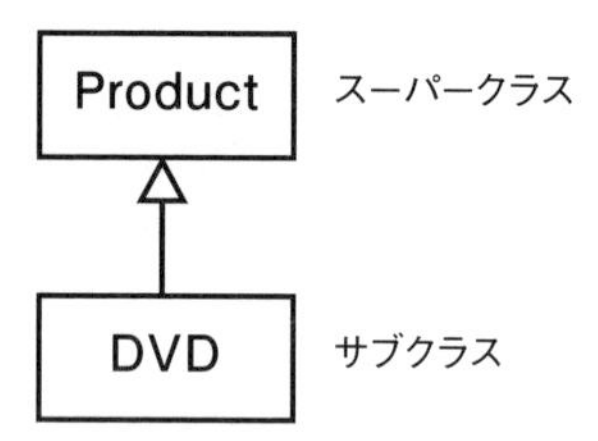

Productクラスはデフォルトのobjectクラスを継承するので、これまでに説明した方法でクラスを定義すればOKです。

```
class Product
end
```

一方、DVDクラスはProductクラスを継承する必要があります。Objectクラス以外のクラスを継承する場合は次のような構文を使います。

```
class サブクラス < スーパークラス
end
```

よってDVDクラスは次のように定義します。

```
# DVDクラスはProductクラスを継承する
class DVD < Product
end
```

7.6.5 superでスーパークラスのメソッドを呼び出す

ProductクラスとDVDクラスに属性を追加してみましょう。Productクラスは商品名（name）と価格（price）という属性を持つことにします。

```
class Product
  attr_reader :name, :price

  def initialize(name, price)
    @name = name
    @price = price
  end
end
product = Product.new('A great movie', 1000)
product.name  #=> "A great movie"
product.price #=> 1000
```

DVDクラスはこれらに加えて再生時間（running_time）を持つことにします。initializeメソッドでも引数を3つ受け取るようにしておきましょう。またインスタンス変数への代入も実行します。

```
class DVD < Product
  # nameとpriceはスーパークラスでattr_readerが設定されているので定義不要
```

```
  attr_reader :running_time

  def initialize(name, price, running_time)
    # スーパークラスにも存在している属性
    @name = name
    @price = price
    # DVDクラス独自の属性
    @running_time = running_time
  end
end
dvd = DVD.new('A great movie', 1000, 120)
dvd.name         #=> "A great movie"
dvd.price        #=> 1000
dvd.running_time #=> 120
```

しかし、nameとpriceについては、スーパークラスのinitializeメソッドでも同じように値を代入していますね。なので、まったく同じ処理を繰り返し書くよりもスーパークラスの処理を呼んだほうがシンプルです。こういう場合はsuperを使うとスーパークラスの同名メソッドを呼び出すことができます。


```
class DVD < Product
  attr_reader :running_time

  def initialize(name, price, running_time)
    # スーパークラスのinitializeメソッドを呼び出す
    super(name, price)
    @running_time = running_time
  end
end
dvd = DVD.new('A great movie', 1000, 120)
dvd.name         #=> "A great movie"
dvd.price        #=> 1000
dvd.running_time #=> 120
```

もし仮に、スーパークラスとサブクラスで引数の数が同じだった場合は、引数なしのsuperを呼ぶだけで自分に渡された引数をすべてスーパークラスに引き渡すことができます。

```
class DVD < Product
  def initialize(name, price)
    # 引数をすべてスーパークラスのメソッドに渡す。つまりsuper(name, price)と書いたのと同じ
    super

    # サブクラスで必要な初期化処理を書く
  end
end
dvd = DVD.new('A great movie', 1000)
dvd.name  #=> "A great movie"
dvd.price #=> 1000
```

ただし、super()と書いた場合は「引数0個でスーパークラスの同名メソッドを呼び出す」の意味になるので注意してください。

```
class DVD < Product
  def initialize(name, price)
    # super()だと引数なしでスーパークラスのメソッドを呼び出す
    # （ただし数が合わないのでこのコードはエラーになる）
    super()
  end
end
# スーパークラスのinitializeメソッドを引数0個で呼び出そうとするのでエラーになる
dvd = DVD.new('A great movie', 1000)
#=> wrong number of arguments (given 0, expected 2) (ArgumentError)
```

そもそもスーパークラスとサブクラスで実行する処理が変わらなければ、サブクラスで同名メソッドを定義したりsuperを呼んだりする必要はありません。

```
class DVD < Product
  # サブクラスで特別な処理をしないなら、同名メソッドを定義する必要はない
  # （スーパークラスに処理を任せる）
  # def initialize(name, price)
  #   super
  # end
end
# DVDクラスをnewすると、自動的にスーパークラスのinitializeメソッドが呼び出される
dvd = DVD.new('A great movie', 1000)
dvd.name  #=> "A great movie"
dvd.price #=> 1000
```

なお、ここではinitializeメソッドでsuperを使いましたが、initializeメソッド以外のメソッドでも同じようにsuperを使うことができます。

7.6.6 メソッドのオーバーライド

サブクラスではスーパークラスと同名のメソッドを定義することで、スーパークラスの処理を上書きすることができます。これをメソッドのオーバーライド（override）と言います。先ほど説明したDVDクラスのinitializeメソッドもオーバーライドの一種ですが、ここではinitialize以外のメソッドを使ってオーバーライドのしくみを説明します。

ここで取り上げるのはto_sメソッドです。to_sメソッドはオブジェクトの内容を文字列に変換して返すメソッドです。このメソッドはObjectクラス（＝事実上の頂点クラス）で定義されているので、すべてのオブジェクトでto_sメソッドを呼び出すことができます。つまり、自分で作ったProductクラスやDVDクラスでもto_sメソッドを呼び出すことが可能です。

```
class Product
  attr_reader :name, :price

  def initialize(name, price)
    @name = name
    @price = price
  end
end
```

```
class DVD < Product
  attr_reader :running_time

  def initialize(name, price, running_time)
    super(name, price)
    @running_time = running_time
  end
end

product = Product.new('A great movie', 1000)
product.to_s #=> "#<Product:0x000000012da47e18>"

dvd = DVD.new('An awesome film', 3000, 120)
dvd.to_s     #=> "#<DVD:0x000000012e10fef8>"
```

ただしご覧のとおり、to_sメソッドは呼び出せるものの、人間が見てあまりうれしい文字列にはなっていません。そこでもう少しわかりやすい文字列が返ってくるよう、Productクラスでto_sメソッドをオーバーライドしてみましょう。

```
class Product
  # 省略

  def to_s
    "name: #{name}, price: #{price}"
  end
end

product = Product.new('A great movie', 1000)
product.to_s #=> "name: A great movie, price: 1000"

dvd = DVD.new('An awesome film', 3000, 120)
dvd.to_s     #=> "name: An awesome film, price: 3000"
```

さっきよりもずいぶん良くなりましたね！　DVDクラスのほうもスーパークラスのto_sメソッドが使われるので同じように見やすくなっています。しかし、DVDクラスでは再生時間（running_time）が表示されていません。再生時間も表示されるように、DVDクラスでもto_sメソッドをオーバーライドすることにします。

```
class DVD < Product
  # 省略

  def to_s
    "name: #{name}, price: #{price}, running_time: #{running_time}"
  end
end

dvd = DVD.new('An awesome film', 3000, 120)
dvd.to_s #=> "name: An awesome film, price: 3000, running_time: 120"
```

これで再生時間も表示されるようになりました。ただし、商品名と価格の表示はスーパークラスと同じなので、この部分はスーパークラスのメソッドを呼び出したほうがシンプルですね。superを使ってスーパークラスのメソッドも活用してあげましょう。

```
class DVD < Product
  # 省略

  def to_s
    # superでスーパークラスのto_sメソッドを呼び出す
    "#{super}, running_time: #{running_time}"
  end
end

dvd = DVD.new('An awesome film', 3000, 120)
dvd.to_s #=> "name: An awesome film, price: 3000, running_time: 120"
```

このようにすると、サブクラスではスーパークラスで用意されていない差分をコーディングするだけで目的の処理を実装することができます。

7.6.7 クラスメソッドの継承

クラスを継承すると、クラスメソッドも継承されます。以下はそのコード例です。

```
class Foo
  def self.hello
    'hello'
  end
end

class Bar < Foo
end

# Fooを継承したBarでもクラスメソッドのhelloが呼び出せる
Foo.hello #=> "hello"
Bar.hello #=> "hello"
```

ただし、インスタンスメソッドに比べると、継承されたクラスメソッドを活用する機会は少ないと思います。

Column 引数名が付かない*や**

gem（外部ライブラリ）のソースコードを見ていると、次のように引数が(*)だけのメソッド定義を見かけることがあります。

```
class DVD < Product
  # 引数の(*)って何？？
  def initialize(*)
    # 省略
  end
end
```

*は可変長引数を表す記号です（「4.7.7　メソッドの可変長引数」の項を参照）。普通は(*args)のように引数名を付けるはずですが、ここではあえて引数名を省略して(*)になっています。これには2通りの意図があります。

■意図1：superメソッドに引数をそのまま全部渡す

メソッド内でsuperキーワードが使われていた場合は、「このメソッドでは引数を使わないが、superメソッド（スーパークラスのメソッド）で必要になるので、渡された引数をそのままsuperメソッドに渡す」という意味になります。

```
class Product
  def initialize(name, price)
    puts "name: #{name}, price: #{price}"
  end
end

class DVD < Product
  # initialize(name, price)としてもいいが、このメソッドでは引数を使わないので
  # 可変長引数としていったん任意の引数を受け取り、それをそのままsuperメソッドに渡す
  def initialize(*)
    super

    # その他の初期化処理
  end
end

DVD.new('A great movie', 1000)
#=> name: A great movie, price: 1000
```

ちなみに、Ruby 3.0では「キーワード引数の分離」（「5.6.5　ハッシュを明示的にキーワード引数に変換する**」の項を参照）が行われたため、キーワード引数を伴うメソッド呼び出しの場合は`(*, **)`のようにしないとエラーになります（`**`は「5.6.4　任意のキーワードを受け付ける**引数」の項で説明した任意のキーワードを受け取るオプション引数の引数名なしバージョンです）。

```
class Product
  # superメソッドがキーワード引数を受け取るようにする
  def initialize(name, price: 0)
    puts "name: #{name}, price: #{price}"
  end
end

class DVD < Product
  # Ruby 2.7までは(*)だけでもキーワード引数をsuperメソッドに渡せたが、
  # Ruby 3.0では * とは別に ** でキーワード引数を受け取る必要がある
  def initialize(*, **)
    super

    # その他の初期化処理
  end
end

DVD.new('A great movie', price: 1000)
#=> name: A great movie, price: 1000
```

なお、この場合は`(*, **)`の代わりにRuby 2.7から登場した`...`引数（「5.6.10　その他、キーワード引数に関する高度な話題」の項を参照）を使うことも可能です。

```
# ...引数を使って通常の引数もキーワード引数もすべて受け取れるようにする
def initialize(...)
  super
end
```

■意図2：余分に渡された引数を無視する

引数名のない*や**があっても、メソッド内でsuperキーワードが使われていない場合は、「余分に渡された引数を無視する」という意味になります。ただし、意図1の用法に比べると利用頻度は少ないです。

```
# 最初の2つの引数のみ使い、ほかの引数は無視する
def add(a, b, *)
  a + b
end

add(1, 2, 3, 4, 5)
#=> 3


# name以外のキーワード引数は無視する
def greet(name:, **)
  "Hello, #{name}!"
end

greet(name: 'Alice', friend: 'Bob')
#=> "Hello, Alice!"
```

こうしたテクニックは初心者のうちはまず使うことはありません。ですが、頭の片隅に置いておくとライブラリのコードリーディングをしたりするときに役立つことがあります。

7.7 メソッドの可視性

Rubyのメソッドには以下のような3つの可視性があります。

- public
- protected
- private

JavaやC#の経験者はこの3つのキーワードを見て、「あーなるほど、わかったわかった」と思われるかもしれませんが、ちょっと待ってください！　Rubyの可視性はJavaやC#とは少し考え方が異なるので注意が必要です。

7.7.1 publicメソッド

publicメソッドはクラスの外部からでも自由に呼び出せるメソッドです。initializeメソッド以外のイン

スタンスメソッドはデフォルトでpublicメソッドになります。

```
class User
  # デフォルトはpublic
  def hello
    'Hello!'
  end
end
user = User.new
# publicメソッドなのでクラスの外部から呼び出せる
user.hello #=> "Hello!"
```

7.7.2 privateメソッド

次にprotectedメソッドはいったん飛ばして、privateメソッドの説明に進みます。publicメソッドは外部に公開されるメソッドでしたが、privateメソッドは反対に外部に公開されないメソッドです。すなわち「クラスの外からは呼び出せず、クラスの内部でのみ使えるメソッド（レシーバがselfに限定されるメソッド）」となります。クラス内でprivateキーワードを書くと、そこから下で定義されたメソッドはprivateメソッドになります。

```
class User
  # ここから下で定義されたメソッドはprivate
  private

  def hello
    'Hello!'
  end
end
user = User.new
# privateメソッドなのでクラスの外部から呼び出せない
user.hello #=> private method `hello' called for #<User:0x000000014311d9a8> (NoMethodError)
```

Ruby 2.6までは「privateメソッドは明示的にレシーバを指定できない」というルールがあったため、クラスの内部であってもself付きで呼び出すことができませんでした。しかし、Ruby 2.7からはselfを付けてprivateメソッドを呼び出すことが許容されました。

```
class User
  def hello
    # Ruby 2.6以前 = selfを付けるとエラー
    # Ruby 2.7以降 = selfを付けても付けなくてもOK
    "Hello, I am #{self.name}."
  end

  private

  def name
    'Alice'
  end
end
```

```
user = User.new

# Ruby 2.6以前 = エラーになる
user.hello
#=> NoMethodError (private method `name' called for #<User:0x000000012d8508a8>)

# Ruby 2.7以降 = エラーにならない
user.hello
#=> "Hello, I am Alice."
```

7.7.3 privateメソッドから先に定義する場合

privateキーワードの下に定義したメソッドがprivateメソッドになるように、publicキーワードの下に定義したメソッドはpublicメソッドになります。この考え方を使うと次のようにprivateメソッドやpublicメソッドを好きな順番で定義することができます。

```
class User
  # ここから下はprivateメソッド
  private

  def foo
  end

  # ここから下はpublicメソッド
  public

  def bar
  end
end
```

ですが、通常はprivateキーワードを使うのは1回だけにして、クラスの最後のほうにprivateメソッドの定義をまとめることのほうが多いです。

7.7.4 privateメソッドはサブクラスでも呼び出せる

privateメソッドにはほかにも注意すべき点がいくつかあります。ほかの言語では「privateメソッドはそのクラスの内部でのみ呼び出せる」という仕様になっていることがありますが、Rubyの場合は「privateメソッドはそのクラスだけでなく、サブクラスでも呼び出せる」という仕様になっています。

次のコードを見てください。

```
class Product
  private

  # これはprivateメソッド
  def name
    'A great movie'
  end
end
```

```
class DVD < Product
  def to_s
    # nameはスーパークラスのprivateメソッド
    "name: #{name}"
  end
end

dvd = DVD.new
# 内部でスーパークラスのprivateメソッドを呼んでいるがエラーにはならない
dvd.to_s #=> "name: A great movie"
```

ご覧のとおり、サブクラスからでもスーパークラスのprivateメソッドを呼び出せています。Productクラスのコードだけを見ると「nameメソッドはどこからも使われていないじゃないか」と思うかもしれませんが、この場合だとnameメソッドを削除するとDVDクラスのto_sメソッドでエラーが起きてしまいます。

スーパークラスのprivateメソッドが呼び出せるということは、オーバーライドもできるということです。次のコードではスーパークラスのnameメソッドをサブクラスでオーバーライドしています。

```
class Product
  def to_s
    # nameは常に"A great movie"になる、とは限らない
    "name: #{name}"
  end

  private

  def name
    'A great movie'
  end
end

class DVD < Product
  private

  # スーパークラスのprivateメソッドをオーバーライドする
  def name
    'An awesome film'
  end
end

product = Product.new
# Productクラスのnameメソッドが使われる
product.to_s #=> "name: A great movie"

dvd = DVD.new
# オーバーライドしたDVDクラスのnameメソッドが使われる
dvd.to_s     #=> "name: An awesome film"
```

上のコード例は意図的にnameメソッドをオーバーライドしていますが、場合によっては意図せずに偶然スーパークラスのprivateメソッドをオーバーライドしてしまった、ということも起こりえます。これはわかりにく

い不具合の原因になるので、Rubyで継承を使う場合はスーパークラスの実装もしっかりと把握していなければなりません。

また、サブクラスでメソッドをオーバーライドすると、可視性も同時に変更できます。このため、意図せず可視性を変更しないように注意する必要があります。

```
# nameをprivateメソッドとして定義する
class Product
  private

  def name
    'A great movie'
  end
end

# nameをpublicメソッドとしてオーバーライドする
class DVD < Product
  public

  def name
    'An awesome film'
  end
end

# Productクラスのnameメソッドは呼び出せない
product = Product.new
product.name
#=> private method `name' called for #<Product:0x000000013c30a470> (NoMethodError)

# DVDクラスのnameメソッドは呼び出せる
dvd = DVD.new
dvd.name
#=> "An awesome film"
```

7.7.5 クラスメソッドをprivateにしたい場合

もうひとつ注意点があります。先ほど「privateキーワードの下に定義したメソッドはprivateメソッドになる」と説明しましたが、実はprivateメソッドになるのはインスタンスメソッドだけです。クラスメソッドはprivateキーワードの下に定義してもprivateになりません。

```
class User
  private

  # クラスメソッドもprivateメソッドになる？
  def self.hello
    'Hello!'
  end
end
# クラスメソッドはprivateメソッドにならない！
User.hello #=> "Hello!"
```

クラスメソッドをprivateにしたい場合は、class << selfの構文を使います。

```
class User
  class << self
    # class << selfの構文ならクラスメソッドでもprivateが機能する
    private

    def hello
      'Hello!'
    end
  end
end
User.hello #=> private method `hello' called for User:Class (NoMethodError)
```

class << selfを使わない場合は、private_class_methodでクラスメソッドの定義後に可視性を変更することができます。

```
class User
  def self.hello
    'Hello!'
  end
  # 後からクラスメソッドをprivateに変更する
  private_class_method :hello
end
User.hello #=> private method `hello' called for User:Class (NoMethodError)
```

このように、クラスメソッドはインスタンスメソッドと同じようにprivateキーワードの下に定義してもprivateなクラスメソッドにはならない、という点にも注意してください。

7.7.6 メソッドの可視性を変える方法あれこれ

privateキーワードは実際にはメソッドなので[注9]、引数を渡すことができます。既存のメソッド名をprivateキーワード（privateメソッド）に渡すと、そのメソッドがprivateメソッドになります。また、引数を渡した場合はその下に定義したメソッドの可視性は変更されません。

```
class User
  # いったんpublicメソッドとして定義する
  def foo
    'foo'
  end

  def bar
    'bar'
  end

  # fooとbarをprivateメソッドに変更する
  private :foo, :bar
```

注9　privateはModuleクラスのインスタンスメソッドとして定義されています。
https://docs.ruby-lang.org/ja/latest/method/Module/i/private.html

```
  # bazはpublicメソッド
  def baz
    'baz'
  end
end

user = User.new
user.foo #=> private method `foo' called for #<User:0x000000012a016190> (NoMethodError)
user.bar #=> private method `bar' called for #<User:0x000000012a016190> (NoMethodError)
user.baz #=> "baz"
```

さらに、Rubyのメソッド定義は式になっていて、メソッド定義が完了するとメソッド名をシンボルとして返します。

```
# 実はメソッド定義も値を返している
def foo
  'foo'
end
#=> :foo
```

この知識を応用すると、次のようにメソッド定義と同時にそのメソッドをprivateメソッドにすることが可能です。

```
class User
  # メソッド定義の戻り値 :foo をprivateキーワード（実際はメソッド）の引数とする
  # 結果としてfooはprivateメソッドになる
  private def foo
    'foo'
  end
end

user = User.new
user.foo #=> private method `foo' called for #<User:0x000000013c144398> (NoMethodError)
```

「7.3.3　インスタンス変数とアクセサメソッド」の項で紹介したアクセサメソッドをprivateメソッドにしたいときは、次のようにprivateキーワードにゲッターメソッドとセッターメソッドの名前を渡します。

```
class User
  attr_accessor :name

  # ゲッターメソッドとセッターメソッドをそれぞれprivateメソッドにする
  private :name, :name=

  def initialize(name)
    @name = name
  end
end

user = User.new('Alice')
user.name          #=> private method `name' called for #<User:0x000 ...> (NoMethodError)
```

```
user.name = 'Bob' #=> private method `name=' called for #<User:0x000 ...> (NoMethodError)
```

ただし、Ruby 3.0ではprivateキーワードとattr_accessorキーワード（実際はどちらもメソッド）の引数と戻り値の仕様が変更された関係で、次のように1行でprivateなアクセサメソッドを定義することができるようになりました。

```
class User
  # Ruby 3.0は1行でprivateなアクセサメソッドを定義できる
  private attr_accessor :name

  def initialize(name)
    @name = name
  end
end

user = User.new('Alice')
user.name         #=> private method `name' called for #<User:0x000 ...> (NoMethodError)
user.name = 'Bob' #=> private method `name=' called for #<User:0x000 ...> (NoMethodError)
```

この項で紹介したテクニックはそこまで頻繁に使われるものではありませんが、頭の片隅に置いておくと便利な場面があるかもしれません。

7.7.7 protectedメソッド

さて、最後に登場するのはprotectedメソッドです。protectedメソッドはそのメソッドを定義したクラス自身と、そのサブクラスのインスタンスメソッドからレシーバ付きで呼び出せます。

ポイントは「レシーバ付きで」というところです。Rubyの場合、「そのクラス自身とサブクラスから呼び出せる」というだけではprivateメソッドとの違いがありません。

とはいえ、この説明だけ聞いてもピンとこないと思うので具体的なコードを使いながら説明しましょう。たとえば名前（name）と体重（weight）を持つUserクラスがあったとします。ただし、体重を公開するのは恥ずかしいので外部から取得できるのは名前だけにします。

```
class User
  # weightは外部に公開しない
  attr_reader :name

  def initialize(name, weight)
    @name = name
    @weight = weight
  end
end
```

しかし、何らかの理由でユーザ同士の体重を比較しなければならなくなりました。というわけで次のようなメソッドを定義します。

```
class User
  # 省略
```

```
  # 自分がother_userより重い場合はtrue
  def heavier_than?(other_user)
    other_user.weight < @weight
  end
end
```

ですが、このままだとother_userの体重（weight）は取得できないのでエラーになります。

```
alice = User.new('Alice', 50)
bob = User.new('Bob', 60)
# AliceはBobのweightを取得できない
alice.heavier_than?(bob)
#=> undefined method `weight' for #<User:0x000000013c18fa00 ...> (NoMethodError)
```

weightをpublicメソッドとして公開してしまうとother_userの体重を取得できますが、一方で自分の体重も外部から取得可能になってしまいます。かといってprivateメソッドにすると、self以外のインスタンスから呼び出せないので、other_user.weightのような形式で呼び出そうとするとエラーになってしまいます。

このように外部には公開したくないが、同じクラスやサブクラスの中であればレシーバ付きで呼び出せるようにしたい、というときに登場するのがprotectedメソッドです。というわけでprotectedキーワードを使い、weightメソッドをprotectedメソッドにします。

```
class User
  # 省略

  def heavier_than?(other_user)
    other_user.weight < @weight
  end

  protected

  # protectedメソッドなので同じクラスかサブクラスであればレシーバ付きで呼び出せる
  def weight
    @weight
  end
end
alice = User.new('Alice', 50)
bob = User.new('Bob', 60)

# 同じクラスのインスタンスメソッド内であればweightが呼び出せる
alice.heavier_than?(bob) #=> false
bob.heavier_than?(alice) #=> true

# クラスの外ではweightは呼び出せない
alice.weight #=> protected method `weight' called for #<User:0x0000000 ...> (NoMethodError)
```

ご覧のとおり、体重の一般公開を避けつつ、仲間（同じクラス）の中でのみ、ほかのオブジェクトに公開することができました。

なお、インスタンス変数の内容を返すだけの単純なゲッターメソッドであれば、attr_readerを使って

weightメソッドを定義したほうがシンプルです。Ruby 3.0以上なら次のようにメソッドの定義と同時にprotectedメソッドにすることができます。

```
class User
  attr_reader :name
  # weightメソッドの定義と同時にprotectedメソッドにする（Ruby 3.0以上なら有効）
  protected attr_reader :weight

  # 省略
end
```

Ruby 2.7以下の場合はメソッド定義のあとでprotectedメソッドに変更します。

```
class User
  # いったんpublicメソッドとしてweightを定義する
  attr_reader :name, :weight
  # weightのみ、あとからprotectedメソッドに変更する
  protected :weight

  # 省略
end
```

とはいえ、publicメソッドとprivateメソッドに比べるとprotectedメソッドが登場する機会はずっと少ないです。

このように、Rubyにおけるpublic、protected、privateは用語こそほかの言語（JavaやC#など）に似ているものの、仕様は異なるのでほかの言語の経験者は「過去の常識」にとらわれないようにしてください。

Column　継承したら同名のインスタンス変数に注意

「7.7.4　privateメソッドはサブクラスでも呼び出せる」の項では「Rubyのprivateメソッドはサブクラスでも呼び出せるため、スーパークラスの実装を理解していないと、うっかり同じ名前のメソッドを定義してスーパークラスの動きに悪影響を及ぼす」という説明をしました。これと同じ問題はインスタンス変数でも起こります。つまり、スーパークラスと偶然同じ名前のインスタンス変数をサブクラスで定義すると予期せぬバグの原因になってしまいます。

少し極端な例ですが、以下のコードは@secondというインスタンス変数が偶然スーパークラスとサブクラスでかぶってしまったために、サブクラスでnumberメソッドを呼び出すと意図しない結果が返ってきます。

```
class Parent
  def initialize
    @first = 1
    @second = 2
    @third = 3
  end

  # 毎回"1.2.3"という文字列が返るはず（？）
  def number
    "#{@first}.#{@second}.#{@third}"
  end
```

```
end

class Child < Parent
  def initialize
    super
    @hour = 6
    @minute = 30
    # 偶然スーパークラスと同じ名前のインスタンス変数を使ってしまった！
    @second = 59
  end

  def time
    "#{@hour}:#{@minute}:#{@second}"
  end
end

parent = Parent.new
parent.number #=> "1.2.3"

child = Child.new
child.time    #=> "6:30:59"

# @secondが上書きされているので、意図しない結果になってしまった！
child.number  #=> "1.59.3"
```

実際のプログラムでもこうした問題が絶対に起きないとは言い切れないので、クラスを継承する場合はスーパークラスの実装を把握しておくことが望ましいです。

7.8 定数についてもっと詳しく

定数はクラスの外部から直接参照することも可能です。クラスの外部から定数を参照する場合は次のような構文を使います。

```
クラス名::定数名
```

以下はクラスの外部から定数を参照するコード例です。

```
class Product
  DEFAULT_PRICE = 0
end

Product::DEFAULT_PRICE #=> 0
```

定数をクラスの外部から参照させたくない場合はprivate_constantで定数名を指定します。ですが、定数をprivateにするかどうかはケースバイケースです。外部から参照させる必要がない場合でもpublicのままにしているコードもよく見かけます。

```
class Product
  DEFAULT_PRICE = 0
  # 定数をprivateにする
  private_constant :DEFAULT_PRICE
end

# privateなのでクラスの外部からは参照できない
Product::DEFAULT_PRICE #=> private constant Product::DEFAULT_PRICE referenced (NameError)
```

ところで、たとえばJavaScriptでは関数内でconstキーワードを使い、「関数内でのみ使われる定数」を定義することができます。

```
// JavaScriptの場合
function foo() {
  // 関数内で定数barを定義する
  const bar = 123;

  return bar * 10;
}
```

ですが、Rubyでは「メソッド内にスコープを限定した定数」は定義できません。ゆえに、メソッドの内部で定数を定義しようとするとエラーになります。

```
def foo
  # メソッドの内部で定数を定義しようとすると構文エラーになる
  BAR = 123

  BAR * 10
end
#=> dynamic constant assignment (SyntaxError)
#     BAR = 123
#     ^~~
```

そのため、定数の定義は必ずクラス構文の直下、もしくはトップレベルで行う必要があります（トップレベルについては「8.5.5　トップレベルはmainという名前のObject」の項で詳しく説明します）。

```
# トップレベルで定義する定数
SOME_VALUE = 123

class Product
  # クラス構文の直下で定義する定数
  DEFAULT_PRICE = 0
end
```

また、Rubyの定数定義（=を使った代入）はそれ自体が値を返します（つまり式になっています）。

```
# 定数定義はそれ自体が値を返している（ここでは0が返る）
GREEN = 0
#=> 0
```

このしくみを利用すると、次のように配列を定数で定義しつつ、その要素も同時に定数として定義することも可能です。

```
class TrafficLight
  # 配列COLORSを定数として定義し、その各要素も定数として同時に定義する
  COLORS = [
    GREEN = 0,
    YELLOW = 1,
    RED = 2
  ]
end

TrafficLight::GREEN  #=> 0
TrafficLight::YELLOW #=> 1
TrafficLight::RED    #=> 2
TrafficLight::COLORS #=> [0, 1, 2]
```

定数にはリテラルで作られる静的な値だけでなく、メソッドや条件分岐を使った動的な値も代入可能です。

```
# mapメソッドの戻り値を定数に代入する
NUMBERS = [1, 2, 3].map { |n| n * 10 }
NUMBERS #=> [10, 20, 30]

# 三項演算子を使った条件分岐の結果を定数に代入する（windows?は実行環境のOSを判定する架空のメソッド）
NEW_LINE = windows? ? "\r\n" : "\n"
```

7.8.1 定数と再代入

さて、ここからはまたほかの言語の経験者が少しびっくりするような説明をしていきます。Rubyの定数は「みんな、わざわざ変更するなよ」と周りに念を押した変数のようなものです。そのままの状態では定数をいろいろと変更できてしまいます。

まず、定数には再代入が可能です。なので、定数の値を後から書き換えることができます。

```
class Product
  DEFAULT_PRICE = 0
  # 再代入して定数の値を書き換える
  DEFAULT_PRICE = 1000
end
#=> warning: already initialized constant Product::DEFAULT_PRICE

# 再代入後の値が返る
Product::DEFAULT_PRICE #=> 1000

# クラスの外部からでも再代入が可能
Product::DEFAULT_PRICE = 3000
#=> warning: already initialized constant Product::DEFAULT_PRICE

Product::DEFAULT_PRICE #=> 3000
```

ご覧のとおり、「定数はすでに初期化済みである（already initialized constant）」と警告は表示されますが、再代入自体は成功してしまいます。

クラスの外部からの再代入を防ぎたい場合はクラスをfreeze（凍結）します。こうするとクラスは変更を受

け付けなくなります。

```
# クラスを凍結する
Product.freeze

# freezeすると変更できなくなる
Product::DEFAULT_PRICE = 5000 #=> can't modify frozen #<Class:Product>: Product (FrozenError)
```

ですが、Rubyの場合、普通は定数を上書きする人はいないだろうということで、わざわざクラスをfreezeさせることは少ないと思います。同様にクラス内でもfreezeを呼べば再代入を防ぐことができますが、そのあとでメソッドの定義もできなくなってしまうので、freezeを呼ぶことはまずないはずです。

```
class Product
  DEFAULT_PRICE = 0
  # freezeすれば再代入を防止できるが、デメリットのほうが大きいので普通はしない
  freeze
  DEFAULT_PRICE = 1000 #=> can't modify frozen #<Class:Product>: Product (FrozenError)
end
```


7.8.2　定数はミュータブルなオブジェクトに注意する

次に、再代入をしなくてもミュータブルなオブジェクトであれば定数の値を変えることができます。ミュータブルなオブジェクトとは、たとえば文字列（String）や配列（Array）、ハッシュ（Hash）などです（「4.7.14　ミュータブル？　イミュータブル？」の項を参照）。以下は定数の値を破壊的に変更してしまうコード例です。

```
class Product
  NAME = 'A product'
  SOME_NAMES = ['Foo', 'Bar', 'Baz']
  SOME_PRICES = { foo: 1000, bar: 2000, baz: 3000 }
end

# 文字列を破壊的に大文字に変更する
Product::NAME.upcase!
Product::NAME #=> "A PRODUCT"

# 配列に新しい要素を追加する
Product::SOME_NAMES << 'Hoge'
Product::SOME_NAMES #=> ["Foo", "Bar", "Baz", "Hoge"]

# ハッシュに新しいキーと値を追加する
Product::SOME_PRICES[:hoge] = 4000
Product::SOME_PRICES #=> {:foo=>1000, :bar=>2000, :baz=>3000, :hoge=>4000}
```

ご覧のとおり、定数の中身が変更されてしまいました。上のコードは定数を直接変更しているので見た目にも「定数を変更している」ということが明らかですが、定数の値を変数に代入したり、メソッドの引数として受け取ったりしてしまうと定数を変更していることに気づきにくくなります。

```
class Product
  SOME_NAMES = ['Foo', 'Bar', 'Baz']
```

```
  def self.names_without_foo(names = SOME_NAMES)
    # namesがデフォルト値だと、以下のコードは定数のSOME_NAMESを破壊的に変更していることになる
    names.delete('Foo')
    names
  end
end

Product.names_without_foo #=> ["Bar", "Baz"]

# 定数の中身が変わってしまった！
Product::SOME_NAMES       #=> ["Bar", "Baz"]
```

こうした事故を防ぐためには、定数の値をfreezeします。こうすると定数に対して破壊的な変更ができなくなります。

```
class Product
  # 配列を凍結する
  SOME_NAMES = ['Foo', 'Bar', 'Baz'].freeze

  def self.names_without_foo(names = SOME_NAMES)
    # freezeしている配列に対しては破壊的な変更はできない
    names.delete('Foo')
    names
  end
end

# エラーが発生するので予期せずに定数の値が変更される事故が防げる
Product.names_without_foo #=> can't modify frozen Array: ["Foo", "Bar", "Baz"] (FrozenError)
```

しかし、上のコードもまだ完璧ではありません。配列やハッシュをfreezeすると配列やハッシュそのものへの変更は防止できますが、配列やハッシュの各要素はfreezeしません。よって、次のようなコードを書くと定数の内容はやはり変更されてしまいます。

```
class Product
  # 配列はfreezeされるが中身の文字列はfreezeされない
  SOME_NAMES = ['Foo', 'Bar', 'Baz'].freeze
end
# 1番目の要素を破壊的に大文字に変更する
Product::SOME_NAMES[0].upcase!
# 1番目の要素の値が変わってしまった！
Product::SOME_NAMES #=> ["FOO", "Bar", "Baz"]
```

この事故も防ぎたいとなると、各要素の値も別途freezeする必要があります。

```
class Product
  # 中身の文字列もfreezeする
  SOME_NAMES = ['Foo'.freeze, 'Bar'.freeze, 'Baz'.freeze].freeze
end
# 今度は中身もfreezeしているので破壊的な変更はできない
Product::SOME_NAMES[0].upcase! #=> can't modify frozen String: "Foo" (FrozenError)
```

なお、次のようにmapメソッドを使うと、freezeを何度も書かずに済みます（mapメソッドの引数にアンパサンド（&）とシンボルを渡すテクニックについては「4.4.5　&とシンボルを使ってもっと簡潔に書く」の項を参照）。

```
# mapメソッドで各要素をfreezeし、最後にmapメソッドの戻り値の配列をfreezeする
SOME_NAMES = ['Foo', 'Bar', 'Baz'].map(&:freeze).freeze
```

配列やハッシュの中身まですべてfreezeするのは少したいへんかもしれません。プログラムの規模や要件（堅牢性がどこまで重視されるかなど）に応じて、freezeを適用するレベル（深さ）を検討してください。

一方、イミュータブルなオブジェクトはfreezeする必要がないことも押さえておきましょう。数値やシンボル、true/falseなどはイミュータブルなオブジェクトなので破壊的に変更することはできません。

```
class Product
  # 数値やシンボル、true/falseはfreeze不要（してもかまわないが、意味がない）
  SOME_VALUE = 0
  SOME_TYPE = :foo
  SOME_FLAG = true
end
```

このようにRubyの定数は「絶対変更できない値」ではなく、むしろ定数であっても「変更しようと思えばいくらでも変更できる値」になっています。定数にしておいたから大丈夫と思い込まず、「ついうっかり」の事故を防ぐためにはいくらかの工夫が必要になることを覚えておきましょう。

7.9 さまざまな種類の変数

ここまではローカル変数とインスタンス変数の2種類だけを使ってきましたが、Rubyではこれ以外にもさまざまな種類の変数があります。具体的には以下のような変数です。

- クラスインスタンス変数
- クラス変数
- グローバル変数
- Ruby標準の組み込み変数（特殊変数）

これらの変数について以下で説明していきます。ただし、いずれも使用頻度は少ないので「もし遭遇したらもう一度読みなおす」ぐらいの気持ちで読んでもらえればOKです。

7.9.1 クラスインスタンス変数

インスタンス変数は@から始まる変数です……ということはすでに説明しました。では次のコードの実行結果を見たときに、何が起こっているかきちんと理解できるでしょうか？

```
class Product
```

```
  @name = 'Product'

  def self.name
    @name
  end

  def initialize(name)
    @name = name
  end

  # attr_reader :nameでもいいが、@nameの中身を意識するためにあえてメソッドを定義する
  def name
    @name
  end
end

Product.name #=> "Product"

product = Product.new('A great movie')
product.name #=> "A great movie"
Product.name #=> "Product"
```

上のコードには@nameが4ヵ所登場していますが、実は2種類の@nameに分かれます。1つはインスタンス変数の@nameで、もうひとつはクラスインスタンス変数の@nameです。見た目は同じですが、まったく別のデータなのです。コードの中にコメントでどれがどの変数なのかを記入してみます。

```
class Product
  # クラスインスタンス変数
  @name = 'Product'

  def self.name
    # クラスインスタンス変数
    @name
  end

  def initialize(name)
    # インスタンス変数
    @name = name
  end

  def name
    # インスタンス変数
    @name
  end
end
```

インスタンス変数はクラスをインスタンス化（**クラス名**.newでオブジェクトを作成）した際に、オブジェクトごとに管理される変数です。

一方、クラスインスタンス変数はインスタンスの作成とは無関係に、クラス自身が保持しているデータ（クラス自身のインスタンス変数）です。クラス構文の直下や、クラスメソッドの内部で@で始まる変数を操作す

ると、クラスインスタンス変数にアクセスしていることになります。

ここに継承の考え方が入るとさらにややこしくなります。

```
class Product
  # 省略
end

class DVD < Product
  @name = 'DVD'

  def self.name
    # クラスインスタンス変数を参照
    @name
  end

  def upcase_name
    # インスタンス変数を参照
    @name.upcase
  end
end

Product.name    #=> "Product"
DVD.name        #=> "DVD"

product = Product.new('A great movie')
product.name    #=> "A great movie"

dvd = DVD.new('An awesome film')
dvd.name        #=> "An awesome film"
dvd.upcase_name #=> "AN AWESOME FILM"

Product.name    #=> "Product"
DVD.name        #=> "DVD"
```

DVDクラスはProductクラスを継承しています。インスタンス変数の@nameはスーパークラス内で参照しても、サブクラス内で参照しても同じ値になります。たとえば上のコード例でいうと、@name.upcaseの@nameには文字列の“An awesome film”が入っています。

一方、クラスインスタンス変数ではProductクラスとDVDクラスで別々に管理されています。上のコード例でいうと、Productクラスの@nameには文字列の“Product”が、DVDクラスの@nameには文字列の“DVD”が入っています。

インスタンス変数は同じ変数名であればスーパークラスでもサブクラスでも同一のインスタンス変数が参照されますが、クラスインスタンス変数は同名であってもスーパークラスとサブクラスで異なる変数として参照されます。

インスタンス変数に比べるとクラスインスタンス変数を使う機会は少ないと思いますが、クラス自身もインスタンス変数を保持できることと、インスタンス変数とは異なりスーパークラスとサブクラスでは同じ名前でも別の変数になることを覚えておいてください。

7.9.2 クラス変数

1つ前の項でクラスインスタンス変数はインスタンスメソッド内からは参照できず、たとえ同名であってもクラス構文の直下やクラスメソッドの内部ではスーパークラスとサブクラスで別々の変数として参照されると説明しました。一方で、Rubyにはこうした状況下でも同一の変数として代入・参照可能な変数があります。それがクラス変数です。クラス変数は@@some_valueのように、変数名の最初に@を2つ重ねます。

1つ前の項で使ったサンプルコードの@nameをすべて@@nameに変えて結果を確認してみましょう。

```
class Product
  @@name = 'Product'

  def self.name
    @@name
  end

  def initialize(name)
    @@name = name
  end

  def name
    @@name
  end
end

class DVD < Product
  @@name = 'DVD'

  def self.name
    @@name
  end

  def upcase_name
    @@name.upcase
  end
end

# DVDクラスを定義したタイミングで@@nameが"DVD"に変更される
Product.name #=> "DVD"
DVD.name     #=> "DVD"

product = Product.new('A great movie')
product.name #=> "A great movie"

# Product.newのタイミングで@@nameが"A great movie"に変更される
Product.name #=> "A great movie"
DVD.name     #=> "A great movie"

dvd = DVD.new('An awesome film')
dvd.name         #=> "An awesome film"
dvd.upcase_name #=> "AN AWESOME FILM"
```

```
# DVD.newのタイミングで@@nameが"An awesome film"に変更される
product.name #=> "An awesome film"
Product.name #=> "An awesome film"
DVD.name     #=> "An awesome film"
```

コードや実行結果がちょっと長いのですぐには理解しにくいかもしれませんが、クラス変数の@@nameはクラスメソッド内でもインスタンスメソッド内でも参照できています。またスーパークラスとサブクラスのクラス構文の直下や、クラスメソッドの内部でも参照できています。そのため、@@nameの内容が変更されるとほかのクラスやほかのインスタンスのメソッドも実行結果が変わっています。

ちなみに、未定義の変数を参照するとnilが返るインスタンス変数とは異なり（「7.3.3　インスタンス変数とアクセサメソッド」の項を参照）、未定義のクラス変数を参照するとエラーになります。

```
class Product
  # クラス変数@@nameの定義を削除する
  # @@name = 'Product'

  def self.name
    @@name
  end
end

# 未定義のクラス変数を参照したのでエラーが発生する
Product.name
#=> uninitialized class variable @@name in Product (NameError)
```

クラス変数はライブラリ（gem）の設定情報（config値）を格納する場合などに使われることがありますが、登場頻度はそれほど多くありません。とくに、小さなプログラムであればクラス変数が必要になることはめったにないと思います。

7.9.3 グローバル変数と組み込み変数

Rubyにはもう1種類、グローバル変数というタイプの変数があります。グローバル変数は$some_valueのように、$で変数名を始めます。グローバル変数はクラスの内部、外部を問わず、プログラムのどこからでも代入、参照が可能です。

```
# グローバル変数の宣言と値の代入
$program_name = 'Awesome program'

# グローバル変数に依存するクラス
class Program
  def initialize(name)
    $program_name = name
  end

  def self.name
    $program_name
```

```
  end

  def name
    $program_name
  end
end

# $program_nameにはすでに名前が代入されている
Program.name #=> "Awesome program"

program = Program.new('Super program')
program.name #=> "Super program"

# Program.newのタイミングで$program_nameが"Super program"に変更される
Program.name  #=> "Super program"
$program_name #=> "Super program"
```

インスタンス変数と同様、未定義のグローバル変数を参照した場合はnilが返ります。

```
# $foobarが未定義であれば（つまり、一度も代入されていなければ）nilが返る
$foobar #=> nil
```

ただし、プログラミング経験がある程度長い人はご存じだと思いますが、グローバル変数の乱用は理解しづらいプログラムを生み出す原因になります。何か特別な理由がない限り、グローバル変数の使用は避けるべきです。

また、$で始まるいくつかの変数は「組み込み変数」や「特殊変数」として、Ruby自身によって最初から用途を決められています。たとえば、「6.3.4　組み込み変数でマッチの結果を取得する」の項で紹介した正規表現の実行結果を格納する$&や$1などです。正規表現以外でも$stdinや$*など、$で始まる変数が最初から用意されています。詳しくはKernelモジュールの公式リファレンスにある「特殊変数」を参照してください。

・https://docs.ruby-lang.org/ja/latest/class/Kernel.html

とはいえ、$で始まる組み込み変数や特殊変数は別の方法でも同じ情報を取得できることが多いです（例：$*の代わりに組み込み定数のARGVを使うなど。組み込み定数については「13.5.1　組み込み定数」の項で説明します）。組み込み変数や特殊変数を多用すると記号の意味を知っている人しか理解できないコードになってしまうので、極力組み込み変数の使用は避け、ほかの人が理解しやすいコードを書くことを心がけましょう。

7.10 クラス定義やRubyの言語仕様に関する高度な話題

ここからはクラス定義やRubyの言語仕様に関する少し高度な話題を説明していきます。初心者の方はいきなり全部を理解するのは難しいと思いますが、何か困ったときにこの節を読み返せるように内容をざっくりと頭の隅にとどめておいてください。

7.10.1 エイリアスメソッドの定義

これまでに紹介してきたRubyの標準ライブラリのメソッドには、別の名前でもまったく同じ動作をするエイリアスメソッドが多数存在していました。たとえば、Stringクラスのsizeメソッドはlengthメソッドのエイリアスメソッドです。

```
s = 'Hello'
s.length #=> 5
s.size   #=> 5
```

独自に作成したクラスでもエイリアスメソッドを定義することができます。エイリアスメソッドを定義する場合は、次のようにしてaliasキーワードを使います。

```
alias 新しい名前 元の名前
```

エイリアスメソッドを定義する場合はaliasキーワードを呼び出すタイミングに注意してください。aliasキーワードを呼び出す場合は先に元のメソッドを定義しておかないとエラーになります。以下はhelloメソッドのエイリアスメソッドとしてgreetメソッドを定義する例です。

```
class User
  def hello
    'Hello!'
  end

  # helloメソッドのエイリアスメソッドとしてgreetを定義する
  alias greet hello
end

user = User.new
user.hello #=> "Hello!"
user.greet #=> "Hello!"
```

7.10.2 メソッドの削除

頻繁に使う機能ではありませんが、Rubyではメソッドの定義をあとから削除することもできます。メソッドを削除する場合はundefキーワードを使います。

```
undef 削除するメソッドの名前
```

以下はスーパークラス（Objectクラス）で定義されているfreezeメソッドを削除するコード例です。

```
class User
  # freezeメソッドの定義を削除する
  undef freeze
end
user = User.new
# freezeメソッドを呼び出すとエラーになる
user.freeze #=> undefined method `freeze' for #<User:0x000000013d2e3f40> (NoMethodError)
```

7 クラスの作成を理解する

7.10.3 入れ子になったクラスの定義

クラス定義をする場合、クラスの内部に別のクラスを定義することもできます。

```
class 外側のクラス
  class 内側のクラス
  end
end
```

クラスの内部に定義したクラスは次のように`::`を使って参照できます。

```
外側のクラス::内側のクラス
```

以下は入れ子になったクラスを定義する例です。

```ruby
class User
  class BloodType
    attr_reader :type

    def initialize(type)
      @type = type
    end
  end
end

blood_type = User::BloodType.new('B')
blood_type.type #=> "B"
```

こうした手法はクラス名の予期せぬ衝突を防ぐ「名前空間（ネームスペース）」を作る場合によく使われます。ただし、名前空間を作る場合はクラスよりもモジュールが使われることが多いです。名前空間やモジュールについては第8章で説明します。

Column クラスの可視性を変える方法

プログラミング言語によってはメソッドだけでなく、クラスに対してもpublicやprivateのような可視性を設定できるものがあります。ですが、Rubyではクラス構文にpublicやprivateのようなキーワードを付けることはできません。たとえば、以下のようなコードを書いてもBarクラスの可視性は変わりません[注10]。

```ruby
class Foo
  # このようなクラス定義は無意味
  # （場合によってはエラーにならないこともあるが、クラスの可視性が変わるわけではない）
  private class Bar
    # 省略
  end
end
#=> nil is not a symbol nor a string (TypeError)
```

注10　技術的な解説をすると、Rubyではクラス構文も式になっており、privateキーワードも実際はメソッドです。そのため、クラス定義時の戻り値をprivateメソッドに渡していることになり、文法上は有効であるため構文エラーは起きないのですが、やっていることとしては無意味です。

クラスの可視性をprivateにしたい場合は、「7.8　定数についてもっと詳しく」の節で紹介したprivate_constantを使います。

```
class Foo
  class Bar
    # 省略
  end

  # Barクラスの可視性をprivateにする
  private_constant :Bar
end

# Barクラスはprivateなクラスになったため、Fooクラスの外からは参照できない
Foo::Bar.new
#=> private constant Foo::Bar referenced (NameError)
```

7.8節ではprivate_constantは定数の可視性をprivateにするために使うものとして紹介しましたが、Rubyはクラス名も定数として扱われるため（大文字で始まる識別子を持つということは、Rubyの文法上は定数なんです！）、このようにprivate_constantを使ってクラスの可視性を変更することができます。

7.10.4 演算子の挙動を独自に再定義する

「7.3.3　インスタンス変数とアクセサメソッド」の項で説明したとおり、Rubyでは=で終わるメソッドを定義することができます。=で終わるメソッドは変数に代入するような形式でそのメソッドを呼ぶことができます。

```
class User
  # =で終わるメソッドを定義する
  def name=(value)
    @name = value
  end
end

user = User.new
# 変数に代入するような形式でname=メソッドを呼び出せる
user.name = 'Alice'
```

実はこれ以外にも、Rubyでは一見演算子を使っているように見えて実際はメソッドとして定義されているものがあり、それらはクラスごとに再定義することができます。以下は再定義可能な演算子の一覧です[注11]。

```
|  ^  &  <=>  ==  ===  =~  >   >=  <   <=   <<  >>
+  -  *  /    %   **   ~   +@  -@  []  []=  ` ! != !~
```

上記の+@と-@は、-iのように正負を反転させたりするときに使う単項演算子です。

注11　出典：https://docs.ruby-lang.org/ja/latest/doc/spec=2foperator.html

一方、以下の演算子はメソッドではないため、再定義できません[注12]。

```
= ?: .. ... not && and || or ::
```

上の=はuser.name=のようにセッターメソッドとして使う=ではなく、user = xのように変数（または定数）へ代入するときに使う=です。

さて、ここでは例として==を再定義してみましょう。たとえば次のような商品（Product）クラスがあったとします。

```
class Product
  attr_reader :code, :name

  def initialize(code, name)
    @code = code
    @name = name
  end
end
```

codeは商品コードで、nameは商品名です。商品コードは一意な値が割り振られ、同じ商品コードであれば同じ商品だと判断する、という要件があったとします。この場合、次のようにコードが動くと理想的ですね。

```
# aとcが同じ商品コード
a = Product.new('A-0001', 'A great movie')
b = Product.new('B-0001', 'An awesome film')
c = Product.new('A-0001', 'A great movie')

# ==がこのように動作してほしい
a == b #=> false
a == c #=> true
```

しかし最初のコードのままだと、どちらも結果はfalseになります。なぜならスーパークラスのObjectクラスでは、==はobject_idが一致したときにtrueを返す、という仕様になっているからです。

```
# 何もしないと実際はこうなる
a == b #=> false
a == c #=> false

# デフォルトでは同じobject_id（まったく同じインスタンス）の場合にtrueになる
a == a #=> true
```

というわけで、Productクラスで==を再定義（オーバーライド）しましょう。

```
class Product
  # 省略

  def ==(other)
    # otherがProductかつ、商品コードが一致していれば同じProductと見なす
    other.is_a?(Product) && code == other.code
  end
```

注12　出典：https://docs.ruby-lang.org/ja/latest/doc/spec=2foperator.html

```
end
```

こうすると==を使った比較が期待したとおりに動作します。

```
a = Product.new('A-0001', 'A great movie')
b = Product.new('B-0001', 'An awesome film')
c = Product.new('A-0001', 'A great movie')

# 商品コードが一致すればtrueになる
a == b #=> false
a == c #=> true

# Product以外の比較はfalse
a == 1   #=> false
a == 'a' #=> false
```

少し奇妙なコードですが、==はメソッドなので普通のメソッドのようにドット(.)付きで呼び出しても正常に動作します。

```
a.==(b) #=> false
a.==(c) #=> true
```

なお、==が呼び出されるのは左辺のオブジェクトになります。次のように書いた場合はProductクラスの==は呼び出されません。

```
# 左辺にあるのが整数なので、Integerクラスの==が呼び出される
1 == a #=> false
```

演算子を自分で再定義する機会はそれほど多くないかもしれませんが、Rubyでは演算子もメソッドとして再定義できる、ということを覚えておいてください。

7.10.5 等値を判断するメソッドや演算子を理解する

ところで、==演算子の話が出てきたので、ここで同じような用途のメソッドや演算子の役割について整理しておきましょう。

if文などで同じ値かどうかを比較する場合は==を使うことが多いですが、Rubyでは等値を判断するためのメソッドや演算子がほかにもあります。具体的には以下の4つです。

- equal?
- ==
- eql?
- ===

equal?メソッド以外は要件に合わせて再定義することが可能です。それぞれの用途を以下で説明します。

■equal?

equal?メソッドはobject_idが等しい場合にtrueを返します。つまりまったく同じインスタンスかどうか

を判断する場合に使います。この挙動が変わるとプログラムの実行に悪影響を及ぼす恐れがあるため、equal?メソッドは再定義してはいけません。

```
a = 'abc'
b = 'abc'
a.equal?(b) #=> false

c = a
a.equal?(c) #=> true
```

■==

==はオブジェクトの内容が等しいかどうかを判断します。1 == 1.0がtrueになるように、データ型が違っても人間の目で見て自然であればtrueを返すように再定義することがあります。

```
1 == 1.0 #=> true
```

■eql?

eql?メソッドも==と同様に等値判定を行いますが、クラスによっては==よりも厳格な等値判定を行います。たとえば、1 == 1.0はtrueですが、1.eql?(1.0)はfalseになります。

```
# eql?メソッドで数値を比較すると、1と1.0は異なる値と判定される
1.eql?(1.0)   #=> false

# eql?メソッドで数値を比較する場合は同じクラス（Integer同士、またはFloat同士）でなければtrueにならない
1.eql?(1)     #=> true
1.0.eql?(1.0) #=> true
```

eql?メソッドの代表的な用途は、2つのオブジェクトがハッシュのキーとして同じかどうかを判定することです。独自のクラスを定義してハッシュのキーとして使いたい場合は、eql?メソッドを再定義します。ただし、eql?メソッドを再定義する場合は、hashメソッドも再定義したうえで、「a.eql?(b)が真ならばa.hash == b.hashも真」という関係を必ず満たす必要があります。hashメソッドはそのオブジェクトのハッシュ値[注13]を返すメソッドです。

```
# 文字列（Stringオブジェクト）が返すハッシュ値の例
'JP'.hash #=> 3843974723244553461
'US'.hash #=> -3281068964685178507

# プログラムを再起動しない限り、同じ文字列からは同じハッシュ値が返る
'JP'.hash #=> 3843974723244553461
'US'.hash #=> -3281068964685178507
```

ハッシュ値が異なる場合は異なるオブジェクトであることが保証されますが、ごくまれに異なるオブジェクトから同じハッシュ値が生成される場合があります（ハッシュ値の衝突）。そのため、2つのオブジェクトが同じハッシュ値を持っていた場合は、eql?メソッドを使って本当に等しいオブジェクトかどうかを判定します。

注13　ハッシュ値＝あるデータから特定の計算手順によって求められる、一見ランダムな整数値のこと。RubyのHashクラスは、このハッシュ値を用いてデータを管理する「ハッシュテーブル」というデータ構造を実装しているため、それにちなんでHashという名前が付けられている。

とはいえ、この説明だけではピンとこないと思うので、具体例をお見せしましょう。たとえば、次のような世界の国コードを表すCountryCodeクラスがあったとします。

```
class CountryCode
  attr_reader :code

  def initialize(code)
    @code = code
  end
end
```

このクラスのインスタンスをハッシュのキーにして、同じ国コードであれば同じキーにしたいと思っても、そのままでは同一インスタンス以外は同じキーと見なされません。

```
japan = CountryCode.new('JP')
us = CountryCode.new('US')
india = CountryCode.new('IN')

# CountryCodeクラスのインスタンスをキーにしてハッシュを作成する
currencies = { japan => 'yen', us => 'dollar', india => 'rupee' }

# 同じ国コードなら同じキーとしたいが、そのままでは同一インスタンスだけが同じキーと見なされる
key = CountryCode.new('JP')
currencies[key]   #=> nil
currencies[japan] #=> "yen"
```

そこでeql?メソッドとhashメソッドを再定義し、国コードがハッシュのキーとして扱われるようにしてみましょう(「a.eql?(b)が真ならばa.hash == b.hashも真」という関係を必ず満たすように実装しなければならない点をお忘れなく)。

```
class CountryCode
  # 省略

  def eql?(other)
    # otherがCountryCodeかつ、同じ国コードなら同じキーと見なす
    other.instance_of?(CountryCode) && code.eql?(other.code)
  end

  def hash
    # CountryCodeオブジェクトのハッシュ値として国コードのハッシュ値を返す
    code.hash
  end
end
```

新たに実装し直したCountryCodeクラスでハッシュを作り直すと、今度は国コードがハッシュのキーとして使われるようになります。

```
# ハッシュを作り直す
currencies = { japan => 'yen', us => 'dollar', india => 'rupee' }
```

```
# 同じ国コードなら同じキーと見なされる！
key = CountryCode.new('JP')
currencies[key]   #=> "yen"
currencies[japan] #=> "yen"
```

===

===の代表的な用途はcase文のwhen節です。たとえばcase文では正規表現を使って次のような条件が書けます（これは「6.5.2　case文で正規表現を使う」の項でも紹介したコード例です）。

```
text = '03-1234-5678'

case text
when /^\d{3}-\d{4}$/
  puts '郵便番号です'
when /^\d{4}\/\d{1,2}\/\d{1,2}$/
  puts '日付です'
when /^\d+-\d+-\d+$/
  puts '電話番号です'
end
#=> 電話番号です
```

このコードを実行すると内部的には

```
/^\d{3}-\d{4}$/ === text
```

や

```
/^\d{4}\/\d{1,2}\/\d{1,2}$/ === text
```

のように、“when節のオブジェクト === case節のオブジェクト”の結果を評価しています（左辺がwhen節のオブジェクトである点に注意してください）。

case文ではwhen節にクラス名を書いてオブジェクトのデータ型（所属するクラス）を判定することもできます。これはStringクラスやArrayクラスもClassクラスのインスタンスであり、Classクラスが===を再定義しているためです（Classクラスについては「8.5.6　クラスやモジュール自身もオブジェクト」で詳しく説明します）。

```
value = [1, 2, 3]

# 内部的には String === value、Array === value、Hash === valueの結果が評価されている
case value
when String
  puts '文字列です'
when Array
  puts '配列です'
when Hash
  puts 'ハッシュです'
end
#=> 配列です
```

このように独自に定義したクラスのオブジェクトをcase文のwhen節の中で使いたい場合は、===を要件に合わせて再定義してください。

なお、===はcase文だけでなくパターンマッチでも利用されます。パターンマッチについては第11章で説明します。

7.10.6 オープンクラスとモンキーパッチ

Rubyはクラスの継承に制限がありません。StringクラスやArrayクラスなど、組み込みライブラリのクラスであっても継承して独自のクラスを定義することができます。

```
# Stringクラスを継承した独自クラスを定義する
class MyString < String
  # Stringクラスを拡張するためのコードを書く
end
s = MyString.new('Hello')
s       #=> "Hello"
s.class #=> MyString

# Arrayクラスを継承した独自クラスを定義する
class MyArray < Array
  # Arrayクラスを拡張するためのコードを書く
end
a = MyArray.new()
a << 1
a << 2
a       #=> [1, 2]
a.class #=> MyArray
```

それだけでなく、定義済みのクラスそのものにメソッドを追加したり、メソッドの定義を上書きしたりすることもできます。Rubyのクラスは変更に対してオープンなので、「オープンクラス」と呼ばれることもあります。

以下はStringクラスにshuffleという独自のメソッドを追加する例です。

```
class String
  # 文字列をランダムにシャッフルする
  def shuffle
    chars.shuffle.join
  end
end

s = 'Hello, I am Alice.'
s.shuffle #=> "e l.iaIlAce lm,Ho "
s.shuffle #=> " m,eeA cal Hil.Ilo"
```

たとえば、Ruby on Railsではオープンクラスを積極的に活用し、さまざまな独自の便利メソッドを組み込みクラス（StringクラスやArrayクラスなど）に追加しています。以下はその一例です（実際に試す場合はirbではなく、rails console内で実行する必要があります）。

```
# 文字列をキャメルケースからスネークケースに変換する
'MyString'.underscore #=> "my_string"

# レシーバが引数の配列に含まれていればtrueを返す
```

```
numbers = [1, 2, 3]
2.in?(numbers) #=> true
5.in?(numbers) #=> false
```

新しいメソッドを追加するだけでなく、既存のメソッドを上書きすることもできます。既存の実装を上書きして、自分が期待する挙動に変更することを「モンキーパッチ」と呼びます。以下はモンキーパッチをあてる例です。

```
# 以下のUserクラスは外部ライブラリで定義されている想定
class User
  def initialize(name)
    @name = name
  end

  def hello
    "Hello, #{@name}!"
  end
end

# モンキーパッチをあてる前の挙動を確認する
user = User.new('Alice')
user.hello #=> "Hello, Alice!"

# helloメソッドにモンキーパッチをあてて独自の挙動を持たせる
class User
  def hello
    "#{@name}さん、こんにちは！"
  end
end

# メソッドの定義を上書きしたのでhelloメソッドの挙動が変わっている
user.hello #=> "Aliceさん、こんにちは！"
```

上のようなコード例だとありがたみが伝わりにくいかもしれませんが、実際の開発では外部ライブラリ（gem）に軽微な不具合があったり、微妙に要件に合わない挙動があったりしたときに、モンキーパッチをあてて挙動を変えることがあります。

Column オープンクラスやモンキーパッチの弊害

オープンクラスやモンキーパッチは非常に強力で、うまく使えば開発の効率を高めることができます。ですが、一方で次のような弊害が出る恐れもあります。

- 組み込みライブラリのメソッドを不適切に上書きしたために、プログラム全体の動きがおかしくなってしまった。
- 組み込みライブラリに独自のメソッドを大量に追加したのはいいが、追加した本人以外はコードを読んでも誰がどこで何の目的で定義したメソッドなのかわからず、かえってチーム全体の開発効率を落としてしまった。
- 外部ライブラリのコードにモンキーパッチをあてて使っていたが、ライブラリのバージョンを上げた際にライブラリ本体のコードと整合性がとれなくなり、予期せぬタイミングでエラーが発生した。

ですから、何でもできるからといって、オープンクラスやモンキーパッチを乱用してはいけません。最初に検討すべきことは、オープンクラスやモンキーパッチに頼らずに要件を満たすコードが書けないか、ということです。外部のライブラリがオープンソースライブラリであれば、プルリクエストを送ってライブラリ本体に自分が修正したコードを取り込んでもらうこともできます。また、既存のクラスを拡張するにしても、「8.9.5　有効範囲を限定できるrefinements」の項で説明するrefinementsを使って、影響がおよぶ範囲を限定したりすることもできます。

Rubyの生みの親であるまつもとゆきひろ氏は「大いなる力には、大いなる責任が伴うことを忘れてはいけない」[注14]と語っています。Rubyプログラマはこの言葉を常に念頭に置いて、Rubyの強力な機能を使うようにしてください。

7.10.7 特異メソッド

Rubyはオープンクラスやモンキーパッチによって、既存クラスを拡張したり挙動を変更したりできると説明しました。さらにRubyではクラス単位ではなくオブジェクト単位で挙動を変えることもできます。これはどういうことなのでしょうか？　まずコードを見てみましょう。

```
alice = 'I am Alice.'
bob = 'I am Bob.'

# aliceのオブジェクトにだけ、shuffleメソッドを定義する
def alice.shuffle
  chars.shuffle.join
end

# aliceはshuffleメソッドを持つが、bobは持たない
alice.shuffle #=> "m le a.icIA"
bob.shuffle   #=> undefined method `shuffle' for "I am Bob.":String (NoMethodError)
```

上のコードのメソッド定義の部分を見てください。`def alice.shuffle`のように“**オブジェクト.メソッド名**”という形でメソッドを定義しています。これは「`alice`というオブジェクトに`shuffle`メソッドを定義しますよ」という意味です。なので、`alice`にだけ`shuffle`メソッドが追加され、`bob`には追加されないのです。

このように特定のオブジェクトにだけ紐付く（ひもづく）メソッドのことを特異メソッドと呼びます（英語ではsingleton methodと呼ばれます）。

ただし、数値（IntegerとFloat）やシンボルなど、特異メソッドを定義できないオブジェクトも存在します。

```
n = 1
def n.foo
  'foo'
end
#=> can't define singleton (TypeError)

sym = :alice
def sym.bar
  'bar'
end
#=> can't define singleton (TypeError)
```

なお、特異メソッドは次のような方法で定義することもできます。

注14　出典：Paolo Perrotta 著、角征典 訳、『メタプログラミングRuby 第2版』、オライリー・ジャパン、2015年

```
alice = 'I am Alice.'
# aliceというオブジェクトに特異メソッドを追加するもうひとつの方法
class << alice
  def shuffle
    chars.shuffle.join
  end
end
alice.shuffle #=> " ci Ama.lIe"
```

7.10.8 クラスメソッドは特異メソッドの一種

ところで、先ほど示した特異メソッドの定義方法は、これまでに説明したあるメソッドの定義方法に似ていることに気づいたでしょうか？　その「あるメソッド」とは「7.3.4　クラスメソッドの定義」の項で説明したクラスメソッドのことです。クラスメソッドの定義方法と特異メソッドの定義方法を一度見比べてみましょう。

```
# クラスメソッドを定義するコード例
class User
  def self.hello
    'Hello.'
  end

  class << self
    def hi
      'Hi.'
    end
  end
end

# 特異メソッドを定義するコード例
alice = 'I am alice.'

def alice.hello
  'Hello.'
end

class << alice
  def hi
    'Hi.'
  end
end
```

クラスメソッドも特異メソッドも定義方法が2つありますが、どちらも構文は非常によく似ています。それもそのはず、Rubyで便宜上クラスメソッドと呼んでいるものは、実際は特定のクラスの特異メソッドだからです。

ちなみに、クラスメソッドは以下のようなコードで定義することもできます。このほうが変数に特異メソッドを定義する構文により近いので、クラスメソッドが特異メソッドであることをイメージしやすいかもしれません。

```
class User
end

# クラス構文の外部でクラスメソッドを定義する方法1
def User.hello
  'Hello.'
end

# クラス構文の外部でクラスメソッドを定義する方法2
class << User
  def hi
    'Hi.'
  end
end

User.hello #=> "Hello."
User.hi    #=> "Hi."
```

RubyではStringやUserのようなクラスもオブジェクトなので、クラス（というオブジェクト）に特異メソッドを定義するとクラスメソッドのように見える、というのが正確な説明になります[注15]。ちなみに、Rubyの公式リファレンスでも目次欄ではクラスメソッドではなく、「特異メソッド」と書かれています（**図7-6**）。

図7-6　Regexpクラスの公式リファレンス[注16]

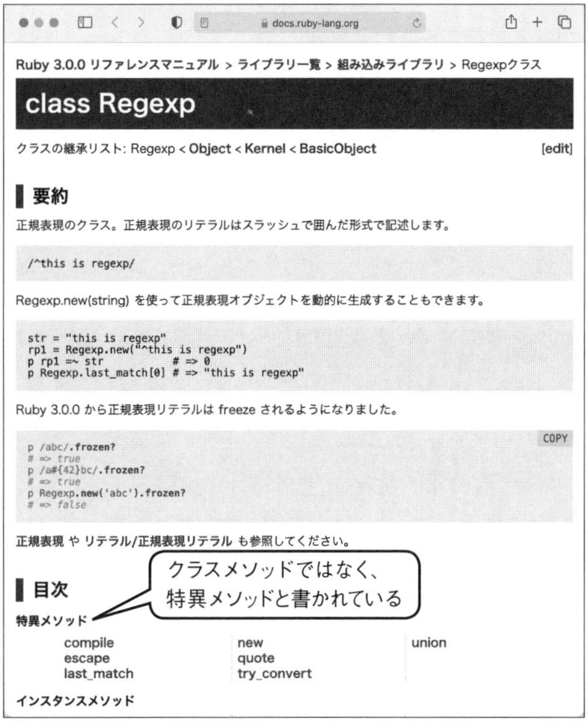

注15　Rubyではクラスもオブジェクトの一種である、という話は「8.5.6　クラスやモジュール自身もオブジェクト」の項で詳しく説明します。
注16　出典：https://docs.ruby-lang.org/ja/latest/class/Regexp.html

7.10.9 ダックタイピング

JavaやC#のような静的型付け言語からRubyにやってきた人は、抽象クラスやインターフェースといった機能をRubyで探しているかもしれません。しかし、Rubyは動的型付け言語なので、そういった機能はありません。

静的型付け言語では実行前にそのメソッドが100%確実に呼び出せることを保証しようとします。そのため、コンパイル時にオブジェクトのデータ型をチェックし、特定のクラスを継承していたり、特定のインターフェースを実装していたりすればメソッドの呼び出しは可能、そうでなければNG、と判断します。

一方、動的型付け言語では実行時にそのメソッドが呼び出せるかどうかを判断し、呼び出せないときにエラーが起きます。Rubyが気にするのは「コードを実行するその瞬間に、そのメソッドが呼び出せるか否か」であって、「そのオブジェクトのクラス（データ型）が何か」ではありません。

具体的なコード例を見てみましょう。たとえば次のようなメソッドがあったとします。

```
def display_name(object)
  puts "Name is <<#{object.name}>>"
end
```

display_nameメソッドは引数で渡されたオブジェクトがnameメソッドを持っていること（object.nameが呼び出せること）を期待しています。それ以外のことは何も気にしません。なので以下のようにまったく別々のオブジェクトを渡すことができます。

```
class User
  def name
    'Alice'
  end
end

class Product
  def name
    'A great movie'
  end
end

# UserクラスとProductクラスはお互いに無関係なクラスだが、display_nameメソッドは何も気にしない
user = User.new
display_name(user)    #=> Name is <<Alice>>

product = Product.new
display_name(product) #=> Name is <<A great movie>>
```

このように、オブジェクトのクラスが何であろうとそのメソッドが呼び出せれば良しとするプログラミングスタイルのことを「ダックタイピング（duck typing）」と呼びます。これは「もしもそれがアヒルのように歩き、アヒルのように鳴くのなら、それはアヒルである」[注17]という言葉に由来するプログラミング用語です。

この考え方に基づくと、静的型付け言語でよく見かける具象クラスと抽象クラスのような区別もなくなります。別のサンプルコードで考えてみましょう。たとえば以下のようなクラスがあったとします。

注17　出典：https://ja.wikipedia.org/wiki/ダック・タイピング

```
class Product
  def initialize(name, price)
    @name = name
    @price = price
  end

  def display_text
    # stock?メソッドはサブクラスで必ず実装してもらう想定
    stock = stock? ? 'あり' : 'なし'
    "商品名: #{@name} 価格: #{@price}円 在庫: #{stock}"
  end
end
```

display_textメソッドに注目してください。このメソッドでは在庫（stock）のあり／なしを表示させます。ただし、在庫の確認は商品の種類によって確認方法が異なるため、サブクラスで必ずstock?メソッドを実装してもらうようにします。スーパークラスのProductクラスではstock?メソッドを実装しません。以下はProductクラスを継承したDVDクラスを定義するコード例です。


```
class DVD < Product
  # 在庫があればtrueを返す
  def stock?
    # （本当はデータベースに問い合わせるなどの処理が必要だがここでは省略）
    true
  end
end
```

それではProductクラスとDVDクラスのそれぞれについて、実際にdisplay_textメソッドを呼び出してみましょう。

```
product = Product.new('A great film', 1000)
# スーパークラスはstock?メソッドを持たないのでエラーが起きる
product.display_text #=> undefined method `stock?' for #<Product:0x000...> (NoMethodError)

dvd = DVD.new('An awesome film', 3000)
# サブクラスはstock?メソッドを持つのでエラーが起きない
dvd.display_text     #=> "商品名: An awesome film 価格: 3000円 在庫: あり"
```

上記のコードのように、Productクラスではdisplay_textの呼び出しに失敗し、DVDクラスでは成功しました。とはいえ、表面上はどちらも普通のクラス定義になっています。Productクラスが抽象クラスで、DVDクラスが具象クラスだと見分ける構文はありませんし、Productクラスのインスタンス化も普通に行えます。Rubyが気にするのはあくまでstock?メソッドが呼び出せるかどうかです。よって、stock?メソッドが呼び出せないProductクラスではエラーが発生し、呼び出せるDVDクラスでは正常にメソッドが実行できました。

ただ、このままだと何も知らない人がProductクラスを使ったり、継承したりしたときに突然エラーが出てびっくりしてしまうかもしれません。なので、Productクラス内でもstock?メソッドを定義し、わかりやすいエラーメッセージとともにエラーを発生させる、といった手法をとることがあります。

```
class Product
  # 省略
```

```
  def stock?
    # 「サブクラスでstock?メソッドを実装すること」というメッセージとともにエラーを発生させる
    raise 'must implement stock? in subclass.'
  end
end

product = Product.new('A great film', 1000)
product.display_text #=> must implement stock? in subclass. (RuntimeError)
```

エラーが発生する、という意味では結果は同じですが、エラーが起きた理由がより具体的に表示されるのでデバッグはしやすくなります。なお、上に出てきたraiseは明示的にエラーを発生させるためのメソッドです。詳しくは第9章で説明します。

動的型付け言語は事前に実行可能なコードかどうかを検証しないため、当然ながら実行して初めてエラーに遭遇する、ということが起こりえます注18。一方でその特性を利点と見なし、ダックタイピングなどのテクニックを使って非常に柔軟で強力なプログラムを書くこともできます。静的型付け言語の経験が長い人はデメリットのほうについ目がいってしまうかもしれませんが、Rubyプログラミングを続けていると次第にメリットの大きさが理解できてくるはずです。

Column　メソッドの有無を調べるrespond_to?

オブジェクトのクラスを確認する場合はinstance_of?メソッドやis_a?メソッドを使うと説明しました（「7.6.3　オブジェクトのクラスを確認する」の項を参照）。一方、そのオブジェクトに対して特定のメソッドが呼び出し可能か確認する場合はrespond_to?メソッドを使います。

```
s = 'Alice'

# Stringクラスはsplitメソッドを持つ
s.respond_to?(:split) #=> true

# nameメソッドは持たない
s.respond_to?(:name)  #=> false
```

respond_to?メソッドを使えば、そのオブジェクトが呼び出したいメソッドを持っているかどうかで条件分岐させることができます。

```
def display_name(object)
  if object.respond_to?(:name)
    # nameメソッドが呼び出せる場合
    puts "Name is <<#{object.name}>>"
  else
    # nameメソッドが呼び出せない場合
    puts 'No name.'
  end
end
```

注18　Ruby 3.0で導入されたRBSというしくみ使うと、実行前に型エラーを検出することも可能です。RBSについては「13.10　Rubyにおける型情報の定義と型検査（RBS、TypeProf、Steep）」の節で説明します。ただし、本書ではRBSを使ったダックタイピングの型定義については説明していません。興味がある方はインターネットの情報などを参考にしてください。

メソッドを呼び出すたびにrespond_to?でメソッドの存在確認をしていてはコード量の面でもパフォーマンスの面でも都合が悪いため普通は確認しませんが、プログラムの設計上、さまざまなオブジェクトを受け取る可能性がある場合はrespond_to?メソッドが役に立ちます。

Column Rubyでメソッドのオーバーロード？

静的型付け言語ではメソッドのオーバーロード（多重定義）という機能があります。これは引数のデータ型や個数の違いに応じて、同じ名前のメソッドを複数定義できる、というものです。しかし、Rubyでは言語の特性上、メソッドのオーバーロードという考え方はありません。

たとえば、あるメソッドが数値だけでなく、文字列やnilも引数として受け取れるようにしたい、という場合はis_a?メソッドで引数のクラスをチェックしたり、to_iメソッドで明示的に数値に変換したりします。こうすることでオーバーロードと同じようなしくみが実現できます。

```
def add_ten(n)
  # nが整数以外の場合にも対応するためto_iで整数に変換する
  n.to_i + 10
end

# 整数を渡す
add_ten(1)   #=> 11

# 文字列やnilを渡す
add_ten('2') #=> 12
add_ten(nil) #=> 10
```

引数の個数については、引数のデフォルト値や可変長引数を使うことで、メソッド呼び出し時の引数の個数を柔軟に変えることができます。

```
# 引数にデフォルト値を付ける
def add_numbers(a = 0, b = 0)
  a + b
end

# 引数の個数はゼロでも1個でも2個でも良い
add_numbers       #=> 0
add_numbers(1)    #=> 1
add_numbers(1, 2) #=> 3
```

このようにRubyの場合は1つのメソッドでいろんなデータ型や個数の引数を受け取ることができるため、同じ名前で複数のメソッド定義を持つ必要性がありません。ゆえに、オーバーロードという考え方も必要ないのです。

7.11 この章のまとめ

この章で学習したおもな内容は以下のとおりです。

- オブジェクト指向プログラミングの基礎知識
- クラスの定義
- selfキーワード
- クラスの継承
- メソッドの可視性
- 定数
- さまざまな種類の変数
- クラス定義やRubyの言語仕様に関する高度な話題

サンプルプログラムの解説を含め、非常にたくさんの内容を説明しました。ですが、クラスの定義はオブジェクト指向言語にとっては根幹となる機能なので、説明する内容が多いのも当然といえば当然です。一気に全部のことを覚えるのはたいへんだと思います。ですが、プログラムの規模が大きくなればなるほど独自のクラスを定義する機会も増えます。折に触れてこの章を読み返し、クラスを適切に実装できるようになってください。

さて、次の章ではRubyの特徴的な機能の1つであるモジュールを学習します。クラスに比べると少し目立たない存在ですが、私たちは知らない間にモジュールの機能をたくさん使ってきています。それはいったい何なのか、一緒に学習していきましょう。

第8章

モジュールを理解する

8.1 イントロダクション

Rubyにはクラスのようでクラスでない、モジュールと呼ばれるしくみがあります。本書でここまで説明してきたような小規模なサンプルプログラムではモジュールが必要になることは少ないですが、大規模なプログラムでは多かれ少なかれモジュールを利用することになるはずです。また、モジュールを使っている意識はなくても、Rubyの裏側ではいくつかのモジュールが大活躍しています。Rubyのモジュールとはいったい何者なのか、この章を読んでしっかり理解しましょう。

8.1.1 この章の例題：rainbowメソッド

この章では出版社泣かせの文字色変更プログラムを作ります。題して、rainbowメソッドです。このメソッドを呼ぶと、to_sメソッドで得られる文字列が以下のように1文字ずつ異なる色で出力されます。

```
puts 'Hello, world!'.rainbow
#=> Hello, world!

puts [1, 2, 3].rainbow
#=> [1, 2, 3]
```

……ってやっぱり、印刷すると何も色が変わりませんね（苦笑）。しかたがないのでネット上に出力例（**図8-1**）を載せてみました。ブラウザでこちらのURLを開いてみてください。

・https://samples.jnito.com/rainbow.png 

図8-1　rainbowメソッド実行時の出力

```
irb(main):001:0> puts 'Hello, world!'.rainbow
Hello, world!
=> nil
irb(main):002:0> puts [1, 2, 3].rainbow
[1, 2, 3]
=> nil
```

ターミナル上の文字色を変えるときは以下のような文字列（シングルクオートではなく、ダブルクオートで囲んだもの）を使います。

```
"\e[31mABC\e[0m"
```

irbなどで上の文字列をputsすると、"ABC"の文字列が赤色で出力されるはずです。

```
# 紙面では再現できないが"ABC"の文字列が赤色で出力される
puts "\e[31mABC\e[0m"
```

```
#=> ABC
```

この文字列は3つのパートに分かれます。各パートの意味は以下のとおりです。

- \e[31m = 文字色を赤（31）に変更する。
- ABC = 出力する文字列（任意）。
- \e[0m = 文字色をリセットし、元に戻す。

指定可能な文字色は以下の8色です。

- 30 = 黒
- 31 = 赤
- 32 = 緑
- 33 = 黄
- 34 = 青
- 35 = マゼンタ（赤紫）
- 36 = シアン（水色）
- 37 = 白
- 0 = デフォルトの色に戻す

なお、この出力形式のことを「ANSIエスケープシーケンス」と言います。本書では扱いませんが、このほかにもANSIエスケープシーケンスを使って文字の背景色を変えたり、下線を引いたりすることもできます。

rainbowメソッドでは31から36（赤〜シアン）の6色を1文字ずつ順番に変えながら出力します。一巡したらまた赤色に戻して繰り返します。白と黒はターミナルの背景色と被って文字が見えなくなる可能性があるため使用しません。

ところで、この例題で一番大事なポイントを話すのを忘れていました。最初に載せたrainbowメソッドの使用例を見てください。rainbowメソッドは文字列でも配列でもどちらでも呼び出せるようになっています。

```
# 文字列でも配列でもどちらでもrainbowメソッドが呼び出せる
puts 'Hello, world!'.rainbow
puts [1, 2, 3].rainbow
```

特定のクラスだけでなく、さまざまなクラスで呼べるメソッドはどうやって実現できるのか、この章を読みながらイメージを作り上げていってください。

8.1.2 この章で学ぶこと

この章では以下のような内容を学びます。

- モジュールの概要
- モジュールを利用したメソッド定義（includeとextend）
- モジュールを利用した名前空間の作成
- 関数や定数を提供するモジュールの作成
- 状態を保持するモジュールの作成

・モジュールに関する高度な話題

この章もボリュームが多く、難しい内容もたくさん出てきます。しんどくなってきたら頭の中にインデックスを作る読書スタイルに切り替えましょう。なお、第7章と同様、この章もirb上でサンプルコードを入力し続けると本書の実行例どおりに動かない場合があります。その際はirbを再起動してコードを再度入力してみてください（irbの再起動が必要になる理由は、第7章のコラム「irb上でクラス定義を繰り返す際の注意点」(p.245)を参照）。

8.2 モジュールの概要

8.2.1 モジュールの用途

モジュールはさまざまな用途で使われます。具体的には以下のような用途です。

- 継承を使わずにクラスにインスタンスメソッドを追加する、もしくは上書きする（ミックスイン）。
- 複数のクラスに対して共通の特異メソッド（クラスメソッド）を追加する。
- クラス名や定数名の衝突を防ぐために名前空間を作る。
- 関数的メソッドを定義する。
- シングルトンオブジェクトのように扱って設定値などを保持する。

初心者の方はこの説明だけではピンとこないかもしれません。しかも上のリストはどれも用途がバラバラのようにも見えます。実際、筆者もRubyを使い始めたころはあちこちにモジュールが登場するものの、使われ方がさまざまで「結局モジュールって何なの？？」と混乱した記憶があります。

モジュールは少し上級者向けの機能のようにも思います。上級者はモジュールの特徴を活かしてさまざまに活用できますが、初心者にとってはその「モジュールの高度な使い方」が混乱の原因になります。というわけで、この章ではこの先みなさんができるだけ混乱しないように、モジュールを使ったコードを読み書きするコツを伝授していきます。

8.2.2 モジュールの定義

ではまず、モジュールの作り方から確認していきましょう。モジュールは以下のような構文で定義します。

```
module モジュール名
  # モジュールの定義（メソッドや定数など）
end
```

たとえば以下のような感じです。

```
# helloメソッドを持つGreetableモジュールを定義
module Greetable
  def hello
    'hello'
```

```
  end
end
```

これだけ見るとクラスの定義によく似ています。上のコードであれば、moduleの部分をclassに変えればクラス定義と同じ構文になります。しかし、モジュールはクラスと違って次のような特徴があります。

- モジュールからインスタンスを作成することはできない。
- ほかのモジュールやクラスを継承することはできない。

実際、モジュールで上記のことをやろうとするとエラーが発生します。

```
# モジュールのインスタンスは作成できない
greetable = Greetable.new #=> undefined method `new' for Greetable:Module (NoMethodError)

# ほかのモジュールを継承して新しいモジュールを作ることはできない
module AwesomeGreetable < Greetable
end
#=> syntax error, unexpected '<' (SyntaxError)
```

さて、モジュールを作成する構文はわかりました。クラスとの文法上の違いもわかりました。しかし、モジュールが何の役に立つのかはまだよくわからないですよね。大丈夫です。今から順番に説明していきます。

8.3 モジュールを利用したメソッド定義 (includeとextend)

8.3.1 モジュールをクラスにincludeする

「7.6.1 標準ライブラリの継承関係」の項で説明したとおり、Rubyでは単一継承を採用しています。つまり1つのクラスは1つのスーパークラスしか持てません。しかし、is-aの関係にはなくても、複数のクラスにまたがって同じような機能が必要になるケースは存在します。たとえば以下のサンプルコードは、メソッドが呼ばれたタイミングでログを残そうとする2つのクラス（製品クラスとユーザクラス）です。

```
class Product
  def title
    log 'title is called.'
    'A great movie'
  end

  private

  def log(text)
    # 本来であれば標準ライブラリのLoggerクラスなどを使うべきだが、簡易的にputsで済ませる
    puts "[LOG] #{text}"
  end
end
```

```
class User
  def name
    log 'name is called.'
    'Alice'
  end

  private

  # このメソッドの実装はProductクラスのlogメソッドとまったく同じ
  def log(text)
    puts "[LOG] #{text}"
  end
end

product = Product.new
product.title
#=> [LOG] title is called.
#   "A great movie"

user = User.new
user.name
#=> [LOG] name is called.
#   "Alice"
```

ご覧のとおり、どちらもログを出力することはできましたが、ログを出力する処理は重複しています。しかし、コードが重複しているからといって安易に継承を使ったりしてはいけません。「製品はユーザである」または「ユーザは製品である」という関係（is-aの関係）が成り立たないのであれば、継承の使用は避けるべきです。

継承は使えないが、「ログを出力する」という共通の機能は持たせたい、そんなときに選択肢として挙がるのがモジュールです。モジュールにログ出力のメソッドを定義し、クラスでそのモジュールをincludeすると、モジュールで定義したメソッドがインスタンスメソッドとして呼び出せるようになります。やってみましょう。

```
# ログ出力用のメソッドを提供するモジュール
# 「ログ出力できる（log + able）」という意味でLoggableという名前を付けた
module Loggable
  def log(text)
    puts "[LOG] #{text}"
  end
end

class Product
  # 上で作ったモジュールをincludeする
  include Loggable

  def title
    # logメソッドはLoggableモジュールで定義したメソッド
    log 'title is called.'
    'A great movie'
  end
```

```
end

class User
  # こちらも同じようにincludeする
  include Loggable

  def name
    # Loggableモジュールのメソッドが使える
    log 'name is called.'
    'Alice'
  end
end

product = Product.new
product.title
#=> [LOG] title is called.
#   "A great movie"

user = User.new
user.name
#=> [LOG] name is called.
#   "Alice"
```


ご覧のとおり、Loggableモジュールをincludeすることで、モジュールに定義したlogメソッドをProductクラスでもUserクラスでも呼び出すことができました。このモジュールがあれば、これら2つのクラスに限らず、ほかのクラスでも継承関係を気にすることなくログ出力の機能を持つことができます。

このようにモジュールをクラスにincludeして機能を追加することをミックスインと言います[注1]。ミックスイン先のクラスは基本的にどんなクラスでもOKです。また、1つのクラスに複数のモジュールをミックスインすることもできます。このようにRubyではミックスインを利用することで多重継承に似たしくみを実現しています（**図8-2**）。

図8-2 ミックスインにより多重継承に似たしくみを実現できる

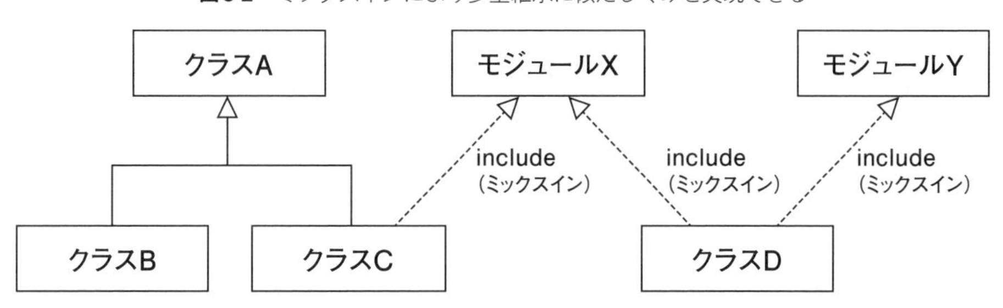

ミックスインを利用することでクラスCはクラスAとモジュールXを、クラスDはモジュールXとモジュールYをそれぞれ多重継承しているような状態になる。

ただ、先ほどのコードだとlogメソッドがpublicメソッドになり、クラスの外から呼び出せてしまいます。

注1 ミックスインという用語はほかのプログラミング言語では少し違う意味で使われていることがあります。ほかの言語を学ぶ際はその言語におけるミックスインの意味を確認するようにしましょう。

```
product.log 'public?' #=> [LOG] public?
```

publicメソッドにする必要がなければ、モジュール側でprivateメソッドとして定義しておきましょう。こうしておくとincludeしたクラスでもそのメソッドがprivateメソッドとして扱われます。

```
module Loggable
  # logメソッドはprivateメソッドにする
  private

  def log(text)
    puts "[LOG] #{text}"
  end
end

class Product
  include Loggable

  # 省略
end

product = Product.new
# logメソッドはprivateメソッドなので外部から呼び出せない
product.log 'public?'
#=> private method `log' called for #<Product:0x000000013d37a210 ...> (NoMethodError)
```

8.3.2 include先のメソッドを使うモジュール

「7.10.9　ダックタイピング」の項でも説明したとおり、Rubyは動的型付け言語であるため「メソッドを実行する瞬間にそのメソッドが呼び出せれば良い」という考え方でプログラムが書けます。この考え方はモジュールにも適用できます。たとえば以下はpriceというメソッドがinclude先に定義されていることを前提としたモジュール（値札を返すモジュール）の定義です。

```
module Taggable
  def price_tag
    # priceメソッドはinclude先で定義されているはず、という前提
    "#{price}円"
  end
end

class Product
  include Taggable

  def price
    1000
  end
end

product = Product.new
```

```
product.price_tag #=> "1000円"
```

ご覧のとおり、Taggableモジュールのprice_tagメソッドは、Productクラスのpriceメソッドと連携して目的の処理を実行することができました。

上のコードには明示的に書いていませんが、モジュールのメソッドを実行する際のselfはinclude先のクラスのインスタンスになります。そのため、上のコードではProductクラスに定義したpriceメソッドがprice_tagメソッド内で呼び出せるのです。もちろん、self付きでpriceメソッドを呼び出してもかまいません。

```
module Taggable
  def price_tag
    # あえてselfを付けて呼び出しても良い
    # selfはinclude先のクラス（たとえばProductクラス）のインスタンスになる
    "#{self.price}円"
  end
end
```

Rubyのような動的型付け言語の特徴を理解していれば、この結果にはとくに驚くべき点はありません。しかし、Rubyではこの特徴をうまく利用したモジュールがいくつか存在します。この内容はのちほど説明します。

8.3.3 モジュールをextendする

モジュールを利用したメソッド定義のもうひとつの方法としてextendがあります。extendを使うと、モジュール内のメソッドをそのクラスの特異メソッド（つまりクラスメソッド）にすることができます。

```
# モジュールの定義はincludeするときと同じ
module Loggable
  def log(text)
    puts "[LOG] #{text}"
  end
end

class Product
  # Loggableモジュールのメソッドを特異メソッド（クラスメソッド）として追加する
  extend Loggable

  def self.create_products(names)
    # logメソッドをクラスメソッド内で呼び出す
    # (つまりlogメソッド自体もクラスメソッドになっている)
    log 'create_products is called.'
    # ほかの実装は省略
  end
end

# クラスメソッド経由でlogメソッドが呼び出される
Product.create_products([]) #=> [LOG] create_products is called.

# Productクラスのクラスメソッドとして直接呼び出すことも可能
Product.log('Hello.')       #=> [LOG] Hello.
```

ちなみにクラス構文の直下はselfがそのクラス自身を表すため（「7.5.2　クラスメソッドの内部やクラス構

文直下のself」の項を参照)、クラス構文の直下でextendしたメソッド(クラスメソッド)を使うこともできます。

```
class Product
  extend Loggable

  # logメソッドをクラス構文の直下で呼び出す
  #(クラスが読み込まれるタイミングで、このlogメソッドも実行される)
  log 'Defined Product class.'
end
#=> [LOG] Defined Product class.
```

また、ここまでincludeやextendはクラス構文の内部で使いましたが、includeやextendは次のようにして**クラス名**.include、または**クラス名**.extendの形で呼び出すことも可能です[注2]。

```
# クラス構文の内部でinclude/extendを使う代わりに、クラス名.include、
# またはクラス名.extendの形式でモジュールをinclude/extendする
Product.include Loggable
Product.extend Loggable
```

このように、includeやextendを使ってモジュール内で定義したメソッドをインスタンスメソッドや特異メソッド(クラスメソッド)として追加するのが、モジュールの使い方の1つです。

さて、モジュールについてはまだまだ説明したい内容が残っているのですが、いったんここで例題の説明に移ります。

8.4 例題：rainbowメソッドの作成

この章ではターミナルに出力する文字の文字色を1文字ずつ変化させるrainbowメソッドを実装することになっていました。このメソッドは文字列(Stringクラス)や配列(Arrayクラス)のように、特定のクラスだけでなくさまざまなクラスで呼べるようにする、という要件があります。

```
# 文字列でも配列でもどちらでもrainbowメソッドが呼び出せる
puts 'Hello, world!'.rainbow
puts [1, 2, 3].rainbow
```

8.4.1 実装の方針を検討する

今回作成するrainbowメソッドは、特定のクラスだけでなくさまざまなクラスで呼べるようにする、という条件があります。この章を読む前は「いったいどうやって？」と思われたかもしれませんが、この章を読んできたみなさんはもう見当がついていることでしょう。そうです。モジュールを作ればいいのです。今回はRainbowableという名前のモジュールを作り、そこにrainbowメソッドを実装しましょう。

注2　クラス構文の中で使っているincludeやextendも実はメソッド呼び出しになっています。includeメソッドはModuleクラスに、extendメソッドはObjectクラスにそれぞれ定義されています。ModuleクラスやObjectクラスについては「8.5.6　クラスやモジュール自身もオブジェクト」の項で詳しく説明します。

```
module Rainbowable
  def rainbow
    # rainbowメソッドの実装
  end
end
```

そしてこのモジュールをStringクラスやArrayクラスにincludeすれば、どちらのクラスでもrainbowメソッドが使えるようになります。

```
String.include Rainbowable
Array.include Rainbowable
```

なお、上のコード例では**クラス名.include**の形式でモジュールをincludeしましたが、次のようにクラス構文の内部でincludeしてもかまいません。

```
class String
  include Rainbowable
end
```


8.4.2 テストコードを準備する

それでは今回もテストコードの作成から始めます。以下の手順に従って実装の準備を整えてください。

まず、testディレクトリにrainbowable_test.rbを作成します。

```
ruby-book/
├── lib/
└── test/
    └── rainbowable_test.rb
```

次に、rainbowable_test.rbを開き、次のようなコードを書いてください。

```
require 'minitest/autorun'
require_relative '../lib/rainbowable'

class RainbowableTest < Minitest::Test
  def test_rainbow
    # とりあえずモジュールが参照できることを確認する
    assert Rainbowable
  end
end
```

続いて、libディレクトリにrainbowable.rbを作成します。

```
ruby-book/
├── lib/
│   └── rainbowable.rb
└── test/
    └── rainbowable_test.rb
```

rainbowable.rbを開いて、Rainbowableモジュールを定義します。rainbowメソッドもとりあえず形だけ定義しておきましょう。

```
module Rainbowable
  def rainbow
    # 実装はあとで
  end
end
```

ここまでできたら、テストを実行してパスすることを確認します。

```
$ ruby test/rainbowable_test.rb
省略
1 runs, 1 assertions, 0 failures, 0 errors, 0 skips
```

準備ができたらRainbowableモジュールの実装に移りましょう。

8.4.3 rainbowメソッドを実装する

さて、今からrainbowメソッドを実装するのですが、その前にこれまでと同様テストコードから書き始めます。ただ、今回は文字列や配列でrainbowメソッドが呼び出せるよう、StringクラスとArrayクラスにあらかじめRainbowableモジュールをincludeしておく必要があります。これはsetupメソッドで行うことにします。

```
class RainbowableTest < Minitest::Test
  def setup
    # 文字列や配列でrainbowメソッドが呼び出せるよう、Rainbowableモジュールをinclude
    String.include Rainbowable
    Array.include Rainbowable
  end

  def test_rainbow
    # 省略
  end
end
```

次にテストコードの実装です。ANSIエスケープシーケンスの書式に従うと、次のようなテストコードになるはずです。

```
def test_rainbow
  expected = "\e[31mH\e[32me\e[33ml\e[34ml\e[35mo\e[36m,\e[31m \e[32mw\e[33mo\e[34mr\e[35ml\
e[36md\e[31m!\e[0m"
  assert_equal expected, 'Hello, world!'.rainbow

  expected = "\e[31m[\e[32m1\e[33m,\e[34m \e[35m2\e[36m,\e[31m \e[32m3\e[33m]\e[0m"
  assert_equal expected, [1, 2, 3].rainbow
end
```

ただ、これを全部手入力するとちょっと大変ですし、入力間違いも発生しやすいので、今回はテストコードをコピー＆ペーストしても良いことにします。以下のURLを開いてテストコードをコピー＆ペーストしてください。

・https://samples.jnito.com/rainbowable_test.rb 

では、このテストを実行してみます。

```
$ ruby test/rainbowable_test.rb
省略
  1) Failure:
RainbowableTest#test_rainbow [test/rainbowable_test.rb:12]:
--- expected
+++ actual
@@ -1 +1 @@
-"\e[31mH\e[32me\e[33ml\e[34ml\e[35mo\e[36m,\e[31m \e[32mw\e[33mo\e[34mr\e[35ml\e[36md\e[31m!\e[0m"
+nil

1 runs, 1 assertions, 1 failures, 0 errors, 0 skips
```

当然ながらテストは失敗します。それでは今からrainbowメソッドを実装していきます。

今回はrainbowメソッドを次のようなロジックで実装することにします。

1. to_sメソッドを使って自分自身の文字列表現を取得する。
2. 取得した文字列を1文字ずつループ処理する。
3. 各文字の手前にANSIエスケープシーケンスを付与する。文字色は31から36まで順に切り替え、最後まで進んだらまた31に戻る。
4. 各文字を連結して1つの文字列にする。
5. 最後に文字色をリセットするための\e[0mを付与する。

文字列を1文字ずつループ処理する場合はeach_charメソッドを使います。また、文字色を31から36まで切り替えてまた31に戻す処理は、ループカウンタを6で割った余りに31を足すと良さそうです。

というわけで、上のロジックを愚直に実装すると次のようなコードになります。

```
module Rainbowable
  def rainbow
    # 1. to_sメソッドを使って自分自身の文字列表現を取得する
    str = self.to_s

    # ループカウンタと、色を付けた文字を順に格納する配列を用意
    count = 0
    colored_chars = []

    # 2. 取得した文字列を1文字ずつループ処理する
    str.each_char do |char|
      # 文字色は31から36まで順に切り替え、最後まで進んだらまた31に戻る
      color = 31 + count % 6

      # 3. 各文字の手前にANSIエスケープシーケンスを付与する（さらに、その文字を配列に追加する）
      colored_chars << "\e[#{color}m#{char}"
```

```
      count += 1
    end

    # 4. 各文字を連結して1つの文字列にする
    ret = colored_chars.join

    # 5. 最後に文字色をリセットするための\e[0mを付与する
    ret + "\e[0m"
  end
end
```

これで先ほど書いたテストコードはパスするはずです。やってみましょう。

```
$ ruby test/rainbowable_test.rb
省略
1 runs, 2 assertions, 0 failures, 0 errors, 0 skips
```

はい、ちゃんとパスしましたね！　ただ、テストがパスしても本当に文字の色が変わっているのかどうか、これではよくわかりません。そこで試しにテストコードの最後で実際にrainbowメソッドの戻り値をputsしてみましょう。

```
def test_rainbow
  # 省略

  # rainbowメソッドの戻り値をターミナルに出力
  puts 'Hello, world!'.rainbow
  puts [1, 2, 3].rainbow
end
```

こうするとターミナルにカラフルな文字列が出力されるはずです。

```
$ ruby test/rainbowable_test.rb
Run options: --seed 41738

# Running:

Hello, world!
[1, 2, 3]
.

Finished in 0.000459s, 2178.6492 runs/s, 4357.2985 assertions/s.
1 runs, 2 assertions, 0 failures, 0 errors, 0 skips
```

わかりにくいかもしれませんが、スクリーンショット（**図8-3**）も載せておきます。Hello, world!と[1, 2, 3]の色が変わっているのがわかるでしょうか？

図8-3　rainbowメソッドの戻り値をターミナルに出力

```
→ codes git:(main) × ruby test/rainbowable_test.rb
Run options: --seed 50361

# Running:

Hello, world!
[1, 2, 3]
.

Finished in 0.000423s, 2364.0664 runs/s, 4728.1328 assertions/s.
1 runs, 2 assertions, 0 failures, 0 errors, 0 skips
```

以下のURLを開くと**図8-3**の出力結果をカラー画像で確認できます。

・https://samples.jnito.com/rainbow-debug.png 

出力結果を確認したら、先ほど追加したputsは削除しておいてください。

8.4.4 rainbowメソッドのリファクタリング

先ほど実装したrainbowメソッドにはいろいろとリファクタリングの余地があります。ぱっと思いつくものを挙げるとこんな感じです。

- self.to_sのself.を省略する。
- to_sの結果を変数strに代入せず、直接each_charメソッドを呼ぶ。
- ループカウンタcountの値を自分で加算していくのではなく、with_indexを利用して取得する（with_indexについては「4.8.2　with_indexメソッドを使った添え字付きの繰り返し処理」の項を参照）。
- joinした結果を変数retに入れず、joinの戻り値に対して直接"\e[0m"を連結する。

これらを適用すると、rainbowメソッドは次のようにリファクタリングできます。

```
module Rainbowable
  def rainbow
    colored_chars = []
    to_s.each_char.with_index do |char, count|
      color = 31 + count % 6
      colored_chars << "\e[#{color}m#{char}"
    end
    colored_chars.join + "\e[0m"
  end
end
```

これで終わりでしょうか？　いえいえ、リファクタリングはまだ続きます。

まず、「空の配列を用意して、ほかの配列をループ処理した結果を空の配列に詰め込んでいくような処理」はmapメソッドに置き換えることができます（「4.4.1　map/collect」の項を参照）。ここでは変数colored_ charsに対する処理がまさしくそれに該当します。ただし、ここではwith_indexでループカウンタの値も取得しなければならないため、each_char.map.with_indexというように書き換えます。加えて、第4章のコラム「ブロックの後ろに別のメソッドを続けて書く」(p.151) では、mapメソッドの戻り値に対して直接joinメソッドを呼び出す（つまりend.joinと書く）テクニックを紹介しました。

これらの知識を総合すると、さらにこんなリファクタリングが可能です。

```
module Rainbowable
  def rainbow
    to_s.each_char.map.with_index do |char, count|
      color = 31 + count % 6
      "\e[#{color}m#{char}"
    end.join + "\e[0m"
  end
end
```

これでリファクタリングは完了です。文章を読むだけでは理解しにくいところもあると思うので、手元で実際にコードを動かしながら理解を深めるようにしてください。

では、このコードでもテストがパスすることを確認してみましょう。

```
$ ruby test/rainbowable_test.rb
省略
1 runs, 2 assertions, 0 failures, 0 errors, 0 skips
```

ご覧のとおり、ちゃんとパスさせることができました！

8.4.5 あらゆるオブジェクトでrainbowメソッドを使えるようにする

rainbowメソッドは完成しましたが、ここでひとつ興味深い実験をしてみましょう。「7.6.1　標準ライブラリの継承関係」の項で説明したとおり、Rubyのクラスはすべて Objectクラスを継承しています注3。先ほどのテストコードではStringクラスとArrayクラスにだけRainbowableモジュールをincludeしましたが、Objectクラスにincludeすれば Hashオブジェクトや範囲オブジェクトなど、あらゆるオブジェクトでrainbowメソッドが使えるようになります。

試しにrainbowable_test.rbのsetupメソッドを次のように書き換えてみましょう。

```
def setup
  # StringクラスやArrayクラスではなく、ObjectクラスにRainbowableモジュールをincludeする
  Object.include Rainbowable
end
```

setupメソッドを書き換えたら、test_rainbowメソッド内で任意のオブジェクトに対してrainbowメソッドを呼び出すようにしてみてください注4。

```
def test_rainbow
  # 省略
```

注3　正確にはBasicObjectですが、ここでは便宜上Objectクラスを継承関係の頂点とします。

注4　ハッシュの内容をputsする場合は、メソッド呼び出しの丸カッコを省略できません。この理由は「5.6.7　ハッシュリテラルの{}とブロックの{}」の項を参照してください。

```
  # ハッシュや範囲オブジェクトなど、任意のオブジェクトに対してrainbowメソッドを呼び出してみる
  puts({foo: 123, bar: 456}.rainbow)
  puts (10..20).rainbow
  puts true.rainbow
  puts false.rainbow
end
```

テストを実行すると各オブジェクトの内容がカラフルにターミナル上に出力されるはずです（**図8-4**）。

```
$ ruby test/rainbowable_test.rb
省略
{:foo=>123, :bar=>456}
10..20
true
false
省略
```

図8-4 任意のオブジェクトに対してrainbowメソッドを呼び出す

```
→  codes git:(main) ✗ ruby test/rainbowable_test.rb
Run options: --seed 43434

# Running:

{:foo=>123, :bar=>456}
10..20
true
false
.

Finished in 0.000487s, 2053.3882 runs/s, 4106.7763 assertions/s.
1 runs, 2 assertions, 0 failures, 0 errors, 0 skips
```


「白黒でわかりにくい」という場合は、以下のURLを開くと実行結果をカラー画像で確認できます。

- https://samples.jnito.com/rainbow-objects.png

このようにObjectクラスにモジュールをincludeすれば、あらゆるオブジェクトで同じメソッドが呼び出せるようになります。出力結果を確認したら、setupメソッドとtest_rainbowメソッドの変更点は元に戻しておいてください。

この例題で作成したRainbowableモジュールはちょっとしたお遊びで作ったモジュールですが、実際のObjectクラスには、ある便利なモジュールがincludeされています。このモジュールのおかげで、今まで当たり前のように使ってきたメソッドがいつでもどこでも使えるようになっています。

とはいえ、Objectクラスはもちろん、StringクラスやArrayクラスのようにRubyの基本的なクラス（組み込みライブラリに含まれるクラス）に対して好き勝手にモジュールをincludeすると、プログラム全体にその変更が影響するため、モジュールによって追加された機能が仇（あだ）となって予期せぬ不具合を引き起こすかもしれま

せん。そのようなリスクをなるべく減らせるよう、Rubyにはモジュールの有効範囲を限定できる機能も用意されています。

これらの内容はそれぞれ「8.5.4　Kernelモジュール」の項と「8.9.5　有効範囲を限定できるrefinements」の項で説明します。このあとも引き続き、モジュールについてさまざまな知識を学んでいきましょう！

8.5 モジュールを利用したメソッド定義についてもっと詳しく

8.5.1 includeされたモジュールの有無を確認する

あるクラスに特定のモジュールがincludeされているかどうか確認する方法はいくつかあります。たとえば、ProductクラスがLoggableモジュールをincludeしていたとします。

```
module Loggable
  # 省略
end

class Product
  include Loggable
  # 省略
end
```

クラスオブジェクトに対してinclude?メソッドを呼ぶと、引数で渡したモジュールがincludeされているかどうかがわかります。

```
Product.include?(Loggable) #=> true
```

また、included_modulesメソッドを呼ぶと、includeされているモジュールの配列が返ります。

```
Product.included_modules #=> [Loggable, Kernel]
```

上の結果ではincludeした覚えのないKernelモジュールが登場していますが、この点についてはのちほど詳しく説明します。

ancestorsメソッドを使うと、モジュールだけでなくスーパークラスの情報も配列になって返ってきます。

```
Product.ancestors #=> [Product, Loggable, Object, Kernel, BasicObject]
```

ancestorsメソッドの実行結果についても、のちほど詳しく説明します。

クラスオブジェクトではなく、クラスのインスタンスからもincludeされているモジュールの情報は取得できます。たとえば、classメソッドを使うと自分が属しているクラスのクラスオブジェクトが取得できるため、そこからinclude?メソッドやincluded_modulesメソッドを呼ぶことができます。

```
product = Product.new
# product.classはProductクラスを返す
```

```
product.class.include?(Loggable) #=> true
product.class.included_modules   #=> [Loggable, Kernel]
```

また、is_a?メソッドを使えば、直接インスタンスに対して自クラスがそのモジュールをincludeしているかどうかがわかります。

```
product = Product.new
# 引数が自クラス、includeしているモジュール、スーパークラスのいずれかに該当すればtrue
product.is_a?(Product)  #=> true
product.is_a?(Loggable) #=> true
product.is_a?(Object)   #=> true
```

8.5.2 Enumerableモジュール

「8.3.2 include先のメソッドを使うモジュール」項の最後でRubyにはinclude先のメソッドをうまく使っているモジュールがあるという話を書きました。今からそのようなモジュールの具体例を2つ紹介します。ひとつはEnumerableモジュールで、もうひとつはComparableモジュールです。この項ではEnumerableモジュールを紹介します。

Enumerableモジュールは配列やハッシュ、範囲（Range）など、何かしらの繰り返し処理ができるクラスにincludeされているモジュールです。Enumerableモジュールがincludeされていることは、以下のようにクラスに対してinclude?メソッドを呼び出すとわかります。

```
Array.include?(Enumerable) #=> true
Hash.include?(Enumerable)  #=> true
Range.include?(Enumerable) #=> true
```

Enumerableモジュールには数多くのメソッドが定義されています。代表的なメソッドをいくつか挙げてみましょう。

```
map   select   find   count
```

もちろん、Enumerableモジュールをincludeしているクラスであれば、上のメソッドはいずれも呼び出すことが可能です。

```
# 配列、ハッシュ、範囲でmapメソッドを使う
[1, 2, 3].map { |n| n * 10 }                      #=> [10, 20, 30]
{ a: 1, b: 2, c: 3 }.map { |k, v| [k, v * 10] } #=> [[:a, 10], [:b, 20], [:c, 30]]
(1..3).map { |n| n * 10 }                         #=> [10, 20, 30]

# 配列、ハッシュ、範囲でcountメソッドを使う
[1, 2, 3].count            #=> 3
{ a: 1, b: 2, c: 3 }.count #=> 3
(1..3).count               #=> 3
```

Enumerableモジュールが提供しているメソッドについてはRubyの公式リファレンスを参照してください。

- https://docs.ruby-lang.org/ja/latest/class/Enumerable.html

ところで、Enumerableモジュールをincludeして、モジュールに定義されたメソッドを使えるようにする条件はたった1つだけです。それはinclude先のクラスでeachメソッドが実装されていることです。Enumerableモジュールのメソッドはいずれもinclude先のクラスに実装されたeachメソッドを使います。なので、eachメソッドさえ実装していればEnumerableモジュールをincludeするだけで、このモジュールに定義された50を超えるメソッドが一気に手に入るわけです。もちろん、Rubyで最初から定義されているクラスだけでなく、自分で定義したクラスでもeachメソッドを適切に実装していれば、Enumerableモジュールをincludeしてメソッドを追加することができます。

8.5.3 Comparableモジュールと<=>演算子

気づかないうちによくお世話になっているモジュールの例をもうひとつ紹介しましょう。それはComparableモジュールです。Comparableモジュールは比較演算を可能にする（つまり値の大小を判定できるようにする）モジュールです。Comparableモジュールをincludeすると以下のメソッド（演算子）が使えるようになります。

```
<   <=   ==   >   >=   between?
```

Comparableモジュールのメソッドを使えるようにするための条件は、include先のクラスで<=>演算子を実装しておくことです。<=>演算子はその形状から「宇宙船演算子（もしくはUFO演算子）」とも呼ばれる演算子で、a <=> bが次のような結果を返すように実装する必要があります。

- aがbより大きいなら正の整数
- aとbが等しいなら0
- aがbより小さいなら負の整数
- aとbが比較できない場合はnil

文字列や数値を使って、実際に<=>演算子の戻り値を見てみましょう。

```
2 <=> 1     #=> 1
2 <=> 2     #=> 0
1 <=> 2     #=> -1
2 <=> 'abc' #=> nil

'xyz' <=> 'abc' #=> 1
'abc' <=> 'abc' #=> 0
'abc' <=> 'xyz' #=> -1
'abc' <=> 123   #=> nil
```

ご覧のとおり、<=>で比較した結果は先ほど説明した内容と同じになっていますね（文字列の大小比較については「2.3.2　文字列の比較」の項を参照）。さらに、文字列や数値はComparableモジュールもincludeしているので、比較演算子を使って大小関係を適切に判定することができます。

```
2 > 1  #=> true
2 <= 1 #=> false
2 == 1 #=> false

'abc' > 'xyz'  #=> false
```

```
'abc' <= 'xyz' #=> true
'abc' == 'xyz' #=> false
```

もちろん、Comparableモジュールを独自のクラスにincludeして使うこともできます。たとえば、音楽のテンポ(曲の速さ)を表すクラスを作り、Comparableモジュールをincludeしてみましょう。<=>演算子も併せて定義しておきます。

```
class Tempo
  include Comparable

  attr_reader :bpm

  # bpmはBeats Per Minuteの略で音楽の速さを表す単位
  def initialize(bpm)
    @bpm = bpm
  end

  # <=>はComparableモジュールで使われる演算子（メソッド）
  def <=>(other)
    # otherがTempoであればbpm同士を<=>で比較した結果を返す
    # それ以外は比較できないのでnilを返す
    other.is_a?(Tempo) ? bpm <=> other.bpm : nil
  end

  # irb上で結果を見やすくするためにinspectメソッドをオーバーライド
  def inspect
    "#{bpm}bpm"
  end
end
```

ではこのクラスを実際に使って、大小関係を比較してみます。

```
t_120 = Tempo.new(120) #=> 120bpm
t_180 = Tempo.new(180) #=> 180bpm

t_120 > t_180   #=> false
t_120 <= t_180  #=> true
t_120 == t_180  #=> false
```

ご覧のとおり、Comparableモジュールと<=>演算子のおかげで、Tempoクラスは比較演算子を使って大小を比較できるようになりました。

ちなみに、<=>演算子は並び替えを行う際にも利用されます。たとえば、先ほどのTempoクラスは<=>演算子を定義しているので、次のようにしてテンポの昇順で配列内の要素を並び替えることができます。

```
tempos = [Tempo.new(180), Tempo.new(60), Tempo.new(120)]
# sortメソッドの内部では並び替えの際に<=>演算子が使われる
tempos.sort #=> [60bpm, 120bpm, 180bpm]
```

8.5.4 Kernelモジュール

Rubyには重要なモジュールがまだあります。それはKernelモジュールです。Kernelモジュールが提供するメソッドをいくつか挙げてみましょう。

```
puts    p    pp    print    require    loop
```

どのメソッドもこれまでに見たことがあるものばかりですね。実はputsのように最初から当たり前のように使えるメソッドや、requireやloopのようにあたかも普通の構文のように見えるメソッドの多くは、Kernelモジュールで定義されているのです。

Kernelモジュールが提供しているメソッドは以下の公式リファレンスで確認できます。

・https://docs.ruby-lang.org/ja/latest/class/Kernel.html

ではなぜ、Kernelモジュールのメソッドはどこでも使えるようになっているのでしょうか？　それはObjectクラスがKernelモジュールをincludeしているからです。

```
Object.include?(Kernel) #=> true
```

そして、「7.6.1　標準ライブラリの継承関係」ではObjectクラスが事実上、全クラスの頂点にいるクラスだと説明しました。そのため、すべてのクラスはKernelモジュールのメソッドが使えるようになっているわけです（**図8-5**）。

図8-5　Kernelモジュールと代表的なクラスの関係

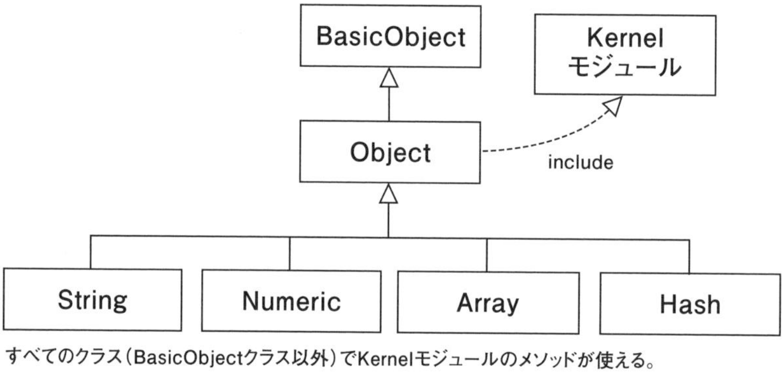

8.5.5 トップレベルはmainという名前のObject

ここでもうひとつ、「よく考えるとなんか変」と思われるRubyの言語仕様について掘り下げてみましょう。

突然ですがクイズです。irbを起動した直後に自分がいるのはどこでしょう？　また、自分自身（self）は何になるのでしょう？

```
$ irb
irb(main):001:0> ここはどこ? 私は誰?
```

さらに、次のようなファイルを作って保存したとき、クラス構文の外側はいったいどういう扱いになるのでしょう？

```
# ここはどこ？ 私は誰？

class User
  # Userクラスの定義
end
```

Rubyではクラス構文やモジュール構文に囲まれていない一番外側の部分のことをトップレベルといいます。よって、上のコードの「ここはどこ？」の答えは「Rubyのトップレベル」になります。irbを起動した直後にいる場所もやはりトップレベルです。トップレベルにはmainという名前のObjectクラスのインスタンスがselfとして存在しています。つまり、「私は誰？」の答えは「Objectクラスのインスタンス」になります。たとえば、irbを起動した直後に次のようにするとそのことが確認できます。

```
$ irb
irb(main):001:0> self
=> main
irb(main):002:0> self.class
=> Object
```


Rubyプログラムをファイルに保存して実行した場合も同様です。クラスやモジュールの外部ではselfがObjectクラスのインスタンスになっています。

```
# ここはトップレベル
p self          #=> main
p self.class    #=> Object

class User
  # ここはクラスの内部
  p self        #=> User
  p self.class #=> Class
end
```

実際に確認したい人は上のコードをuser.rbとして保存し、rubyコマンドの実行結果を確認してください。

```
$ ruby user.rb
main
Object
User
Class
```

このことから、トップレベルでもpメソッドやputsメソッドが問題なく呼び出せるのは、selfがObjectクラスのインスタンスであり、ObjectクラスがKernelモジュールをincludeしているから、ということがわかります。

一方、上のコード例ではUserクラスの内部（クラス構文の直下）でもpメソッドが呼び出せています。この理由は次の項で説明します。

8.5.6 クラスやモジュール自身もオブジェクト

Rubyはすべてがオブジェクトであるため、Stringクラスのようなクラスや、Kernelモジュールのようなモジュール自身もオブジェクトになっています。そして、クラスはClassクラスのインスタンスであり、モジュールはModuleクラスのインスタンスです。さらに、ClassクラスもModuleクラスもObjectクラスを継承しています。言葉にするとややこしいので、**図8-6**を見てもらったほうがわかりやすいかもしれません。

図8-6　Objectクラス、Moduleクラス、Classクラスの継承関係

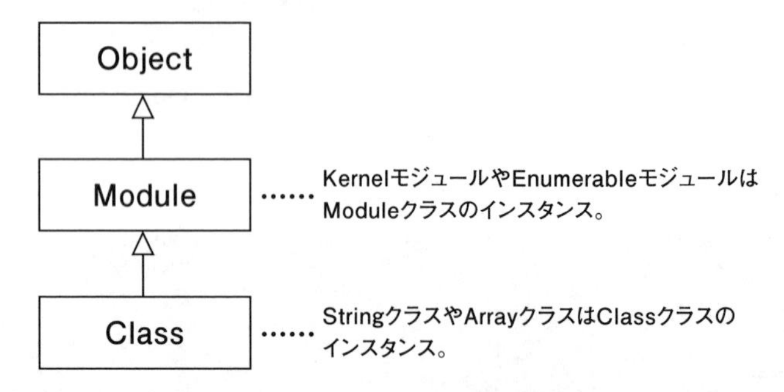

次のようなコードを動かしてみると、それが事実であることを確認できます。

```
class User
end

# Userクラス自身のクラスはClassクラス
User.class #=> Class

# ClassクラスのスーパークラスはModuleクラス
Class.superclass #=> Module

module Loggable
end

# Loggableモジュール自身のクラスはModuleクラス
Loggable.class #=> Module

# ModuleクラスのスーパークラスはObjectクラス
Module.superclass #=> Object
```

また、クラス構文やモジュール構文の内部（構文の直下）ではselfがクラス自身やモジュール自身を指しています。

```
class User
  p self       #=> User
  p self.class #=> Class
end

module Loggable
  p self       #=> Loggable
```

```
  p self.class #=> Module
end
```

というわけで、ここまでの説明を合わせると、クラス構文やモジュール構文の直下でputsメソッドやpメソッドが呼び出せる理由もわかります。つまりこれらの場所では、selfがクラス自身やモジュール自身になっており、なおかつClassクラスやModuleクラスがObjectクラスを継承している（さらにObjectクラスはKernelモジュールをincludeしている）から、ということになります。

通常のRubyプログラミングではObjectクラスを継承したクラスを使うことが大半なので（例外は意図的にBasicObjectクラスを継承した場合）、トップレベルであれ、クラス構文の内部であれ、結果としてKernelモジュールのメソッドはいつでもどこでも使えるメソッド（いわばグローバル関数）になっています。

8.5.7 モジュールとインスタンス変数

モジュール内で定義したメソッドの中でインスタンス変数を読み書きすると、include先のクラスのインスタンス変数を読み書きしたことと同じになります。

```
module NameChangeable
  def change_name
    # include先のクラスのインスタンス変数を変更する
    @name = 'ありす'
  end
end

class User
  include NameChangeable

  attr_reader :name

  def initialize(name)
    @name = name
  end
end

user = User.new('alice')
user.name #=> "alice"

# モジュールで定義したメソッドでインスタンス変数を書き換える
user.change_name
user.name #=> "ありす"
```

ただし、モジュールがミックスイン先のクラスでインスタンス変数を直接参照するのはあまり良い設計ではありません。なぜなら、インスタンス変数は任意のタイミングで新しく定義したり、未定義のインスタンス変数を参照したりできてしまうからです。変数名のタイプミスによって意図せずこうした現象を引き起こしてしまうこともあります。一方、メソッドであれば未定義のメソッドを呼び出したときにエラーが発生します。なので、ミックスイン先のクラスと連携する場合は特定のインスタンス変数の存在を前提とするより、特定のメソッドの存在を前提とするほうが安全です。

たとえば、先ほどのコードは次のようにセッターメソッド経由でデータを変更するようにしたほうが安全性が高まります。

```
module NameChangeable
  def change_name
    # セッターメソッド経由でデータを変更する
    # （ミックスイン先のクラスでセッターメソッドが未定義であれば、エラーが発生して実装上の問題に気づける）
    self.name = 'ありす'
  end
end

class User
  include NameChangeable

  # ゲッターメソッドとセッターメソッドを用意する
  attr_accessor :name

  def initialize(name)
    @name = name
  end
end

# Userクラスの使い方は先ほどと同じ
user = User.new('alice')
user.change_name
user.name #=> "ありす"
```

8.5.8 クラス以外のオブジェクトにextendする

モジュールをextendする先はクラスが多いですが、クラスだけではなく個々のオブジェクトにextendすることもできます。その場合、モジュールのメソッドはextendしたオブジェクトの特異メソッドになります（特異メソッドについては「7.10.7　特異メソッド」の項を参照）。以下のコードは文字列オブジェクトの特異メソッドとしてモジュールをextendする例です。

```
module Loggable
  def log(text)
    puts "[LOG] #{text}"
  end
end

s = 'abc'

# 文字列は通常logメソッドを持たない
s.log('Hello.') #=> undefined method `log' for "abc":String (NoMethodError)

# 文字列sにLoggableモジュールをextendして、特異メソッドを定義する
s.extend Loggable

# Loggableモジュールのlogメソッドが呼び出せるようになる
s.log('Hello.') #=> [LOG] Hello.
```

Column　トップレベルに定義したメソッドはどのクラスに定義される？

「8.5.5　トップレベルはmainという名前のObject」の項で説明したとおり、トップレベルのselfはObjectクラスのインスタンスです。

```
self.class #=> Object
```

ではトップレベルにメソッドを定義すると、そのメソッドはいったいどのクラスに定義されたことになるのでしょうか？

```
# トップレベルにメソッドを定義すると、どのクラスに定義されたことになる？
def greet
  'Hi!'
end
```

正解は「Objectクラス」です。また、定義されたメソッドの可視性はprivateになります。つまり、以下のようなコードを書いたことと同じ意味になります。

```
class Object
  private

  def greet
    'Hi!'
  end
end
```

次のようなコードを実行すると、先ほど定義したgreetメソッドがObjectクラスのprivateメソッドとして存在していることがわかります。

```
# private_instance_methodsはそのクラスで定義されているprivateメソッド名の一覧を配列で返す
# また、grepメソッドは引数にマッチした要素を配列で返す
Object.private_instance_methods.grep(:greet)
#=> [:greet]
```

Objectクラスはほぼすべてのクラスのスーパークラスであり、スーパークラスのメソッドはprivateメソッドであってもサブクラスから呼び出せます（「7.6.1　標準ライブラリの継承関係」の項および「7.7.4　privateメソッドはサブクラスでも呼び出せる」の項を参照）。なので、次のように一見まったく無関係に見えるクラスからもトップレベルに定義したメソッドが呼び出せます。つまり、トップレベルに定義したメソッドは事実上のグローバルメソッドになります。

```
def greet
  'Hi!'
end

class Foo
  def bar
    # トップレベルで定義したメソッドを呼び出す
    greet
  end
end

Foo.new.bar #=> "Hi!"
```

トップレベルに定義したメソッドをわざわざクラスの内部で使うのは混乱のもとになるのでお勧めしませんが、トリビア的な知識として知っておくと役に立つときがあるかもしれません。

8.6 モジュールを利用した名前空間の作成

8.6.1 名前空間を分けて名前の衝突を防ぐ

さて、ここからはモジュールのもうひとつの使い方を説明していきます。

自分だけが使う小さなプログラムを書いているうちはあまり問題になりませんが、大規模なプログラムや外部に公開するライブラリを作ったりするときはクラス名の重複が問題になることがあります。たとえば、ある人が「野球の二塁手」という意味でSecondクラスを定義したとします。

```
class Second
  def initialize(player, uniform_number)
    @player = player
    @uniform_number = uniform_number
  end
end
```

またある人は「時計の秒」という意味でSecondクラスを定義しました。

```
class Second
  def initialize(digits)
    @digits = digits
  end
end
```

何らかの理由でこれら2つのクラスを同時に使う必要が出てきた場合、どうやって区別をすればいいでしょうか？

```
# 二塁手のAliceを作成したい（が、区別できない）
Second.new('Alice', 13)

# 時計の13秒を作成したい（が、区別できない）
Second.new(13)
```

こんなときに登場するのが「名前空間（ネームスペース）」としてのモジュールです。モジュール構文の中にクラス定義を書くと「そのモジュールに属するクラス」という意味になるため、同名のクラスがあっても外側のモジュール名さえ異なっていれば名前の衝突は発生しなくなります。

```
module Baseball
  # これはBaseballモジュールに属するSecondクラス
  class Second
    def initialize(player, uniform_number)
```

```
      @player = player
      @uniform_number = uniform_number
    end
  end
end

module Clock
  # これはClockモジュールに属するSecondクラス
  class Second
    def initialize(digits)
      @digits = digits
    end
  end
end
```

上のコードのBaseballモジュールやClockモジュールは、クラス名の衝突を防止する名前空間として使われています。モジュールに属するクラスを参照する際は“**モジュール名::クラス名**”のように、**::**でモジュール名とクラス名を区切ります。

```
# 二塁手のAliceを作成する（ちゃんと区別できる）
Baseball::Second.new('Alice', 13)

# 時計の13秒を作成する（ちゃんと区別できる）
Clock::Second.new(13)
```

これで同名のSecondクラスがあっても問題なく区別できるようになりました。

8.6.2 名前空間でグループやカテゴリを分ける

名前空間は名前の衝突を防ぐためだけではなく、クラスのグループ分け／カテゴリ分けをする目的で使われる場合もあります。クラスが何十、何百もあるような大きなプログラムになってくると、カテゴリ別にモジュール（名前空間）を作って整理しないと、どれが何のクラスなのかぱっと把握しにくくなるためです。

参考までに具体例を見ておきましょう。**図8-7**はRailsのGitHubリポジトリ[注5]です。このように名前空間ごとに多数のディレクトリが作られています。

注5　https://github.com/rails/rails/

図8-7　名前空間を作ってグループ分けする例（RailsのActiveRecord）

以下のコードであれば、「ActiveRecordのAssociationsのAliasTrackerクラス」というように名前空間が作られています。

```
require "active_support/core_ext/string/conversions"

module ActiveRecord
  module Associations
    # Keeps track of table aliases for ActiveRecord::Associations::JoinDependency
    class AliasTracker # :nodoc:
      # 省略
```

このように、大規模なプログラムや不特定多数の開発者が利用する外部ライブラリでは、モジュールは名前空間を作成する目的でもよく使われています。

なお、クラス定義やモジュール定義を保存するファイルパスは、慣習として名前空間をディレクトリ名に、クラス名やモジュール名をファイル名にそれぞれ対応させます（**図8-8**）。その場合、ディレクトリ名やファイル名はスネークケース（アンダースコア区切り）にします。たとえば、先ほど紹介したAliasTrackerクラスも`active_record/associations/alias_tracker.rb`というファイルパスに保存されています[注6]。

注6　正確にはさらにその上位に`activerecord/lib/`というディレクトリがありますが、ここでは対応関係をわかりやすくするためにファイルパスの説明を単純化しています。

図8-8 「名前空間やクラス」と「ファイルパス」との対応

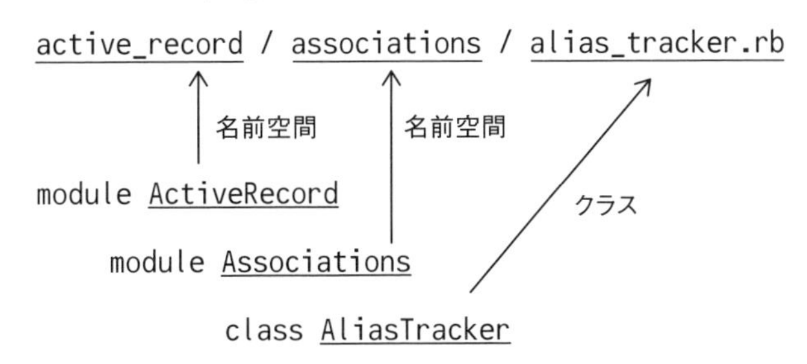

8.6.3 入れ子なしで名前空間付きのクラスを定義する

名前空間として使うモジュールがすでにどこかで定義されている場合は、モジュール構文やクラス構文を入れ子にしなくても“**モジュール名::クラス名**”のような形でクラスを定義することもできます。

```
# すでにBaseballモジュールが定義されている
module Baseball
end

# モジュール名::クラス名の形でクラスを定義できる
class Baseball::Second
  def initialize(player, uniform_number)
    @player = player
    @uniform_number = uniform_number
  end
end
```

8.6.4 トップレベルの同名クラスを参照する

少し意地悪な例ですが、次のように野球の二塁手（Second）クラスがトップレベル（名前空間なし）で定義され、時計の秒（Second）クラスがClockモジュールに属していたとします。

```
# トップレベルのSecondクラス
class Second
  def initialize(player, uniform_number)
    @player = player
    @uniform_number = uniform_number
  end
end

module Clock
  # ClockモジュールのSecondクラス
  class Second
    def initialize(digits)
      @digits = digits
    end
  end
```

```
end
```

さらに、何らかの理由でClockモジュールのSecondクラスが、トップレベルの（つまり野球の）Secondクラスを参照したい、というケースを想定します。

```
module Clock
  class Second
    def initialize(digits)
      @digits = digits
      # トップレベルのSecondクラスをnewしたい
      @baseball_second = Second.new('Alice', 13)
    end
  end
end
```

しかし、このままだとコードがClockモジュールの内部にあるため、Clock::Secondクラス（つまり自分と同じクラス）を参照していることになります。

```
# initializeメソッド内のSecond.newの呼び出しに失敗する
Clock::Second.new(13) #=> wrong number of arguments (given 2, expected 1) (ArgumentError)
```

明示的にトップレベルのクラスやモジュールを指定するためには、クラス名やモジュール名の前に`::`を付けます。

```
module Clock
  class Second
    def initialize(digits)
      @digits = digits
      # クラス名の前に::を付けるとトップレベルのクラスを指定したことになる
      @baseball_second = ::Second.new('Alice', 13)
    end
  end
end
```

`::`の左側には何もない点が少し不自然ですが、これでトップレベルのSecondクラスを参照できるようになります。

```
# initializeメソッドの中でトップレベルのSecondクラスを参照できたのでエラーにならない
Clock::Second.new(13) #=> #<Clock::Second:0x0000... (以下省略)
```

8.6.5 入れ子の有無によって参照されるクラスが異なるケース

「8.6.3　入れ子なしで名前空間付きのクラスを定義する」の項で説明したとおり、名前空間付きでクラスを定義する場合は次の2通りの書き方があります。

```
# モジュール構文とクラス構文を入れ子にして書く場合
module Baseball
  class Second
    # 省略
```

```
  end
end

# ::を使ってフラットに書く場合（入れ子なし）
class Baseball::Second
  # 省略
end
```

基本的にどちらの書き方でも良いのですが、ほかのクラスを参照する場合は入れ子の有無で挙動が異なるため、少し注意が必要です。たとえば、Baseballモジュール（名前空間）にスコアを記録するためのFileクラスがどこかで定義されていたとします。

```
module Baseball
  # スコアを記録するためのFileクラスを定義する
  class File
    # 省略
  end
end
```

このとき、入れ子の有無によって参照されるFileクラスが異なります。次のようなコードで確かめてみましょう。

```
module Baseball
  class Second
    def file_with_nesting
      # 入れ子ありのクラス定義でFileクラスを参照する
      puts File
    end
  end
end

class Baseball::Second
  def file_without_nesting
    # 入れ子なしのクラス定義でFileクラスを参照する
    puts File
  end
end

second = Baseball::Second.new
second.file_with_nesting    #=> Baseball::File
second.file_without_nesting #=> File
```

ご覧のとおり、入れ子ありの場合はBaseball::File、なしの場合はFileと表示されました。これはいったいどういうことなのでしょうか。実はスコアを記録するために作ったFileクラスは前者のBaseball::Fileです。後者のFileはRubyに最初から組み込みライブラリ（「2.12.6　組み込みライブラリ、標準ライブラリ、gem」の項を参照）として用意されているFileクラスです。

Rubyではクラスやモジュールの入れ子関係を順に外側に向かってクラスを探索します。入れ子になったクラス定義の場合はBaseball::Second::File、Baseball::Fileと順に探し、Baseball::Fileが見つかった時点で探索が終わります（**図8-9**）。

図8-9　入れ子ありの場合のクラス探索のイメージ

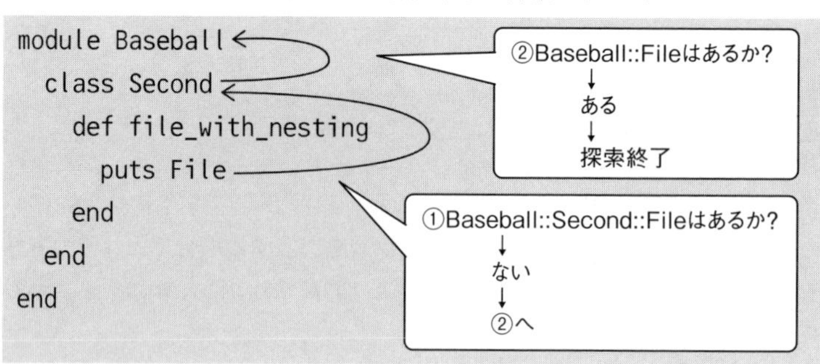

一方、入れ子がない場合は最初にBaseball::Second::Fileを探します。しかし、そんな名前のクラスはないので、入れ子関係をたどって外側のクラスに向かいます。ですが、入れ子になっていないのでクラスの外側はトップレベルです。そのトップレベルでFileというクラスを探します。すると、組み込みライブラリであるFileクラスが見つかります。ここで探索が終了します（**図8-10**）。

図8-10　入れ子なしの場合のクラス探索のイメージ

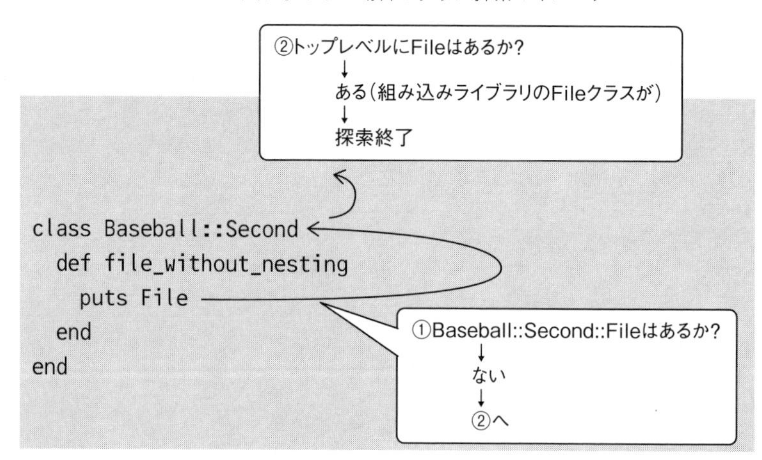

このような理由で入れ子の有無によって参照されるFileクラスが異なることになります。もし、入れ子なしのクラス定義で「スコアを記録するためのFileクラス」を参照したい場合は、明示的にBaseball::Fileと書く必要があります。

```
class Baseball::Second
  def file_without_nesting
    # 入れ子なしのクラス定義では明示的に名前空間を付ける必要がある
    puts Baseball::File
  end
end

second = Baseball::Second.new
second.file_without_nesting #=> Baseball::File
```

一方、入れ子ありのクラス定義で「組み込みライブラリのFileクラス」を参照したい場合は、「8.6.4　トップレベルの同名クラスを参照する」の項で説明したようにクラス名の前に::を付けます。

```
module Baseball
  class Second
    def file_with_nesting
      # 入れ子ありのクラス定義で組み込みライブラリのFileクラスを参照する
      puts ::File
    end
  end
end

second = Baseball::Second.new
second.file_with_nesting #=> File
```

大規模なプログラムになってくると、名前空間とクラス名（または定数）の指定方法がややこしくなりがちです。詳細な仕様については公式リファレンスにある「定数参照の優先順位」の項を参照してください。

- https://docs.ruby-lang.org/ja/latest/doc/spec=2fvariables.html

8.7 関数や定数を提供するモジュールの作成

モジュールにはまだほかの使い方があります。モジュールはモジュール単体で使うこともできるのです。ここからはその方法を説明します。

8.7.1 モジュールに特異メソッドを定義する

すでに説明したとおり、includeやextendを使うとモジュールのメソッドをインスタンスメソッドやクラスメソッドとして追加することができます。しかし、場合によってはわざわざほかのクラスに組み込まなくてもモジュール単体でそのメソッドを呼び出したい、と思うケースがあります。こういう場合はモジュール自身に特異メソッドを定義すれば、直接 “**モジュール名.メソッド名**” という形でそのメソッドを呼び出すことができます。

```
module Loggable
  # 特異メソッドとしてメソッドを定義する
  def self.log(text)
    puts "[LOG] #{text}"
  end
end

# ほかのクラスにミックスインしなくてもモジュール単体でそのメソッドを呼び出せる
Loggable.log('Hello.') #=> [LOG] Hello.
```

上記のような使い方だと、クラスに対して特異メソッド（クラスメソッド）を定義した場合とほとんど同じです。しかし、モジュールはクラスと違ってインスタンスが作れないため、newする必要がまったくない「単なるメソッド（関数）の集まり」を作りたいケースに向いています[注7]。

モジュールでもクラスと同様にclass << selfを使って、特異メソッドを定義することができます。特異メソッドをたくさん定義する場合はメソッド名の前のself.がなくせるぶん、タイプ量を減らすことができます。

```
module Loggable
  class << self
    def log(text)
      puts "[LOG] #{text}"
    end

    # 以下、ほかの特異メソッドを定義
  end
end

Loggable.log('Hello.') #=> [LOG] Hello.
```

8.7.2 module_functionメソッド

モジュールではミックスインとしても使えて、なおかつモジュールの特異メソッドとしても使える、一石二鳥なメソッドを定義することもできます。両方で使えるメソッドを定義する場合はmodule_functionメソッドを使って、対象のメソッド名を指定します。

以下はmodule_functionメソッドを利用するモジュールのコード例です。

```
module Loggable
  def log(text)
    puts "[LOG] #{text}"
  end
  # logメソッドをミックスインとしても、モジュールの特異メソッドとしても使えるようにする
  # （module_functionは対象メソッドの定義よりも下で呼び出すこと）
  module_function :log
end

# モジュールの特異メソッドとしてlogメソッドを呼び出す
Loggable.log('Hello.') #=> [LOG] Hello.

# Loggableモジュールをincludeしたクラスを定義する
class Product
  include Loggable

  def title
    # includeしたLoggableモジュールのlogメソッドを呼び出す
    log 'title is called.'
    'A great movie'
  end
end

# ミックスインとしてlogメソッドを呼び出す
```

注7　ちなみに第10章と第11章の例題では、この使い方でモジュールを利用します。

```
product = Product.new
product.title
#=> [LOG] title is called.
#   "A great movie"
```

このように、ミックスインとしてもモジュールの特異メソッドとしても使えるメソッドのことをモジュール関数と呼びます。

ちなみに、module_functionでモジュール関数となったメソッドは、ほかのクラスにミックスインすると自動的にprivateメソッドになります。

```
product = Product.new
# logメソッドはprivateなので外部からは呼び出せない
product.log 'Hello.' #=> private method `log' called for #<Product:0x000...> (NoMethodError)
```

また、module_functionメソッドを引数なしで呼び出した場合は、そこから下に定義されたメソッドがすべてモジュール関数になります。

```
module Loggable
  # ここから下のメソッドはすべてモジュール関数
  module_function

  def log(text)
    puts "[LOG] #{text}"
  end
end
```


8.7.3 モジュールに定数を定義する

クラスに定数を定義できたように、モジュールにも定数を定義することができます。定義のしかたや参照のしかたはクラスの場合と同じです。

```
module Loggable
  # 定数を定義する
  PREFIX = '[LOG]'

  def log(text)
    puts "#{PREFIX} #{text}"
  end
end

# 定数を参照する
Loggable::PREFIX #=> "[LOG]"
```

8.7.4 モジュール関数や定数を持つモジュールの例

モジュール関数や定数を持つ、代表的なRubyの組み込みライブラリはMathモジュールです。このモジュールは名前のとおり、数学の計算でよく使われる関数（メソッド）が数多く定義されています。Mathモジュールのメソッドはモジュール関数になっているため、モジュールの特異メソッドとしても、ミックスインとしても利用することができます。

```
# モジュールの特異メソッドとしてsqrt（平方根）メソッドを利用する
Math.sqrt(2) #=> 1.4142135623730951

class Calculator
  include Math

  def calc_sqrt(n)
    # ミックスインとしてMathモジュールのsqrtメソッドを使う
    sqrt(n)
  end
end

calculator = Calculator.new
calculator.calc_sqrt(2) #=> 1.4142135623730951
```

また、MathモジュールにはE自然対数の底を表すEと、円周率を表すPIという定数が定義されています。

```
Math::E  #=> 2.718281828459045
Math::PI #=> 3.141592653589793
```

Mathモジュールについて詳しく知りたい場合は、Rubyの公式リファレンスを確認してください。

- https://docs.ruby-lang.org/ja/latest/class/Math.html

もうひとつの例は先ほども説明したKernelモジュールです。putsやpのようなKernelモジュールのメソッドはモジュール関数になっているため、Kernelモジュールの特異メソッドとして呼び出すこともできます。

```
# Kernelモジュールの特異メソッドとしてputsやpを呼び出す
Kernel.puts 'Hello.' #=> Hello.
Kernel.p [1, 2, 3]   #=> [1, 2, 3]
```

Column　**モジュール関数の表記法について**

モジュール関数は**“モジュール名.#メソッド名”**と書くことがあります。たとえば、Kernelモジュールのputsメソッドであれば`Kernel.#puts`と表記します。

8.8 状態を保持するモジュールの作成

ここまでモジュールの使い方をいくつか説明してきましたが、これが最後の利用パターンです。

「7.9.1　クラスインスタンス変数」の項ではクラスインスタンス変数を使って、クラス自身にデータを保持する方法を説明しました。この方法はモジュールでも使うことができます。外部ライブラリ（gem）では、そのライブラリを実行するための設定値（config値）をモジュール自身に保持させたりすることがよくあります。たとえば以下のような感じです。

```
# AwesomeApiは何らかのWeb APIを利用するライブラリ、という想定
module AwesomeApi
  # 設定値を保持するクラスインスタンス変数を用意する
  @base_url = ''
  @debug_mode = false

  # クラスインスタンス変数を読み書きするための特異メソッドを定義する
  class << self
    def base_url=(value)
      @base_url = value
    end

    def base_url
      @base_url
    end

    def debug_mode=(value)
      @debug_mode = value
    end

    def debug_mode
      @debug_mode
    end

    # 上ではわかりやすくするために明示的にメソッドを定義したが、本来は以下の1行で済む
    # attr_accessor :base_url, :debug_mode
  end
end

# 設定値を保存する
AwesomeApi.base_url = 'https://example.com'
AwesomeApi.debug_mode = true

# 設定値を参照する
AwesomeApi.base_url   #=> "https://example.com"
AwesomeApi.debug_mode #=> true
```

この方法もモジュールではなくクラスを使って実現することができます（moduleをclassに置き換えても同じ動きになります）。ただし何度も繰り返しているとおり、モジュールはインスタンス化できない点がクラスと異なります。インスタンスを作って何か操作する必要がないのであれば、モジュールにしておいたほうがほかの開発者に変な勘違いをさせる心配がありません。

ところで、ライブラリの実行に必要な設定値などはアプリケーション全体で共通の値になることが多いです。そのため、アプリケーション内ではいつでもどこでも同じ設定値を設定したり、取得したりする必要があります。そのためには設定値の情報はアプリケーション内で「唯一、1つだけ」の状態になっていることが望ましいです。このように「唯一、1つだけ」のオブジェクトを作る手法のことを、シングルトンパターンと呼びます。これは書籍『オブジェクト指向における再利用のためのデザインパターン』[注8]の中で紹介されているオブジェクト指向

注8　Erich Gamma、Ralph Johnson、Richard Helm、John Vlissides 著、本位田真一、吉田和樹 訳、『オブジェクト指向における再利用のためのデザインパターン 改訂版』、ソフトバンククリエイティブ、1999年

プログラミングの設計手法です。

先ほど説明で使ったコードはデザインパターン本来のシングルトンパターンには合致しないのですが、事実上AwesomeApiというモジュールを「唯一、1つだけ」のオブジェクトと見なしてデータを保持させています。そのため、シングルトンパターンの変形パターンと考えることもできます[注9]。

本格的な外部ライブラリになると、もっと複雑なテクニックを使って設定値を読み書きします。マルチスレッド環境での動作も考慮しなければならない場合は、さらに複雑なコードになります。ですが、モジュール自身に何かしらデータを保持させる、という根本的な考え方は同じです。モジュールの中にクラスインスタンス変数やその変数を読み書きする特異メソッドが多数存在している場合は、ここで紹介した考え方を頭の片隅に置いておくとコードが理解しやすくなるかもしれません。

Column　モジュールの用途は1つとは限らない

この章ではモジュールの用途として以下の4つを紹介しました。

- モジュールを利用したメソッド定義（includeとextend）
- モジュールを利用した名前空間の作成
- 関数や定数を提供するモジュールの作成
- 状態を保持するモジュールの作成

それぞれのサンプルコードでは説明をわかりやすくするために、モジュールの用途を1つに限定しましたが、実際は1つのモジュールが複数の用途で使われる場合もあります。たとえば、外部ライブラリでは、あるモジュールが設定値情報を保持しつつ、一方で名前空間を提供するために使われることがよくあります。以下はその簡単なコード例です。

```
# AwesomeApiモジュールは設定値を保持する（用途その1）
module AwesomeApi
  @base_url = ''
  @debug_mode = false

  class << self
    attr_accessor :base_url, :debug_mode
  end
end

# こちらではAwesomeApiモジュールが名前空間として使われる（用途その2）
module AwesomeApi
  class Engine
    # クラスの定義
  end
end
```

注9　Rubyにはデザインパターン本来のシングルトンパターンを実現するSingletonモジュールもあります。
https://docs.ruby-lang.org/ja/latest/class/Singleton.html

8.9 モジュールに関する高度な話題

ここからはモジュールに関する少し高度な話題を説明していきます。初心者の方はいきなり全部を理解するのは難しいと思いますが、何か困ったときにこの節を読み返せるように内容をざっくりと頭の隅にとどめておいてください。

8.9.1 メソッド探索のルールを理解する

ここまで見てきたように、Rubyではさまざまな方法でメソッドを定義することができます。そのため、「Fooクラスのbarメソッドが定義されているのは絶対にここ！」と言い切ることは困難です。たとえば、to_sというメソッド1つを呼び出すにしても、

- そのクラス自身にto_sメソッドが定義されている場合
- そのスーパークラスにto_sメソッドが定義されている場合
- ミックスインとしてto_sメソッドが定義（include）されている場合

と、実にさまざまです。しかも、上記の方法はどれも混在させることが可能です。そんなとき、Rubyはどのようにして呼び出すメソッドを決定するのでしょうか？　この項ではそんなRubyにおけるメソッド探索のルールを説明します。

ここではObjectクラスに元から実装されているto_sメソッドを題材として取り上げます。たとえば、以下のような少し極端な構成のモジュールやクラスがあったとします。

```
module A
  def to_s
    "<A> #{super}"
  end
end

module B
  def to_s
    "<B> #{super}"
  end
end

class Product
  def to_s
    "<Product> #{super}"
  end
end

class DVD < Product
  include A
  include B
```

```
  def to_s
    "<DVD> #{super}"
  end
end
```

DVDクラスはProductクラスを継承しています。それだけでなく、さらにモジュールAとモジュールBをincludeしています。それぞれのクラスやモジュールにはto_sメソッドが実装されていて、親のto_sメソッド（super）と自分の名前を出力するようになっています（**図8-11**）。

図8-11　DVDクラス、Productクラス、モジュールA、モジュールBの関係

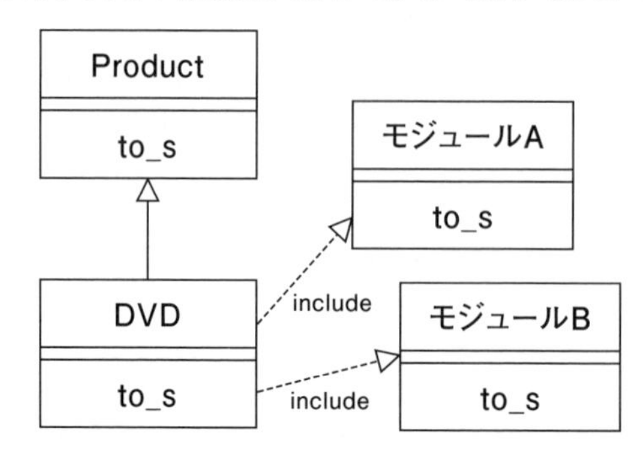

DVDクラスのインスタンスを作ってto_sメソッドを呼び出すと、次のような結果になります。

```
dvd = DVD.new
dvd.to_s #=> "<DVD> <B> <A> <Product> #<DVD:0x000000012e1b6708>"
```

この出力結果を見ると、次のような順番でto_sメソッドが呼び出されたことがわかります。

- DVDクラス自身のto_sメソッド（<DVD>）
- 2番目にincludeしたモジュールBのto_sメソッド（<B>）
- 最初にincludeしたモジュールAのto_sメソッド（<A>）
- スーパークラスであるProductクラスのto_sメソッド（<Product>）
- ProductクラスのスーパークラスであるObjectクラスのto_sメソッド（#<DVD:0x000000012e1b6708>）

この呼び出し順のルールは必ずしも暗記する必要はありません。irbなどでClassオブジェクトに対してancestorsメソッドを呼び出せば、クラスやモジュールがどの順番でメソッド探索されるか確認することができます（**図8-12**）。

```
DVD.ancestors #=> [DVD, B, A, Product, Object, Kernel, BasicObject]
```

図8-12 メソッドが探索される順番

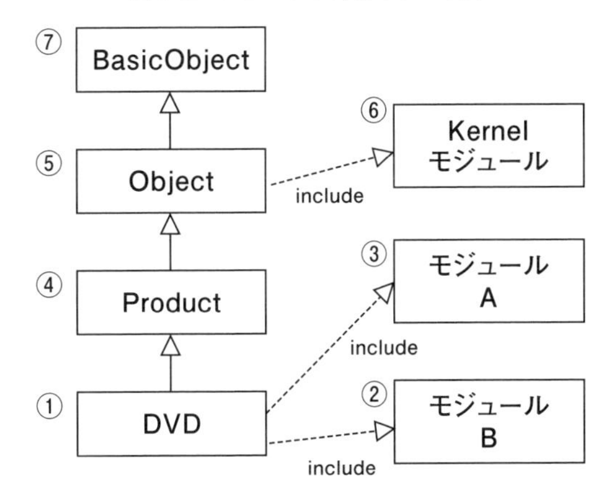

上の図の①～⑦が、メソッドが探索される順番。

あるメソッドが呼び出された場合、RubyはまずDVDクラスを探索し、最後はBasicObjectクラスを探索することがancestorsメソッドの戻り値からわかります。もし最後のBasicObjectクラスでもメソッドが見つからなければNoMethodErrorが発生します。以下のコードはわざとNoMethodErrorを発生させる例です。

```
# fooメソッドはBasicObjectクラスまで探索しても見つからないのでエラー
dvd.foo #=> undefined method `foo' for #<DVD:0x000000012e1b6708> (NoMethodError)
```

8.9.2 モジュールにほかのモジュールをincludeする

includeはクラスだけでなく、モジュールに対しても呼び出すことができます。そして、ほかのモジュールをincludeしているモジュールをクラスやモジュールにincludeすれば、「includeしたモジュールがincludeしているほかのモジュール」もincludeしたことになります。

言葉だけではわかりにくいので、具体例を見てみましょう。たとえば、次のような2つのモジュールと、1つのクラスがあったとします（**図8-13**）。

```
module Greetable
  def hello
    'hello.'
  end
end

module Aisatsu
  # 別のモジュールをincludeする
  include Greetable

  def konnichiwa
    'こんにちは。'
  end
end
```

```
class User
  # Aisatsuモジュールだけをincludeする
  include Aisatsu
end
```

図8-13　Greetableモジュール、Aisatsuモジュール、Userクラスの関係

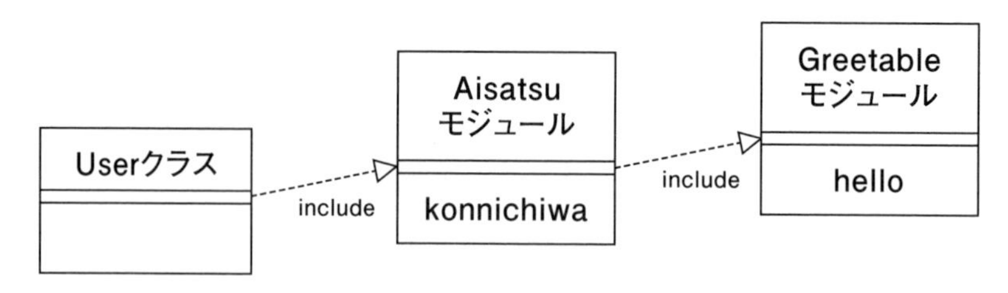

このような場合、UserクラスのインスタンスはAisatsuモジュールのメソッドだけでなく、AisatsuモジュールがincludeしているGreetableモジュールのメソッドも呼び出すことができます。

```
user = User.new

# Aisatsuモジュールのメソッドを呼び出す
user.konnichiwa #=> "こんにちは。"

# Greetableモジュールのメソッドを呼び出す
user.hello      #=> "hello."
```

Userクラスに対してancestorsメソッドを呼び出してみると、AisatsuモジュールだけでなくGreetableモジュールもメソッド探索の対象になっていることがわかります。

```
User.ancestors #=> [User, Aisatsu, Greetable, Object, Kernel, BasicObject]
```

8.9.3 prependでモジュールをミックスインする

モジュールで定義されたメソッドをインスタンスメソッドとしてミックスインする場合はincludeを使うのが一般的です。しかし、もうひとつの方法としてprependという方法でモジュールをミックスインすることもできます。

prependの特徴は同名のメソッドがあったときに、ミックスインしたクラスよりも先にモジュールのメソッドが呼ばれるところです。以下の実行結果を見てみましょう。

```
module A
  def to_s
    "<A> #{super}"
  end
end

class Product
  # includeではなくprependを使う
```

```
  prepend A

  def to_s
    "<Product> #{super}"
  end
end

product = Product.new
product.to_s #=> "<A> <Product> #<Product:0x000000012d9d5f20>"
```

比較しやすいように、prependではなくincludeした場合の結果も載せておきます。

```
# prependではなくincludeでモジュールAをミックスインした場合
product.to_s #=> "<Product> <A> #<Product:0x000000012da67a38>"
```

includeした場合は「Productクラス、モジュールA、Objectクラス」の順番で呼び出されているのに対し、prependの場合は「モジュールA、Productクラス、Objectクラス」の順で呼ばれていることがわかります。

念のため、Productクラスのancestorsメソッドの結果も確認しておきましょう。以下はprependを使った場合です。

```
Product.ancestors #=> [A, Product, Object, Kernel, BasicObject]
```

一方、こちらはincludeを使った場合です。

```
Product.ancestors #=> [Product, A, Object, Kernel, BasicObject]
```

この結果からもprependを使うとミックスインしたクラスよりも先にモジュールからメソッドが検索されることがわかります。

8.9.4 prependで既存メソッドを置き換える

prependを活用できる場面の1つが、オリジナルの実装を活かした既存メソッドの置き換えです。たとえば次のような単純なProductクラスがあったとします。ただし、このクラスは外部ライブラリで定義されているため、直接コードを書き換えることはできないものとします。

```
# このクラスは外部ライブラリで定義されている想定
class Product
  def name
    'A great film'
  end
end

product = Product.new
product.name
#=> "A great film"
```

このクラスのnameメソッドを拡張して、"<<A great film>>"のような装飾が入るようにしてみましょう。

```
# nameメソッドを拡張して装飾付きの文字列が返るようにしたい
```

```
product.name
#=> "<<A great film>>"
```

直接Productクラスのnameメソッドを書き換えることはできないので、次のようなNameDecoratorモジュールを定義します。このモジュールはincludeではなく、prependで使う想定です。

```
# prependするためのモジュールを定義する
module NameDecorator
  def name
    # prependするとsuperはミックスインした先のクラスのnameメソッドが呼び出される
    "<<#{super}>>"
  end
end
```

このモジュールをProductクラスにprependします。

```
# 既存の実装を変更するためにProductクラスを再オープンする
class Product
  # includeではなくprependでミックスインする
  prepend NameDecorator
end
```

こうすればProductクラスのnameメソッドを直接書き換えることなく、なおかつ元の実装を活かしながら振る舞いを変更することができます。

```
# NameDecoratorをprependしたので、nameメソッドは装飾された文字列が返る
product = Product.new
product.name #=> "<<A great film>>"
```

また、この方法であれば、ほかのクラスに対しても簡単に同じ変更を適用することができます。

```
# Productクラスと同じようにnameメソッドを持つクラスがあったとする
class User
  def name
    'Alice'
  end
end

class User
  # prependを使えばUserクラスのnameメソッドも置き換えることができる
  prepend NameDecorator
end

# Userクラスのnameメソッドを上書きすることができた！
user = User.new
user.name #=> "<<Alice>>"
```

ちなみに、クラス構文の中でprependを呼ぶ代わりに、次のように“クラス名.prepend モジュール名”の形式でprependしても構いません。

```
Product.prepend NameDecorator
User.prepend NameDecorator
```

8.9.5 有効範囲を限定できるrefinements

「7.10.6　オープンクラスとモンキーパッチ」の項で説明したとおり、Rubyは標準ライブラリや外部ライブラリ（gem）であってもあとからオーバーライドしたり、独自のメソッドを追加したりできます。とはいえ、広範囲に使われるクラスを独自に変更すると、予期せぬ不具合に遭遇するリスクも高まります。

そんなリスクを軽減してくれるのが、refinementsと呼ばれる機能です。refinementsを使うと独自の変更の有効範囲（スコープ）を限定することができます。

ここでは例として、refinementsを使ってStringクラスに文字列の中身をランダムに入れ替える`shuffle`メソッドを追加してみます。まず、refinementsを使う準備としてモジュールを作成します。モジュール内では`refine`メソッドを使ってrefinementsを適用するクラスを指定し、そのブロックの中に今回追加する`shuffle`メソッドの定義を書きます。

```
module StringShuffle
  # refinementsが目的なので、refineメソッドを使う
  refine String do
    def shuffle
      chars.shuffle.join
    end
  end
end
```

refinementsを有効にするためには`using`というメソッドを使います。以下のようにすると、Userクラスの内部においてのみ、`shuffle`メソッドが有効になります。

```
# 通常はStringクラスにshuffleメソッドはない
'Alice'.shuffle #=> undefined method `shuffle' for "Alice":String (NoMethodError)

class User
  # refinementsを有効化する
  using StringShuffle

  def initialize(name)
    @name = name
  end

  def shuffled_name
    # Userクラスの内部であればStringクラスのshuffleメソッドが有効になる
    @name.shuffle
  end

  # Userクラスを抜けるとrefinementsは無効になる
end

user = User.new('Alice')
# Userクラス内ではshuffleメソッドが有効になっている
user.shuffled_name #=> "cliAe"

# Userクラスを経由しない場合はshuffleメソッドは使えない
'Alice'.shuffle #=> undefined method `shuffle' for "Alice":String (NoMethodError)
```

ご覧のとおり、Userクラスの内部だけshuffleメソッドが使えるようになりました。このようにrefinementsを使うと既存クラスに対する変更の有効範囲が限定できるため、予期せぬバグやエラーに遭遇するリスクを低減することができます。

usingメソッドはクラス構文とモジュール構文の内部で使うことができます。また、トップレベル（つまりクラス構文やモジュール構文の外部）でも使用できますが、その場合は有効範囲が「usingで呼び出された場所からファイルの最後まで」になります。以下のコードを見てshuffleメソッドの有効範囲を確認してください（このコードはファイルとして保存されている必要があります）。

```
# StringShuffleモジュールを読み込む
require_relative 'string_shuffle'

# ここではまだshuffleメソッドが使えない
# puts 'Alice'.shuffle

# トップレベルでusingすると、ここからファイルの最後までshuffleメソッドが有効になる
using StringShuffle

puts 'Alice'.shuffle #=> ecAli

class User
  def initialize(name)
    @name = name
  end

  def shuffled_name
    @name.shuffle
  end
end

user = User.new('Alice')
puts user.shuffled_name #=> cilAe

puts 'Alice'.shuffle    #=> liceA

# ほかのファイルではshuffleメソッドは使えない
```

ちなみに、refinementsで使うモジュールの内部には複数のrefineを定義することができます。

```
module SomeModule
  refine String do
    # Stringクラスに対する変更
  end

  refine Enumerable do
    # Enumerableモジュールに対する変更
  end
end
```

Column 二重コロン (::) とドット (.) の違い

これまで何度か登場している二重コロン (::) について詳しく説明しておきましょう。加えて、二重コロンとドット (.) の違いも説明します。たとえば、Sampleモジュールに次のような定数とクラスメソッドを持ったUserクラスがあったとします。

```
module Sample
  class User
    NAME = 'Alice'

    def self.hello(name = NAME)
      "Hello, I am #{name}."
    end
  end
end
```

名前空間を区切ったり定数を参照したりするときは二重コロンを使い、メソッドを呼び出す場合はドットを使うのが典型的な使い分けです。

```
Sample::User::NAME #=> "Alice"

Sample::User.hello #=> "Hello, I am Alice."
```

しかし、メソッド呼び出しに関しては二重コロンを使うこともできます。

```
Sample::User::hello #=> "Hello, I am Alice."
```

そうなんです。::はメソッド呼び出しにも使えるのです。また、左辺はクラスやモジュールである必要はありません。どんなオブジェクトでも::でメソッドを呼び出すことができます。

```
s = 'abc'
s::upcase #=> "ABC"
```

では、二重コロンとドットはまったく同じ役割なのかというと、そうではありません。二重コロンとは異なり、ドットは名前空間を区切ったり、定数を参照したりする用途には使えません。なぜなら、ドットの右辺は常にメソッドであることが期待されるからです。

```
# Sample.UserだとUserがメソッドと見なされる
Sample.User::NAME #=> undefined method `User' for Sample:Module (NoMethodError)
# User.NAMEだとNAMEがメソッドと見なされる
Sample::User.NAME #=> undefined method `NAME' for Sample::User:Class (NoMethodError)
```

二重コロンとドットの違いを表にまとめると**表8-1**のようになります。

表8-1 二重コロン (::) とドット (.) の違い

	右辺がメソッド	右辺が定数またはクラスやモジュール
二重コロン (::)	OK	OK
ドット (.)	OK	NG

とはいえ、慣習的には二重コロンは名前空間を区切ったり、定数を参照したりする用途で使われることが多いです。ただ、二重コロンを使ってメソッドを呼び出すコードがまったくないわけではありません。User::helloやUser::createのようなコードを見かけて「何これ?」と思ったときは、ここで説明した内容を思い出してください。

8.10 この章のまとめ

この章で学習した内容は以下のとおりです。

・モジュールの概要
・モジュールを利用したメソッド定義（includeとextend）
・モジュールを利用した名前空間の作成
・関数や定数を提供するモジュールの作成
・状態を保持するモジュールの作成
・モジュールに関する高度な話題

この章で学んだ知識やテクニックは、小規模なプログラムを作成している間はあまり必要になりません。しかし、大規模なプログラムやオープンソースライブラリの開発に関わる場合はモジュールの知識は必須になってきます。もしこの先、本格的な開発の現場でRubyを書く機会がやってきたら、もう一度この章を読み直して復習しましょう。

さて、次の章ではRubyの例外処理を説明します。Rubyに限らず、例外処理を適切に考慮できているプログラムは堅牢（けんろう）で保守しやすいプログラムになります。こちらもしっかり学習していきましょう。

第9章

例外処理を理解する

9.1 イントロダクション

例外（Exception）とは文字どおり、プログラムの実行中（場合によっては実行前）に発生した「例外的な問題」のことです。もっと簡単に言えば、「エラーが起きてプログラムの実行を続けることができなくなった状態」とも言えるでしょう。プログラマがとくに手を打たなければ、例外が発生した時点でプログラムの実行は終了します。しかし、意図的にそのエラーを捕捉し、プログラムを続行させることもできます。また、例外は捕捉するだけでなく「これはプログラムが続行できない異常事態」として例外を意図的に発生させることもできます。

本格的なプログラムでは例外の扱いが非常に重要になってきます。例外を適切に扱えば堅牢で読みやすいコードができあがりますし、万一エラーが起きた場合でも原因の調査がしやすくなります。例外を適切に扱わなかった場合はその反対です。意図しない構造のデータが保存されたり、コードが過度に複雑になったり、発生したエラーの調査に時間がかかったりします。

例外はRuby独自の考え方ではありません。Rubyに限らず、最近のプログラミング言語であれば比較的よく似た機能を持っています[注1]。ただし、Rubyならではの知識が必要になる部分も一部にはあります。ほかの言語で例外処理を学んだことがある人も油断せずにRubyの例外処理を学んでください。

9.1.1 この章の例題：正規表現チェッカープログラム

第6章では正規表現の実行結果を確認するRubularというWebツールを紹介しました。この章ではこれと同じような正規表現チェッカープログラムを作ります。具体的な仕様は以下のとおりです。

- ターミナル上で動作する対話型のCUI（character user interface）プログラムとする。
- 起動すると“Text?: ”の文言が表示され、正規表現の確認で使うテキストの入力を求められる。
- テキストを入力すると、“Pattern?: ”の文言が表示され、正規表現パターンの入力を求められる。
- 正規表現として無効な文字列だった場合は、“Invalid pattern: ”の文言に続いて具体的なエラー内容が表示され、再度パターンの入力を求められる。
- 正規表現の入力が終わると、“Matched: ”の文言に続いて、すべてのマッチした文字列がカンマ区切りで表示される。
- 1つもマッチしなかった場合は“Nothing matched.”の文言が表示される。
- マッチング結果を表示したらプログラムを終了する。

9.1.2 正規表現チェッカーの実行例

プログラムを起動して、文字列を入力し、結果を表示するまでのターミナル上の動きを表現すると次のようになります。以下はいくつかの文字列がマッチした場合（パターンの再入力あり）の実行例です。

```
Text?: 123-456-789
Pattern?: [1-6+
Invalid pattern: premature end of char-class: /[1-6+/
Pattern?: [1-6]+
Matched: 123, 456
```

注1　GoやRustのように、例外を持たない最近のプログラミング言語も存在します。

こちらはマッチする文字列がなかった場合の実行例です。

```
Text?: abc-def-ghi
Pattern?: [1-6]+
Nothing matched.
```

このプログラムのどこに例外処理が適用できるのかは、この章を読み進めていく中でだんだんわかってくるはずです。

9.1.3 この章で学ぶこと

この章では以下のような内容を学びます。

- 例外の捕捉
- 意図的に例外を発生させる方法
- 例外処理のベストプラクティス

この章で一番大事なのは最後に挙げた「例外処理のベストプラクティス」かもしれません。文法的にどう動くかを理解するだけでなく、例外処理はどのように使うと適切か（または不適切か）という点もきちんと理解しておきましょう。

9.2 例外の捕捉

9.2.1 発生した例外を捕捉しない場合

ここまでとくに例外処理の考え方は説明してきませんでしたが、サンプルコードの実行結果としてエラーが発生するようなケースは何度か見てきました。たとえば、第2章のコラム「数値と文字列は暗黙的に変換されない」（p.35）ではエラーが起きるコード例として、次のようなサンプルコードを紹介しました。

```
1 + '10'
```

上のコードをirbで実行すると次のようになります。

```
01 irb(main):001:0> 1 + '10'
02 (irb):1:in `+': String can't be coerced into Integer (TypeError)
03 	from (irb):1:in `<main>'
04 	from /(Rubyがインストールされているパス)/lib/ruby/gems/3.0.0/gems/irb-1.3.5/exe/irb:11:in ⏎
`<top(required)>'
05 	from /(Rubyがインストールされているパス)/bin/irb:23:in `load'
06 	from /(Rubyがインストールされているパス)/bin/irb:23:in `<main>'
```

実行結果の2行目以降に載っているのが例外に関する情報です。ここではまず2行目に注目してください。“String can't be coerced into Integer”は発生した例外に関するメッセージです。日本語に訳すと「StringをIntegerに変換することはできません」という意味になります。行の最後で丸カッコに囲まれている“TypeError”は発生した例外のクラス名です。Rubyでは例外も例外クラスのインスタンス（例外オブジェクト）になっています。TypeErrorは発生した例外オブジェクトのクラス名で、文字どおり「データ型（type）のエラー」を表します。これらの情報を合わせると、データ型がおかしい（文字列を整数に変換できなかった）ために例外が発生したということがわかります。

2行目の冒頭にある`(irb):1:in '+'`は例外が発生した場所を示します。3行目以降の情報は例外が発生するまでのメソッドの呼び出し履歴です。この情報をバックトレースやスタックトレースと呼びます。バックトレースはデバッグする際の重要な情報源になります。バックトレースの読み方は第12章で詳しく説明します。

ちなみに、上の実行結果はRuby 3.0.1とirb 1.3.5の組み合わせで表示されたものです。

```
$ ruby -v
ruby 3.0.1p64 (2021-04-05 revision 0fb782ee38) [arm64-darwin20]
$ irb -v
irb 1.3.5 (2021-04-03)
```

Rubyやirbのバージョンによっては出力形式が異なる場合があります。とくに、Ruby 2.5から2.7、もしくはRuby 3.0.0とirb 1.3.0の組み合わせで実行した場合は、エラーメッセージが一番下に表示され、なおかつバックトレースの表示順も逆になります。たとえば以下はRuby 2.7.3とirb 1.2.6で実行した場合のエラー発生時の出力例です。

```
Traceback (most recent call last):
  5: from /(Rubyがインストールされているパス)/bin/irb:23:in `<main>'
  4: from /(Rubyがインストールされているパス)/bin/irb:23:in `load'
  3: from /(Rubyがインストールされているパス)/lib/ruby/gems/2.7.0/gems/irb-1.2.6/exe/irb:11:in ⏎
`<top (required)>'
  2: from (irb):1
  1: from (irb):1:in `+'
TypeError (String can't be coerced into Integer)
```

ご覧のとおり、例外クラス名やエラーメッセージが一番下に表示されていますが、内容自体は変わりません。ですので、落ち着いてエラー内容を確認してください。

さて、ここでは発生した例外をなすがままにしています。irbであれば続けてほかのコードを動かすことができますが、rubyコマンドで実行した場合は例外が発生した時点でプログラムが終了します。たとえば以下のコードをファイルに保存してrubyコマンドで実行した場合、最後の行にある`puts 'End.'`は実行されません。

```
puts 'Start.'
1 + '10'
# 上の行で例外が発生するため、ここから下は実行されない
puts 'End.'
```

上のコードを`sample.rb`という名前で保存し、rubyコマンドで実行してみましょう。すると、最初の`puts 'Start.'`は出力されていますが、最後の`puts 'End.'`は出力されていないのがわかります。

```
$ ruby sample.rb
Start.
```

```
sample.rb:2:in `+': String can't be coerced into Integer (TypeError)
  from sample.rb:2:in `<main>'
```

9.2.2 例外を捕捉して処理を続行する場合

もし、何らかの理由で例外が発生してもプログラムを続行したい場合は、例外処理を明示的に書くことでプログラムを続行させることが可能です。例外処理のもっとも単純な構文は次のようになります。

```
begin
  # 例外が起きうる処理
rescue
  # 例外が発生した場合の処理
end
```

試しに先ほどのプログラムに例外処理を組み込んでみましょう。

```
puts 'Start.'

# 例外処理を組み込んで例外に対処する
begin
  1 + '10'
rescue
  puts '例外が発生したが、このまま続行する'
end

# 例外処理を組み込んだので、最後まで実行可能
puts 'End.'
```

これを実行すると次のようになります。

```
$ ruby sample.rb
Start.
例外が発生したが、このまま続行する
End.
```

ご覧のとおり、End.の文字が出力されていることから、例外処理がうまく機能して最後までプログラムを実行できていることがわかります。

ただし、これはあくまで例外処理の基本を確認するために書いたサンプルコードであることに注意してください。実際のプログラムでは上のようなコードはあまり好ましくない例外処理に該当します。例外処理の善し悪しについてはのちほど説明します。それまではあくまで例外処理に関するRubyの言語機能を紹介するだけです。「できることとやっていいことは異なる」ということを念頭に置きながら、ここから先の説明を読み進めてください。

9.2.3 例外処理の流れ

先ほどの例では例外が発生する箇所が明らかだったので、その箇所をbegin〜rescueで囲んで例外を捕捉することができました。しかし、実際のプログラムでは予期できない箇所で例外が発生することもあります。例

外が発生した箇所がbegin〜rescueで囲まれていない場合、例外が発生すると、そこで処理を中断してメソッドの呼び出しを1つずつ戻っていきます。メソッド呼び出しを戻る途中にその例外を捕捉するコードがあれば、そこから処理を続行できます。たとえば以下は例外が発生した箇所から少し離れた箇所で例外を捕捉するコード例です。

```
# method_1にだけ例外処理を記述する
def method_1
  puts 'method_1 start.'
  begin
    method_2
  rescue
    puts '例外が発生しました'
  end
  puts 'method_1 end.'
end

def method_2
  puts 'method_2 start.'
  method_3
  puts 'method_2 end.'
end

def method_3
  puts 'method_3 start.'
  # ZeroDivisionError（整数を0で除算しようとした場合に発生する例外）を発生させる
  1 / 0
  puts 'method_3 end.'
end

# 処理を開始する
method_1
#=> method_1 start.
#   method_2 start.
#   method_3 start.
#   例外が発生しました
#   method_1 end.
```

上のコードはmethod_1メソッドから処理が始まっています。method_1メソッドはmethod_2メソッドを呼び、method_2メソッドはmethod_3メソッドを呼びます。method_3メソッドを呼び出すと、ZeroDivisionErrorが発生します。method_3メソッドには例外を捕捉するコードがないので、method_2メソッドに処理が戻ります。しかし、method_2メソッドにも例外を捕捉するコードがないので、さらにmethod_1メソッドに戻ります。method_1メソッドではmethod_2メソッドの呼び出しをbegin〜rescueで囲んでいたため、ここで例外が捕捉され、“例外が発生しました”の文字列を出力しています。

また、実行結果の出力内容を見るとmethod_1だけが“method_1 end.”を出力していますが、method_2とmethod_3は“end.”を出力していません。このことから、例外を捕捉したmethod_1だけが処理を続行でき、method_2とmethod_3は例外が発生した時点で処理が中断されたままになっていることがわかります（**図9-1**）。

図9-1 例外処理の流れ

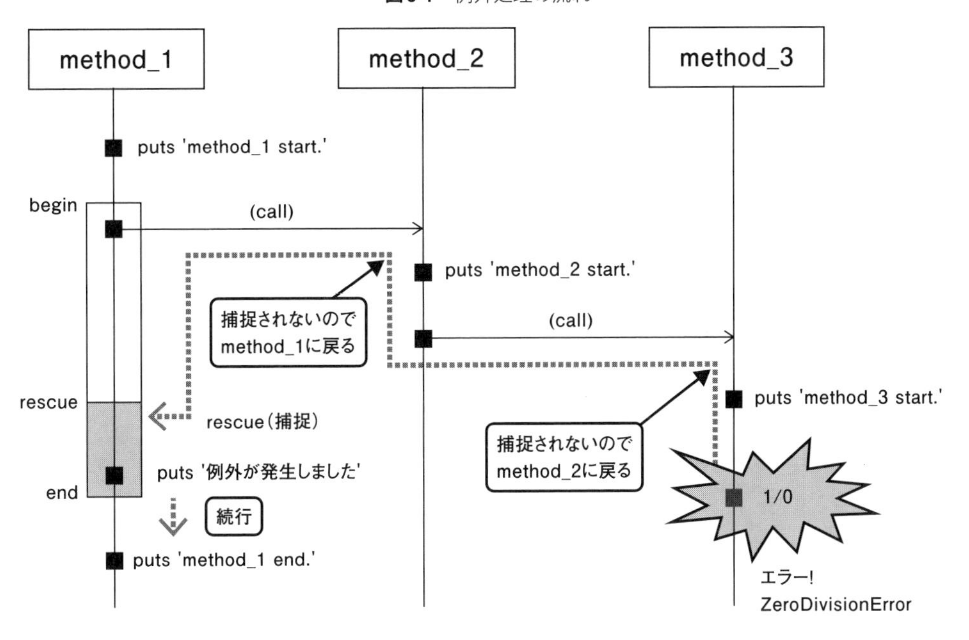

もし、method_1でも例外が捕捉されなければ、発生した例外はメソッド呼び出しを全部さかのぼっても完全に無視されたことになります。こうなるとプログラム全体がそこで異常終了します（**図9-2**）。

```
# method_1から例外処理を削除する
def method_1
  puts 'method_1 start.'
  method_2
  puts 'method_1 end.'
end

# method_2, method_3は同じなので省略

# 処理を開始する
method_1
#=> method_1 start.
#   method_2 start.
#   method_3 start.
#   divided by 0 (ZeroDivisionError)
```

図9-2　異常終了する場合

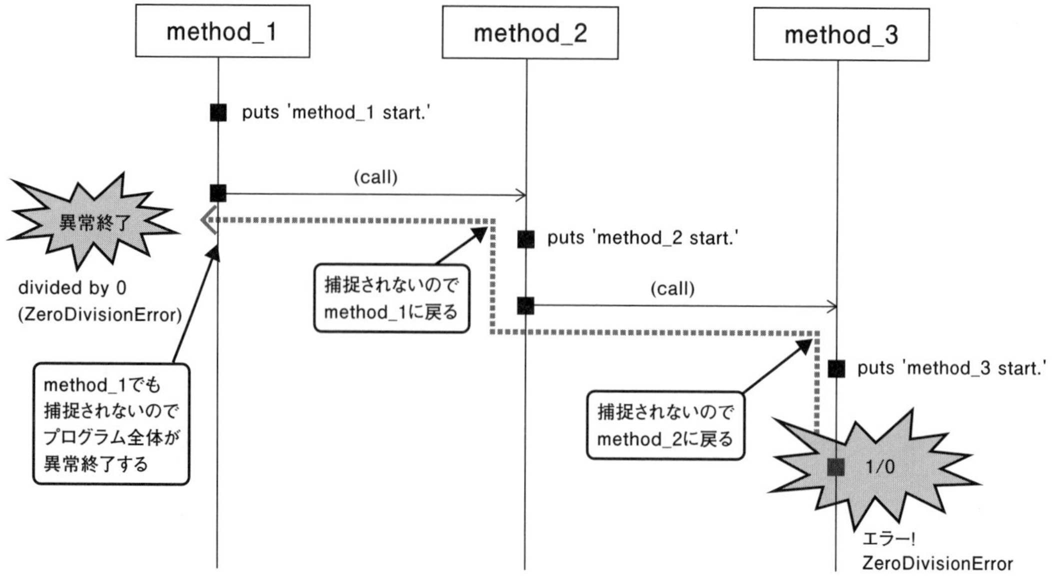

9.2.4 例外オブジェクトから情報を取得する

前述のとおり、Rubyでは発生した例外自身もオブジェクトになっています。そのため例外オブジェクトのメソッドを呼び出すことで、発生した例外に関する情報を取得することができます。

ここでは代表的なメソッドとしてmessageメソッドとbacktraceメソッドを使ってみましょう。名前のとおり、messageメソッドは例外発生時のエラーメッセージを返し、backtraceメソッドはバックトレース情報（つまりメソッドの呼び出し履歴）を配列にして返します。

例外オブジェクトから情報を取得したい場合は次のような構文を使います。

```
begin
  # 例外が起きうる処理
rescue => 例外オブジェクトを格納する変数
  # 例外が発生した場合の処理
end
```

具体的なコード例は以下のとおりです。

```
begin
  1 / 0
rescue => e
  puts "エラークラス: #{e.class}"
  puts "エラーメッセージ: #{e.message}"
  puts "バックトレース -----"
  puts e.backtrace
  puts "-----"
end
```

例外オブジェクトを格納する変数の名前は自由に付けることができますが、exceptionの省略形としてeやexのような名前をよく見かけます。上のコードではmessageメソッドとbacktraceメソッドの取得内容を、putsメソッドを使って出力しています。これをirbで動かすと次のような結果が出力されます。

```
エラークラス: ZeroDivisionError
エラーメッセージ: divided by 0
バックトレース -----
(irb):2:in '/'
(irb):2:in '<main>'
省略
/(Rubyがインストールされているパス)/bin/irb:23:in '<main>'
-----
```

9.2.5 クラスを指定して捕捉する例外を限定する

例外には多くの種類があり、その種類ごとにクラスが異なります。たとえば存在しないメソッドを呼び出した場合はNoMethodErrorクラスの例外が発生し、0で除算した場合はZeroDivisionErrorが発生します。次のような構文を使って例外のクラスを指定すると、例外オブジェクトのクラスが一致した場合のみ、例外を捕捉することができます。

```
begin
  # 例外が起きうる処理
rescue 捕捉したい例外クラス
  # 例外が発生した場合の処理
end
```

具体的なコード例は以下のとおりです。

```
begin
  1 / 0
rescue ZeroDivisionError
  puts '0で除算しました'
end
#=> 0で除算しました
```

上のコードはZeroDivisionErrorが発生した場合のみrescue節のコードが実行され、プログラムを続行することができます。次のようにZeroDivisionError以外のエラーが発生した場合は、例外は捕捉されません(つまりプログラムが異常終了します)。

```
begin
  # NoMethodErrorを発生させる
  'abc'.foo
rescue ZeroDivisionError
  puts '0で除算しました'
end
#=> undefined method 'foo' for "abc":String (NoMethodError)
```

rescue節を複数書くことで、異なる例外クラスに対応することもできます。

```
begin
  'abc'.foo
rescue ZeroDivisionError
  puts '0で除算しました'
rescue NoMethodError
  puts '存在しないメソッドが呼び出されました'
end
#=> 存在しないメソッドが呼び出されました
```

1つのrescue節に複数の例外クラスを指定することもできます。

```
begin
  'abc'.foo
rescue ZeroDivisionError, NoMethodError
  puts '0で除算したか、存在しないメソッドが呼び出されました'
end
#=> 0で除算したか、存在しないメソッドが呼び出されました
```

次のようにして例外オブジェクトを変数に格納することも可能です。

```
begin
  'abc'.foo
rescue ZeroDivisionError, NoMethodError => e
  puts "0で除算したか、存在しないメソッドが呼び出されました"
  puts "エラー: #{e.class} #{e.message}"
end
#=> 0で除算したか、存在しないメソッドが呼び出されました
#   エラー: NoMethodError undefined method `foo' for "abc":String
```

9.2.6 例外クラスの継承関係を理解する

ところで、rescue節で例外クラスを指定する場合は、Rubyにおける例外クラスの継承関係を理解しておく必要があります。例外クラスの継承関係は**図9-3**のようになっています。

すべての例外クラスはExceptionクラスを継承しています。その下には多くの例外クラスがサブクラスとしてぶらさがっていますが、ここでの大事なポイントはStandardErrorのサブクラスとそれ以外の例外クラスの違いを理解することです。

StandardErrorクラスは通常のプログラムで発生する可能性の高い例外を表すクラスです。先ほど登場したNoMethodErrorやZeroDivisionErrorもStandardErrorクラスのサブクラスになっています。逆に言うと、StandardErrorクラスを継承していないNoMemoryErrorクラスやSystemExitクラスは、通常のプログラムでは発生しない特殊なエラーが起きたことを表しています。

図9-3　例外クラスの継承関係（一部抜粋）

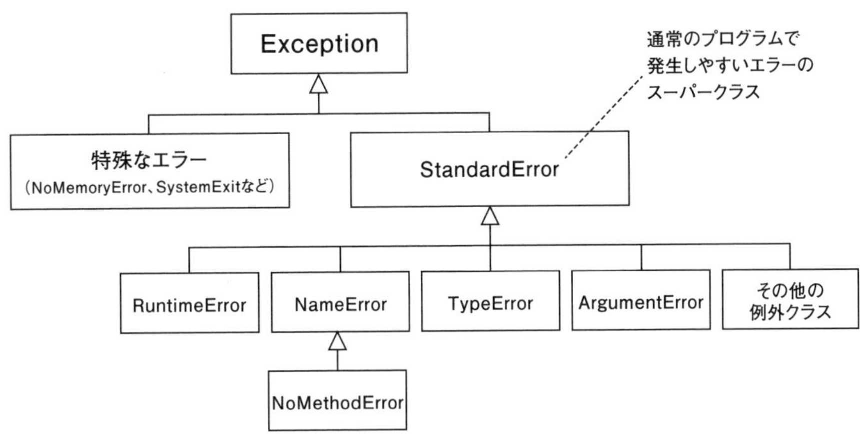

rescue節に何もクラスを指定しなかった場合に捕捉されるのはStandardErrorとそのサブクラスです。NoMemoryErrorやSystemExitなど、StandardErrorを継承していない例外クラスは捕捉されません。

```
begin
  # 例外が起きそうな処理
rescue
  # StandardErrorとそのサブクラスのみ捕捉される
end
```

rescue節に例外クラスを指定した場合、捕捉されるのはそのクラス自身とそのサブクラスになります。たとえば次のようにExceptionクラスを指定すると、StandardErrorと無関係のエラーまで捕捉することになります。

```
例外処理の悪い例
begin
  # 例外が起きそうな処理
rescue Exception
  # ExceptionとそのサブクラスがRuby捕捉される。つまりNoMemoryErrorやSystemExitまで捕捉される
end
```

しかし、通常のプログラムで捕捉するのはStandardErrorクラスか、そのサブクラスに限定すべきです。なので、何か特別な理由がないかぎりrescue節にExceptionクラスやStandardErrorと無関係の例外クラスを指定することは避けましょう。

ほかのプログラミング言語ではExceptionという名前のクラスがRubyでいうところのStandardErrorクラスと同じ扱いだったりすることがあります。ほかの言語の経験者は過去の経験から、ついrescue節にExceptionクラスを指定したくなるかもしれません。ですが、それはRubyにおいては通常好ましくないコードになるので注意してください。

9.2.7 継承関係とrescue節の順番に注意する

rescue節が複数ある場合は、上から順番に発生した例外クラスがrescue節のクラスにマッチするかどうかチェッ

クされます。また、先ほども説明したとおり、rescue節に例外クラスを指定すると、そのクラス自身とそのサブクラスが捕捉の対象になります。そのため、例外クラスの継承関係とrescue節を書く順番に注意しないと、永遠に実行されないrescue節を作ることになってしまいます。

言葉だけではわかりづらいと思うので具体例を示しましょう。メソッドが存在しない場合に発生するNoMethodErrorはNameErrorクラスを継承しています。つまり、NameErrorクラスがスーパークラスで、NoMethodErrorがそのサブクラスです（**図9-4**）。

図9-4　NameErrorとNoMethodErrorの継承関係

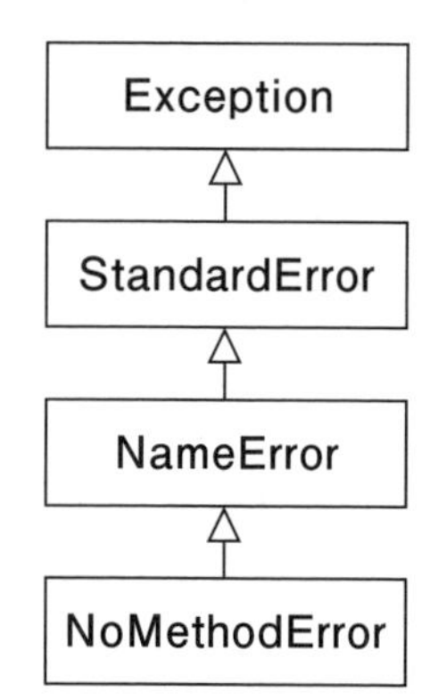

この両者を区別して処理したいと思った場合、次のように書くと2つめのrescue節は永遠に実行されません。

間違った例外処理の例
```
begin
  # NoMethodErrorを発生させる
  'abc'.foo
rescue NameError
  # NoMethodErrorはここで捕捉される
  puts 'NameErrorです'
rescue NoMethodError
  # このrescue節は永遠に実行されない
  puts 'NoMethodErrorです'
end
#=> NameErrorです
```

2つめのrescue節が実行されない理由がわかるでしょうか？　NameErrorはNoMethodErrorのスーパークラスなので、NameErrorクラスを指定した最初のrescue節で捕捉されます。そのため、どんなことがあっても2つめのrescue節に到達することはないわけです。

この問題を解決する方法は簡単です。スーパークラスよりもサブクラスを手前に持ってくるようにすればいいのです。

```
begin
  'abc'.foo
rescue NoMethodError
  # NoMethodErrorはここで捕捉される
```

```
  puts 'NoMethodErrorです'
rescue NameError
  puts 'NameErrorです'
end
#=> NoMethodErrorです
```

こうするとNameErrorのrescue節よりも先にNoMethodErrorのrescue節が評価されるため、NoMethodError用の例外処理を実行することができます。もちろん、NameErrorが発生した場合はNameError用の例外処理を実行することができます。

```
begin
  # NameErrorを発生させる
  Foo.new
rescue NoMethodError
  puts 'NoMethodErrorです'
rescue NameError
  puts 'NameErrorです'
end
#=> NameErrorです
```

このように、例外処理を書く場合は例外クラスの継承関係を意識しておかないと、不適切な例外処理を作ってしまう恐れがあるので注意しましょう。

なお、次のように最後にStandardErrorクラスを指定すれば、通常のプログラミングで発生するその他のエラーをまとめて捕捉することができます（最後に指定するのはもちろん、StandardErrorがNoMethodErrorやNameErrorのスーパークラスだからです）。

```
begin
  # ZeroDivisionErrorを発生させる
  1 / 0
rescue NoMethodError
  puts 'NoMethodErrorです'
rescue NameError
  puts 'NameErrorです'
rescue StandardError
  puts 'その他のエラーです'
end
#=> その他のエラーです
```

しかし、StandardErrorとそのサブクラスを捕捉するのであれば、そもそもクラスを指定する必要がないので、次のように書くほうがシンプルです。

```
begin
  # ZeroDivisionErrorを発生させる
  1 / 0
rescue NoMethodError
  puts 'NoMethodErrorです'
rescue NameError
  puts 'NameErrorです'
rescue # 例外クラスを指定しない
```

```
  puts 'その他のエラーです'
end
#=> その他のエラーです
```

9.2.8 例外発生時にもう一度処理をやりなおすretry

ネットワークエラーのように一時的に発生している問題が例外の原因であれば、何度かやりなおすことで正常に実行できる可能性があります。そんな場合はrescue節でretry文を実行すると、begin節の最初からやりなおすことができます。

```
begin
  # 例外が発生するかもしれない処理
rescue
  retry # 処理をやりなおす
end
```

ただし、無条件にretryし続けると、例外が解決しない場合に無限ループを作ってしまう恐れがあります。そういう場合はカウンタ変数を用意して、retryの回数を制限するのが良いでしょう。

```
retry_count = 0
begin
  puts '処理を開始します。'
  # わざと例外を発生させる
  1 / 0
rescue
  retry_count += 1
  if retry_count <= 3
    puts "retryします。（#{retry_count}回目）"
    retry
  else
    puts 'retryに失敗しました。'
  end
end
#=> 処理を開始します。
#   retryします。（1回目）
#   処理を開始します。
#   retryします。（2回目）
#   処理を開始します。
#   retryします。（3回目）
#   処理を開始します。
#   retryに失敗しました。
```

9.3 意図的に例外を発生させる

さて、ここまでは発生した例外を捕捉して処理する方法を説明してきました。しかし、例外は捕捉するだけでなく、コードの中で意図的に発生させることができます。例外を発生させる場合はraiseメソッドを使います。

たとえば以下はメソッドで想定していない国名が渡されたときに例外を発生させるコード例です[注2]。

```
def currency_of(country)
  case country
  when :japan
    'yen'
  when :us
    'dollar'
  when :india
    'rupee'
  else
    # 意図的に例外を発生させる
    raise "無効な国名です。#{country}"
  end
end

currency_of(:japan) #=> "yen"
currency_of(:italy) #=> 無効な国名です。italy (RuntimeError)
```

raiseメソッドに文字列を渡すと、その文字列がエラーメッセージになります。文字列は省略可能ですが、そうすると例外発生時に原因がわかりづらくなるため、通常は原因を特定しやすいメッセージを付けておくほうが良いでしょう。

```
def currency_of(country)
  case country
  when :japan
    'yen'
  when :us
    'dollar'
  when :india
    'rupee'
  else
    # エラーメッセージなしで例外を発生させる(あまり良くない)
    raise
  end
end

currency_of(:italy) #=> unhandled exception
```

raiseメソッドに文字列だけを渡したときはRuntimeErrorクラスの例外が発生します。次のように第1引数

注2　irbのバージョンが1.3.5以下の場合、日本語のエラーメッセージが"\xE7\x84\xA1……"のように文字化けすることがあります。その場合はサンプルコードをファイルに保存してrubyコマンドで実行するか、ターミナルからgem install irbを実行してバージョン1.3.6以上のirbをインストールすると、正常にエラーメッセージを表示できます。

に例外クラスを、第2引数にエラーメッセージを渡すとRuntimeErrorクラス以外の例外クラスで例外を発生させることができます。

```
def currency_of(country)
  case country
  when :japan
    'yen'
  when :us
    'dollar'
  when :india
    'rupee'
  else
    # RuntimeErrorではなく、ArgumentErrorを発生させる
    raise ArgumentError, "無効な国名です。#{country}"
  end
end

currency_of(:italy) #=> 無効な国名です。italy (ArgumentError)
```

もしくはraiseメソッドに例外クラスのインスタンスを渡す方法もあります。

```
def currency_of(country)
  case country
  when :japan
    'yen'
  when :us
    'dollar'
  when :india
    'rupee'
  else
    # raiseメソッドに例外クラスのインスタンスを渡す（newの引数はエラーメッセージになる）
    raise ArgumentError.new("無効な国名です。#{country}")
  end
end

currency_of(:italy) #=> 無効な国名です。italy (ArgumentError)
```

RuntimeErrorクラス以外の例外クラスを使う場合でもメッセージを省略することはできますが、デバッグがしにくくなるため通常は避けるべきです。

```
# エラーメッセージを省略して例外を発生させる（あまり良くない）
raise ArgumentError      #=> ArgumentError (ArgumentError)
raise ArgumentError.new  #=> ArgumentError (ArgumentError)
```

なお、ここで紹介したコード例に関していえば、Ruby 3.0から正式導入されたパターンマッチを使うと、case文とよく似た記法を使いつつ、想定外の値が渡された場合に自動的に例外を発生させることができます。この内容は「11.3.1　valueパターン」の項で説明します。

9.4 例外処理のベストプラクティス

さて、ここまでRubyにおける例外処理についていろいろと説明してきましたが、最初のほうでも触れたとおり、例外処理はうまく使わないとプログラムに余計な混沌を招く恐れがあります。「機能としては確かに用意されている。だが、それを使うべきシーンと使うべきでないシーンは区別しなければならない」というのが例外処理を扱うときのセオリーです。もし例外処理を書く必要が出てきたら、ここから説明する内容を参考にしてください。

9.4.1 安易にrescueを使わない

例外はrescue節で捕捉することで処理を続行できる、というのはすでに説明したとおりです。ですが、すべての例外をrescueすべきかというとそうではありません。むしろ、rescueすべき例外のほうが少ないです。例外の発生は文字どおり例外的な状況であり、プログラムが正常に実行できないことを示しています。にもかかわらず、安易にrescueして続行してしまうと処理中のデータの構造が崩れたりして、余計にややこしい別の問題を引き起こす恐れがあります。異常事態が発生したのであればプログラムの実行を即座に中止し（つまりrescueしない）、例外の原因を調査してください。そして、適切な対応（不具合の修正や入力値の見直しなど）を行ってから、そのプログラムを再度実行しましょう。

Railsのような Webアプリケーションフレームワークでは、例外発生時の共通処理が最初から組み込まれています。具体的にはエラーメッセージやバックトレースをログに書き込み、ユーザに対してはエラーの発生を画面上で通知してくれます（**図9-5**）。

図9-5 Railsのエラー画面

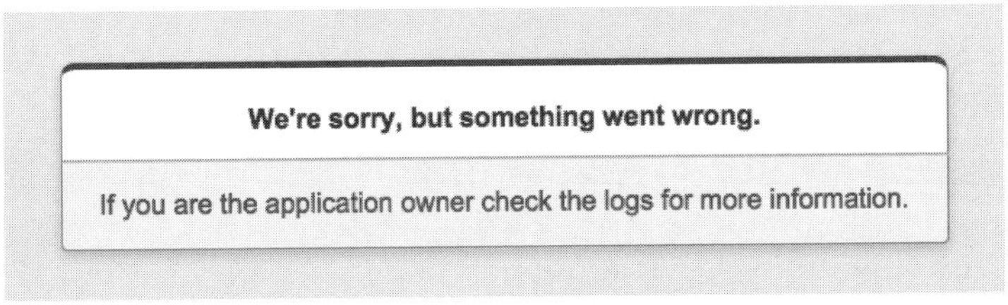

We're sorry, but something went wrong.

If you are the application owner check the logs for more information.

なので、自分でrescueしなくても、フレームワークに例外処理をゆだねることができます。逆に自分で例外をrescueしてなんとかしようとすると、Webアプリケーションとして不適切な実装をしてしまうかもしれません。

プログラミング初心者の方は「例外が発生したらrescueで捕捉すればいいんだな」と考えるのではなく、「例外が発生したら即座に異常終了させよう」もしくは「フレームワークの共通処理に全部丸投げしよう」と考えるほうが安全です。

9.4.2 rescueしたら情報を残す

先ほども述べたとおり、例外が発生してもrescueしない、というのが例外処理の原則です。ですが、もちろん状況によってはrescueすべきケースも存在します。たとえば、100人のユーザにメールを一斉送信する処理で運悪く1人目のユーザがおかしなメールアドレスを登録していたとしましょう。このとき、1人目のおかしなメールアドレスのせいで例外が発生し、残りの99人にはメールが送信されなくなってしまうと、残りのユーザに迷惑がかかります。こういうケースでは例外をrescueして、最後のユーザまでメール送信を続行する、と考えたほうが合理的です。

ただし、その場合でもあとで原因調査ができるように、例外時の状況を確実に記録に残しましょう。最低でも発生した例外のクラス名、エラーメッセージ、バックトレースの3つはログやターミナルに出力すべきです。

これらの情報はfull_messageメソッドを使うと一度に取り出せます。例外発生時の情報を残す架空のコード例を以下に示します。

```
# 大量のユーザにメールを送信する（例外が起きても最後まで続行する）
users.each do |user|
  begin
    # メール送信を実行する
    send_mail_to(user)
  rescue => e
    # full_messageメソッドを使って例外のクラス名、エラーメッセージ、バックトレースをターミナルに出力
    # （ログファイルがあればそこに出力するほうがベター）
    puts e.full_message
  end
end
```

例外をrescueしたらその場で情報を残さないと詳細な情報が失われてしまいます。当たり前の話ですが、手がかりが多いほど原因調査は楽になり、反対に手がかりが少ないほど難しくなります。すばやく原因を突き止め、適切な対策が取れるよう、詳細な情報を確実に残しておきましょう。

9.4.3 例外処理の対象範囲と対象クラスを極力絞り込む

例外処理を書く場合は、例外が発生しそうな箇所と発生しそうな例外クラスをあらかじめ予想し、その予想を例外処理のコードに反映させてください。例外処理の範囲が広すぎたり、捕捉する例外クラスの種類が多すぎたりすると、本来は異常終了扱いにすべき例外まで続行可能な例外として扱われる恐れがあります。

たとえば、“令和3年12月31日”のような日付文字列をDateクラスのオブジェクトに変換するメソッドを以下のように実装したとします。

```
require 'date'

# 令和の日付文字列をDateオブジェクトに変換する
def convert_reiwa_to_date(reiwa_text)
  begin
    m = reiwa_text.match(/令和(?<jp_year>\d+)年(?<month>\d+)月(?<day>\d+)日/)
    year = m[:jp_year].to_i + 2018
    month = m[:month].to_i
    day = m[:day].to_i
    Date.new(year, month, day)
  rescue
    # 例外が起きたら（＝無効な日付が渡されたら）nilを返したい
```

例外処理の対象が無駄に広すぎるので好ましくない

```
    nil
  end
end
```

上のコードでは“令和3年99月99日”のような無効な日付を渡されるとnilを返したいので例外処理を書いていますが、このままだとメソッドの実行中に発生した例外をすべて飲み込んでnilを返してしまいます。たとえ自分の書いたコードにタイプミスのような不具合があったとしてもnilが返ります。

しかし、実際は不正な日付を渡されて例外が発生するのはDate.new(year, month, day)の部分だけです。また、そのときに発生する例外クラスはArgumentErrorクラスです。なので、次のような例外処理を書くほうが望ましいです。

```
def convert_reiwa_to_date(reiwa_text)
  m = reiwa_text.match(/令和(?<jp_year>\d+)年(?<month>\d+)月(?<day>\d+)日/)
  year = m[:jp_year].to_i + 2018
  month = m[:month].to_i
  day = m[:day].to_i
  begin
    Date.new(year, month, day)   } 例外処理の範囲を狭め、捕捉する例外クラスを限定する
  rescue ArgumentError
    # 無効な日付であればnilを返す
    nil
  end
end

convert_reiwa_to_date('令和3年12月31日') #=> #<Date: 2021-12-31 ((2459580j,0s,0n),+0s,2299161j)>
convert_reiwa_to_date('令和3年99月99日') #=> nil
```

上のコードであれば、Dateオブジェクトの作成に失敗したときだけ例外が捕捉されます。また、捕捉する例外をArgumentErrorクラスに限定したので、それ以外の例外は異常終了扱いになります。こうすることで無効な入力値とそれ以外の例外を明確に分離できるようになります。

なお、ここでは説明のために無効な日付に対してnilを返す、という仕様にしましたが、そもそも無効な日付を渡されたらrescueせずに異常終了させる、という仕様も考えられます。

9.4.4 例外処理よりも条件分岐を使う

例外の発生がある程度予想できる処理であれば、実際に実行する前に問題の有無を確認できる場合があります。たとえば、先ほどの説明で使ったDateオブジェクトの作成でも、Date.valid_date?というメソッドで正しい日付かどうかを確認することができます。

```
require 'date'

def convert_reiwa_to_date(reiwa_text)
  m = reiwa_text.match(/令和(?<jp_year>\d+)年(?<month>\d+)月(?<day>\d+)日/)
  year = m[:jp_year].to_i + 2018
  month = m[:month].to_i
  day = m[:day].to_i
  # 正しい日付の場合のみ、Dateオブジェクトを作成する
```

```
  if Date.valid_date?(year, month, day)
    Date.new(year, month, day)
  end
end

convert_reiwa_to_date('令和3年12月31日') #=> #<Date: 2021-12-31 ((2459580j,0s,0n),+0s,2299161j)>
convert_reiwa_to_date('令和3年99月99日') #=> nil
```

begin〜rescueを使うよりも条件分岐を使ったほうが可読性やパフォーマンスの面で有利です。例外処理を書く前に公式リファレンスを読んで、問題の有無を事前に確認できるメソッドが用意されていないかチェックしましょう。

9.4.5 予期しない条件は異常終了させる

case文で条件分岐を作る場合は、どんなパターンがやってくるか事前にわかっていることが多いと思います。そういう場合はwhen節で想定可能なパターンをすべて網羅し、else節では「想定外のパターン」として例外を発生させることを検討してください。

たとえば、引数で渡された国名に応じてその通貨名を返すメソッドを定義するとします。このメソッドでは国名として日本（:japan）、アメリカ（:us）、インド（:india）だけを想定しています。ですが万一、それ以外の国名（たとえば:italy）を渡されたときはどうすればいいでしょうか？　このような「通常ありえないケース」にどう対処するかによって状況がいろいろと変わってきます。

最初に示すのはelse節を用意しないパターンです。

```
elseを用意しないパターン（良くない例）
def currency_of(country)
  case country
  when :japan
    'yen'
  when :us
    'dollar'
  when :india
    'rupee'
  end
end
# 想定外の国名を渡すとnilが返る
currency_of(:italy) #=> nil
```

この場合は想定外の国名を渡したときにnilが返ります。もしメソッドを呼び出した側が戻り値として文字列（Stringオブジェクト）しか想定していなかったりすると、どこかのタイミングでNoMethodErrorが発生するかもしれません。

```
currency = currency_of(:italy)
# 戻り値が常にStringオブジェクトだと思い込んでしまい、upcaseメソッドを呼び出してしまった
currency.upcase #=> undefined method `upcase' for nil:NilClass (NoMethodError)
```

次はelseを:indiaとして扱うパターンを考えてみます。

```
elseを:indiaとして扱うパターン（良くない例）
def currency_of(country)
  case country
  when :japan
    'yen'
  when :us
    'dollar'
  else
    'rupee'
  end
end
# 矛盾した値が返ってきてしまう
currency_of(:italy) #=> "rupee"
```

この場合はご覧のとおり、インドもその他の国もすべて"rupee"が返ってきてしまいます。「国名に応じて通貨名を返す」という仕様を考えると、この挙動に問題があるのは明らかです。

というわけで、想定外のパターンがやってきたときは例外を発生させ、速やかにプログラムの実行を中止するのが良いでしょう[注3]。

```
# elseに入ったら例外を発生させるパターン（良い例）
def currency_of(country)
  case country
  when :japan
    'yen'
  when :us
    'dollar'
  when :india
    'rupee'
  else
    raise ArgumentError, "無効な国名です。#{country}"
  end
end
# 例外が発生する
currency_of(:italy) #=> 無効な国名です。italy (ArgumentError)
```

例外が発生するのでプログラムの実行はそこで止まってしまいますが、エラーメッセージやバックトレースが残るので、原因の調査と対策がしやすくなります。

最初の2つのパターンは「微妙におかしい状態」を保ったままプログラムが実行され続けるので、いつ爆発するかわからない時限爆弾のような不具合を抱えることになります。それに比べれば、できるだけ早い段階で例外を発生させてプログラムを緊急停止させたほうが、同じ不具合でも「良い不具合」であると言えるでしょう。

ここではcase文を例に出しましたが、if/elsifを使う場合も同じです。複数の条件を持つ条件分岐では想定可能な条件だけを明示的に処理し、通常あり得ない条件については例外を発生させることを検討してください。

注3　「9.3　意図的に例外を発生させる」の節でも触れたとおり、パターンマッチを使うと想定外のパターンがやってきたときに自動的に例外を発生させることができます。この内容は「11.3.1　valueパターン」の項で説明します。

9.4.6 例外処理も手を抜かずにテストする

「9.4.1　安易にrescueを使わない」の項でも説明したとおり、例外処理は「例外的な状況」に対する処理です。そして、例外処理は「例外的な状況」でしか呼び出されないため、テストしづらいケースも多いです。しかし、テストしづらいからといって、テストをなおざりにしてはいけません。「たぶんこれで動くだろう」と思ってテストしなかったコードに限って、思わぬ不具合が隠れていたりすることはよくあるものです。

たとえば以下はrescue節の中でmessageのつづりを間違えてしまった場合のコード例です。

```
def some_method
  1 / 0
rescue => e
  # full_messageと書くつもりがfull_mesageと書いてしまった
  puts "ERROR! #{e.full_mesage}"
end

# rescue節で別の例外が起きたために、本来出力されるべき"ERROR!"の文字が出力されない
some_method
#=> undefined method `full_mesage' for #<ZeroDivisionError: divided by 0> (NoMethodError)
#    (以下略)
```

このように、rescue節で別の予期せぬ例外が発生すると、肝心な場面で例外処理が「例外的な状況」に対処できなくなります。ですので、rescue節のコードもきっちりテストを行い、正常に実行できることを検証しましょう。

例外処理をテストしたいが例外を発生させるのが難しい、という場合は、一時的にコードを書き換えて、わざと例外を発生させるのもありです。その場合はテストが終わったら忘れずにコードをもとに戻してください。また、テストを自動化している場合は別のアプローチとして、モックオブジェクトを使って自動テストの実行中に意図的に例外を発生させる方法もあります。ただし、モックオブジェクトについては本書のスコープを超えるため、ここでは説明を割愛します。詳しい内容はテスティングフレームワークの公式リファレンスなどを参照してください。

では、ここでいったん例題の解説に移ります。ほかの章と同じく、例題の解説が終わったら再び例外処理に関する応用的なトピックを説明していきます。

9.5 例題：正規表現チェッカープログラムの作成

この章で作成するのは正規表現チェッカープログラムです。プログラムの仕様は以下のようになっていました。

- ターミナル上で動作する対話型のCUI (character user interface) プログラムとする。
- 起動すると“Text?: ”の文言が表示され、正規表現の確認で使うテキストの入力を求められる。
- テキストを入力すると、“Pattern?: ”の文言が表示され、正規表現パターンの入力を求められる。
- 正規表現として無効な文字列だった場合は、“Invalid pattern: ”の文言に続いて具体的なエラー内容が表示され、再度パターンの入力を求められる。

- 正規表現の入力が終わると、“Matched: ”の文言に続いて、すべてのマッチした文字列がカンマ区切りで表示される。
- 1つもマッチしなかった場合は“Nothing matched.”の文言が表示される。
- マッチング結果を表示したらプログラムを終了する。

以下はいくつかの文字列がマッチした場合の実行例（パターンの再入力あり）です。

```
Text?: 123-456-789
Pattern?: [1-6+
Invalid pattern: premature end of char-class: /[1-6+/
Pattern?: [1-6]+
Matched: 123, 456
```

こちらはマッチする文字列がなかった場合の実行例です。

```
Text?: abc-def-ghi
Pattern?: [1-6]+
Nothing matched.
```

9.5.1　テスト駆動開発をするかどうか

第4章から第8章までの例題はすべてテスト駆動開発（より正確に言うとテストファースト）で開発してきました。テスト駆動開発はプログラムのインプットとアウトプットが明確で、なおかつテストコードとしても仕様を表現しやすい場合に向いています。しかし、今回開発するプログラムはユーザ入力やターミナル上での結果表示など、今までの例題になかった技術要素が含まれています。こういう場合でも書こうと思えばテストコードを書くこともできるのですが、少し上級者向けのテクニックが必要になります。そこで今回は無理にテスト駆動開発にせず、プログラムを手動実行しながら実装を進めていくことにします。

9.5.2　実装のフローチャートを考える

正規表現チェッカープログラムの仕様はそれほど難しいものではありませんが、念のためフローチャートを作って筆者と読者のみなさんの認識を合わせておきましょう。今回のプログラムは**図9-6**のようなフローチャートになるはずです。

図9-6　正規表現チェッカープログラムのフローチャート

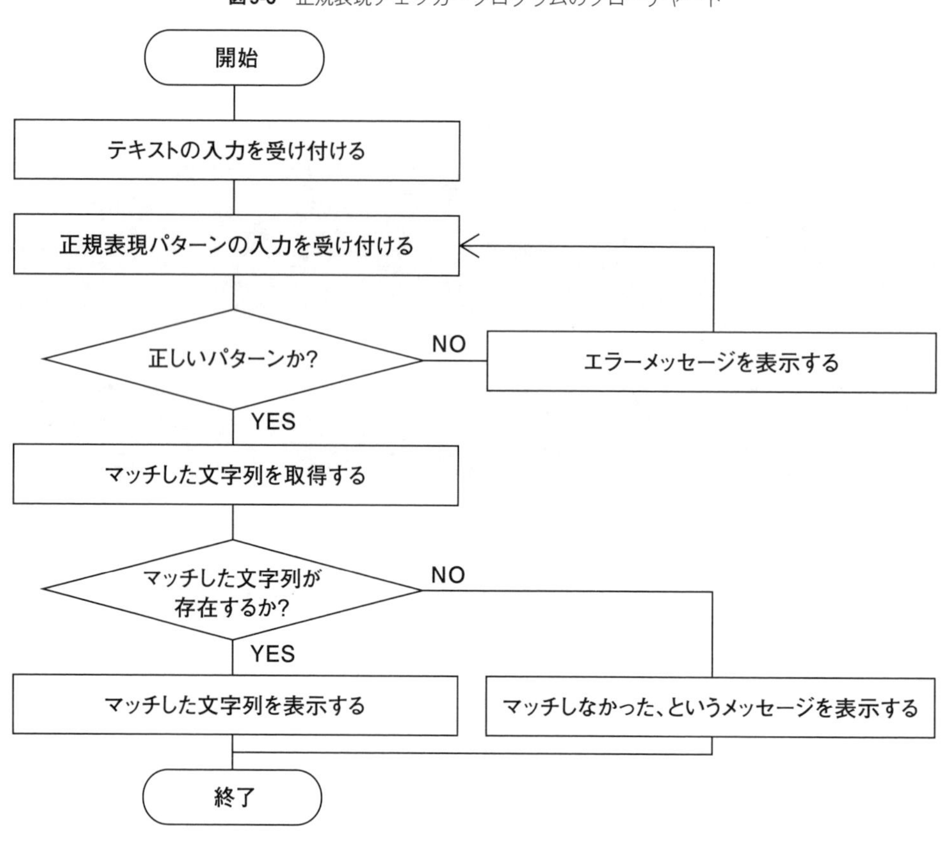

9.5.3 文字入力を受け付けるgetsメソッド

このプログラムではユーザの入力を受け付ける必要がありますが、本書ではまだその方法を説明していませんでした。ターミナル上でユーザの入力を受け付ける場合は、getsメソッドを使います。このメソッドはKernelモジュールで定義されているメソッドなので、グローバル関数のようにどこでも使えます。

```
# getsメソッドを呼ぶとプログラムはユーザの入力を待つ
input = gets
Helloと入力してからリターンキーを押す
input #=> "Hello\n"
```

ただし、上の実行例をよく見るとわかると思いますが、単純にgetsで入力を受け付けるだけだと、ユーザが最後に入力したリターンキーが改行文字（\n）として文字列に含まれてしまいます。今回は改行文字は不要なので、chompメソッドを使って改行文字を削除します。

```
input = gets
Helloと入力してからリターンキーを押す
```

```
input = input.chomp
input #=> "Hello"
```

実際には上のように書かなくても、gets.chompと書くことで改行文字を取り除いた文字列を取得することができます。

```
input = gets.chomp
Helloと入力してからリターンキーを押す
input #=> "Hello"
```

9.5.4 実装を開始する

さて、これでプログラムを書くために必要な情報がそろいました。それでは今から実装を開始しましょう。まず、libディレクトリにregexp_checker.rbというファイルを作成します。

```
ruby-book/
├──lib/
│  └──regexp_checker.rb
└──test/
```

それからregexp_checker.rbを開いて、以下のようにテキスト入力を受け付けるコードを書きます。

```
print 'Text?: '
text = gets.chomp
# 動作確認のため変数の中身を表示
puts text
```

“Text?: ”の文字列はputsメソッドではなくprintメソッドを使っています（1行目）。printメソッドを使うと文字列を表示したあとに改行しないため、“Text?: ”の横に文字列を入力することができます。また、今回はとくにメソッドを定義したりせず、トップレベルにプログラムを書いています。

いったんこの状態でファイルを保存して、プログラムを実行してみましょう。ターミナル上で文字列が入力でき、その文字列がもう一度出力されればOKです。

```
$ ruby lib/regexp_checker.rb
Text?: Hello
Hello
```

続いて、正規表現のパターンを受け付けます。書き方は先ほどと同じです（動作確認のために書いたputs textは削除してください）。

```
print 'Text?: '
text = gets.chomp
print 'Pattern?: '
pattern = gets.chomp
```

さて、フローチャート上では正規表現のパターンが正常かどうかをチェックする必要があるのですが、ここではいったん後回しにします。最初は常に入力内容は正しいものとして最後まで実装を進めていきましょう。技術的に新しい内容はないので、最後までプログラムを書いてしまいます。

```
print 'Text?: '
text = gets.chomp
print 'Pattern?: '
pattern = gets.chomp

regexp = Regexp.new(pattern)
matches = text.scan(regexp)
if matches.size > 0
  puts "Matched: #{matches.join(', ')}"
else
  puts 'Nothing matched.'
end
```

正規表現クラスの使い方は第6章で一通り説明してあるので、忘れた人は読み直しておきましょう。

続いて動作確認です。テキストと正規表現パターンを入力し、最後にマッチした結果が出力されればOKです。

```
$ ruby lib/regexp_checker.rb
Text?: 123-456-789
Pattern?: [1-6]+
Matched: 123, 456
```

こちらは1つもマッチしない場合の実行結果です。

```
$ ruby lib/regexp_checker.rb
Text?: abc-def-ghi
Pattern?: [1-6]+
Nothing matched.
```

ここまではOKですね。では、不正な正規表現パターンを入力した場合はどうなるでしょうか？　試しに`[1-6+`と入力してください。

```
$ ruby lib/regexp_checker.rb
Text?: 123-456-789
Pattern?: [1-6+
lib/regexp_checker.rb:6:in `initialize': premature end of char-class: /[1-6+/ (RegexpError)
        from lib/regexp_checker.rb:6:in `new'
        from lib/regexp_checker.rb:6:in `<main>'
```

むむ、例外が発生して異常終了してしまいましたね。というわけでここから例外処理を組み込んで、パターンを再入力できるようにします。

9.5.5 例外処理を組み込む

文字列が正規表現として有効かどうかをチェックするメソッドはRegexpクラスに用意されていないので、ここは例外処理を組み込み、例外が発生したらエラーメッセージを表示して再試行（retry）するようにします。

```
print 'Text?: '
text = gets.chomp

# 例外処理を組み込んで再入力可能にする
begin
  print 'Pattern?: '
  pattern = gets.chomp
  regexp = Regexp.new(pattern)
rescue RegexpError => e
  puts "Invalid pattern: #{e.message}"
  retry
end

matches = text.scan(regexp)
if matches.size > 0
  puts "Matched: #{matches.join(', ')}"
else
  puts "Nothing matched."
end
```

ご覧のとおり、例外処理自体はとくに難しくありませんが、押さえておきたいポイントはいくつかあります。まず、ここではRegexpErrorだけを捕捉対象とし、それ以外の例外は無視するようにしています。また、例外が発生する可能性があるのは`regexp = Regexp.new(pattern)`の行だけですが、retryで再試行する場合に"Pattern?: "の文言を表示する必要があるため、`print 'Pattern?: '`の行からbegin節に含めています。最後に、「9.2.8　例外発生時にもう一度処理をやりなおすretry」の項で「retryする場合は回数を制限したほうが良い」と書きましたが、今回は人間が操作するプログラムなのでとくに回数は制限していません。正しいパターンを入力してもらうか、CTRL+Cで強制終了してもらう前提です。

ではプログラムを実行してみましょう。今度は再入力できるはずです。正規表現パターンとして`[1-6+`を入力し、再入力を求められたら`[1-6]+`と入力してみてください。

```
$ ruby lib/regexp_checker.rb
Text?: 123-456-789
Pattern?: [1-6+
Invalid pattern: premature end of char-class: /[1-6+/
Pattern?: [1-6]+
Matched: 123, 456
```

ちゃんと再入力できましたね！　これで正規表現チェッカープログラムは完成です[注4]。では、再び例外処理に関する応用的なトピックを説明していきます。

注4　本書ではテストコードを書かずに例題を完成させましたが、やろうと思えばテストコードを書くことも可能です。興味がある方はこちらの記事をご覧ください。
正規表現チェッカープログラムのテストを自動化する
https://qiita.com/jnchito/items/23f623cdb4bed67f17f8

9.6 例外処理についてもっと詳しく

9.6.1 ensure

例外処理を入れた場合、例外が発生してもしなくても必ず実行したい処理が出てくる場合があります。そんな場合は例外処理にensure節を加えることで必ず実行される処理を書くことができます。ensure節の書き方は以下のとおりです。

```
begin
  # 例外が発生するかもしれない処理
rescue
  # 例外発生時の処理
ensure
  # 例外の有無にかかわらず実行する処理
end
```

rescue節は必須ではありません。異常終了しても良いが、終了する前に必ず実行したい処理がある、という場合は次のようにensure節だけを書くことも可能です。

```
begin
  # 例外が発生するかもしれない処理
ensure
  # 例外の有無にかかわらず実行する処理
end
```

たとえば以下は例外発生の有無にかかわらず、速やかにFileオブジェクトをクローズ（システムに解放）する場合のコード例です。

```
# 書き込みモードでファイルを開く
file = File.open('some.txt', 'w')

begin
  # ファイルに文字列を書き込む
  file << 'Hello'
ensure
  # 例外の有無にかかわらず必ずファイルをクローズする
  file.close
end
```

ただし、Rubyではわざわざ自分で例外処理を書かなくても、ブロックを使って同等の処理を実現できる場合があります。その方法を次の項で説明します。

9.6.2 ensureの代わりにブロックを使う

ファイルの読み書きを行う場合はopenメソッドにブロックを渡すことで、ensure節やクローズ処理を書かずに済ませることができます。

```
# ブロック付きでオープンすると、メソッドの実行後に自動的にクローズされる
File.open('some.txt', 'w') do |file|
  file << 'Hello'
end
```

もしブロックの実行中に例外が発生した場合も、openメソッドが必ずクローズ処理を実行してくれます。

```
File.open('some.txt', 'w') do |file|
  file << 'Hello'
  # わざと例外を発生させる
  1 / 0
end
# 例外は発生するものの、openメソッドによってクローズ処理自体は必ず行われる
#=> divided by 0 (ZeroDivisionError)
```

ファイル処理のように「使用したら必ずリソースを解放する」という処理は、Rubyではブロック付きのメソッドを使うことで自動的に処理できるケースが多いです。なので、ensure節を自分で書く前にそういった便利なメソッドが用意されていないか、公式リファレンスを確認する癖をつけるようにしてください。

9.6.3 例外処理のelse

Rubyの例外処理では、例外が発生しなかった場合に実行されるelse節を書くこともできます。以下に示すように、else節はrescue節とensure節の間に置きます（ensure節は省略可）。

```
begin
  # 例外が発生するかもしれない処理
rescue
  # 例外が発生した場合の処理
else
  # 例外が発生しなかった場合の処理
ensure
  # 例外の有無にかかわらず実行する処理
end
```

とはいえ、else節が使われるケースはあまり多くありません。else節を使わなくても、begin節に例外が発生しなかった場合の処理を書いてしまえば良いからです。

```
# else節を使う場合
begin
  puts 'Hello.'
rescue
  puts '例外が発生しました。'
else
  puts '例外は発生しませんでした。'
end
#=> Hello.
#   例外は発生しませんでした。

# else節を使わない場合
begin
```

```
  puts 'Hello.'
  puts '例外は発生しませんでした。'
rescue
  puts '例外が発生しました。'
end
#=> Hello.
#    例外は発生しませんでした。
```

ただし、begin節とは異なり、else節の中で実行されたコードはエラーが起きてもその手前に書かれたrescue節で捕捉されない、という違いがあります。

9.6.4 例外処理と戻り値

例外処理にも戻り値があります。例外が発生せず、最後まで正常に処理が進んだ場合はbegin節の最後の式が戻り値になります。また、例外が発生してその例外が捕捉された場合はrescue節の最後の式が戻り値になります。

```
# 正常に終了した場合
ret =
  begin
    'OK'
  rescue
    'error'
  ensure
    'ensure'
  end
ret #=> "OK"

# 例外が発生した場合
ret =
  begin
    1 / 0 # ZeroDivisionErrorを発生させる
    'OK'
  rescue
    'error'
  ensure
    'ensure'
  end
ret #=> "error"
```

上の例では例外処理の戻り値を変数に格納しましたが、次のようにメソッドの戻り値として使うこともできます。

```
def some_method(n)
  begin
    1 / n
    'OK'
  rescue
    'error'
```

```
  ensure
    'ensure'
  end
end

some_method(1) #=> "OK"
some_method(0) #=> "error"
```

Column　ensure節ではreturnを使わない

こうしたコードは普段書かないほうがいいのですが、Rubyの言語仕様を確認する目的で次の内容を説明しておきます。

ensure節にreturnを書くと正常時も例外発生時もensureの値がメソッドの戻り値になってしまいます。

```
def some_method(n)
  begin
    1 / n
    'OK'
  rescue
    'error'
  ensure
    # ensure節にreturnを書く
    return 'ensure'
  end
end

some_method(1) #=> "ensure"
some_method(0) #=> "ensure"
```

それだけではありません。rescue節をなくしてensure節だけにすると、例外の発生自体が取り消されてしまう（つまり正常終了してしまう）のです。

```
def some_method(n)
  begin
    1 / n
    'OK'
  ensure
    # rescue節なしでensure節にreturnを書く 良くない例
    return 'ensure'
  end
end

some_method(1) #=> "ensure"

# ZeroDivisionErrorが発生して異常終了しそうだが、正常終了してしまう
some_method(0) #=> "ensure"
```

これは非常にわかりづらい不具合の原因になります。なので、ensure節ではreturnを使わないようにしてください。

9 例外処理を理解する

9.6.5 begin/endを省略するrescue修飾子

rescueは修飾子として使うこともできます。rescueを修飾子として使う場合の構文は次のようになります。

```
例外が発生しそうな処理 rescue 例外が発生したときの戻り値
```

例外が発生しなければ元の処理の値が、例外が発生した場合はrescue修飾子に書いた値が、それぞれ式全体の戻り値となります。

```
# 例外が発生しない場合
1 / 1 rescue 0 #=> 1

# 例外が発生する場合
1 / 0 rescue 0 #=> 0
```

もう少し実践的なコード例を見てみましょう。たとえば以下はDateクラスを使い、引数として渡された文字列をパース注5してDateクラスのオブジェクトに変換するメソッドです。ただし、パース不可能な文字列が渡されて例外が発生した場合はnilを返します。

```
require 'date'

def to_date(string)
  begin
    # 文字列のパースを試みる
    Date.parse(string)
  rescue ArgumentError
    # パースできない場合はnilを返す
    nil
  end
end

# パース可能な文字列を渡す
to_date('2021-01-01') #=> #<Date: 2021-01-01 ((2459216j,0s,0n),+0s,2299161j)>

# パース不可能な文字列を渡す
to_date('abcdef')     #=> nil
```

このコードをrescue修飾子を使って書き換えてみましょう。以下のコードは上のコードとほぼ同じ意味になります。

```
def to_date(string)
  Date.parse(string) rescue nil
end

to_date('2021-01-01') #=> #<Date: 2021-01-01 ((2459216j,0s,0n),+0s,2299161j)>
to_date('abcdef')     #=> nil
```

ご覧のとおり、beginとendを省略できるぶん、メソッドを短く書くことができました。ただし、捕捉する例外クラスを指定することはできません。rescue修飾子を使うとStandardErrorとそのサブクラスが捕捉されます。例

注5　パース＝特定の書式に従った文字列を解析し、プログラムで利用可能な別のデータ構造に変換すること。

外処理を細かく制御したい場合はrescue修飾子ではなく、begin〜endを使った例外処理を書くほうが良いでしょう。

9.6.6 $!と$@に格納される例外情報

Rubyでは最後に発生した例外は組み込み変数の$!に格納されます。また、バックトレース情報は$@に格納されます。つまり、以下の2つのコードは同じ処理をしていることになります。

```
# rescue節で例外情報を変数eに格納する
begin
  1 / 0
rescue => e
  puts "#{e.class} #{e.message}"
  puts e.backtrace
end
#=> ZeroDivisionError divided by 0
#    (バックトレースは省略)

# 組み込み変数の$!と$@に格納された例外情報を使う
begin
  1 / 0
rescue
  puts "#{$!.class} #{$!.message}"
  puts $@
end
#=> ZeroDivisionError divided by 0
#    (バックトレースは省略)
```

とはいえ、コードの可読性を考えると、通常は組み込み変数を使わないコードのほうが好ましいでしょう。

9.6.7 例外処理のbegin/endを省略できるケース

メソッドの中身全体が例外処理で囲まれている場合はbeginキーワードとendキーワードを省略することができます。たとえば次のように、メソッドの最初から最後までが例外処理の対象になっているメソッドがあったとします。

```
def fizz_buzz(n)
  begin
    if n % 15 == 0
      'Fizz Buzz'
    elsif n % 3 == 0
      'Fizz'
    elsif n % 5 == 0
      'Buzz'
    else
      n.to_s
    end
  rescue => e
    puts "#{e.class} #{e.message}"
  end
```

```
end

fizz_buzz(nil) #=> NoMethodError undefined method `%' for nil:NilClass
```

こういうケースでは例外処理のbeginとendを省略して次のように書くことができます。

```
def fizz_buzz(n)
  if n % 15 == 0
    'Fizz Buzz'
  elsif n % 3 == 0
    'Fizz'
  elsif n % 5 == 0
    'Buzz'
  else
    n.to_s
  end
rescue => e
  puts "#{e.class} #{e.message}"
end

fizz_buzz(nil) #=> NoMethodError undefined method `%' for nil:NilClass
```

こうすると行数とインデントを減らすことができるので、コードが少しスッキリします。

また、beginとendの省略はdo/endブロックの内部でも有効です。つまり、do/endブロックの全体が例外処理で囲まれている場合は例外処理のbeginとendを省略できます。たとえば、「9.4.2　rescueしたら情報を残す」の項で紹介した架空のサンプルコードは次のように書き直せます。

```
# 元のコード（begin/endを省略しない）
users.each do |user|
  begin
    send_mail_to(user)
  rescue => e
    puts e.full_message
  end
end

# begin/endを省略したコード
users.each do |user|
  send_mail_to(user)
rescue => e
  puts e.full_message
end
```

ただし、同じブロックでもdo/endではなく{}を使った場合はbeginとendを省略できないので注意してください。

```
# ブロックを{}で書いた場合は例外処理のbeginとendを省略できない（構文エラーになる）
users.each { |user|
  send_mail_to(user)
rescue => e
```

```
  puts e.full_message
}
#=> syntax error, unexpected `rescue', expecting '}' (SyntaxError)

# この場合はbeginとendを省略せずに書く必要がある
users.each { |user|
  begin
    send_mail_to(user)
  rescue => e
    puts e.full_message
  end
}
```

9.6.8 rescueした例外を再度発生させる

rescue節の中でraiseメソッドを使うこともできます。このときraiseメソッドの引数を省略すると、rescue節で捕捉した例外をもう一度発生させることができます。たとえば、例外が発生したらプログラム自体は異常終了させるものの、その情報はログに残したりメールで送信したりしたい、というときにこのテクニックが使えます。

```
def fizz_buzz(n)
  if n % 15 == 0
    'Fizz Buzz'
  elsif n % 3 == 0
    'Fizz'
  elsif n % 5 == 0
    'Buzz'
  else
    n.to_s
  end
rescue => e
  # 発生した例外をログやメールに残す（ここはputsで代用）
  puts "[LOG] エラーが発生しました: #{e.class} #{e.message}"
  # 捕捉した例外を再度発生させ、プログラム自体は異常終了させる
  raise
end

fizz_buzz(nil)
#=> [LOG] エラーが発生しました: NoMethodError undefined method `%' for nil:NilClass
#   undefined method `%' for nil:NilClass (NoMethodError)
```

9.6.9 独自の例外クラスを定義する

例外クラスは独自に定義することも可能です。例外クラスを定義する場合は特別な理由がない限り、StandardErrorクラスか、そのサブクラスを継承します（Exceptionクラスを直接継承しないようにしてください）。

以下は独自の例外クラスを定義し、実際にそれを発生させるコード例です。

```
class NoCountryError < StandardError
  # 独自のクラス名を与えるのが目的なので、実装コードはとくに書かない（継承だけで済ませる）
end

def currency_of(country)
  case country
  when :japan
    'yen'
  when :us
    'dollar'
  when :india
    'rupee'
  else
    # 独自に定義したNoCountryErrorを発生させる
    raise NoCountryError, "無効な国名です。#{country}"
  end
end

currency_of(:italy) #=> 無効な国名です。italy (NoCountryError)
```

上の例ではStandardErrorクラスを単純に継承するだけでしたが、必要であれば独自のメソッドや独自の属性を追加することも可能です。

```
class NoCountryError < StandardError
  # 国名を属性として取得できるようにする
  attr_reader :country

  def initialize(message, country)
    @country = country
    super("#{message} #{country}")
  end
end

def currency_of(country)
  case country
  when :japan
    'yen'
  when :us
    'dollar'
  when :india
    'rupee'
  else
    # NoCountryErrorを発生させる
    raise NoCountryError.new('無効な国名です。', country)
  end
end

begin
  currency_of(:italy)
rescue NoCountryError => e
  # エラーメッセージと国名を出力する
```

```
  puts e.message
  puts e.country
end
#=> 無効な国名です。 italy
#   italy
```

9.7 この章のまとめ

この章では例外処理について以下のような内容を学びました。

- 例外の捕捉
- 意図的に例外を発生させる方法
- 例外処理のベストプラクティス

「9.4 例外処理のベストプラクティス」の節でも説明したとおり、例外処理は「ここぞ！」というときにだけ使う機能です。やみくもにrescueを連発したり、捕捉すべきでない例外を捕捉したりすると、かえって問題の多いプログラムができあがってしまうので十分注意してください。

さて、次の章ではyieldやProcオブジェクトについて学んでいきます。Rubyの文法や言語機能に関する説明は残すところあと2章です。本書も徐々に終わりに近づいてきています。もう少しがんばりましょう！

第10章

yieldとProcを理解する

10.1 イントロダクション

Rubyではメソッドを呼び出すときにブロックが使えます。ブロックはこれまで何度も使ってきたので、みなさんもそろそろ慣れてきたころだと思います。しかし、ブロックを使ってきたのは元からRubyに定義されているメソッドばかりでした。自分で定義したメソッドではブロックは使えないのでしょうか？　いいえ、そんなことはありません。自分で定義したメソッドでもブロックを使うことはできます。

また、ブロックを利用するメソッドを自分で定義すると、ブロックそのものを引数として受け取ったり、別のメソッドに引数として渡したりすることもできます。しかし、ブロックがなぜ引数になるのでしょうか？

この章ではブロックを利用するメソッドの定義や、ブロックの処理を引数や変数として渡す方法を説明します。少しややこしい話が続くかもしれませんが、ここをきちんと学習すれば柔軟性の高いロジックを構築したり、Railsのようなフレームワークに用意された高度な機能を使いこなしたりすることができます。

10.1.1 この章の例題：ワードシンセサイザー

さて、この章では「ワードシンセサイザー」を作ってみましょう。みなさんはワードシンセサイザーって知っていますか？　知らないですよね。なぜならワードシンセサイザーは本書のために作成したプログラミング問題だからです（だましてごめんなさい）。

楽器のシンセサイザーがいろいろなパラメータを使って音声を加工するように、ワードシンセサイザーは英単語（英文）を加工します。まずは実行例を見てみましょう。最初はまったく何も加工せずに、入力された英文をそのまま出力する例です。

```
synth = WordSynth.new
synth.play('Ruby is fun!') #=> "Ruby is fun!"
```

このままだと単に入力をオウム返ししているだけですね。これを加工するためにはエフェクト（効果）を追加します。以下はリバース（逆順）エフェクトを追加してから、英文を出力させる例です。

```
synth = WordSynth.new

# エフェクトを追加する
synth.add_effect(Effects.reverse)

# 各単語が逆順に出力される
synth.play('Ruby is fun!') #=> "ybuR si !nuf"
```

ご覧のとおり、単語がそれぞれ逆順に変わりました。なお、ここでは仕様を複雑にしないよう、スペースで区切られた文字列を1単語と見なします。なので、“fun”ではなく“fun!”が1単語になります。

続いてほかのエフェクトを見てみましょう。以下はエコー（残響）エフェクトを追加して実行する例です。

```
synth = WordSynth.new
synth.add_effect(Effects.echo(2))
synth.play('Ruby is fun!') #=> "RRuubbyy iiss ffuunn!!"
```

エコーエフェクトは指定された回数だけ各文字を連続させます。ただし、スペースは連続させません。

ワードシンセサイザーに「シンセサイザー」と付けたのは、複数のエフェクトを組み合わせて効果を合成できるからです。上で使った2つのエフェクトを同時に使ってみましょう。

```
synth = WordSynth.new

# エフェクトを2つ追加する
synth.add_effect(Effects.reverse)
synth.add_effect(Effects.echo(2))

# 単語を逆順にしたあと、2回ずつ文字を連続させる
synth.play('Ruby is fun!') #=> "yybbuuRR ssii !!nnuuff"
```

出力結果を見ると、確かに2つのエフェクトが同時に適用されていることがわかりますね。

■エフェクトの種類

今回は次の3種類のエフェクトを作成します。

- リバース
- エコー
- ラウド

リバースとエコーは先ほど紹介したので省略します。ラウド（大声）エフェクトは英文をすべて大文字にし、各単語の後ろに“!”を付けます。“!”の個数は引数で指定可能です。

```
synth = WordSynth.new
synth.add_effect(Effects.loud(3))
synth.play('Ruby is fun!') #=> "RUBY!!! IS!!! FUN!!!!"
```

すべてのエフェクトを組み合わせるとこうなります。

```
synth = WordSynth.new
# 全種類のエフェクトを追加
synth.add_effect(Effects.echo(2))
synth.add_effect(Effects.loud(3))
synth.add_effect(Effects.reverse)
# エコー > ラウド > リバースの順に効果が適用される
synth.play('Ruby is fun!') #=> "!!!YYBBUURR !!!SSII !!!!!NNUUFF"
```

上の実行例からもわかるように、複数のエフェクトを追加した場合は追加した順に効果が適用されます。

■WordSynthの実装コード

今回の実装の主役は実はWordSynthクラスではなく、それぞれのエフェクトのほうです。なので、先に脇役であるWordSynthクラスの実装コードを紹介しておきます。

```
class WordSynth
  def initialize
    @effects = []
  end
```

```
  def add_effect(effect)
    @effects << effect
  end

  def play(original_words)
    words = original_words
    @effects.each do |effect|
      # 効果を適用する
      words = effect.call(words)
    end
    words
  end
end
```

WordSynthクラスの実装は比較的シンプルです。add_effectメソッドで与えられたエフェクトを配列に格納します。それからplayメソッドで与えられた文字列に対して各エフェクトを適用していきます。

一番注目してもらいたいのがeffect.call(words)の部分です。追加された各エフェクトに対し、入力となる文字列（words）を渡してその戻り値を再びwordsに代入しています。つまり、各エフェクトは必ずこのcallというメソッドを実装している必要があります。

さて、WordSynthクラスの実装コードは明らかになりましたが、Effects.echoやEffects.reverseといった各エフェクトはどのように実装すればいいでしょうか？　それはこの章の説明を読んでいくとだんだんイメージがつかめてくるはずです。

10.1.2 この章で学ぶこと

この章では以下のような内容を学びます。

- ブロックを利用するメソッドの定義とyield
- Procオブジェクト

この章では手続き（一連の処理）をオブジェクトとして扱うコードがたくさん登場します。文字列や数値などと違い、「手続きがオブジェクトになる」というのは直感的にイメージしづらいかもしれませんが、例題やそのほかの説明を読みながら徐々にその感覚をつかんでいってください。

10.2 ブロックを利用するメソッドの定義とyield

10.2.1 yieldを使ってブロックの処理を呼び出す

最初に説明するのはブロックを利用するメソッドの定義です。例としてこんなメソッドを用意します。

```
def greet
  puts 'おはよう'
  puts 'こんばんは'
end
```

普通にメソッドを実行するとこうなります。

```
greet
#=> おはよう
#   こんばんは
```

ここまでは別に何も新しい内容はありませんね。では、メソッドの呼び出し時に適当なブロックを付けてみましょう。

```
# ブロック付きでgreetメソッドを呼び出す
greet do
  puts 'こんにちは'
end
#=> おはよう
#   こんばんは
```

エラーが起きたりはしませんが、出力結果が変わることもありません。渡されたブロックを実行するためにはメソッド内でyieldを使います。先ほどのメソッドでyieldを使ってみましょう。

```
def greet
  puts 'おはよう'
  # ここでブロックの処理を呼び出す
  yield
  puts 'こんばんは'
end
```

こうするとメソッド呼び出し時に紐付けたブロックが実行されるようになります。

```
greet do
  puts 'こんにちは'
end
#=> おはよう
#   こんにちは
#   こんばんは
```

ご覧のとおり、ブロック内の処理も呼び出すことができました。greetメソッドを呼び出したときの実行フローを図解すると**図10-1**のようになります。

図10-1　yieldを使ってブロックの処理の呼び出すときの実行フロー

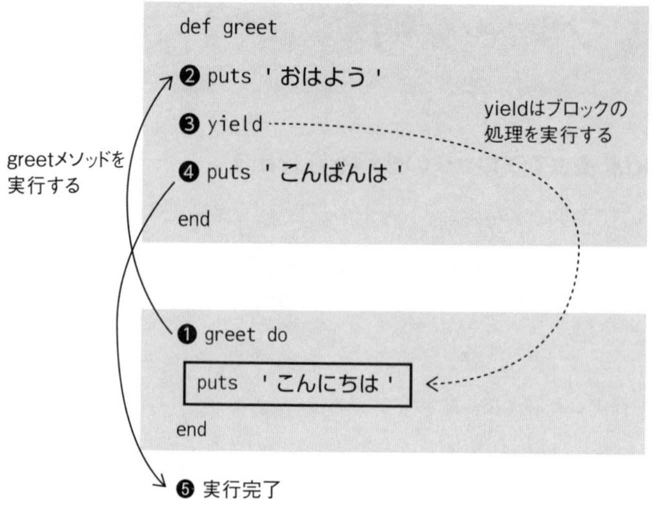

```
def greet
❷ puts 'おはよう'
❸ yield
❹ puts 'こんばんは'
end

❶ greet do
puts 'こんにちは'
end

❺ 実行完了
```

greetメソッドを実行する

yieldはブロックの処理を実行する

yieldを複数回書けば、ブロックも複数回呼ばれます。

```
def greet
  puts 'おはよう'
  # ブロックを2回呼び出す
  yield
  yield
  puts 'こんばんは'
end

greet do
  puts 'こんにちは'
end
#=> おはよう
#   こんにちは
#   こんにちは
#   こんばんは
```

ブロックなしでメソッドが呼ばれているにもかかわらず、yieldでブロックを呼び出そうとした場合はエラーが発生します。

```
# わざとブロックを付けずに呼び出す
greet
#=> おはよう
#   no block given (yield) (LocalJumpError)
```

ブロックが渡されたかどうかを確認する場合はblock_given?メソッドを使います。このメソッドはブロックが渡されている場合にtrueを返します。

```
def greet
  puts 'おはよう'
```

```
  # ブロックの有無を確認してからyieldを呼び出す
  if block_given?
    yield
  end
  puts 'こんばんは'
end

greet
#=> おはよう
#   こんばんは

greet do
  puts 'こんにちは'
end
#=> おはよう
#   こんにちは
#   こんばんは
```

yieldはブロックに引数を渡したり、ブロックの戻り値を受け取ったりできます。以下は“こんにちは”という引数をブロックに渡し、ブロックの戻り値を受け取ってputsメソッドで出力するコード例です。

```
def greet
  puts 'おはよう'
  # ブロックに引数を渡し、戻り値を受け取る
  text = yield 'こんにちは'
  # ブロックの戻り値をターミナルに出力する
  puts text
  puts 'こんばんは'
end

greet do |text|
  # yieldで渡された文字列（"こんにちは"）を2回繰り返す
  text * 2
end
#=> おはよう
#   こんにちはこんにちは
#   こんばんは
```

なお、yieldとブロックでやりとりする引数は個数の過不足に寛容です。たとえば、次のようにyieldで渡した引数がブロックパラメータよりも多かったり、ブロックパラメータがyieldで渡した引数より多かったりしても、エラーにはなりません。

```
def greet
  puts 'おはよう'
  # 2個の引数をブロックに渡す
  text = yield 'こんにちは', 12345
  puts text
  puts 'こんばんは'
end
```

```
greet do |text|
  # ブロックパラメータが1つであれば、2つめの引数は無視される
  text * 2
end
#=> おはよう
#   こんにちはこんにちは
#   こんばんは

def greet
  puts 'おはよう'
  # 1個の引数をブロックに渡す
  text = yield 'こんにちは'
  puts text
  puts 'こんばんは'
end

greet do |text, other|
  # ブロックパラメータが2つであれば、2つめの引数はnilになる
  text * 2 + other.inspect
end
#=> おはよう
#   こんにちはこんにちはnil
#   こんばんは
```

10.2.2 ブロックを引数として明示的に受け取る

ブロックをメソッドの引数として明示的に受け取ることもできます。ブロックを引数として受け取る場合は、引数名の前に&を付けます。また、そのブロックを実行する場合はcallメソッドを使います。

```
# ブロックをメソッドの引数として受け取る
def メソッド(&引数)
  # ブロックを実行する
  引数.call
end
```

以下はyieldではなく、メソッドの引数として受け取ったブロックをcallメソッドで実行するコード例です。

```
# ブロックをメソッドの引数として受け取る
def greet(&block)
  puts 'おはよう'
  # callメソッドを使ってブロックを実行する
  text = block.call('こんにちは')
  puts text
  puts 'こんばんは'
end

greet do |text|
  text * 2
end
#=> おはよう
```

```
#    こんにちはこんにちは
#    こんばんは
```

上のコード例ではblockという引数名にしましたが、引数の名前は自由に付けることができます。たとえば、bのような引数名にしても問題ありません。ただし、ブロックの引数はメソッド定義につき1つしか指定できません。また、ほかの引数がある場合はブロックの引数を必ず最後に指定する必要があります。引数の順番については第5章のコラム「メソッド定義時の引数の順番」(p.199)で詳しく説明してあるので、そちらを参照してください。

ブロックが渡されたかどうかは、その引数がnilかどうかで判断できます。

```
def greet(&block)
  puts 'おはよう'
  # ブロックが渡されていなければblockはnil
  unless block.nil?
    text = block.call('こんにちは')
    puts text
  end
  puts 'こんばんは'
end

# ブロックなしで呼び出す
greet
#=> おはよう
#    こんばんは

# ブロック付きで呼び出す
greet do |text|
  text * 2
end
#=> おはよう
#    こんにちはこんにちは
#    こんばんは
```

ちなみに、ブロックを引数として受け取る場合でもyieldやblock_given?メソッドは使用可能です。

```
def greet(&block)
  puts 'おはよう'
  # 引数のblockを使わずにblock_given?やyieldを使っても良い
  if block_given?
    text = yield 'こんにちは'
    puts text
  end
  puts 'こんばんは'
end
```

さて、これだけ見ると「ブロックを引数として受け取って何がうれしいの?」ということになってしまいますね。もちろん、引数として受け取れるようにする意味はあります。ブロックを引数にするメリットの1つは、ブロックをほかのメソッドに引き渡せるようになることです。

たとえば、以下は日本語版と英語版のgreetメソッドを用意する例です。greet_jaメソッドやgreet_enメソッドは引数として受け取ったブロックを実行することなく、共通処理を定義したgreet_commonメソッドにブロックを引き渡しています。

```
# 日本語版のgreetメソッド
def greet_ja(&block)
  texts = ['おはよう', 'こんにちは', 'こんばんは']
  # ブロックを別のメソッドに引き渡す
  greet_common(texts, &block)
end

# 英語版のgreetメソッド
def greet_en(&block)
  texts = ['good morning', 'hello', 'good evening']
  # ブロックを別のメソッドに引き渡す
  greet_common(texts, &block)
end

# 出力処理用の共通メソッド
def greet_common(texts, &block)
  puts texts[0]
  # ブロックを実行する
  puts block.call(texts[1])
  puts texts[2]
end

# 日本語版のgreetメソッドを呼び出す
greet_ja do |text|
  text * 2
end
#=> おはよう
#   こんにちはこんにちは
#   こんばんは

# 英語版のgreetメソッドを呼び出す
greet_en do |text|
  text.upcase
end
#=> good morning
#   HELLO
#   good evening
```

なお、ほかのメソッドにブロックを引き渡す場合は、引数の手前にも&を付けてください。&を付けない場合はブロックではなく、普通の引数の1つと見なされます。

```
# 引数の手前に&を付けると、ブロックと見なされる
greet_common(texts, &block)

# &なしで呼び出すと、普通の引数の1つと見なされる
greet_common(texts, block)
#=> wrong number of arguments (given 2, expected 1) (ArgumentError)
```

もうひとつのメリットは渡されたブロックに対してメソッドを呼び出し、必要な情報を取得したり、ブロッ

クに対する何かしらの操作を実行したりできるようになることです。たとえば、arityメソッドを使うとブロックパラメータの個数を確認することができます。以下はブロックパラメータの個数に応じて、yieldで渡す引数の個数と内容を変えるコード例です。

```
def greet(&block)
  puts 'おはよう'
  text =
    if block.arity == 1
      # ブロックパラメータが1個の場合
      yield 'こんにちは'
    elsif block.arity == 2
      # ブロックパラメータが2個の場合
      yield 'こんに', 'ちは'
    end
  puts text
  puts 'こんばんは'
end

# 1個のブロックパラメータでメソッドを呼び出す
greet do |text|
  text * 2
end
#=> おはよう
#   こんにちはこんにちは
#   こんばんは

# 2個のブロックパラメータでメソッドを呼び出す
greet do |text_1, text_2|
  text_1 * 2 + text_2 * 2
end
#=> おはよう
#   こんにこんにちはちは
#   こんばんは
```

ところで、上のコードに出てきたarityメソッドとはどのクラスで定義されているメソッドなのでしょうか？ そもそも、「処理のかたまり」であるはずのブロックがどうしてここでは引数として扱われているのでしょうか？　その理由はブロックとProcオブジェクトの関係を理解すればわかります。というわけで、次の節ではProcオブジェクトについて説明していきます。

10.3 Procオブジェクト

10.3.1 Procオブジェクトの基礎

Procクラスはブロックをオブジェクト化するためのクラスです。たとえば、Stringクラスであれば文字列を、Integerクラスであれば整数を表しますが、Procクラスはブロック、つまり「何らかの処理（何らかの手続き）」

を表します。ちなみに「手続き」のことを英語で“procedure”と言います。Procという名前はこの英単語に由来します。Procクラスのインスタンス（Procオブジェクト）を作成する場合は、次のようにProc.newにブロックを渡します。

```
# "Hello!"という文字列を返すProcオブジェクトを作成する
hello_proc = Proc.new do
  'Hello!'
end

# do ... endのかわりに{}を使ってもよい
hello_proc = Proc.new { 'Hello!' }
```

Procオブジェクトはオブジェクトとして存在しているだけではまったく実行されません。Procオブジェクトを実行したい場合はcallメソッドを使います。

```
# "Hello!"という文字列を返すProcオブジェクトを作成する
hello_proc = Proc.new { 'Hello!' }
# Procオブジェクトを実行する（文字列が返る）
hello_proc.call #=> "Hello!"
```

実行時に引数を利用するProcオブジェクトも定義できます。以下は2つの引数を受け取って、加算するProcオブジェクトです。

```
add_proc = Proc.new { |a, b| a + b }
add_proc.call(10, 20) #=> 30
```

次のように、引数にデフォルト値を付けることもできます（デフォルト値だけでなく、可変長引数やキーワード引数など、普通のメソッドと同じように引数を受け取ることができます）。

```
add_proc = Proc.new { |a = 0, b = 0| a + b }
add_proc.call         #=> 0
add_proc.call(10)     #=> 10
add_proc.call(10, 20) #=> 30
```

Procオブジェクトを作成する場合は、Proc.newだけでなく、Kernelモジュールのprocメソッドを使うこともできます。どちらを使ってもかまいません。

```
# Proc.newのかわりにprocメソッドを使う
add_proc = proc { |a, b| a + b }
```

ちなみにJavaScriptを使い慣れた人であれば、ここで説明したProcオブジェクトはJavaScriptでいうところの関数オブジェクトのようなもの、と考えるとわかりやすいかもしれません。次の2つのコードはどちらもやっていることはほぼ同じです[注1]。

```
# RubyでProcオブジェクトを作成し、その処理を呼び出す
add_proc = Proc.new { |a, b| a + b }
add_proc.call(10, 20) #=> 30
```

注1　JavaScriptは関数（function）なので、関数オブジェクトの変数名はaddProcよりもaddFuncのような名前が適切ですが、ここではあえてRuby側の変数名に合わせています。

```
// JavaScriptで関数オブジェクトを作成し、その処理を呼び出す
const addProc = (a, b) => a + b
addProc(10, 20) //=> 30
```

10.3.2 Procオブジェクトをブロックの代わりに渡す

Procオブジェクトはブロックと同じように「処理のかたまり」を表しますが、ブロックとは異なり、オブジェクトとして扱うことができます。つまり、変数に入れて別のメソッドに渡したり、Procオブジェクトに対してメソッドを呼び出したりすることができるわけです。

さてここで、「10.2.2 ブロックを引数として明示的に受け取る」の項で使った下記のコードをもう一度登場させます。

```
def greet(&block)
  puts 'おはよう'
  text = block.call('こんにちは')
  puts text
  puts 'こんばんは'
end
```

上のコードに出てきた引数のblockはgreetメソッドを実行した際に紐付けられるブロックです。その説明にもう一言付け加えるなら、「引数のblockはProcオブジェクトである」と言うこともできます。次のようにすれば引数のblockが何クラスのインスタンスなのかがわかります。

```
def greet(&block)
  # blockのクラス名を表示する
  puts block.class

  puts 'おはよう'
  text = block.call('こんにちは')
  puts text
  puts 'こんばんは'
end

greet do |text|
  text * 2
end
#=> Proc
#   おはよう
#   こんにちはこんにちは
#   こんばんは
```

上の出力結果を見ると、確かに引数のblockはProcクラスのインスタンスであることがわかります。ところで、10.2.2項では「arityメソッドを使えば、ブロックパラメータの個数がわかる」と説明しました。このarityメソッドは実はProcクラスのインスタンスメソッドです。つまり、arityメソッドが呼び出せるのは、メソッド呼び出し時に使ったブロックがProcオブジェクトになっているから、ということになります。

この考えをさらに発展させると、ブロックの代わりにProcオブジェクトをメソッドの引数として渡す、というテクニックが使えます。たとえば以下は直接ブロックを渡さずに、あらかじめ作成したProcオブジェクトを

greetメソッドに渡しています。

```
def greet(&block)
  puts 'おはよう'
  text = block.call('こんにちは')
  puts text
  puts 'こんばんは'
end

# Procオブジェクトを作成し、それをブロックの代わりとしてgreetメソッドに渡す
repeat_proc = Proc.new { |text| text * 2 }
greet(&repeat_proc)
#=> おはよう
#   こんにちはこんにちは
#   こんばんは
```

Procオブジェクトをブロックの代わりに渡す際は&repeat_procのように、手前に&が付いている点に注意してください。&がないとブロックではなく、普通の引数が渡されたと見なされます。

```
# &なしで呼び出すと普通の引数を1つ渡したことになる
greet(repeat_proc) #=> wrong number of arguments (given 1, expected 0) (ArgumentError)
```

10.3.3 Procオブジェクトを普通の引数として渡す

さらに、もうひとひねり加えてみましょう。次のコードはgreetメソッドでブロックを受け取るのではなく、Procオブジェクトを普通の引数として受け取って実行するコード例です。

```
# ブロックではなく、1個のProcオブジェクトを引数として受け取る（&を付けない）
def greet(arrange_proc)
  puts 'おはよう'
  text = arrange_proc.call('こんにちは')
  puts text
  puts 'こんばんは'
end

# Procオブジェクトを普通の引数としてgreetメソッドに渡す（&を付けない）
repeat_proc = Proc.new { |text| text * 2 }
greet(repeat_proc)
#=> おはよう
#   こんにちはこんにちは
#   こんばんは
```

上のコードではブロックが登場しないので、メソッド定義の引数やメソッド呼び出しで&が使われていない点に注目してください。

メソッドが受け取れるブロックの数は最大で1つですが、Procオブジェクトは文字列や数値と同じ「ただのオブジェクト」なので、引数として渡すぶんには制限はありません。次のようにすれば、3つのProcオブジェクトを引数として渡すこともできます。

```
# 3種類のProcオブジェクトを受け取り、それぞれのあいさつ文字列に適用するgreetメソッド
```

```
def greet(proc_1, proc_2, proc_3)
  puts proc_1.call('おはよう')
  puts proc_2.call('こんにちは')
  puts proc_3.call('こんばんは')
end

# greetメソッドに渡すProcオブジェクトを用意する
shuffle_proc = Proc.new { |text| text.chars.shuffle.join }
repeat_proc = Proc.new { |text| text * 2 }
question_proc = Proc.new { |text| "#{text}?" }

# 3種類のProcオブジェクトをgreetメソッドに渡す
greet(shuffle_proc, repeat_proc, question_proc)
#=> はおうよ
#   こんにちはこんにちは
#   こんばんは?
```

10.3.4 Proc.newとラムダの違い

実はProcオブジェクトを作る方法は4つあります。そのうち2つはすでに説明しました。

```
# Proc.newまたはprocメソッドでProcオブジェクトを作成する
Proc.new { |a, b| a + b }
proc { |a, b| a + b }
```

残りの2つの方法も見ておきましょう。次のような構文やメソッドを使ってもProcオブジェクトを作成することができます。

```
# ->構文またはlambdaメソッドでProcオブジェクトを作成する
->(a, b) { a + b }
lambda { |a, b| a + b }
```

いずれも作成されるのはProcクラスのオブジェクトなのですが、上の2つと下の2つは振る舞いが異なります。ここでは上の方法で作られたオブジェクトをProc.new、下の方法で作られたオブジェクトをラムダと呼ぶことにします。

まず、今回初めて登場した->を使うラムダリテラルについて少し説明しておきましょう。->がラムダを作成するための記号です。その後ろにくる(a, b)は引数のリストです。{ }は引数を使って実行する処理の内容になります。

引数のリストに使っている( )は省略可能です。

```
-> a, b { a + b }
```

引数がなければすべて省略することができます。

```
-> { 'Hello!' }
```

ブロックを作成するときと同様、{ }は改行させて使ってもかまいません。

```
->(a, b) {
```

```
  a + b
}
```

また、{ }の代わりに、do ... endを使うこともできます。

```
->(a, b) do
  a + b
end
```

Proc.newと同じように、引数のデフォルト値を持たせることも可能です。

```
->(a = 0, b = 0) { a + b }
```

Proc.newとラムダはほぼ同じものなのですが、微妙な違いがいくつかあります。その中でも一番重要な違いが引数の扱い方です。

単純な呼び出しではProc.newもラムダも引数の扱いに違いはありません。以下はProc.newとラムダをそれぞれ実行するコード例です。

```
# Proc.newの作成と実行
add_proc = Proc.new { |a, b| a + b }
add_proc.call(10, 20)    #=> 30

# ラムダの作成と実行
add_lambda = ->(a, b) { a + b }
add_lambda.call(10, 20) #=> 30
```

しかし、ラムダはProc.newよりも引数のチェックが厳密になります。以下のコード例を見てください。

```
# Proc.newの場合（引数がnilでもエラーが起きないようにto_iメソッドを使う）
add_proc = Proc.new { |a, b| a.to_i + b.to_i }
# Proc.newは引数が1つまたは3つでも呼び出しが可能
add_proc.call(10)           #=> 10
add_proc.call(10, 20, 100) #=> 30

# ラムダの場合
add_lambda = ->(a, b) { a.to_i + b.to_i }
# ラムダは個数について厳密なので、引数が2個ちょうどでなければエラーになる
add_lambda.call(10)
#=> wrong number of arguments (given 1, expected 2) (ArgumentError)
add_lambda.call(10, 20, 30)
#=> wrong number of arguments (given 3, expected 2) (ArgumentError)
```

ご覧のとおり、ラムダの場合はメソッドの呼び出しと同じように引数の数に過不足があるとエラーが発生します。

Proc.newとラムダの挙動の違いはこれ以外にもいくつかありますが、ここで説明した引数に過不足があったときの挙動の違いを押さえておけば通常のユースケースでは十分です。ですので、それ以外の挙動の違いについては本書では説明を割愛します。詳しい内容を知りたい場合は以下の公式リファレンスを参照してください。

- https://docs.ruby-lang.org/ja/latest/doc/spec=2flambda_proc.html

10.3.5 Proc.newかラムダかを判断するlambda?メソッド

Proc.newもラムダもどちらもProcクラスのインスタンスです。ProcクラスのインスタンスがProc.newとして作られたのか、それともラムダとして作られたのか判断したい場合はlambda?メソッドを使います。このメソッドはその名のとおり、ラムダとして作られたProcオブジェクトであればtrueを返します。

```
# Proc.newの場合
add_proc = Proc.new { |a, b| a + b }
add_proc.class      #=> Proc
add_proc.lambda?    #=> false

# ラムダの場合
add_lambda = ->(a, b) { a + b }
add_lambda.class    #=> Proc
add_lambda.lambda?  #=> true
```

では、ここまでの知識を使って例題を解いてみましょう。

10.4 例題：ワードシンセサイザーの作成

この章の例題はワードシンセサイザーの作成です。冒頭の説明では以下のような実行例をお見せしました。

```
# エフェクトなし
synth = WordSynth.new
synth.play('Ruby is fun!') #=> "Ruby is fun!"

# リバースエフェクトを適用
synth = WordSynth.new
synth.add_effect(Effects.reverse)
synth.play('Ruby is fun!') #=> "ybuR si !nuf"

# 全エフェクトを一度に適用
synth = WordSynth.new
synth.add_effect(Effects.echo(2))
synth.add_effect(Effects.loud(3))
synth.add_effect(Effects.reverse)
synth.play('Ruby is fun!') #=> "!!!YYBBUURR !!!SSII !!!!!NNUUFF"
```

各エフェクトの効果はそれぞれ次のようになっていました。

- リバース：各単語を逆順にする。
- エコー：指定された回数だけ各文字を繰り返す。
- ラウド：すべて大文字に変換し、各単語の末尾に指定された回数だけ"!"を付ける。

また、WordSynthクラスの実装コードは以下のコードを用います。

```
class WordSynth
  def initialize
    @effects = []
  end

  def add_effect(effect)
    @effects << effect
  end

  def play(original_words)
    words = original_words
    @effects.each do |effect|
      # 効果を適用する
      words = effect.call(words)
    end
    words
  end
end
```

10.4.1 エフェクトの実装方法を検討する

この例題のポイントは各エフェクトをどのように実装するかです。WordSynthクラスの実装コードを見ると気づくかもしれませんが、add_effectメソッドで追加するエフェクトはただのオブジェクトではありません。各エフェクトは次のような要件を満たす必要があります。

- callというメソッドを持つ。
- callメソッドは1つの引数を受け取る。
- callメソッドは引数に対して何らかの効果を適用し、それを戻り値として返す。

このオブジェクトは何なのか、この章をここまで読んできたみなさんはもうおわかりでしょう。そうです。エフェクトはProcオブジェクトであれば良いのです。Effects.reverseのようなメソッドは、文字列や数値ではなくProcオブジェクトを返すようにします。そうすれば、上で示した要件を満たすオブジェクトを返すことができます。具体的には次のようなコードです。

```
module Effects
  def self.reverse
    # Procオブジェクト（ラムダ）をメソッドの戻り値にする
    ->(words) do
      # スペースで分解 > 逆順に並び替え > スペースで連結
      words.split(' ').map(&:reverse).join(' ')
    end
  end
end
```

Effectsはクラスメソッド（特異メソッド）を提供するだけで自分のインスタンスを作成する要件がないため、ここではクラスではなくモジュールとしました。

reverseメソッドの中では引数を1つ受け取るProcオブジェクトを作成し、それをメソッドの戻り値にしています。引数の個数に柔軟性（あいまいさの許容）はいらないので、Proc.newではなくラムダを作成しています。

Procオブジェクトの中身は普通の文字列操作です。コメントにも書いてあるとおり、スペースで文字列を分割し、各単語を逆順に並び替えて、再びスペースで連結しています。そして、その文字列がこのProcオブジェクトを実行した際の戻り値になります。

ちなみに、map(&:reverse)のような書き方は「4.4.5　&とシンボルを使ってもっと簡潔に書く」の項で紹介しました。忘れた人はそちらを読み返してください。また、例題の説明が終わったあとに出てくる「10.5.2　&とto_procメソッド」の項では、このしくみをさらに詳しく説明します。

あとは同様の方式でほかのエフェクトも実装していけば、エフェクトの実装はすべて完了するはずです。では実際にコードを書いていきましょう。

10.4.2 テストコードも2つに分ける

今回はWordSynthクラスとEffectsモジュールという2種類のクラス／モジュールが登場します。Effectsモジュールについてはを EffectsTestで、WordSynthクラスについてはWordSynthTestで、それぞれテストコードを書くことにします。

10.4.3 テストコードを準備する

だいたいの実装方針が固まったので、コードの作成に移りましょう。まず、以下の手順に従って実装の準備を整えてください。

最初に、testディレクトリにeffects_test.rbとword_synth_test.rbを作成します。

```
ruby-book/
├──lib/
└──test/
    ├──effects_test.rb
    └──word_synth_test.rb
```

次に、effects_test.rbを開き、次のようなコードを書いてください。

```
require 'minitest/autorun'
require_relative '../lib/effects'

class EffectsTest < Minitest::Test
  def test_reverse
    # とりあえずモジュールが参照できることを確認する
    assert Effects
  end
end
```

word_synth_test.rbにも次のようなコードを書きます。WordSynthクラスをテストする際はEffectsモジュールを使うことになるので、effects.rbも読み込んでおきます。

```
require 'minitest/autorun'
require_relative '../lib/word_synth'
require_relative '../lib/effects'

class WordSynthTest < Minitest::Test
```

```
  def test_play
    # とりあえずクラスとモジュールが参照できることを確認する
    assert WordSynth
    assert Effects
  end
end
```

続いて、libディレクトリにeffects.rbとword_synth.rbを作成します。

```
ruby-book/
├── lib/
│   ├── effects.rb
│   └── word_synth.rb
└── test/
    ├── effects_test.rb
    └── word_synth_test.rb
```

effects.rbを開いて、Effectsモジュールを定義します。reverseメソッドもとりあえず形だけ作っておきましょう。

```
module Effects
  def self.reverse
    # 実装はあとで
  end
end
```

同様にword_synth.rbにもWordSynthクラスを形だけ作っておきます。

```
class WordSynth
  def play(original_words)
    # 実装はあとで
  end
end
```

ここまでできたら、2つのテストを実行してパスすることを確認します。

```
$ ruby test/effects_test.rb
省略
1 runs, 1 assertions, 0 failures, 0 errors, 0 skips
```

```
$ ruby test/word_synth_test.rb
省略
1 runs, 2 assertions, 0 failures, 0 errors, 0 skips
```

これで準備OKです。では実装を進めていきましょう。

10.4.4 リバースエフェクトを実装する

今回は各エフェクトの実装とテストを行い、それからWordSynthクラスの実装とテストに進みます。ではまず、リバースエフェクトから作成してみましょう。

effects_test.rbを開いて次のようなテストコードを書いてください。

```
class EffectsTest < Minitest::Test
  def test_reverse
    effect = Effects.reverse
    assert_equal 'ybuR si !nuf', effect.call('Ruby is fun!')
  end
end
```

Effects.reverseが返すのはあくまでProcオブジェクトであることに注意してください。効果が正しく実装できているかどうかはcallメソッドの戻り値を検証する必要があります。

この状態でテストコードを実装すると当然テストは失敗します。

```
$ ruby test/effects_test.rb
省略
  1) Error:
EffectsTest#test_reverse:
NoMethodError: undefined method `call' for nil:NilClass
    test/effects_test.rb:7:in `test_reverse'

1 runs, 0 assertions, 0 failures, 1 errors, 0 skips
```

というわけで、effects.rbを開いてリバースエフェクトを実装します。といっても、コード例は先ほど示したので、それをそのまま使います。

```
module Effects
  def self.reverse
    ->(words) do
      words.split(' ').map(&:reverse).join(' ')
    end
  end
end
```

さて、これでテストはどうなるでしょうか？

```
$ ruby test/effects_test.rb
省略
1 runs, 1 assertions, 0 failures, 0 errors, 0 skips
```

おお、パスしましたね！　この調子でほかのエフェクトも実装していきましょう。

10.4.5 エコーエフェクトを実装する

エコーエフェクトもテストコードの実装から始めます。

```
class EffectsTest < Minitest::Test
  # 省略

  def test_echo
    effect = Effects.echo(2)
    assert_equal 'RRuubbyy iiss ffuunn!!', effect.call('Ruby is fun!')

    effect = Effects.echo(3)
```

```
    assert_equal 'RRRuuubbbyyy iiisss fffuuunnn!!!', effect.call('Ruby is fun!')
  end
end
```

こちらは引数によって効果が変わることを検証するため、繰り返しの回数が2回の場合と3回の場合をテストしています。ではお約束どおりテストを失敗させましょう。

```
$ ruby test/effects_test.rb
省略
  1) Error:
EffectsTest#test_echo:
NoMethodError: undefined method `echo' for Effects:Module
    test/effects_test.rb:11:in `test_echo'

2 runs, 1 assertions, 0 failures, 1 errors, 0 skips
```

予定どおりテストが失敗したので、エコーエフェクトの実装に移ります。エコーエフェクトの実装コードは次のようになります。

```
module Effects
  # 省略

  def self.echo(rate)
    ->(words) do
      # スペースならそのまま返す
      # スペース以外ならその文字を指定された回数だけ繰り返す
      words.each_char.map { |c| c == ' ' ? c : c * rate }.join
    end
  end
end
```

エコーエフェクトでは文字列を1文字ずつ分解して、それぞれの文字を加工し、最後にまたjoinメソッドですべての文字を連結しています。

文字の繰り返しには*演算子を使いました。ただし、スペースだけは繰り返す必要がないので、三項演算子を使って条件分岐させています。これでテストがパスするはずです。

```
$ ruby test/effects_test.rb
省略
2 runs, 3 assertions, 0 failures, 0 errors, 0 skips
```

順調に実装できていますね。それでは最後のラウドエフェクトを実装します。

10.4.6 ラウドエフェクトを実装する

それではまず、テストコードを用意しましょう。

```
class EffectsTest < Minitest::Test
  # 省略

  def test_loud
```

```
    effect = Effects.loud(2)
    assert_equal 'RUBY!! IS!! FUN!!!', effect.call('Ruby is fun!')

    effect = Effects.loud(3)
    assert_equal 'RUBY!!! IS!!! FUN!!!!', effect.call('Ruby is fun!')
  end
end
```

ラウドエフェクトも引数の数に応じて“!”の個数が変わるので、“!”を2つ付ける場合と3つ付ける場合をテストしています。

続いてテストコードを失敗させます。

```
$ ruby test/effects_test.rb
省略
  1) Error:
EffectsTest#test_loud:
NoMethodError: undefined method `loud' for Effects:Module
    test/effects_test.rb:19:in `test_loud'

3 runs, 3 assertions, 0 failures, 1 errors, 0 skips
```

それではラウドエフェクトを実装しましょう。今回は次のようなコードを使います。

```
module Effects
  # 省略

  def self.loud(level)
    ->(words) do
      # スペースで分割 > 大文字変換と"!"の付与 > スペースで連結
      words.split(' ').map { |word| word.upcase + '!' * level }.join(' ')
    end
  end
end
```

ラウドエフェクトの実装もそれほど難しくないと思います。コメントにも書いたとおり、文字列をスペースで分割し、各文字列に対して大文字の変換と“!”の付与を行い、最後にスペースで再度連結する、というのがラウドエフェクトの実装ロジックです。

これでテストがパスすればラウドエフェクトの実装も完了です。

```
$ ruby test/effects_test.rb
省略
3 runs, 5 assertions, 0 failures, 0 errors, 0 skips
```

ご覧のとおり、ちゃんとパスしました。さて、これでエフェクトの実装はすべて完了です。続けて、WordSynthクラスの実装とテストに移りましょう。

10.4.7 WordSynthクラスの実装とテスト

WordSynthクラスもテストコードから書いていきます。まずはエフェクトをまったく使わずにplayメソッドを呼ぶケースをテストしましょう。word_synth_test.rbを開き、最初に書いたtest_playメソッドは削除してから以下のコードを書いてください。

```
class WordSynthTest < Minitest::Test
  def test_play_without_effects
    synth = WordSynth.new
    assert_equal 'Ruby is fun!', synth.play('Ruby is fun!')
  end
end
```

WordSynthクラスはまだ実装コードを書いていないので、テストは失敗します。

```
$ ruby test/word_synth_test.rb
省略
  1) Failure:
WordSynthTest#test_play_without_effects [test/word_synth_test.rb:8]:
Expected: "Ruby is fun!"
  Actual: nil

1 runs, 1 assertions, 1 failures, 0 errors, 0 skips
```

WordSynthクラスは今回脇役なので、以下の実装コードを一気にword_synth.rbに記述することにします。

```
class WordSynth
  def initialize
    @effects = []
  end

  def add_effect(effect)
    @effects << effect
  end

  def play(original_words)
    words = original_words
    @effects.each do |effect|
      words = effect.call(words)
    end
    words
  end
end
```

@effectsの要素が0個の場合はoriginal_wordsを代入したwordsがそのままplayメソッドの戻り値になるだけなので、エフェクトをまったく使わない場合でもplayメソッドは正常に動作するはずです。テストを実行してみましょう。

```
$ ruby test/word_synth_test.rb
省略
1 runs, 1 assertions, 0 failures, 0 errors, 0 skips
```

ちゃんと動作していますね。ではは続けてエフェクトを適用するケースをテストします。最初はリバースエフェクトを適用する場合です。

```
class WordSynthTest < Minitest::Test
```

```
  # 省略

  def test_play_with_reverse
    synth = WordSynth.new
    synth.add_effect(Effects.reverse)
    assert_equal 'ybuR si !nuf', synth.play('Ruby is fun!')
  end
end
```

テストを実行してみましょう。コードは全部完成しているのでこのテストはパスするはずです。

```
$ ruby test/word_synth_test.rb
省略
2 runs, 2 assertions, 0 failures, 0 errors, 0 skips
```

すばらしい。ちゃんとエフェクトを適用することができました！　続けて複数のエフェクトを適用する場合をテストしてみましょう。

```
class WordSynthTest < Minitest::Test
  # 省略

  def test_play_with_many_effects
    synth = WordSynth.new
    synth.add_effect(Effects.echo(2))
    synth.add_effect(Effects.loud(3))
    synth.add_effect(Effects.reverse)
    assert_equal '!!!YYBBUURR !!!SSII !!!!!NNUUFF', synth.play('Ruby is fun!')
  end
end
```

ここでは全部のエフェクトを一気に使ってみました。エフェクトとWordSynthクラスがちゃんと実装されていれば、このテストコードもちゃんと動くはずです。実行してみましょう。

```
$ ruby test/word_synth_test.rb
省略
3 runs, 3 assertions, 0 failures, 0 errors, 0 skips
```

おお、パスしましたね！　順調すぎてなんか怪しい気もします。そうです、テスト駆動開発では失敗させるステップを飛ばして最初からパスさせると、逆に不安になるんです。本当にちゃんとテストが機能していることを確認するために、エフェクトを1つ外してテストをわざと失敗させてみましょう。

```
class WordSynthTest < Minitest::Test
  # 省略

  def test_play_with_many_effects
    synth = WordSynth.new
    synth.add_effect(Effects.echo(2))
    synth.add_effect(Effects.loud(3))
    # あえてエフェクトを1つ外してみる
    # synth.add_effect(Effects.reverse)
    assert_equal '!!!YYBBUURR !!!SSII !!!!!NNUUFF', synth.play('Ruby is fun!')
```

```
  end
end
```

これでテストがパスすると問題なのですが、どうでしょうか？

```
$ ruby test/word_synth_test.rb
省略
  1) Failure:
WordSynthTest#test_play_with_many_effects [test/word_synth_test.rb:22]:
--- expected
+++ actual
@@ -1 +1 @@
-"!!!YYBBUURR !!!SSII !!!!!NNUUFF"
+"RRUUBBYY!!! IISS!!! FFUUNN!!!!!"

3 runs, 3 assertions, 1 failures, 0 errors, 0 skips
```

よかった、ちゃんと失敗しましたね。失敗して喜ぶのも変ですが、最初からパスするテストコードがある場合はあえて失敗させて、テストコードがちゃんと不具合を検出してくれることを確認するのもテクニックの1つです。失敗することを確認したら、テストコードは元に戻してください。

以上でワードシンセサイザーの実装とテストは完了です！　続いてProcに関する応用的なトピックをいくつか紹介します。

Column　メソッドチェーンを使ってコードを書く

例題で作成したラウドエフェクトは次のような実装になっていました。

```
def self.loud(level)
  ->(words) do
    words.split(' ').map { |word| word.upcase + '!' * level }.join(' ')
  end
end
```

ここではローカル変数を使わずに、split、map、joinと3つのメソッドを連続して利用しています。このように、「あるメソッドを呼び出す → その戻り値のメソッドを呼び出す → またその戻り値のメソッドを呼び出す → またその戻り値の……」と次々にメソッドを呼び出していくコーディングスタイルのことをメソッドチェーンと呼びます。

メソッドチェーンでは、次のようにメソッドごとに改行させるコーディングスタイルもよく見かけます。改行させるとコードの横幅を抑えることができますし、どんな処理が順に適用されるのか把握しやすくなります。

```
def self.loud(level)
  ->(words) do
    words
      .split(' ')
      .map { |word| word.upcase + '!' * level }
      .join(' ')
  end
end
```

上のコード例では行頭にドット（.）を付けましたが、行末にドットを付けて改行することもできます。

```
def self.loud(level)
  ->(words) do
    # 行末にドットを付けて改行するメソッドチェーンの例
    words.
      split(' ').
      map { |word| word.upcase + '!' * level }.
      join(' ')
  end
end
```

また、Ruby 2.7からはメソッドチェーンの行間にコメントを挟んでも構文エラーが発生しなくなりました。

```
def self.loud(level)
  ->(words) do
    # Ruby 2.7からはメソッドチェーンの行間にコメントが挟める
    words
      # 半角スペースで文字列を分割する
      .split(' ')
      # 各文字列を大文字にして"!"を指定された回数分付与する
      .map { |word| word.upcase + '!' * level }
      # 半角スペースで各文字列を連結する
      .join(' ')
  end
end
```

メソッドチェーンはうまく利用するとコードを短くスッキリ書くことができます。その反面、複雑な処理をメソッドチェーンにすると途中経過がイメージしづらく、不具合が発生したときにデバッグがたいへんになる、といったデメリットもあります。

メソッドチェーンを使う場合はコードの可読性や保守性も考慮して、適切に利用するようにしてください。なお、第12章ではメソッドチェーンを使用している場合のデバッグ方法も紹介しています。

Column injectメソッドを使ったplayメソッドのリファクタリング

この章はyieldやProcを説明する章なので、章の目的からは逸れるのですが、例題のWordSynthクラスで作ったplayメソッドはinjectというメソッドを使ってリファクタリングすることができます。

injectメソッド（エイリアスメソッドはreduce）はたたみ込み演算を行うメソッドです。Enumerableモジュールに実装されているので、配列やハッシュなどで使えます。injectメソッドの簡単な使用例を見てみましょう。

```
numbers = [1, 2, 3, 4]
sum = numbers.inject(0) { |result, n| result + n }
sum #=> 10
```

このコードを例として、injectメソッドの動きを説明します。ブロックの第1引数（上のコードのresult）は初回のみinjectメソッドの引数（上のコードでは0）が入ります。2回目以降は前回のブロックの戻り値が入ります。

ブロックの第2引数（上のコードのn）は配列の各要素（1、2、3、4）が順番に入ります。

ブロックの戻り値は次の回に引き継がれ、ブロックの第1引数（result）に入ります。繰り返し処理が最後まで終わると、ブロックの戻り値がinjectメソッドの戻り値になります。

結果としてinjectメソッドとブロックは次のように協調します。

・1回目：result＝0、n＝1で、0＋1＝1。これが次のresultに入る。
・2回目：result＝1、n＝2で、1＋2＝3。この結果が次のresultに入る。
・3回目：result＝3、n＝3で、3＋3＝6。この結果が次のresultに入る。
・4回目：result＝6、n＝4で、6＋4＝10。最後の要素に達したのでこれがinjectメソッドの戻り値になる。

別の見方をすると、次のような計算を行ったことになります。

```
((((0 + 1) + 2) + 3) + 4)
```

これをふまえてinjectメソッドでplayメソッドをリファクタリングしてみましょう。すると次のようなコードになります。

```
def play(original_words)
  @effects.inject(original_words) do |words, effect|
    effect.call(words)
  end
end
```

このときのinjectメソッドの動きは次のようになります。

・1回目：words＝original_words、effect＝1つめのエフェクトで、original_wordsにエフェクトを適用した結果が次のwordsに入る。
・2回目：words＝前回の処理結果、effect＝2つめのエフェクトで、前回の処理結果にエフェクトを適用した結果が次のwordsに入る。
・3回目以降：同様に前回の処理結果に対して順にエフェクトを適用し、最後の要素に達したらブロックの戻り値がinjectメソッドの戻り値になる。

言葉にするとややこしいですが、putsメソッドなどでwordsが変化する様子を確認するとinjectメソッドの動きがつかみやすくなるかもしれません。コードはかなりスッキリするので、ぜひこのリファクタリングを試してみてください。

10.5 Procオブジェクトについてもっと詳しく

10.5.1 Procオブジェクトを実行するさまざまな方法

Procオブジェクトを実行する方法はcall以外にもいくつかあります。以下はいずれもProcオブジェクトの処理を呼び出す方法として有効です[注2]。

```
add_proc = Proc.new { |a, b| a + b }

# callメソッドを使う
add_proc.call(10, 20)   #=> 30
# yieldメソッドを使う
add_proc.yield(10, 20)  #=> 30
```

注2　.()は.call()の糖衣構文（簡略記法）です。よって、add_proc.(10, 20)とadd_proc.call(10, 20)はまったく同じ意味になります。
[参考] https://docs.ruby-lang.org/ja/latest/doc/spec=2fcall.html#call_method

```
# .()を使う
add_proc.(10, 20)        #=> 30
# []を使う
add_proc[10, 20]         #=> 30
```

また、少し変わっていますが、===を使って呼び出す方法もあります。

```
add_proc === [10, 20]  #=> 30
```

なぜProcオブジェクトが===で呼び出せるようになっているのかというと、case文のwhen節でProcオブジェクトを使えるようにするためです。たとえば以下のコードはProcオブジェクトとcase文を組み合わせて、大人、子ども、二十歳のいずれかを判断する例です。

```
def judge(age)
  # 20より大きければtrueを返すProcオブジェクト
  adult = Proc.new { |n| n > 20 }
  # 20より小さければtrueを返すProcオブジェクト
  child = Proc.new { |n| n < 20 }

  case age
  when adult
    '大人です'
  when child
    '子どもです'
  else
    'はたちです'
  end
end

judge(25) #=> "大人です"
judge(18) #=> "子どもです"
judge(20) #=> "はたちです"
```

「そもそもcase文と===にいったいどんな関係が？」と思った人もいるかもしれません。case文と===の関係については「7.10.5　等値を判断するメソッドや演算子を理解する」の項を読み直してください。

10.5.2 &とto_procメソッド

「10.2.2　ブロックを引数として明示的に受け取る」の項でも説明したとおり、Procオブジェクトをブロックとして渡したい場合は、引数の前に&を付ける必要があります。

```
reverse_proc = Proc.new { |s| s.reverse }
# mapメソッドにブロックを渡す代わりに、Procオブジェクトを渡す（ただし&が必要）
['Ruby', 'Java', 'Python'].map(&reverse_proc) #=> ["ybuR", "avaJ", "nohtyP"]
```

&の役割はProcオブジェクトをブロックと認識させるだけではありません。厳密には右辺のオブジェクトに対してto_procメソッドを呼び出し、その戻り値として得られたProcオブジェクトを、ブロックを利用するメソッドに与えます。

ただし、元からProcオブジェクトだった場合はto_procメソッドを呼んでも自分自身が返るだけです。

```
reverse_proc = Proc.new { |s| s.reverse }
other_proc = reverse_proc.to_proc
# Procオブジェクトに対してto_procメソッドを呼んでも自分自身が返るだけ
reverse_proc.equal?(other_proc) #=> true
```

しかし、RubyにはProcオブジェクト以外でto_procメソッドを持つものがあります。その1つがシンボルです。シンボルを変換してできたProcオブジェクトが変わっている点は、実行時の引数の数によって実行される処理の内容が微妙に変化するところです。

たとえば次のように:splitというシンボルをto_procでProcオブジェクトに変換します。

```
split_proc = :split.to_proc
split_proc #=> #<Proc:0x0000000312f9a0(&:split) (lambda)>
```

このProcオブジェクトに引数を1つ渡して実行すると、1つめの引数をレシーバにし、そのレシーバに対して元のシンボルと同じ名前のメソッドを呼び出します。

```
# 引数が1つの場合は 'a-b-c-d e'.split と同じ（ホワイトスペースで分割する）
split_proc.call('a-b-c-d e') #=> ["a-b-c-d", "e"]
```

引数を2つ渡すと、1つめの引数はレシーバのままですが、2つめの引数がシンボルで指定したメソッドの第1引数になります。

```
# 引数が2つの場合は 'a-b-c-d e'.split('-') と同じ（指定された文字で分割する）
split_proc.call('a-b-c-d e', '-') #=> ["a", "b", "c", "d e"]
```

同じ要領で引数を3つ渡すと、3つめの引数がシンボルで指定したメソッドの第2引数になります。

```
# 引数が3つの場合は 'a-b-c-d e'.split('-', 3) と同じ（分割する個数を制限する）
split_proc.call('a-b-c-d e', '-', 3) #=> ["a", "b", "c-d e"]
```

同じ要領で引数を4つ渡すと……というように、シンボルからProcオブジェクトを作成した場合は実行時の第1引数がメソッドのレシーバに、第2引数以降がメソッドの引数になります。また、シンボル自身はレシーバに対して呼び出すメソッドの名前になります。

ところで、「4.4.5　&とシンボルを使ってもっと簡潔に書く」の項では以下のような2つのコードが同じ結果になると説明しました。

```
['ruby', 'java', 'python'].map { |s| s.upcase } #=> ["RUBY", "JAVA", "PYTHON"]
['ruby', 'java', 'python'].map(&:upcase)        #=> ["RUBY", "JAVA", "PYTHON"]
```

第4章の時点ではmap(&:upcase)のような書き方は「上級者が使うおまじない」のように説明していましたが、ここまでの説明をふまえるとちゃんと説明が付けられるようになります。具体的には以下のようになります。

①&:upcaseはシンボルの:upcaseに対してto_procメソッドを呼び出す。
②シンボルの:upcaseがProcオブジェクトに変換され、mapメソッドにブロックとして渡される。
③上記②で作ったProcオブジェクトはmapメソッドから配列の各要素を実行時の第1引数として受け取る。第1引数はupcaseメソッドのレシーバとなる。つまり、配列の各要素に対してupcaseメソッドを呼び出す。
④mapメソッドはProcオブジェクトの戻り値を順に新しい配列に詰め込む。
⑤上記③と④のコンビネーションにより、配列の各要素が大文字に変換された新しい配列がmapメソッドの戻り値になる。

なかなかややこしいですね。上の説明を完全に理解できていないとmap(&:upcase)のようなテクニックを使えない、というわけではありません。とはいえ、これが単なるおまじないでなく、ちゃんと動く理屈が背後に存在していることは知っておきましょう。

10.5.3 Procオブジェクトとクロージャ

メソッドの引数やメソッドのローカル変数は通常、メソッドの実行が終わると参照できなくなります。しかし、Procオブジェクト内で引数やローカル変数を参照すると、メソッドの実行が完了してもProcオブジェクトは引き続き引数やローカル変数にアクセスし続けることができます。

たとえば以下のコードではgenerate_procというProcオブジェクトを生成して返すメソッドを定義しています。Procオブジェクトの中で引数のarrayとローカル変数のcounterを参照している点に注目してください。

```
def generate_proc(array)
  counter = 0
  # Procオブジェクトをメソッドの戻り値とする
  Proc.new do
    # ローカル変数のcounterを加算する
    counter += 10
    # メソッド引数のarrayにcounterの値を追加する
    array << counter
  end
end
```

次にメソッドの外部でvaluesという空の配列を用意し、generate_procメソッドに渡して戻り値のProcオブジェクトをsample_procという変数で受け取ります。generate_procメソッドを呼び出した直後はvaluesの中身は当然空のままです。

```
values = []
sample_proc = generate_proc(values)
values #=> []
```

ポイントはここからです。generate_procメソッドの実行はすでに終わっているのですが、Procオブジェクトの中ではまだメソッド引数のarray（メソッドに渡したときの変数名はvalues）やローカル変数のcounterは生き続けています。そのため、Procオブジェクトを実行するとcounterへの加算やarrayへの値追加が問題なく実行できます。結果として、最初に宣言したvaluesの中身がProcオブジェクトを実行するたびにどんどん変わることになります。

```
# Procオブジェクトを実行するとgenerate_procメソッドの引数だったvaluesの中身が書き換えられる
sample_proc.call
values #=> [10]

# generate_procメソッド内のローカル変数counterも加算され続ける
sample_proc.call
values #=> [10, 20]
```

一般に、生成時のコンテキスト（変数情報など）を保持している関数をクロージャ（closure、関数閉包）と言います。RubyのブロックやProcオブジェクトはクロージャとして振る舞います。

Column　で、yieldやProcってどこで使うの？

本書の第1版を出版したあとにTwitterなどのSNSでよく見かけたのが、「yieldやProcの使いどころがよくわからない」という読者のみなさんからの声でした。確かに配列やハッシュを使ったり、自分でクラスを定義したりすることに比べると、yieldやProcを使う機会はあまり多くないと思います。ただし、みなさんがもしRailsアプリケーションを作る予定なのであれば、ほとんどの人がProc（とくにラムダ）を使うシーンに遭遇します。それはActiveRecordのスコープ（scope）です。スコープの典型的なコード例を見てみましょう。

```
class Guitar < ApplicationRecord
  scope :gold, -> { where(color: 'gold') }
end
```

上のコード例ではscopeメソッドに2つの引数を渡しています。1つめはスコープの名前である:goldで、2つめがクエリの本体となるProcオブジェクトです。ここでは-> { }の記法を使っているため、Procオブジェクトはラムダになります。

本書はRailsの入門書ではないためスコープの詳細には踏み込みませんが[注3]、スコープを自分で定義する際に「謎の記号を書き写すだけ」になるより、「この第2引数はラムダ」とちゃんと意識できるほうがプロの開発者として望ましいのは間違いありません。本格的なRailsアプリケーションではほぼ間違いなくスコープを使うはずです。なので、Railsプログラマを目指す人なら誰もが早かれ遅かれProcオブジェクトを使うことになります。

一方、yieldはというと……うーん、Ruby初心者の人はあまり使う機会がないかもしれません[注4]。しかし、「ある定型的な処理があり、その一部だけユースケースに合わせて柔軟に変更したい」という要件があるときはyieldを有効活用できそうです。たとえば処理の開始と終了を毎回ログに記録する要件が複数ある場合は、次のようなメソッドを定義することでその処理を共通化することができます。

```
# 処理の開始時と終了時にログを記録する共通メソッド
# （ここでは実際にログに記録する代わりにputsで代用）
def with_logging(name)
  puts "[LOG] START: #{name}"
  ret = yield
  puts "[LOG] END: #{name}"
  ret
end
```

このメソッドを使えばブロック内の処理を実行した際の開始時と終了時にログが記録できます。

```
# ログ付きで数字の加算を実行する
answer = with_logging('add numbers') do
  1 + 2
end
#=> [LOG] START: add numbers
#   [LOG] END: add numbers
answer
#=> 3
```

また、ブロック内の処理は任意なので、ログを残しつつ、実行する処理自体は柔軟に変更可能です。

注3　Railsのスコープについては Railsガイドなどを参照してください。
https://railsguides.jp/active_record_querying.html#スコープ

注4　Railsではビュー（erbファイル）の中でyieldを使うことがありますが、本章で説明したyieldと用法が大きく異なるため、ここでは考慮しないものとします。

```
# ログ付きでmapメソッドを実行する
numbers = with_logging('Array#map') do
  [1, 2, 3].map { |n| n * 10 }
end
#=> [LOG] START: Array#map
#   [LOG] END: Array#map
numbers
#=> [10, 20, 30]
```

たとえこういったメソッドを自分で定義することはなくても、ライブラリ (gem) のコードを読むとyieldが多用されていることがあります。もしほかの人が書いたコードを読んでいてyieldを見かけたら、この章をもう一度読み直してみてください。

10.6 この章のまとめ

この章では以下のような内容を学習しました。

・ブロックを利用するメソッドの定義とyield
・Procオブジェクト

ブロックやProcオブジェクトを渡せるようなメソッドを定義すると、定型的な処理の一部に対して外部からカスタマイズ可能な振る舞いを組み込むことができます。「処理のかたまりはメソッドや関数として定義するもの」という固定観念が強いと、ブロックやProcオブジェクトの扱いがなかなか頭に入ってこないかもしれません。しかし、上のコラムでも紹介したようにRuby on RailsにはProcオブジェクトを引数として受け取るメソッドがありますし、Rubyに限らず、ほかのプログラミング言語でも「関数オブジェクト」や「コールバック関数」といった形でよく似た概念が登場します。プログラミング初心者にとってはちょっとハードルが高いかもしれませんが、上級者を目指すうえでは避けては通れない言語機能なので、少しずつがんばって慣れていきましょう。

さて、次の章ではRuby 3.0から正式導入された「パターンマッチ」について説明します。一見するとただの条件分岐に見えますが、従来のif文やcase文にはないパワフルな機能が隠されています。具体的にどんなことができるのか、一緒に見ていきましょう。

第11章

パターンマッチを理解する

11.1 イントロダクション

パターンマッチはRubyの比較的新しい機能です。Ruby 2.7で実験的に導入され、Ruby 3.0で正式に導入されました（ただし、Ruby 3.0で新たに導入された一部のパターンマッチ構文は実験的機能です）。

パターンマッチは大雑把に言えば一種の条件分岐です。構文はcase文によく似ていますし、やろうと思えば同じような使い方もできます。ですが、パターンマッチは配列やハッシュの「構造」に着目して条件分岐させたいときにその真価を発揮します。また、代入演算子（=）を使わずに条件分岐内でローカル変数の宣言と代入ができる点も特徴の1つです。

パターンマッチはHaskell[注1]やElixir[注2]といった関数型言語において頻繁に使われる機能です。そのため、関数型言語を勉強したことがある人はRubyのパターンマッチも理解しやすいかもしれません。

本書の執筆時点ではパターンマッチが正式導入されてから間もないため、筆者はまだパターンマッチが実際に使われているコードをほとんど見たことがありません。ですが、今後は徐々に利用頻度が増えていくことが期待されます。ぜひこの機会にパターンマッチも使いこなせるようになっておきましょう！

11.1.1 この章の例題：ログフォーマッタープログラム

本章ではJSON形式のログデータを読み込んで、特定の書式の文字列に変換するログフォーマッタープログラムを作ります。インプットとなるデータは次のようなJSON形式のアクセスログです（Webアプリケーションのアクセスログを想定しています）。

```
[
  {"request_id": "1", "path": "/products/1", "status": 200, "duration": 651.7},
  {"request_id": "2", "path": "/wp-login.php", "status": 404, "duration": 48.1, "error": "Not ⏎
found"},
  {"request_id": "3", "path": "/products", "status": 200, "duration": 1023.8},
  {"request_id": "4", "path": "/dangerous", "status": 500, "duration": 43.6, "error": ⏎
"Internal server error"}
]
```

これをRubyプログラムで次のような形式のテキストデータに変換（フォーマット）します。

```
[OK] request_id=1, path=/products/1
[ERROR] request_id=2, path=/wp-login.php, status=404, error=Not found
[WARN] request_id=3, path=/products, duration=1023.8
[ERROR] request_id=4, path=/dangerous, status=500, error=Internal server error
```

フォーマットのルールは以下のとおりです。

- request_idとpathの値は共通項目として毎回出力する。
- statusの値が404または500の場合はエラー（ERROR）とする。エラーの詳細としてstatusの値とerrorの値も出力する。

注1　https://www.haskell.org/
注2　https://elixir-lang.org/

- durationの値が1000（1000ミリ秒＝1秒）以上だったら時間がかかり過ぎているので警告（WARN）とし、durationの値を出力する。
- それ以外は正常とし、"OK"を出力する。

ここでJSONを知らない人のために、JSONについて簡単に説明しておきます。JSONは"JavaScript Object Notation"の略でJavaScriptのオブジェクト記法を利用したテキストデータフォーマットです。文法的にはJavaScriptですが、この例題で使うJSONデータの構文はハッシュのキーの指定方法が異なる点を除けば、Rubyと同じです[注3]。ですので、本書をここまで読んできたみなさんならJSONを初めて見た人でもデータ構造を把握するのは難しくないと思います。

```
// JSONのハッシュ（正確にはオブジェクト）
{"foo": 123}

# 上記のJSONとほぼ同じデータを表すRubyのハッシュリテラル
{foo: 123}
```

このログフォーマッターの作成を通じて、Rubyのパターンマッチを学びましょう。

11.1.2 この章で学ぶこと

この章では以下のようなことを学びます。

- パターンマッチの基本
- パターンマッチの利用パターン
- ガード式や1行パターンマッチなどの応用的な使い方

Rubyのパターンマッチはそれ自体が1つの新しい言語なのでは、と思うほど多彩な構文や機能が用意されています。パターンマッチに初めて触れた人はそのボリュームに圧倒されてしまうかもしれません。ですが、基本的な考え方を押さえておけば、それほど難しい内容ではないことに気づくはずです。そのためにも冒頭に説明する内容をしっかり読んで、パターンマッチの基本事項をしっかり身につけましょう。

11.2 パターンマッチの基本

さて、ここまで「パターンマッチ、パターンマッチ」と連呼しながらまだパターンマッチのコード例を1つも見せていませんでしたね。そろそろコードを使って説明しましょう。たとえば、次のような入れ子になった配列があったとします。

```
records = [
  [2021],
  [2019, 5],
```

注3　実はこの例題のJSONデータはそのままRubyにコピー＆ペーストしてもちゃんと動きます。なぜなら"foo":もシンボルのリテラルとして有効だからです。気になる人は「5.7.1　シンボルを作成するさまざまな方法」の項を読み直してみましょう。

```
  [2017, 11, 25],
]
```

records配列の中には年月日を表す配列が格納されています。ただし、上の例を見てもらうとわかるように、要素の数は1個、2個、3個の3パターンに分かれています。records配列の各要素に対して、[2021]のように配列の要素が1つだけだった場合はその年の1月1日を、[2019, 5]のように2つだった場合はその年月の1日を、[2017, 11, 25]のように3つあった場合はその年月日をDateオブジェクトに変換して新しい配列を返す処理を考えてみます。つまり、上の例では2021年1月1日、2019年5月1日、2017年11月25日の3つのDateオブジェクトを含む配列を返す処理を作るわけです。

愚直に考えると次のような実装が思いつくかもしれません。

```
require 'date'

records.map do |record|
  case record.size
  when 1
    # 年を指定、月と日は1固定
    Date.new(record[0], 1, 1)
  when 2
    # 年月を指定、日は1固定
    Date.new(record[0], record[1], 1)
  when 3
    # 年月日を指定
    Date.new(record[0], record[1], record[2])
  end
end
#=> [#<Date: 2021-01-01 ((2459216j,0s,0n),+0s,2299161j)>,
#    #<Date: 2019-05-01 ((2458605j,0s,0n),+0s,2299161j)>,
#    #<Date: 2017-11-25 ((2458083j,0s,0n),+0s,2299161j)>]
```

一方、パターンマッチを使うと次のように書けます[注4]。

```
records.map do |record|
  case record
  in [y]
    Date.new(y, 1, 1)
  in [y, m]
    Date.new(y, m, 1)
  in [y, m, d]
    Date.new(y, m, d)
  end
end
#=> [#<Date: 2021-01-01 ((2459216j,0s,0n),+0s,2299161j)>,
#    #<Date: 2019-05-01 ((2458605j,0s,0n),+0s,2299161j)>,
#    #<Date: 2017-11-25 ((2458083j,0s,0n),+0s,2299161j)>]
```

初めてRubyのパターンマッチを見た人は一瞬混乱してしまうかもしれません。「さっき見たcase文と一見同

注4　Ruby 2.7ではパターンマッチは実験的機能とされていたため、"warning: Pattern matching is experimental, and the behavior may change in future versions of Ruby!"という警告が出ます。ですが、実行結果はRuby 3.0と同じです。

じように見えるけど、なんか微妙に違うぞ？」と思われた方も多いのではないでしょうか。

ではパターンマッチの読み方を説明していきましょう。パターンマッチは以下のような構文になっています。case/whenではなく、case/inの組み合わせになっている点に注目してください。

```
case 式
in パターン1
  パターン1にマッチしたときの処理
in パターン2
  パターン1にマッチせず、パターン2にマッチしたときの処理
else
  パターン1にも2にもマッチしなかったときの処理
end
```

先ほどのコード例では次のようになっていました。

```
case record
in [y]
```

case節のrecordに入っているのは[2021]や[2019, 5]といった配列です。そしてin節に書かれた[y]がパターンです。このパターンが意味するのは「1要素しかない配列」です。その次のin節に書かれたパターンは[y, m]で、これは「2要素の配列」を意味します。同じ要領で[y, m, d]は「3要素の配列」です。

最初のループでrecordに入る値は[2021]で1要素しかない配列なので、これはin [y]にマッチします（**図11-1**）。その次は[2019, 5]で2要素の配列なので、これはin [y, m]にマッチします。最後の[2017, 11, 25]は3要素の配列なのでin [y, m, d]にマッチします。

図11-1 in節に記載したパターンと、各パターンにマッチする値の例

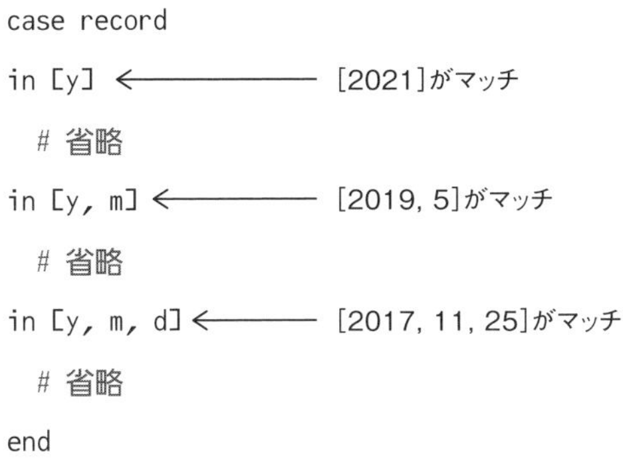

```
case record
in [y] <------------ [2021]がマッチ
  # 省略
in [y, m] <--------- [2019, 5]がマッチ
  # 省略
in [y, m, d] <------ [2017, 11, 25]がマッチ
  # 省略
end
```

では、in節に出てくるyやmやdはいったい何なのでしょうか？　これはcase節の式に対応した要素が代入されるローカル変数になります（**図11-2**）。recordが[2021]であれば、in [y]のyに2021が代入されます。[2019, 5]であればin [y, m]のyとmにそれぞれ2019と5が代入されます。[2017, 11, 25]であればy、m、dに2017、11、25がそれぞれ代入されます。パターンマッチでは代入演算子の=を使わずにin節でローカル変数の宣言と代入が行われる点に注意してください（「6.3.3　キャプチャに名前を付ける」の項で説明した正規表現の名前付きキャプチャにも考え方が少し似ていますね）。

図11-2　case節の式に対応した要素が、in節の各ローカル変数に代入される

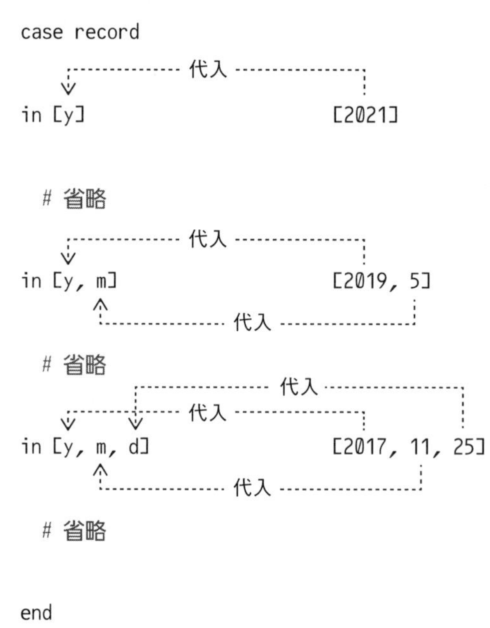

ここまでの説明をあえてパターンマッチではなく、case文を使って書くなら次のようなコードになります（case/inではなく、case/whenを使っている点に注意してください）。このコードと上の説明文を交互に見比べるとパターンマッチの内部で行われている処理のイメージがつくかもしれません。

```
records.map do |record|
  case record.size
  when 1
    y = record[0]
    Date.new(y, 1, 1)
  when 2
    y = record[0]
    m = record[1]
    Date.new(y, m, 1)
  when 3
    y = record[0]
    m = record[1]
    d = record[2]
    Date.new(y, m, d)
  end
end
```

そして、あらためてパターンマッチを使ったコードの全体像を見てみましょう。

```
require 'date'

records = [
```

```
  [2021],
  [2019, 5],
  [2017, 11, 25],
]
records.map do |record|
  case record
  in [y]
    Date.new(y, 1, 1)
  in [y, m]
    Date.new(y, m, 1)
  in [y, m, d]
    Date.new(y, m, d)
  end
end
#=> [#<Date: 2021-01-01 ((2459216j,0s,0n),+0s,2299161j)>,
#    #<Date: 2019-05-01 ((2458605j,0s,0n),+0s,2299161j)>,
#    #<Date: 2017-11-25 ((2458083j,0s,0n),+0s,2299161j)>]
```

ここまでの説明を読んでからパターンマッチ構文を見直したときに「なるほど、in節のパターンはマッチさせたい配列の構造を表しているのか」「y、m、dは=が使われていないけど、ローカル変数の宣言と代入になっているんだな」と、こんなふうに思えるようになればパターンマッチの基本は理解できたことになります！

なお、「2.10.4　case文」の項で説明したcase文も、この章で説明するパターンマッチも、どちらもcaseで始まるのでRubyの文法上は「case式」となります。そのため、前者を「case/when式」、後者を「case/in式」と呼び分けるケースもあります。ですが、本書ではプログラマにとってなじみの深い呼称を優先して前者を「(いわゆる) case文」、後者を「(いわゆる) パターンマッチ」と呼ぶことにします。

```
# これはcase文（case/when式）
case array
when [1, 2, 3]
  # 省略
end

# これはパターンマッチ（case/in式）
case [1, 2, 3]
in [a, b, c]
  # 省略
end
```

11.2.1 ハッシュをパターンマッチさせる

先ほどは配列を使ったパターンマッチのコード例を紹介しましたが、ここではもうひとつ、ハッシュをパターンマッチさせるコード例を紹介します。

今回使うのは次のようなハッシュを要素に含む配列です。

```
cars = [
  {name: 'The Beatle', engine: '105ps'},
  {name: 'Prius', engine: '98ps', motor: '72ps'},
```

```
  {name: 'Tesla', motor: '306ps'}
]
```

ハッシュには車のデータが入っていますが、よく見ると微妙に項目が異なります。"The Beatle" には:engineのキーしかありませんが、"Prius" には:engineと:motorのキーがあります（ハイブリッド車ですからね）。そして最後の "Tesla" は電気自動車なので:motorのキーしかありません。

では、それぞれの車のスペックを自動車の型式別に出力してみましょう。まずはパターンマッチを使わない場合です。

```
cars.each do |car|
  if car.key?(:engine) && car.key?(:motor)
    puts "Hybrid: #{car[:name]} / engine: #{car[:engine]} / motor: #{car[:motor]}"
  elsif car.key?(:engine)
    puts "Gasoline: #{car[:name]} / engine: #{car[:engine]}"
  elsif car.key?(:motor)
    puts "EV: #{car[:name]} / motor: #{car[:motor]}"
  end
end
#=> Gasoline: The Beatle / engine: 105ps
#   Hybrid: Prius / engine: 98ps / motor: 72ps
#   EV: Tesla / motor: 306ps
```

ここでは愚直にkey?メソッドを使ってキーの有無を確認しながら条件分岐させてみました。

では次にパターンマッチを使った場合のコード例を見てみましょう。

```
cars.each do |car|
  case car
  in {name:, engine:, motor:}
    puts "Hybrid: #{name} / engine: #{engine} / motor: #{motor}"
  in {name:, engine:}
    puts "Gasoline: #{name} / engine: #{engine}"
  in {name:, motor:}
    puts "EV: #{name} / motor: #{motor}"
  end
end
#=> Gasoline: The Beatle / engine: 105ps
#   Hybrid: Prius / engine: 98ps / motor: 72ps
#   EV: Tesla / motor: 306ps
```

パターンマッチを使うと見た目がスッキリしますね。すでに配列のパターンマッチを見たあとなので、ここでやっていることもなんとなくわかるかもしれません。ですが、配列と少しだけ考え方を変えなければいけないところがあります。それはin節の読み方です。

たとえば最初のin節はin {name:, engine:, motor:}となっています。これはcase節に書いたHashオブジェクト（ここではcar）に:nameと:engineと:motorという3つのキーが含まれていればマッチするパターンです。今回のコード例では{name: 'Prius', engine: '98ps', motor: '72ps'}がこのパターンにマッチします。

しかし、in節のハッシュ（{name:, engine:, motor:}や{name:, engine:}）は何か形が変ですね。キーは書いてあるものの、値がありません。そして、配列のパターンマッチでは[y]のyのように自動的に代入されるローカル変数がありましたが、ハッシュのパターンマッチではそれが見当たりません。

実はハッシュのパターンマッチでも、次のようにして各キーに対応する値を代入するローカル変数を明示的に指定することができます。

```
cars.each do |car|
  case car
  in {name: name, engine: engine, motor: motor}
    # 各キーに対応する値をローカル変数name, engine, motorに代入する
    puts "Hybrid: #{name} / engine: #{engine} / motor: #{motor}"
  # 以下略
```

ですが、in節で値を省略してキーだけを書いた場合は、自動的にキーと同じ名前のローカル変数が作成され、そこに値が代入されるようになっています。

```
cars.each do |car|
  case car
  in {name:, engine:, motor:}
    # 値を省略してキーのみにすると、対応する値がキーと同じ名前のローカル変数に代入される
    puts "Hybrid: #{name} / engine: #{engine} / motor: #{motor}"
  # 以下略
```

このしくみさえ理解できれば、同じ考え方を残りのin節に適用できます。すなわち、`in {name:, engine:}`は`:name`と`:engine`というキーを持つハッシュに、`in {name:, motor:}`は`:name`と`:motor`というキーを持つハッシュにそれぞれマッチします。そして、キーに対応する値が、キーと同じ名前のローカル変数に代入されます。

このように、ハッシュを使ったパターンマッチでもハッシュの「構造」に着目して条件分岐させているのがポイントになります。

さて、ここまで配列とハッシュという2種類のパターンマッチの例を見てきました。繰り返しになりますが、見た目はcase文に似ていても、配列やハッシュの構造をパターン化して条件分岐させるところと、in節で=を使わずにローカル変数の宣言と代入が行われる点が、パターンマッチの大きな特徴になります。

パターンマッチにはこのほかにもさまざまな機能や特徴があります。次の項では手始めにパターンマッチの利用パターンを説明します。

11.3 パターンマッチの利用パターン

パターンマッチは先ほど紹介した配列やハッシュを使ったパターンマッチを含め、いくつかの利用パターンがあり、それぞれに以下のような名前が付けられています[注5]。

- valueパターン
- variableパターン
- arrayパターン
- hashパターン

注5 ［参考］https://docs.ruby-lang.org/en/3.0.0/doc/syntax/pattern_matching_rdoc.html#label-Patterns

- asパターン
- alternativeパターン
- findパターン

それぞれのパターンがいったいどういったものなのか、以下で説明していきます。

11.3.1 valueパターン

in節に数値や文字列などを直接指定できる利用パターンです。case節の式とin節の値が等しければ、対応する処理が実行されます。一見すると従来のcase文とほぼ同じに見えますね。

```
country = 'italy'

case country
in 'japan'
  'こんにちは'
in 'us'
  'Hello'
in 'italy'
  'Ciao'
end
#=> "Ciao"
```

case文と同様にパターンマッチも値を返すので、結果を変数に代入したりメソッドの戻り値にしたりすることができます。

```
country = 'italy'

message =
  case country
  in 'japan'
    'こんにちは'
  in 'us'
    'Hello'
  in 'italy'
    'Ciao'
  end

message #=> "Ciao"
```

thenを使って条件にマッチしたときの処理を1行で書ける点もcase文と同じです。

```
case country
in 'japan' then 'こんにちは'
in 'us' then 'Hello'
in 'italy' then 'Ciao'
end
```

しかし、case文と違う点もあります。それはパターンが1つもマッチしないとエラー（例外）が発生する点です。以下のコード例でcase文とパターンマッチの違いを確認してみましょう。

```
country = 'india'

# case文の場合は真になる条件がまったくなくてもエラーにならずnilが返るだけ
case country
when 'japan'
  'こんにちは'
when 'us'
  'Hello'
when 'italy'
  'Ciao'
end
#=> nil

# パターンマッチではいずれの条件にもマッチしない場合は例外が発生する
case country
in 'japan'
  'こんにちは'
in 'us'
  'Hello'
in 'italy'
  'Ciao'
end
#=> india (NoMatchingPatternError)
```

エラーを発生させたくない場合はelse節を用意すると、どの条件にもマッチしなかった場合の処理が書けます。

```
country = 'india'

case country
in 'japan'
  'こんにちは'
in 'us'
  'Hello'
in 'italy'
  'Ciao'
else
  'Unknown'
end
#=> "Unknown"
```

「9.3　意図的に例外を発生させる」の節で説明したように、想定しなかった条件が発生したときに意図的に例外をraiseするコードを書く場合は、自動的に例外が発生するパターンマッチを使ったほうがシンプルに書けます。

```
country = 'india'

# 想定外の条件に備えてelse節で意図的に例外をraiseする
case country
when 'japan'
  'こんにちは'
when 'us'
```

```
  'Hello'
when 'italy'
  'Ciao'
else
  raise "無効な国名です。#{country}"
end
#=> 無効な国名です。india (RuntimeError)

# パターンマッチでは自動的に例外が発生するのでelse節が不要
case country
in 'japan'
  'こんにちは'
in 'us'
  'Hello'
in 'italy'
  'Ciao'
end
#=> india (NoMatchingPatternError)
```

なお、else節の代わりに後述するvariableパターンを利用し、任意のオブジェクトにマッチするin節を用意することで例外の発生を防止することもできます。

```
country = 'india'

case country
in 'japan'
  'こんにちは'
in 'us'
  'Hello'
in 'italy'
  'Ciao'
in obj
  # variableパターンを用いて任意のオブジェクトをマッチさせる（実質的なelse節）
  "Unknown: #{obj}"
end
#=> "Unknown: india"
```

valueパターンでもcase文と同じようにin節で範囲オブジェクトやクラス名を書いても機能します。これはcase文と同じくvalueパターンでも"in節のオブジェクト === case節のオブジェクト"の結果を評価しているためです（===については「7.10.5　等値を判断するメソッドや演算子を理解する」の項を参照）。

```
value = "abc"

case value
in Integer
  '整数です'
in String
  # String === "abc"が真なのでここにマッチ
  '文字列です'
end
#=> "文字列です"
```

11.3.2 variableパターン

in節のパターンに変数を書いてローカル変数の宣言と代入を同時に行う利用パターンです。たとえば次のようにin objのように書くと、あらゆるオブジェクトがマッチし変数objに代入されます。

```
# 文字列もマッチ
case 'Alice'
in obj
  "obj=#{obj}"
end
#=> "obj=Alice"

# 数値もマッチ
case 123
in obj
  "obj=#{obj}"
end
#=> "obj=123"

# 配列もマッチ
case [10, 20]
in obj
  "obj=#{obj}"
end
#=> "obj=[10, 20]"
```

配列の要素を変数に代入することもできます。これは冒頭で紹介した配列やハッシュのパターンですでに説明しましたね。

```
record = [2019, 5]

# パターンにマッチした値（配列の要素）をin句の変数に代入する
case record
in [year]
  "#{year}年です"
in [year, month]
  # 要素数が2つなのでここにマッチ
  "#{year}年#{month}月です"
in [year, month, day]
  "#{year}年#{month}月#{day}日です"
end
#=> "2019年5月です"
```

しかし、場合によっては代入ではなく、in節で事前に定義された変数の値を参照したいことがあるかもしれません。その場合はピン演算子（^）を使います。

```
alice = 'Alice'
bob = 'Bob'
name = 'Bob'

# ピン演算子を使って事前に定義した変数を参照する
```

```
case name
in ^alice # in 'Alice' と書いたのと同じ
  'Aliceさん、こんにちは！'
in ^bob   # in 'Bob' と書いたのと同じ（ここにマッチ）
  'Bobさん、こんにちは！'
end
#=> "Bobさん、こんにちは！"
```

ピン演算子は事前に定義された変数だけでなく、in節で代入された変数を同じin節で参照することもできます。下のコードは配列の値が3つとも同じだった場合とそれ以外で出力を切り分ける例です。

```
records = [
  [7, 7, 7],
  [6, 7, 5]
]

records.each do |record|
  case record
  in [n, ^n, ^n] # 要素数が3つでなおかつ3つとも同じ値であればマッチ
    puts "all same: #{record}"
  else
    puts "not same: #{record}"
  end
end
#=> all same: [7, 7, 7]
#   not same: [6, 7, 5]
```

ただし、厳密に言うとピン演算子を使ったマッチはvariableパターンではなくvalueパターンとなり、マッチには===が利用されます。そのため、次のようなコードを書くこともできます注6。

```
records = [
  [Integer, 1, 2],
  [Integer, 3, 'X']
]

records.each do |record|
  case record
  in [klass, ^klass, ^klass] # 最後の2要素が最初の要素のクラスのインスタンスであればマッチ
    puts "match: #{record}"
  else
    puts "not match: #{record}"
  end
end
#=> match: [Integer, 1, 2]
#   not match: [Integer, 3, "X"]
```

なお、in節に指定できる変数はローカル変数のみです。インスタンス変数を使おうとすると構文エラーになります。

注6　サンプルコード中のklassはClassオブジェクトを格納する変数です。ただし、変数名をclassにするとRubyの予約語と被って構文エラーになってしまうため、klassにしています。

```
# in節でインスタンス変数を使おうとすると構文エラーになる
case 1
in @n
  "@n=#{@n}"
end
#=> syntax error, unexpected instance variable (SyntaxError)
```

ピン演算子を使う場合もやはり使えるのはローカル変数のみです[注7]。

```
@n = 1
# ピン演算子とインスタンス変数を組み合わせると構文エラーになる
case 1
in ^@n
  '1です'
end
#=> syntax error, unexpected instance variable, expecting local variable or method (SyntaxError)

# ピン演算子を使いたい場合はいったんローカル変数に入れ直す必要がある
n = @n
case 1
in ^n
  '1です'
end
#=> "1です"
```

メソッド呼び出しもピン演算子と組み合わせることはできません[注8]。

```
s = '1'

# ピン演算子とto_iメソッドを組み合わせた場合も構文エラー
case 1
in ^s.to_i
  '1です'
end
#=> syntax error, unexpected '.', expecting `then' or ';' or '\n' (SyntaxError)
```

11.3.3 arrayパターン

「11.2　パターンマッチの基本」節で紹介した、in節に[]を使って配列の構造パターンを指定する利用パターンです。[]の中に書いた変数には対応する要素の値が代入されます。

```
case [1, 2, 3]
in [a, b, c]
  # 配列の要素が3つであればマッチし、なおかつ対応する要素が変数a, b, cに代入される
  "a=#{a}, b=#{b}, c=#{c}"
```

注7　エラーメッセージには「ローカル変数かメソッドを期待する (expecting local variable or method)」とありますが、メソッド呼び出しとピン演算子を組み合わせることはできません。なお、Ruby 3.1ではローカル変数以外の変数（インスタンス変数、クラス変数、グローバル変数）もピン演算子と組み合わせて使えるようになる予定です。[参考] https://bugs.ruby-lang.org/issues/17724

注8　Ruby 3.1ではin ^(s.to_i)のように丸カッコで囲むことでピン演算子と任意の式を組み合わせられるようになる予定です。[参考] https://bugs.ruby-lang.org/issues/17411

```
end
#=> "a=1, b=2, c=3"
```

配列は入れ子になってもかまいません。

```
case [1, [2, 3]]
in [a, [b, c]]
  "a=#{a}, b=#{b}, c=#{c}"
end
#=> "a=1, b=2, c=3"
```

上のコード例では入れ子になった配列の要素も別々の変数に代入しましたが、次のように書くと入れ子になった配列を配列のまま1つの変数に代入することもできます。

```
case [1, [2, 3]]
in [a, b]
  # bには配列[2, 3]が代入される
  "a=#{a}, b=#{b}"
end
#=> "a=1, b=[2, 3]"
```

変数ではなく、数値や文字列をそのままin節に指定すると「その値と等しいこと」がマッチの条件になります。

```
case [1, 999, 3]
in [1, n, 3]
  # 配列の要素数は3、かつ最初と最後の要素がそれぞれ1と3であればマッチ
  # 2番目の要素は任意で対応する値が変数nに代入される
  "n=#{n}"
end
#=> "n=999"
```

各要素のマッチ判定には===が使われるため、クラス名（クラスオブジェクト）や範囲オブジェクトをin節に指定して「そのクラスのインスタンスか？」「その範囲に収まる値か？」といった条件を指定することもできます。

```
case ['Alice', 999, 3]
in [String, 10.., n]
  # 配列の要素数は3、かつ最初の要素は文字列（String型）、かつ2番目の要素が10以上であればマッチ
  # 3番目の要素は任意で対応する値が変数nに代入される
  "n=#{n}"
end
#=> "n=3"
```

in節で同じ変数を2回以上使うことはできません。2回以上使うと構文エラーになります。

```
# in節に同じ変数名を2回以上使うと構文エラーになる
case [1, 2, 3]
in [a, a, 3]
  # 省略
end
#=> duplicated variable name (SyntaxError)
```

```
# 同じ値を同じ変数に代入しようとした場合も同様にエラーになる
case [1, 1, 3]
in [a, a, 3]
  # 省略
end
#=> duplicated variable name (SyntaxError)
```

ただし、_（アンダースコア1文字）、または_で始まる変数は「任意の要素」を表現する目的で、例外的に2回以上使うことができます（この場合は通常の変数として使わないことが前提になります）。

```
case [1, 2, 3]
in [_, _, 3]
  # 要素数が3つで最後の要素が3ならマッチ
  # 最初と2番目の要素は任意（_は変数として使わない）
  'matched'
end
#=> "matched"

# _の代わりに_aを使う（意味は上のコードと同じ）
case [1, 2, 3]
in [_a, _a, 3]
  'matched'
end
#=> "matched"
```

in節で*を使うと任意の長さの要素を指定したことになります。

```
case [1, 2, 3, 4, 5]
in [1, *rest]
  # 最初の要素が1であればマッチ
  # 2番目以降の要素は任意（0個以上）で、対応する要素が配列として変数restに代入される
  "rest=#{rest}"
end
#=> "rest=[2, 3, 4, 5]"
```

*は最後の要素だけでなく、最初や途中でも使えます。

```
case [1, 2, 3, 4, 5]
in [*rest, 5]
  # 最後の要素が5であればマッチ
  # それ以外の要素は任意（0個以上）で、対応する要素が配列として変数restに代入される
  "rest=#{rest}"
end
#=> "rest=[1, 2, 3, 4]"

case [1, 2, 3, 4, 5]
in [1, *rest, 5]
  # 最初と最後の要素がそれぞれ1と5であればマッチ
  # それ以外の要素は任意（0個以上）で、対応する要素が配列として変数restに代入される
  "rest=#{rest}"
end
#=> "rest=[2, 3, 4]"
```

*を使いたいが変数には入れなくて良い、という場合は変数名を省略できます。

```
case [1, 2, 3, 4, 5]
in [1, *]
  # 最初の要素が1であればマッチ
  # 2番目以降の要素は任意だが、変数には入れなくて良い
  'matched'
end
#=> "matched"
```

上のコードは次のように*をなくしてカンマで終わらせても同じ意味になります。

```
case [1, 2, 3, 4, 5]
in [1, ]
  'matched'
end
#=> "matched"
```

ここまでarrayパターンのin節には必ず[]を付けていましたが、一番外側の[]は省略可能です。

```
# in節の一番外側の[]は省略可能
case [1, [2, 3]]
in a, [b, c]
  "a=#{a}, b=#{b}, c=#{c}"
end
#=> "a=1, b=2, c=3"
```

さらに、case節に指定するオブジェクトはある条件を満たしていれば配列（Arrayオブジェクト）以外も指定可能です。この内容は「11.5.4　自作クラスをパターンマッチに対応させる」の項で説明します。

11.3.4 hashパターン

「11.2.1　ハッシュをパターンマッチさせる」の項で紹介した、in節に{}を使ってハッシュの構造パターンを指定する利用パターンです。値に変数を指定すると、その変数に対応する値が格納されます。

```
case {name: 'Alice', age: 20}
in {name: name, age: age}
  "name=#{name}, age=#{age}"
end
#=> "name=Alice, age=20"
```

値の変数を省略するとキーと同じ名前の変数に値が代入されます。

```
case {name: 'Alice', age: 20}
in {name:, age:}
  "name=#{name}, age=#{age}"
end
#=> "name=Alice, age=20"
```

キーの順番はマッチの結果には影響しません。

```
case {name: 'Alice', age: 20}
in {age:, name:}
  # キーの順番が一致しなくてもマッチの結果には影響しない
  "name=#{name}, age=#{age}"
end
#=> "name=Alice, age=20"
```

値にはvalueパターンのように、固定の値や===で比較可能な値を指定できます。

```
case {name: 'Alice', age: 20, gender: :female}
in {name: 'Alice', age: 18.., gender:}
  # :nameの値がAlice、:ageの値が18以上かつ、キーに:genderが含まれればマッチ
  # :genderに対応する値は変数genderに代入される
  "gender=#{gender}"
end
#=> "gender=female"
```

hashパターンとarrayパターンを混在させることも可能です。

```
case {name: 'Alice', children: ['Bob']}
in {name:, children: [child]}
  # :nameと:childrenのキーを持ち、なおかつ:childrenの値が要素1個の配列であればマッチ
  "name=#{name}, child=#{child}"
end
#=> "name=Alice, child=Bob"
```

hashパターンはハッシュの各要素がin節で指定したパターン（キーと値、またはキーのみ）に部分一致すればマッチしたと判定されます。

```
case {name: 'Alice', age: 20, gender: :female}
in {name: 'Alice', gender:}
  # in節に:ageを指定していないが、:nameと:genderの条件が部分一致するので全体としてはマッチ
  "gender=#{gender}"
end
#=> "gender=female"
```

このため、「11.2.1　ハッシュをパターンマッチさせる」の項で紹介したサンプルコードはin節の順番を間違えると意図した動きになりません。たとえば以下はPriusがハイブリッド車ではなく、ガソリン車と判定されてしまう例です。

```
cars = [
  {name: 'The Beatle', engine: '105ps'},
  {name: 'Prius', engine: '98ps', motor: '72ps'},
  {name: 'Tesla', motor: '306ps'}
]

cars.each do |car|
  case car
  in {name:, engine:}
    # The BeatleもPriusもどちらもこのパターンにマッチする
    puts "Gasoline: #{name} / engine: #{engine}"
```

```
  in {name:, motor:}
    puts "EV: #{name} / motor: #{motor}"
  in {name:, engine:, motor:}
    # Priusはガソリン車のパターンに部分一致するので下の処理は絶対に実行されない
    puts "Hybrid: #{name} / engine: #{engine} / motor: #{motor}"
  end
end
#=> Gasoline: The Beatle / engine: 105ps
#   Gasoline: Prius / engine: 98ps
#   EV: Tesla / motor: 306ps
```

ただし、in節に{}を書いた場合は例外的に「空のハッシュに完全一致」することがマッチの条件になります。

```
case {a: 1}
in {}
  # {a: 1}は空のハッシュではないのでここにはマッチしない
  'empty'
in {a:}
  "a=#{a}"
end
#=> "a=1"

case {}
in {}
  # 空のハッシュ同士で完全一致するのでここにマッチする
  'empty'
in {a:}
  "a=#{a}"
end
#=> "empty"
```

hashパターンのin節は、key: value形式のパターンしか許容されていません。key => value形式を使おうとすると構文エラーが発生します。これはRubyのパターンマッチでは=>が後述するasパターンで使用されるためです[注9]。また、この制約によりhashパターンで使えるハッシュのキーは必然的にシンボルのみになります。

```
# in節でkey => value形式を使うと構文エラーになる
case {name: 'Alice', age: 20}
in {:name => n, :age => a}
  # 省略
end
#=> syntax error, unexpected symbol literal, expecting label or ** or **arg or string literal 
(SyntaxError)
```

メソッド引数の定義と同様に**を使って「任意のキーと値」を指定することもできます（「5.6.4　任意のキーワードを受け付ける**引数」の項を参照）。

```
case {name: 'Alice', age: 20, gender: :female}
in {name: 'Alice', **rest}
  # :nameがキーで値がAliceならマッチ。それ以外のキーと値は任意で変数restに代入
```

注9　[参考] 辻本和樹 著、「パターンマッチ in Ruby」、『n月刊ラムダノート』、2019年、Vol.1、No.3、p92

```
  "rest=#{rest}"
end
#=> "rest={:age=>20, :gender=>:female}"
```

arrayパターンの*とは異なり、**が使える位置はパターンの最後だけです。最初や途中で**を使おうとすると構文エラーになります（そもそもhashパターンではキーの順番はマッチの結果に影響しないので、**を使う場所を変えても意味がありません）。

```
# **を最初に使うと構文エラーになる
case {name: 'Alice', age: 20, gender: :female}
in {**rest, gender:}
  # 省略
end
#=> syntax error, unexpected ',', expecting '}' (SyntaxError)
```

変数として使わない場合は**だけでもかまいません。ですが、**を付けなかったときと違いがないので、実際に使うことはほとんどないかもしれません。

```
case {name: 'Alice', age: 20, gender: :female}
in {name: 'Alice', **}
  # :nameがキーで値がAliceならマッチ。それ以外のキーと値は任意（変数として使わない）
  # ただし、in {name: 'Alice'}と書いたときと違いがない
  'matched'
end
#=> "matched"
```

nilとした場合は「ほかのキーと値がないこと」を指定したことになります。これもメソッド引数の定義と考え方は同じです（「5.6.10　その他、キーワード引数に関する高度な話題」の項を参照）。nilを使うとhashパターンを部分一致ではなく完全一致でマッチさせることができます。

```
case {name: 'Alice', age: 20, gender: :female}
in {name:, **nil}
  # :name以外のキーがないことがマッチの条件になるので、case節のハッシュはマッチしない
end
#=> {:name=>"Alice", :age=>20, :gender=>:female} (NoMatchingPatternError)

case {name: 'Alice'}
in {name:, **nil}
  # :name以外のキーがないので、case節のハッシュはマッチする
  "name=#{name}"
end
#=> "name=Alice"
```

arrayパターンと同様にin節の一番外側の{}は省略可能です。

```
# in節の一番外側の{}は省略可能
case {name: 'Alice', age: 20}
in age:, name:
  "name=#{name}, age=#{age}"
end
#=> "name=Alice, age=20"
```

さらに、case節に指定するオブジェクトはある条件を満たしていればハッシュ（Hashオブジェクト）以外も指定可能です。この内容は「11.5.4　自作クラスをパターンマッチに対応させる」の項で説明します。

Column　in節に書くのはあくまで「パターン」

in節に書くパターンは一見、単なる配列やハッシュのように見える場合があります。

```
# これは配列っぽい
in [1, 2, 3]

# これはハッシュっぽい
in {x: 10, y: 20}
```

ですが、これはあくまで配列やハッシュの記法（リテラル）に似せただけの「パターン」です。配列そのものやハッシュそのものではありません。実際、in節には次のように配列リテラルやハッシュリテラルとはかけ離れたパターンを書くこともできます。このことからin節に書くパターンは配列やハッシュそのものではないことがわかると思います。

```
# パターンとしては有効だが配列リテラルとしては無効（なのでこれは配列ではなくパターン）
in 1, 2, 3

# パターンとしては有効だがハッシュリテラルとしては無効（なのでこれはハッシュではなくパターン）
in x:, y:
```

表面上は配列やハッシュのリテラルに似ていても、in節の中身はあくまで「パターン」です。パターンマッチを学習する際はin節の見かけにだまされないように注意しましょう。

11.3.5　asパターン

asパターンはパターンマッチでマッチしたオブジェクトを変数に代入する利用パターンです。たとえば、以下のようなパターンマッチは「:nameが文字列で:ageが18以上のハッシュ」にはマッチしますが、このままでは:nameや:ageに対応する値を取得できません。

```
case {name: 'Alice', age: 20, gender: :female}
in {name: String, age: 18..}
  # マッチするが、:nameや:ageの値が取得できない！
end
```

こんなときはin節のパターンに“=> 変数名”と書くと、マッチしたオブジェクトを変数に代入できます。

```
case {name: 'Alice', age: 20, gender: :female}
in {name: String => name, age: 18.. => age}
  # => 変数名 の形式でマッチしたオブジェクトを変数に代入できる（asパターン）
  "name=#{name}, age=#{age}"
end
#=> "name=Alice, age=20"
```

次のように一番外側に“=> 変数名”と書くとマッチしたオブジェクト全体（ここではHashオブジェクト）を

取得できます。

```
case {name: 'Alice', age: 20, gender: :female}
in {name: String, age: 18..} => person
  # マッチしたハッシュ全体を変数personに代入できる
  "person=#{person}"
end
#=> "person={:name=>\"Alice\", :age=>20, :gender=>:female}"
```

11.3.6 alternativeパターン

alternativeパターンは2つ以上のパターンを指定し、どれかに1つにマッチすればマッチしたと見なす利用パターンです。alternativeパターンではパターンをパイプ（|）で連結します。たとえば以下はcase節の値が0か1か2であればマッチします。

```
case 2
in 0 | 1 | 2
  'matched'
end
#=> "matched"
```

arrayパターンやhashパターンとalternativeパターン（とasパターン）を組み合わせることも可能です。

```
case {name: 'Bob', age: 25}
in {name: 'Alice' | 'Bob' => name, age:}
  # :nameの値が'Alice'または'Bob'、かつ:ageというキーがあればマッチ
  # さらに:nameと:ageの値をそれぞれ変数nameとageに代入する
  "name=#{name}, age=#{age}"
end
#=> "name=Bob, age=25"
```

ただし、alternativeパターンとvariableパターンを組み合わせることはできません。構文エラーになります。

```
# variableパターンで配列の要素を変数に代入しつつ、alternativeパターンと
# 組み合わせようとすると構文エラーになる
case [2021, 4, 1]
in [y, m, d] | Date
  # 省略
end
#=> illegal variable in alternative pattern (y) (SyntaxError)
```

次のようにパターン全体をasパターンで変数に代入するのはエラーになりません。

```
case [2021, 4, 1]
in [Integer, Integer, Integer] | Date => obj
  # 整数を3つ含む配列またはDateオブジェクトであればマッチ
  # さらにマッチしたオブジェクト全体が変数objに代入される
  "obj=#{obj}"
end
#=> "obj=[2021, 4, 1]"
```

alternativeパターンとvariableパターンが組み合わせられない理由は、マッチ成功時に変数の値が未定義（nil）になる可能性があるためです。

```
無効なコード
# もし以下のような書き方を許してしまうと、マッチに成功しても変数aの値が未定義になってしまう
case 0
in 0 | a
  a
end
```

ただし、例外的に_（アンダースコア1文字）そのもの、または_で始まる変数名はalternativeパターンと組み合わせることができます。これは以下の例のように、オブジェクトの構造にマッチさせる目的で使用します。

```
case [2021, 4, 1]
in [_, _] | [_, _, _] # 配列の要素が2個、または3つならマッチ（要素の値は任意）
  'matched'
end
#=> "matched"
```

このとき、変数_に格納された値を参照するのは本来の用途ではないため、望ましくありません[注10]。

11.3.7 findパターン

findパターンはRuby 3.0で導入された利用パターンです。

たとえば、arrayパターンでは*を使って「任意の要素」をパターンとして指定することができました。

```
case [1, 2, 3, 4, 5]
in [first, *]
  "first=#{first}"
end
#=> "first=1"

case [1, 2, 3, 4, 5]
in [*, last]
  "last=#{last}"
end
#=> "last=5"
```

Ruby 2.7までは*は1回しか使えませんでしたが、Ruby 3.0では*を2回使って「前と後ろにある任意の要素」をパターンとして表現できます。これにより、配列の中から特定のパターンに合致する部分を見つけて抜き出すことができます。これがfindパターンです。

以下はfindパターンを使って「10以上の整数が3つ連続する部分」を見つけ出すコード例です。

```
case [13, 11, 9, 6, 12, 10, 15, 5, 7, 14]
in [*, 10.. => a, 10.. => b, 10.. => c, *]
  # findパターンで配列の中から10以上の整数が3つ連続する部分を抜き出す
  # 3つの整数はそれぞれ変数a, b, cに代入される
  "a=#{a}, b=#{b}, c=#{c}"
```

注10　英語版の公式リファレンスにもその旨が書いてあります。https://docs.ruby-lang.org/en/3.0.0/doc/syntax/pattern_matching_rdoc.html

```
end
#=> "a=12, b=10, c=15"
```

ただし、findパターンはRuby 3.0では実験的機能であるため警告が表示されます。Ruby 3.1以降で仕様が変わる可能性がある点に注意してください。

```
# findパターンはRuby 3.0では実験的機能であるため警告が表示される
case [1, 2, 3]
in [*, n, *]
  # 省略
end
#=> warning: Find pattern is experimental, and the behavior may change in future versions of Ruby!
```

さて、基本事項の説明だけでかなり長くなってしまいましたが、ここまでの知識を使って例題を解いていきましょう。

11.4 例題：ログフォーマッターの作成

この章ではログフォーマッターを作ることになっていました。インプットとなるデータは次のようなJSON形式のアクセスログです。

```
[
  {"request_id": "1", "path": "/products/1", "status": 200, "duration": 651.7},
  {"request_id": "2", "path": "/wp-login.php", "status": 404, "duration": 48.1, "error": "Not ⏎
found"},
  {"request_id": "3", "path": "/products", "status": 200, "duration": 1023.8},
  {"request_id": "4", "path": "/dangerous", "status": 500, "duration": 43.6, "error": ⏎
"Internal server error"}
]
```

これをRubyプログラムで次のような形式のテキストデータに変換（フォーマット）します。

```
[OK] request_id=1, path=/products/1
[ERROR] request_id=2, path=/wp-login.php, status=404, error=Not found
[WARN] request_id=3, path=/products, duration=1023.8
[ERROR] request_id=4, path=/dangerous, status=500, error=Internal server error
```

フォーマットのルールは以下のとおりです。

- request_idとpathの値は共通項目として毎回出力する。
- statusの値が404または500の場合はエラー（ERROR）とする。エラーの詳細としてstatusの値とerrorの値も出力する。
- durationの値が1000（1000ミリ秒＝1秒）以上だったら時間がかかり過ぎているので警告（WARN）とし、durationの値を出力する。
- それ以外は正常とし、“OK”を出力する。

それでは一緒にこのフォーマッターを作っていきましょう。

11.4.1 入力データの取得

この例題を自力で解こうとした人は、開始早々「あれ？」と思って手が止まるかもしれません。そうです。「JSON形式のアクセスログってどこにあるの？　どうやって用意するの？」って思いますよね。本書を見ながら自分の手で打ち込んでいくのはいくらなんでも非効率です。というわけで、アクセスログのデータは筆者がネット上に公開しておいたので、これを使ってください。URLはこちらです。

- https://samples.jnito.com/access-log.json

上のURLをブラウザで開くとJSONデータが表示されます（**図11-3**）。

図11-3　題材のJSONデータ

samples.jnito.com


```
[
  {
    "request_id": "1",
    "path": "/products/1",
    "status": 200,
    "duration": 651.7
  },
  {
    "request_id": "2",
    "path": "/wp-login.php",
    "status": 404,
    "duration": 48.1,
    "error": "Not found"
  },
  {
    "request_id": "3",
    "path": "/products",
    "status": 200,
    "duration": 1023.8
  },
  {
    "request_id": "4",
    "path": "/dangerous",
    "status": 500,
    "duration": 43.6,
    "error": "Internal server error"
  }
]
```


これを今回作成するプログラムにコピー&ペーストしてもいいのですが、せっかくなのでRubyを使って取得してみましょう。では、プログラムを作る準備に取りかかります。`lib`ディレクトリに`log_formatter.rb`を、`test`ディレクトリに`log_formatter_test.rb`をそれぞれ作成してください。

```
ruby-book/
├── lib/
│   └── log_formatter.rb
└── test/
    └── log_formatter_test.rb
```

次に、`log_formatter_test.rb`を開き、次のようなコードを書いてください。

```ruby
require 'minitest/autorun'
```

```
require_relative '../lib/log_formatter'

class LogFormatterTest < Minitest::Test
  def test_format_log
    # とりあえずプログラムを動かすためのコードを書く
    LogFormatter.format_log
  end
end
```

続いて、libディレクトリのlog_formatter.rbを開いて次のようなコードを書きます。

```
require 'net/http'
require 'uri'
require 'json'

module LogFormatter
  def self.format_log
    uri = URI.parse('https://samples.jnito.com/access-log.json')
    json = Net::HTTP.get(uri)
    log_data = JSON.parse(json, symbolize_names: true)
    pp log_data
  end
end
```

第10章の例題で作成したワードシンセサイザーと同じく、LogFormatterはクラスメソッド（特異メソッド）を提供するだけでインスタンス化する要件がないため、クラスではなくモジュールとしました。format_logメソッドに書かれたコードの意味はさておき、この状態で一度テストを実行してみてください。インターネットにアクセス可能なマシンであれば、次のようにログデータが出力されるはずです。

```
$ ruby test/log_formatter_test.rb
Run options: --seed 28038

# Running:

[{:request_id=>"1", :path=>"/products/1", :status=>200, :duration=>651.7},
 {:request_id=>"2",
  :path=>"/wp-login.php",
  :status=>404,
  :duration=>48.1,
  :error=>"Not found"},
 {:request_id=>"3", :path=>"/products", :status=>200, :duration=>1023.8},
 {:request_id=>"4",
  :path=>"/dangerous",
  :status=>500,
  :duration=>43.6,
  :error=>"Internal server error"}]
.

Finished in 0.294060s, 3.4007 runs/s, 0.0000 assertions/s.

1 runs, 0 assertions, 0 failures, 0 errors, 0 skips
```

いったんここで先ほどのコードの意味を簡単に説明します。インターネット上のデータを取得するには標準ライブラリの読み込みが必要です。最初の2行はそれぞれnet/httpライブラリとuriライブラリを読み込んでいます。また、JSONデータをパース（構文解析）するために必要なjsonライブラリを3行目で読み込んでいます。

```
# プログラムの実行に必要なライブラリの読み込み
require 'net/http'
require 'uri'
require 'json'
```

今回のプログラムではLogFormatterモジュールにformat_logというメソッドを定義することにしました。現時点のコードはインターネット上のJSONデータを読み込み、それをRubyのオブジェクト（ハッシュを要素とする配列）に変換してその結果をターミナルに出力するだけです。どの行がどういう意味を持つのかについては、下のコードコメントを参考にしてください[注11]。

```
# Net::HTTP.getを使ってインターネット上のデータを取得する
# ただし、URLを文字列のまま渡すことはできないので、URI.parseでURI::HTTPSオブジェクトに変換する
uri = URI.parse('https://samples.jnito.com/access-log.json')
json = Net::HTTP.get(uri)

# 取得したJSON文字列をパースしてRubyのオブジェクト（ハッシュを要素とする配列）に変換する
# ハッシュのキーは文字列がデフォルトだが、symbolize_names: trueオプションを付けるとシンボルになる
log_data = JSON.parse(json, symbolize_names: true)

# ppメソッドを使ってオブジェクトの中身をターミナルに出力する（ppメソッドについては2.12.8項を参照）
pp log_data
```

11.4.2 “OK”のログに対応する

それでは続けてフォーマットの処理を書いていきましょう。まずはテストコードを書きます。

```
class LogFormatterTest < Minitest::Test
  def test_format_log
    text = LogFormatter.format_log
    lines = text.lines(chomp: true)
    assert_equal '[OK] request_id=1, path=/products/1', lines[0]
  end
end
```

このテストコードではformat_logのメソッドの戻り値を受け取り、それを行ごとに分割して配列に変換し、最初の要素に期待した文字列が入っていることを検証しています。linesメソッドは文字列を行単位で配列に変換するメソッドですが、chomp: trueを付けることで行末の改行文字をあらかじめ削除することができます。

```
text = "abc\ndef\n"
# そのままだと各要素に行末の改行文字（"\n"）が残る
text.lines              #=> ["abc\n", "def\n"]
# chomp: trueを付けると改行文字が削除される
```

注11　URLを変えれば任意のサイトからデータを取得できますが、プログラムで機械的にアクセスすることを禁止しているサイトもあります。詳しくは「スクレイピング 注意点」などのキーワードでネット上の情報を検索してください。

```
text.lines(chomp: true) #=> ["abc", "def"]
```

とはいえ、まだフォーマットの処理をちゃんと書いていないので、今のままでは当然テストは失敗します。

```
$ ruby test/log_formatter_test.rb
省略
  1) Error:
LogFormatterTest#test_format_log:
NoMethodError: undefined method `lines' for [{:request_id=>"1", :path=>...}]:Array
    test/log_formatter_test.rb:7:in `test_format_log'

1 runs, 0 assertions, 0 failures, 1 errors, 0 skips
```

ではフォーマットの処理を書いていきましょう。愚直にハッシュの値を調べながらロジックを書いていく方法も考えられますが、やっぱりここはパターンマッチの出番ですね！　というわけで今回はこんなコードを書いてみることにします。

```
module LogFormatter
  def self.format_log
    uri = URI.parse('https://samples.jnito.com/access-log.json')
    json = Net::HTTP.get(uri)
    log_data = JSON.parse(json, symbolize_names: true)

    log_data.map do |log|
      case log
      in {request_id:, path:}
        "[OK] request_id=#{request_id}, path=#{path}"
      end
    end.join("\n")
  end
end
```

log_data.mapから下が今回書いたフォーマットのロジックです。ここではmapメソッドを使って各行のデータを配列にし、最後にjoinメソッドで配列から1つの文字列に変換しています。そして、mapメソッドのブロック内ではパターンマッチを利用しています。ここではhashパターンを使って:request_idと:pathに対応する値をローカル変数に代入し、それを文字列に埋め込んでいます。

では、テストを実行してみましょう。

```
$ ruby test/log_formatter_test.rb
省略
1 runs, 1 assertions, 0 failures, 0 errors, 0 skips
```

はい、ちゃんとパスしました！

なお、パターンマッチではデータの構造をちゃんと把握しておくことが重要です。ブロックパラメータのlogにどんなデータが入っているのかイメージが付かない場合は、次のようにprintデバッグすることをお勧めします（printデバッグについては「12.4.1　printデバッグ」の項で詳しく説明します）。

```
log_data.map do |log|
  p log # pメソッドでlogの中身を確認する（確認できたら消すこと）
```

```
  case log
  in {request_id:, path:}
    "[OK] request_id=#{request_id}, path=#{path}"
  end
end.join("\n")
```

11.4.3 404エラーのログに対応する

続いてログの2行目に登場する404エラーに対応します。まずはテストコードを書きます。

```
class LogFormatterTest < Minitest::Test
  def test_format_log
    text = LogFormatter.format_log
    lines = text.lines(chomp: true)
    assert_equal '[OK] request_id=1, path=/products/1', lines[0]
    assert_equal '[ERROR] request_id=2, path=/wp-login.php, status=404, error=Not found', lines[1]
  end
end
```

まだ404エラーには対応していないので当然テストは失敗します（OKのパターンに部分一致するため、OKのフォーマットに変換されます）。

```
$ ruby test/log_formatter_test.rb
省略
  1) Failure:
LogFormatterTest#test_format_log [test/log_formatter_test.rb:9]:
--- expected
+++ actual
@@ -1 +1 @@
-"[ERROR] request_id=2, path=/wp-login.php, status=404, error=Not found"
+"[OK] request_id=2, path=/wp-login.php"

1 runs, 2 assertions, 1 failures, 0 errors, 0 skips
```

では、フォーマッターを404エラーに対応させていきます。この場合は`:status`が404になる場合にパターンマッチさせれば良さそうですね。

```
log_data.map do |log|
  case log
  in {request_id:, path:, status: 404, error:}
    "[ERROR] request_id=#{request_id}, path=#{path}, status=404, error=#{error}"
  in {request_id:, path:}
    "[OK] request_id=#{request_id}, path=#{path}"
  end
end.join("\n")
```

エラーメッセージの出力も必要なので、`:error`に対応する値も変数に格納しました。また、hashパターンはキーが部分一致すればマッチしてしまうことから、404エラーのin節はOKのin節よりも手前に書かなければいけない点に注意してください（「11.3.4　hashパターン」の項を参照）。なお、`:status`の値は`status=404`のように、ここではあえてベタ書きしました。この点については、のちほどコードを改善します。

これで404エラーにも対応できました。

```
$ ruby test/log_formatter_test.rb
省略
1 runs, 2 assertions, 0 failures, 0 errors, 0 skips
```

11.4.4 "WARN"のログに対応する

次は "WARN" のログです。まずテストコードを書きましょう。

```
class LogFormatterTest < Minitest::Test
  def test_format_log
    text = LogFormatter.format_log
    lines = text.lines(chomp: true)
    assert_equal '[OK] request_id=1, path=/products/1', lines[0]
    assert_equal '[ERROR] request_id=2, path=/wp-login.php, status=404, error=Not found', lines[1]
    assert_equal '[WARN] request_id=3, path=/products, duration=1023.8', lines[2]
  end
end
```

テストを実行して失敗することを確認します。

```
$ ruby test/log_formatter_test.rb
省略
  1) Failure:
LogFormatterTest#test_format_log [test/log_formatter_test.rb:10]:
--- expected
+++ actual
@@ -1 +1 @@
-"[WARN] request_id=3, path=/products, duration=1023.8"
+"[OK] request_id=3, path=/products"

1 runs, 3 assertions, 1 failures, 0 errors, 0 skips
```

"WARN" のログは:durationの値が1000以上になっていることが条件です。この場合はin節にduration: 1000..と書けば「:durationが1000以上」というパターンを指定したことになります。ただし、このままでは:durationの値を取得できません。そこで、asパターンを使ってこの値を変数に代入することにします。コードは以下のようになります[注12]。

```
log_data.map do |log|
  case log
  in {request_id:, path:, status: 404, error:}
    "[ERROR] request_id=#{request_id}, path=#{path}, status=404, error=#{error}"
  in {request_id:, path:, duration: 1000.. => duration}
    # asパターンで:durationの値を変数durationに代入する
    "[WARN] request_id=#{request_id}, path=#{path}, duration=#{duration}"
  in {request_id:, path:}
```

注12　エラーが起きたときはWARNではなくERRORと出力することを意図して今回はERROR、WARNの順でin節を書いています。この順番を逆にした場合は、エラーが起きても1秒以上かかった場合はWARNが優先的に出力されます。

```
    "[OK] request_id=#{request_id}, path=#{path}"
  end
end.join("\n")
```

コードを修正したらテストを実行してみましょう。

```
$ ruby test/log_formatter_test.rb
省略
1 runs, 3 assertions, 0 failures, 0 errors, 0 skips
```

はい、ちゃんとパスしました！

11.4.5 500エラーのログに対応する

最後に対応するのは500エラーのログです。「やり方はわかるから、さっさとコードを書いてしまいたい！」と思っている人もいるかもしれませんが、急がば回れの精神で先にテストコードを書きましょう。

```
class LogFormatterTest < Minitest::Test
  def test_format_log
    text = LogFormatter.format_log
    lines = text.lines(chomp: true)
    assert_equal '[OK] request_id=1, path=/products/1', lines[0]
    assert_equal '[ERROR] request_id=2, path=/wp-login.php, status=404, error=Not found', lines[1]
    assert_equal '[WARN] request_id=3, path=/products, duration=1023.8', lines[2]
    assert_equal '[ERROR] request_id=4, path=/dangerous, status=500, error=Internal server error', lines[3]
  end
end
```

テストコードを書いたらテストが失敗することを確認するのも忘れずに。

```
$ ruby test/log_formatter_test.rb
省略
  1) Failure:
LogFormatterTest#test_format_log [test/log_formatter_test.rb:11]:
--- expected
+++ actual
@@ -1 +1 @@
-"[ERROR] request_id=4, path=/dangerous, status=500, error=Internal server error"
+"[OK] request_id=4, path=/dangerous"

1 runs, 4 assertions, 1 failures, 0 errors, 0 skips
```

このプログラムでは500エラーも404エラーもどちらも同じERRORとして扱われます[注13]。JSONのデータを見ると:statusの値が異なるものの、データの構造（保持しているキー）は同じですね。

```
// :statusは404と500で異なるが、保持しているキーは同じ
{"request_id": "2", "path": "/wp-login.php", "status": 404, "duration": 48.1, "error": "Not found"}
{"request_id": "4", "path": "/dangerous", "status": 500, "duration": 43.6, "error": "Internal ⏎
server error"}
```

注13　実際のWebアプリケーションを考えると500エラーと404エラーは別物のエラーとして扱うべきですが、ここではあえて同じエラーとして扱います。

こういう場合はalternativeパターンを使って、「:statusが404または500の場合」というパターンを指定すれば良さそうです。また、:statusの表示はベタ書きをやめて、asパターンで変数に格納した値を使うようにします。では、やってみましょう。

```
log_data.map do |log|
  case log
  in {request_id:, path:, status: 404 | 500 => status, error:}
    "[ERROR] request_id=#{request_id}, path=#{path}, status=#{status}, error=#{error}"
  in {request_id:, path:, duration: 1000.. => duration}
    "[WARN] request_id=#{request_id}, path=#{path}, duration=#{duration}"
  in {request_id:, path:}
    "[OK] request_id=#{request_id}, path=#{path}"
  end
end.join("\n")
```

コードを書き換えたらテスト実行します。

```
$ ruby test/log_formatter_test.rb --no-plugins
省略
1 runs, 4 assertions, 0 failures, 0 errors, 0 skips
```

無事にテストがパスしました。これでログフォーマッターの完成です！　念のため、本当にログが整形されているか確認してみましょう。test/log_formatter_test.rbに以下のようなデバッグ用のコードを挿入してください。

```
def test_format_log
  text = LogFormatter.format_log
  puts text
  # 以下略
```

これでテストを実行すれば以下のように整形されたログがターミナルに表示されるはずです。

```
[OK] request_id=1, path=/products/1
[ERROR] request_id=2, path=/wp-login.php, status=404, error=Not found
[WARN] request_id=3, path=/products, duration=1023.8
[ERROR] request_id=4, path=/dangerous, status=500, error=Internal server error
```

確認が終わったら先ほど追加したコードは削除してください。

11.4.6 参考：パターンマッチを使わない場合

最後に例題の締めくくりとして、パターンマッチを使わずにログフォーマッターを作った場合のコード例を載せておきます。パターンマッチを使って書いた先ほどのコードと見比べてみてください。

```
log_data.map do |log|
  # 注：values_atメソッドは指定したキーに対応するハッシュの値を配列として返すメソッド
  # 返ってきた値は多重代入のテクニック（4.2.2項参照）を使って複数の変数に同時に代入する
  request_id, path, status, duration, error =
    log.values_at(:request_id, :path, :status, :duration, :error)
```

```
    if status == 404 || status == 500
      "[ERROR] request_id=#{request_id}, path=#{path}, status=#{status}, error=#{error}"
    elsif duration >= 1000
      "[WARN] request_id=#{request_id}, path=#{path}, duration=#{duration}"
    else
      "[OK] request_id=#{request_id}, path=#{path}"
    end
  end.join("\n")
```

このコードも素直でわかりやすいかもしれませんが、パターンマッチを使ったほうが条件分岐と変数代入が一度に済むぶん、一貫性があってスマートに見えるのではないでしょうか？　状況に応じて従来の条件分岐とパターンマッチを使い分けられるようになっておくと非常に便利です。

このあとはまだ説明していないパターンマッチに関する知識をいくつか紹介していきます。

11.5 パターンマッチについてもっと詳しく

11.5.1 ガード式

パターンマッチでは次のような形式でin節に追加の条件式（if文やunless文）を追加できます。

```
case 式
in パターン if (またはunless) 条件式
  パターンにマッチし、なおかつ条件式が真になった場合に実行する処理
end
```

条件式を追加するとcase節の式がin節のパターンにマッチすることに加え、この条件式も真になった場合にin節に対応する処理が実行されます。このような条件式をガード式と言います。ガード式の中ではパターンマッチで代入された変数を参照することもできます。

以下はパターンにマッチした3つの値が連続した整数になっていることをガード式で判定する例です。

```
data = [[1, 2, 3], [5, 4, 6]]
data.each do |numbers|
  case numbers
  in [a, b, c] if b == a + 1 && c == b + 1
    # 要素が3つの配列かつ、3つの連続した整数であればマッチ
    # 値が連続しているかどうかはガード式で判定する
    puts "matched: #{numbers}"
  else
    puts "not matched: #{numbers}"
  end
end
#=> matched: [1, 2, 3]
#   not matched: [5, 4, 6]
```

ただし、findパターンとガード式を組み合わせるときは注意が必要で、ガード式を利用しながら再検索を繰

り返すことはできません。別の言い方をすると、最初にマッチした部分に対してのみガード条件が適用され、その結果をもってパターンマッチの成功／失敗が決まります。

```
# n, 2のパターンは1, 2にマッチする。ガード条件も真となる（マッチ成功）
case [1, 2, 3, 2, 1]
in [*, n, 2, *] if n == 1
  "matched: #{n}"
else
  'not matched'
end
#=> "matched: 1"

# n, 2のパターンは1, 2にマッチするが、ガード条件は偽となる
# データ上、3, 2にもマッチするが、再検索は行われない（マッチ失敗）
case [1, 2, 3, 2, 1]
in [*, n, 2, *] if n == 3
  "matched: #{n}"
else
  'not matched'
end
#=> "not matched"
```

11.5.2 1行パターンマッチ

Rubyのパターンマッチではcase節を省略して“評価したい式 in パターン”を1行で書くこともできます（1行パターンマッチ）。Ruby 3.0の1行パターンマッチではマッチすればtrue、しなければfalseが返ります。

```
# 1行パターンマッチはマッチの結果をtrue/falseで返す
[1, 2, 3] in [Integer, Integer, Integer]   #=> true
[1, 2, 'x'] in [Integer, Integer, Integer] #=> false
```

trueまたはfalseを返す1行パターンマッチの特性を活かすと、次のようにif文でパターンマッチを使えます。

```
person = {name: 'Alice', children: ['Bob']}
if person in {name:, children: [_]}
  # :nameと:childrenをキーに持ち、なおかつ:childrenが要素1つの配列であれば以下の処理を実行する
  "Hello, #{name}!"
end
#=> "Hello, Alice!"
```

次のコード例ではパターンマッチとselectメソッド（「4.4.2 select/find_all/reject」の項を参照）を組み合わせて、配列の中からキーに:nameと:motorを含むハッシュだけを抽出しています。

```
cars = [
  {name: 'The Beatle', engine: '105ps'},
  {name: 'Prius', engine: '98ps', motor: '72ps'},
  {name: 'Tesla', motor: '306ps'}
]
# selectメソッドと1行パターンマッチを使って、キーに:nameと:motorを含むハッシュだけを抽出する
cars.select do |car|
```

```
  car in {name:, motor:}
end
#=> [{:name=>"Prius", :engine=>"98ps", :motor=>"72ps"},
#    {:name=>"Tesla", :motor=>"306ps"}]
```

ただし、1行パターンマッチはRuby 3.0の時点では実験的機能であるため、使用すると警告が表示されます。

```
[1, 2, 3] in [Integer, Integer, Integer]
#=> warning: One-line pattern matching is experimental, and the behavior may change in future ⏎
versions of Ruby!
```

また、Ruby 2.7では仕様が異なり、マッチするとnilが返り、マッチしないと例外が発生します。

```
# Ruby 2.7の場合
[1, 2, 3] in [Integer, Integer, Integer]
#=> nil

['a', 'b', 'c'] in [Integer, Integer, Integer]
#=> NoMatchingPatternError (["a", "b", "c"])
```

1行パターンマッチはもう1つ、"**式 => パターン**"という記法も用意されています。この記法はおもにパターンマッチを使った変数代入を利用するために使います。

```
# =>を使った1行パターンマッチで変数nameとchildにハッシュの値を代入する
{name: 'Alice', children: ['Bob']} => {name:, children: [child]}
name  #=> "Alice"
child #=> "Bob"
```

この1行パターンマッチ構文を使うと、あたかも左辺の式を右辺の変数に代入しているように見える場合があるため、「右代入」と呼ばれることがあります。

```
# 構文上はパターンマッチだが、左から右へ代入しているようにも見える（通称 右代入）
123 => n

n * 10 #=> 1230
```

右代入はメソッドチェーン（第10章のコラム「メソッドチェーンを使ってコードを書く」(p.428) を参照）のような長くて複雑な式を変数に代入する際に視線やキャレットを右端から先頭へ戻さずに、そのまま変数を読み書きできるというメリットもあります[注14]。

```
words = 'Ruby is fun'
# 右代入を使えば視線やキャレットを右から左へ戻さずに代入先の変数を読み書きできる
words.split(' ').map { |word| word.upcase + '!' * 3 }.join(' ') => loud_voice
loud_voice #=> "RUBY!!! IS!!! FUN!!!"
```

=>を使う1行パターンマッチ自体の戻り値はマッチするとnilが返り、マッチしないと例外(NoMatchingPatternError)が発生します。

注14　[参考] Rubyへの累計コミット数18,000以上。アカツキ所属のパッチモンスター中田さんに機能の開発秘話を聞いた - Akatsuki Hackers Lab 「【携わった機能②】右代入」の項を参照。　https://hackerslab.aktsk.jp/2021/03/04/122751

```
123 => n      #=> nil
123 => [n, m] #=> 123 (NoMatchingPatternError)
```

inを使う1行パターンマッチと同様、=>を使う1行パターンマッチもRuby 3.0の時点では実験的機能であるため、使用すると警告が表示されます。また、Ruby 2.7では=>を使う1行パターンマッチ構文が用意されていないため、使おうとすると構文エラーが発生します。

```
# Ruby 2.7では=>を使う1行パターンマッチは構文エラーになる
123 => n
#=> SyntaxError (syntax error, unexpected =>, expecting `end')
```

11.5.3 変数のスコープに関する注意点

Rubyのパターンマッチは独自の変数スコープ（有効範囲）を作りません。そのため、すでに同名のローカル変数が存在していると意図せず上書きされる可能性があります。また、パターンマッチ内で新たに定義されたローカル変数は、パターンマッチを抜けても使用可能です。

```
# 先にローカル変数のnameを定義しておく
name = 'Alice'

# パターンマッチを実行する
case {name: 'Bob', age: 25}
in {name:, age:}
  "name=#{name}, age=#{age}"
end
#=> "name=Bob, age=25"

# 変数nameはパターンマッチによって上書きされる
name #=> "Bob"

# パターンマッチを抜けてもパターンマッチ内で代入された変数は使用可能
age  #=> 25
```

また、Ruby 3.0の時点ではマッチに失敗した場合でも変数に対する値の代入は完了していますが、この挙動は未定義であるため、将来のアップデートで変更されたり、処理系（「1.3.2　Rubyの処理系」の項を参照）によって挙動が異なったりする可能性があります。ですので、この挙動に依存したコードを書かないようにしてください。

望ましくないコード例

```
case {name: 'Bob', age: 25}
in {name:, age: 30.. => age}
  # :ageの条件がマッチしないのでここは実行されない
else
  # 上のin節で変数の代入が完了しており、ここで変数nameやageが使えてしまうが、
  # 未定義の挙動であるため、こうしたコードを書いてはいけない
  "not matched: name=#{name}, age=#{age}"
end
#=> "not matched: name=Bob, age=25"
```

11.5.4 自作クラスをパターンマッチに対応させる

ここまでarrayパターンやhashパターンでは組み込みライブラリのArrayオブジェクトやHashオブジェクトをマッチさせてきましたが、組み込みライブラリだけでなく、自作クラスをパターンマッチに対応させることも可能です。

自作クラスをarrayパターンに対応させるためにはdeconstructメソッドを、hashパターンに対応させるためにはdeconstruct_keysメソッドをそれぞれ定義します。deconstructメソッドは自分自身の配列表現を、deconstruct_keysメソッドでは自分自身のハッシュ表現をそれぞれ戻り値として返すようにします。

たとえば、平面座標を表す単純なPointクラスを作り、このクラスをパターンマッチに対応させるためにdeconstructメソッドとdeconstruct_keysメソッドを定義してみましょう。

```
class Point
  def initialize(x, y)
    @x = x
    @y = y
  end

  # arrayパターンで呼ばれるメソッド
  def deconstruct
    [@x, @y]
  end

  # hashパターンで呼ばれるメソッド
  # （引数の_keysの使い道については後述。ここでは未使用）
  def deconstruct_keys(_keys)
    {x: @x, y: @y}
  end

  # 実行結果をわかりやすく表示するためにto_sメソッドもオーバーライドしておく
  def to_s
    "x:#{@x}, y:#{@y}"
  end
end
```

次にこのクラスをパターンマッチで使ってみます。

```
point = Point.new(10, 20)

case point
in [1, 2]
  # ここはマッチしない
in [10, 20]
  # ここにマッチする
  'matched'
end
#=> "matched"

case point
in {x: 1, y: 2}
```

```
  # ここはマッチしない
in {x: 10, y: 20}
  # ここにマッチする
  'matched'
end
#=> "matched"
```

ご覧のとおり、Pointクラスをパターンマッチで使うことができました。

ところで、これまでin節には[1, 2]や{x: ,y:}のような形式でパターンを書いてきましたが、実はもうひとつあります。それは**クラス名(パターン)**または**クラス名[パターン]**という形式です。この記法を使うと、arrayパターンやhashパターンを利用しつつ、マッチさせたいオブジェクトの型を限定することができます。

たとえば、以下のようなパターンマッチではPointオブジェクトが来ても、Arrayオブジェクト（ただの配列）が来ても、どちらもマッチしてしまいます。

```
# PointオブジェクトとArrayオブジェクトを混在させた配列を作る
data = [
  Point.new(10, 20),
  [10, 20]
]
data.each do |obj|
  case obj
  in [10, 20]
    # PointもArrayもどちらもマッチする
    puts "obj=#{obj}"
  end
end
#=> obj=x:10, y:20
#   obj=[10, 20]
```

これをin Point(10, 20)やin Array(10, 20)に変えると、判定対象となるオブジェクトのデータ型を限定することができます。

```
data.each do |obj|
  case obj
  in Point(10, 20)
    # Pointオブジェクトかつ、配列表現が[10, 20]ならマッチ
    puts "point=#{obj}"
  in Array(10, 20)
    # Arrayオブジェクトかつ、配列表現が[10, 20]ならマッチ
    puts "array=#{obj}"
  end
end
#=> point=x:10, y:20
#   array=[10, 20]
```

上のコードは()の代わりに[]を使ってin Point[10, 20]のように書いても意味は同じです。また、hashパターンの場合はPoint(x: 10, y: 20)、もしくはPoint[x: 10, y: 20]と書きます。

```
point = Point.new(10, 20)
```

```
# クラス名(パターン)の形式を使う場合
case point
in Point(x: 10, y: 20)
  'matched'
end
#=> "matched"

# クラス名[パターン]の形式を使う場合
case point
in Point[x: 10, y: 20]
  'matched'
end
#=> "matched"
```

ですが、Point{x: 10, y: 20}のように{}を使うことはできません。

```
# クラス名{パターン}という構文はないので、以下のコードは構文エラーになる
case point
in Point{x: 10, y: 20}
  # 省略
end
#=> syntax error, unexpected '{', expecting `then' or ';' or '\n' (SyntaxError)
```

最後に、deconstruct_keysメソッドの引数として渡されるオブジェクトの中身と利用目的について説明します。まず、オブジェクトの中身についてですが、この引数にはhashパターンで参照されるキーの配列が渡されます。

```
class Point
  # 省略

  def deconstruct_keys(keys)
    # 確認用にkeysの内容を表示する
    puts "keys=#{keys.inspect}"
    {x: @x, y: @y}
  end

  # 省略
end

point = Point.new(10, 20)

# hashパターンで参照されるキーの配列がdeconstruct_keysメソッドに渡される
point in {x: 10, y: 20} #=> keys=[:x, :y]
point in {x: 10}        #=> keys=[:x]

# ただし、**restや**nilのようなパターンが指定された場合は、すべての要素を返す必要があるため、
# ほかのキー指定の有無にかかわらずnilが渡される
point in {x: 10, **rest}        #=> keys=nil
point in {x: 10, y: 20, **nil} #=> keys=nil
```

ハッシュの要素が大量にあったり、値の取得が重たい処理だったりする場合は、毎回すべての要素を返すよ

り、必要最小限の要素を返すようにしたほうが効率的です。そこで、パフォーマンス上の懸念がある場合は引数で渡されるキー情報に応じて返却する要素を取捨選択します。

```
def deconstruct_keys(keys)
  # 引数のkeysを参照して、必要最小限の要素を返すコード例
  hash = {}
  hash[:x] = @x if keys.nil? || keys.include?(:x)
  hash[:y] = @y if keys.nil? || keys.include?(:y)
  hash
end
```

このキー情報を使うかどうかは任意です。使わない場合はアンダースコア(_)で始まる引数名にして、「APIの規約上必要だが、実際には使わない引数」であることを示すと良いでしょう(「2.2.8 変数(ローカル変数)の宣言と代入」の項を参照)注15。

```
# キー情報は使わないので引数名をアンダースコア始まりにする
def deconstruct_keys(_keys)
  {x: @x, y: @y}
end
```

11.6 この章のまとめ

この章で学んだ内容は以下のとおりです。

- パターンマッチの基本
- パターンマッチの利用パターン
- ガード式や1行パターンマッチなどの応用的な使い方

正式導入されてあまり日が経っていないパターンマッチは、ほかの機能や構文に比べるとまだまだ珍しい部類に入るかもしれません。ですが、Ruby 3.0以上であれば簡単なRubyスクリプトでも、Railsアプリケーションでも、どこでもパターンマッチが使えます。さらに、パターンマッチの利用シーンが広がれば、今後もパターンマッチに新たな機能が追加され、パターンマッチがより便利に進化することも期待できます。配列やハッシュのデータ構造に着目して条件分岐させたいときは、パターンマッチが活躍するチャンスかもしれません。その際はぜひ本章で学んだ知識を活用してください。

さて、ここまでで普段よく使うRubyの文法や言語機能については一通り説明しました。残りの章では、開発の現場で役に立つ便利な知識や考え方を紹介していきます。次章で説明するのは開発中に発生したエラーの対処法についてです。

注15 このほかに、第7章のコラム「引数名が付かない*や**」(p.274)で紹介したように、引数を*だけにして渡された引数を無視する方法もあります。

第12章

Rubyのデバッグ技法を身につける

12.1 イントロダクション

第11章まではRubyの文法や言語機能について説明しましたが、この章では少し毛色を変えてRubyのデバッグ技法について説明します。

プログラミングにエラーやバグは付きものです。どんな熟練者であってもエラーやバグとは無縁ではいられません。ただ、熟練者であればあるほどエラーの原因を突き止め、修正するスピードが速いです。反対にプログラミング初心者やRubyを始めたばかりの他言語経験者はエラーの原因調査や修正に時間がかかるでしょう。もちろん、デバッグのスキルは経験や慣れに依るところも多いですが、初心者であってもデバッグ中にやるべきことと、やってはいけないことを理解していれば、ある程度すばやくバグやエラーを取り除けるはずです。というわけで、この章ではデバッグに役立つヒントやテクニックをみなさんに紹介します。

なお、この章はほかの章とは異なり、ここまでの章を順番に読んでいなくてもある程度内容がわかるように説明します。ですので、ほかの章で本書のサンプルコードをそのとおりに入力しているはずなのに、なぜかうまく動かない、という場合にはこの章を先に読んでもらってもOKです。

12.1.1 この章で学ぶこと

この章では以下のような内容を学びます。

- バックトレースの読み方
- よく発生する例外クラスとその原因
- プログラムの途中経過を確認する方法
- 汎用的なトラブルシューティング方法

この章の内容をしっかり理解し、エラーやバグが発生しても冷静かつ適切に対処できるようになりましょう。

なお、この章と次の第13章では説明した内容を確認するための例題は登場しません。

12.2 バックトレースの読み方

プログラムの実行中にエラー(例外)が発生すると、多くの場合、バックトレース[注1]が出力されます。バックトレースの出力先はターミナルであったり、ブラウザ内であったり、ログファイルであったりさまざまですが、通常はどこかにバックトレースが出力されるはずです[注2]。

たとえば、次のようなプログラムがあったとします。このプログラムは第7章の例題で作った改札機プログラムを実行するためのプログラムで、`lib`ディレクトリに`backtrace_sample.rb`という名前で保存されていたと仮定します。

注1　スタックトレースと呼ばれることもあります。

注2　例外処理の実装が不適切だとエラーが起きてもバックトレースが出力されないことがあります（それどころかエラーが起きたことすら気づけないこともあります）。こうなるとデバッグが非常に難しくなります。この内容は「9.4　例外処理のベストプラクティス」の節で詳しく説明しています。

```
require_relative 'ticket'
require_relative 'gate'

juso = Gate.new(:juso)
mikuni = Gate.new(:mikuni)
ticket = Ticket.new(160)

juso.enter(ticket)
puts mikuni.exit(ticket)
```

ところが、このプログラムを実行するとエラーが発生し、次のようなバックトレースが表示されました[注3]。

```
$ ruby lib/backtrace_sample.rb
/(プログラムのパス)/lib/gate.rb:24:in `calc_fare': undefined local variable or method `distanse' ⏎
for #<Gate:0x00000001058d44f0 @name=:mikuni> (NameError)
Did you mean?  distance
        from /(プログラムのパス)/lib/gate.rb:14:in `exit'
        from lib/backtrace_sample.rb:9:in `<main>'
```

これは小さなプログラムなので短いほうですが、外部のgemやフレームワークが関連していたりすると、一画面に収まりきらないぐらい大量のバックトレースが表示されることもあります。英語が苦手な人だと意味不明な英数字と記号の羅列にびっくりしてしまうかもしれません。しかし、このバックトレースを怖がらずに読み解けるようになることが、優秀なプログラマに成長するための条件の1つです。

では順を追ってこのバックトレースを解読していきましょう。まず、最初の行に注目します。

```
/(プログラムのパス)/lib/gate.rb:24:in `calc_fare': undefined local variable or method `distanse' ⏎
for #<Gate:0x00000001058d44f0 @name=:mikuni> (NameError)
```

少し長いので前半と後半で説明を分けます。前半は`/(プログラムのパス)/lib/gate.rb:24:in `calc_fare':`で、後半は`undefined local variable or method `distanse' for #<Gate:0x00000001058d44f0 @name=:mikuni> (NameError)`です。

前半の内容は大きく分けて以下の3つのパートに分けられます。

- /(プログラムのパス)/lib/gate.rb
- 24
- in `calc_fare'

最初のパートはエラーが発生したプログラムのファイルパスです。2番目のパートに出てくる"24"は、そのファイルの24行目を意味します。最後のパートであるin `calc_fare'はエラーが起きたメソッドの名前です。つまり、ひとことでまとめるならこの行は「gate.rbの24行目、calc_fareメソッドの中」という意味になります。

続けて後半の説明に移りましょう。少し長いですが、undefined local variable or method `distanse' for #<Gate:0x00000001058d44f0 @name=:mikuni>の部分はエラーの内容を説明しているエラーメッセージです。このエラーメッセージは日本語に訳すと「distanseというローカル変数、もしくはGateクラスのdistanseメソッドが未定義」という意味になっています。今回は筆者が翻訳しましたが、英語が苦手な人は辞書を引きながらで

注3 この出力例はRuby 3.0.1で実行した場合です。使用しているRubyのバージョンによっては若干出力内容が異なる場合があります。この点については「12.2.1 実行環境によって変化するバックトレースの表示形式」の項で説明します。

も英文の意味を理解するように努力してください。#<Gate:0x00000001058d44f0 @name=:mikuni>はdistanseが呼び出されたオブジェクトの情報です。これはinspectメソッドを呼び出したときに得られる情報と同じです(inspectメソッドについては「2.12.8　putsメソッド、printメソッド、pメソッド、ppメソッド」の項をを参照)。最後に丸カッコで囲まれたNameErrorは発生したエラーの例外クラス名を表しています。

前半と後半の説明をひとつにまとめると、「gate.rbの24行目、calc_fareメソッドの中で、distanseというローカル変数、もしくはGateクラスのdistanseメソッドが未定義だった。例外クラスはNameError」という意味になります。

2行目はこんなふうに書かれています。

```
Did you mean?  distance
```

この英文は「もしかして、使おうとしたのはdistanceですか？」という意味です。Rubyではおかしな変数名やメソッド名、クラス名などを参照しようとした場合に、プログラマがタイプミス（いわゆるタイポ）した可能性を考慮して、正しい名前を提案してくれるようになっています。このときに提案される名前は単純に綴りが似ている英単語ではなく、エラー発生時点で呼び出し可能な変数名やメソッド名などです。

さて、ここまできたら読者のみなさんもエラーの原因がわかってきたと思いますが、もう少し説明を続けます。3行目以降は次のような出力になっています。

```
from /（プログラムのパス）/lib/gate.rb:14:in `exit'
from lib/backtrace_sample.rb:9:in `<main>'
```

この情報は1行目の前半部分とほぼ同じです。fromはただの前置詞なので無視すると、この2行は以下の情報を表しています。

- gate.rbの14行目、exitメソッドの中
- backtrace_sample.rbの9行目、mainオブジェクトの中[注4]

ここまで説明してきた内容をひとまとめにすると、次のような一連の情報ができあがります。

- gate.rbの24行目、calc_fareメソッドの中
- gate.rbの14行目、exitメソッドの中
- backtrace_sample.rbの9行目、mainオブジェクトの中

バックトレースというのは厳密にはこの部分を指します。すなわち、バックトレースとはプログラムが実行されてエラーが発生するまでのメソッド呼び出し履歴を示した情報のことです。バックトレースは上に行くほどエラーに近く、下に行くほどエラーから遠い（つまり古い呼び出しである）ことを示しています。なので、一番上の行をチェックすれば、そこがエラーの発生した場所である、ということになります。下のほうにいくほど古い呼び出しになるので、順番をひっくり返して考えると、プログラムが以下のような順番で呼び出されたことがわかります。

- backtrace_sample.rbの9行目が呼ばれた。
- gate.rbの14行目（exitメソッド内のコード）が呼ばれた。

注4　mainオブジェクトについては「8.5.5　トップレベルはmainという名前のObject」の項を参照。

・gate.rbの24行目（calc_fareメソッド内のコード）が呼ばれた。そこでエラーが起きた。

実際にgate.rbの24行目付近をチェックしてみましょう。実はこんなコードになっていました。

```
20 def calc_fare(ticket)
21   from = STATIONS.index(ticket.stamped_at)
22   to = STATIONS.index(@name)
23   distance = to - from
24   FARES[distanse - 1]
25 end
```

もうおわかりですね。23行目で作成したローカル変数の名前はdistanceとなっているのに、24行目ではdistanseと書いてあります。そのため、「そんな変数またはメソッドは存在しないよ！」と怒られたわけです。

これは非常に初歩的なタイプミスですし、ここまで丁寧に説明しなくてもすぐに原因に気づけるかもしれません。しかし、この説明で最も大事なことは初歩的なタイプミスをするかどうかではなく、エラー発生時のバックトレースをしっかりと読み解けるかどうかです。バックトレースをちゃんと読める人はエラーを早く解決できますし、「えっ、何これ？　いったいどうしたらいいの？？」と右往左往している人はいつまでたってもデバッグのスキルが向上しません。一人前のRubyプログラマを目指すなら、ここで説明したような手順でバックトレースを読み解けるようになりましょう。

12.2.1 実行環境によって変化するバックトレースの表示形式

「9.2.1　発生した例外を捕捉しない場合」の項でも少し触れましたが、Rubyのバージョンによってはバックトレースの出力形式が異なる場合があります。たとえば以下はRuby 2.7.3で先ほどのbacktrace_sample.rbを実行した場合の出力結果です。

```
$ ruby lib/backtrace_sample.rb
Traceback (most recent call last):
        2: from lib/backtrace_sample.rb:9:in `<main>'
        1: from /(プログラムのパス)/lib/gate.rb:14:in `exit'
/(プログラムのパス)/lib/gate.rb:24:in `calc_fare': undefined local variable or method `distanse' ⏎
for #<Gate:0x000000014a9263f0 @name=:mikuni> (NameError)
Did you mean?  distance
```

冒頭に紹介したバックトレースと比較すると、若干見た目が違います。簡単に読み方を説明しておくと、最初に表示されるTraceback (most recent call last):は「トレースバック（最も直近の呼び出しが最後）」という意味の共通の文言です。これ自体はエラーの表示形式を説明しているだけなので、エラーの内容とは無関係です。その下に表示されている2:と1:は処理が呼び出された順番です。数字が小さいほどエラーが発生した行に近くなります。冒頭の出力例では上の行ほどエラーの発生行に近くなっていましたが、この出力例は反対に下の行ほどエラーの発生行に近くなっています。2:や1:の後ろにはその処理が呼び出されたファイルや行数、メソッド名が表示されています。最後の2行は冒頭に説明したバックトレースの最初の2行と同じ内容なので説明を割愛します。結局のところ、このバックトレースもメソッドが呼び出された順番の表示が逆になっているだけで、エラーに関する情報自体は同じであることがわかります。

このほかにもirb上でエラーが出た場合やMinitestを実行してエラーが出た場合など、ツールを経由すると出力形式が変化する場合もあります。ですが、その場合も表示形式が若干異なるだけでエラー情報自体には大きな違いはありません。バックトレースの読み方の基本が身についていれば問題なくエラー内容を理解できるはずです。

12.3 よく発生する例外クラスとその原因

Rubyにはたくさんの例外クラスがありますが、その中でもプログラミングのミスによってよく発生する例外クラスをいくつかピックアップします。また、その原因についても併せて説明します。

12.3.1 NameError

先ほどの説明でも登場したエラーです。未定義のローカル変数や定数などを呼び出したときに発生します。単純なタイプミスであることが多いですが、外部ファイルや外部ライブラリのrequireを忘れている場合にも発生することがあります。

出力例

```
distanceをdistanseとタイプミスした場合
undefined local variable or method `distanse' for #<Gate:0x00000001393e85e8 ...> (NameError)
```

出力例

```
dateライブラリをrequireせずにDateクラスを使おうとした場合
uninitialized constant Date (NameError)
```

12.3.2 NoMethodError

その名のとおり、存在しないメソッドや可視性が制限されているため呼び出せないメソッドを呼び出そうとした場合に発生します。たとえば以下のような場合です。

- 単純にメソッド名を打ち間違えた。
- privateメソッドをクラスの外部から呼び出そうとした。
- レシーバ[注5]の型（クラス）が想定していた型と異なる（文字列ではなくシンボルになっていた場合など）。
- レシーバが想定に反してnilになっている。

とくに4つめのレシーバがnilになっているケースは非常によく発生します。本来nilになるべきでない変数がnilになっている場合に発生するのはもちろん、インスタンス変数のタイプミスでも容易に同じ問題が発生します（未定義のインスタンス変数を参照しようとするとnilが返るためです。詳しくは「7.3.3 インスタンス変数とアクセサメソッド」の項を参照してください）。

注5 メソッドが呼び出されたオブジェクトのこと。詳しくは「7.2.2 オブジェクト指向プログラミング関連の用語」を参照。

出力例

```
stamped_atメソッドを間違えてstamped_onと入力した場合
undefined method `stamped_on' for #<Ticket:0x000000012e...> (NoMethodError)
```

出力例

```
privateメソッドのbarをクラスの外部から呼び出そうとした場合
private method `bar' called for #<Foo:0x000000012e33e1c0> (NoMethodError)
```

出力例

```
シンボルに対してcharsメソッドを呼び出してしまった場合
undefined method `chars' for :japan:Symbol (NoMethodError)
```

出力例

```
ticket.fareを呼び出したが、ticketがnilだった場合
undefined method `fare' for nil:NilClass (NoMethodError)
```

12.3.3 TypeError

TypeErrorは期待しない型（クラス）がメソッドの引数に渡されたときに発生します。

出力例

```
10 + '1'のように整数と文字列を加算しようとした場合
String can't be coerced into Integer (TypeError)
```

12.3.4 ArgumentError

ArgumentErrorは引数（argument）の数が違ったり、期待する値ではなかったりした場合に発生します。

出力例

```
引数が必須なのに、[1, 2, 3].deleteのように引数なしでメソッドを呼んだ場合
wrong number of arguments (given 0, expected 1) (ArgumentError)
```

出力例

```
正の値を渡すべきメソッド(演算子)に対し、'a' * -1のように負の値を渡した場合
negative argument (ArgumentError)
```

12.3.5 ZeroDivisionError

ZeroDivisionErrorは整数を0で除算（割り算）しようとしたときに発生します。

出力例

```
1 / 0のように0で除算しようとした場合
divided by 0 (ZeroDivisionError)
```

12.3.6 SystemStackError

スタックが溢（あふ）れたときに発生します。とくに間違ってメソッドを再帰呼び出しした場合に発生します。以下

は再帰呼び出しのテクニックを使って階乗の計算メソッドを作ろうとしたものの、終了条件を設定し忘れたために再帰呼び出しが終わらず、SystemStackErrorが発生してしまうコード例です（再帰呼び出しについては「4.10.7　再帰呼び出し」を参照）。

```
def factorial(n)
  # 終了条件を書き忘れたため永遠に再帰呼び出しが発生する
  n * factorial(n - 1)

  # 本来であれば次のような条件分岐を作って終了させる必要がある
  # n == 0 ? 1 : n * factorial(n - 1)
end

factorial(5)
#=> stack level too deep (SystemStackError)
```

ちなみにスタックとはメソッドが呼ばれるたびに積み上げられていくメモリ領域のことです。スタックはメソッドの呼び出しが終わらないと解放されないため、積み上げ過ぎると領域が溢れてこのエラーが発生します。

12.3.7 LoadError

requireやrequire_relativeの実行に失敗したときに発生します（requireとrequire_relativeについては「2.12.7　requireとrequire_relative」の項を参照）。たとえば以下のような原因が考えられます。

- requireの引数に与えたライブラリ名が間違っている。
- requireしようとしたgemが実行環境にインストールされていない。
- require_relativeで指定したファイルのパスが間違っている。

出力例

```
require 'pathname'を間違ってrequire 'pathmame'と書いてしまった場合
cannot load such file -- pathmame (LoadError)
```

12.3.8 SyntaxError (syntax error)

構文エラーです。たいていの場合、プログラムの起動自体に失敗します。このエラーが発生したときはendやカンマの数に過不足がある、丸カッコや中カッコがちゃんと閉じられていない、といった原因が考えられます。また、以下のようにメソッドの引数として丸カッコなしでハッシュを渡そうとした場合にもSyntaxErrorが発生します（ハッシュリテラルの{}がブロックの{}と解釈されるケースについては「5.6.7　ハッシュリテラルの{}とブロックの{}」の項を参照）。

```
# 以下のコードはputs({ foo: 1, bar: 2 })のように丸カッコが必要
puts { foo: 1, bar: 2 }
#=> syntax error, unexpected ':', expecting '}' (SyntaxError)
```

12.3.9 組み込みライブラリに定義されている上記以外の例外クラス

組み込みライブラリで定義されている例外クラスはほかにもまだたくさんあります。それらについては

Rubyの公式リファレンスを参照してください。

- https://docs.ruby-lang.org/ja/latest/library/_builtin.html

12.3.10 Rubyの標準ライブラリに含まれない例外クラス

例外クラスは標準ライブラリのものだけでなく、外部ライブラリ（gem）やフレームワークで定義された例外クラスが表示される場合もあります。たとえば以下はRailsアプリケーションで、指定したidに対応するデータが見つからなかったときのエラー出力です。

出力例

```
Couldn't find User with 'id'=99 (ActiveRecord::RecordNotFound)
```

ここではActiveRecord::RecordNotFoundという例外クラスが使われています。標準ライブラリに含まれない例外クラスが使われている場合もデバッグの考え方自体は変わりません。ただ、その例外クラスがどんなケースで発生するのか、どんな意味を持っているのか、という点についてはgemやフレームワークのAPIドキュメントを確認する必要があります。

Column　Ruby本体や拡張ライブラリの不具合で発生するSegmentation fault

Segmentation fault（セグメンテーションフォルト、略してセグフォ。SEGVと呼ばれることもある）は少し特殊なエラーです。このエラーはRuby本体や拡張ライブラリ（C言語を利用して実装されているライブラリ）に何らかの不具合があるときに発生します。表示されるエラーメッセージも大量で、表示形式も通常の例外とはまったく異なります。以下は筆者が過去に遭遇したSegmentation faultの出力例です。

```
[BUG] Segmentation fault at 0x0000000042ef9220
ruby 2.7.1p83 (2020-03-31 revision a0c7c23c9c) [-darwin20]

-- Crash Report log information --------------------------------------------
   See Crash Report log file under the one of following:
     * ~/Library/Logs/DiagnosticReports
     * /Library/Logs/DiagnosticReports
   for more details.
Don't forget to include the above Crash Report log file in bug reports.

-- Control frame information -----------------------------------------------
c:0001 p:---- s:0003 e:000002 (none) [FINISH]


-- Other runtime information -----------------------------------------------
* Loaded script: /（エラーが発生したRubyスクリプトのパス）


* Loaded features:

    0 enumerator.so
    1 thread.rb
```

```
     2 rational.so
     3 complex.so
省略
270000000-280000000 r--
fc0000000-1000000000 ---
1000000000-7000000000 ---
[IMPORTANT]
Don't forget to include the Crash Report log file under
DiagnosticReports directory in bug reports.

[1]    59316 abort      (実行したコマンド)
```

Ruby本体や拡張ライブラリの内部実装に精通していない限り、このエラーを自力で解決するのは難しいと思います。ただし、最新版のRubyやライブラリ（gem）を使えば問題が解消する可能性もあるので、古いバージョンを使っている場合は最新版にアップデートして再度実行してみてください。それでも解決しない場合はRuby本体やライブラリのissueトラッキングシステム[注6]にセグフォの発生を報告して修正を待ちましょう。

12.4 プログラムの途中経過を確認する

バックトレースを解析してエラーの原因が判明した場合は良いですが、それで毎回原因がわかるとは限りません。また、エラー（例外）が発生しなくても、プログラムの実行結果が期待した値と異なる場合もあります。そんなときはプログラムが実行される順番や変数の中身を確認したりすると「ここで値がおかしくなったのか」と原因を突き止めることができます。

プログラムの途中経過や変数の中身を確認する方法はいくつかあります。

12.4.1 printデバッグ

printデバッグはRubyに限らず、ほかのプログラミング言語でもよく利用されるデバッグ方法です。これはprintメソッドをプログラムに埋め込んでプログラムを実行し、ターミナルに出力される値を確認して不具合の原因を探る、という手法です。ただ、Rubyの場合はprintメソッドよりもputsメソッドやpメソッド（もしくはppメソッド）のほうをよく使うはずなので「putsデバッグ」や「pデバッグ」と呼んだほうがいいかもしれません（putsメソッドやpメソッドの違いについては「2.12.8　putsメソッド、printメソッド、pメソッド、ppメソッド」の項を参照）。以下は典型的なprintデバッグの実行例です。

```
def to_hex(r, g, b)
  [r, g, b].sum('#') do |n|
    # 変数（ブロックパラメータ）の中身をターミナルに出力する
    puts n
    n.to_s(16).rjust(2, '0')
  end
```

注6　Ruby本体であれば「https://bugs.ruby-lang.org」、ライブラリであればそのライブラリのGitHub Issuesなど。

```
end
```

また、printデバッグは変数やメソッドの値を出力するだけでなく、メソッドや条件分岐が意図したとおりに実行されているかどうかを確認する場合にも使えます。

```
def greet(country)
  # greetメソッドが呼ばれたことを確認
  puts 'greet start.'
  return 'countryを入力してください' if country.nil?

  if country == 'japan'
    # 真の分岐に入ったことを確認
    puts 'japan'
    'こんにちは'
  else
    # 偽の分岐に入ったことを確認
    puts 'other'
    'hello'
  end
end
```

putsとp（またはpp）の使い分けもできるようになると便利です。たとえばputsメソッドは戻り値がnilになりますが、pメソッドは引数がそのまま戻り値になるので、pメソッドを使うと次のようにターミナルへの出力と変数への代入を一度に行うこともできます。

```
def calc_fare(ticket)
  from = STATIONS.index(ticket.stamped_at)
  to = STATIONS.index(@name)
  # to - fromの結果をターミナルに出力しつつ、変数distanceに代入する
  distance = p to - from
  FARES[distance - 1]
end
```

printデバッグの注意点として、デバッグしたあとはデバッグのために追加したコードを忘れずに削除するようにしてください。削除しないとプログラムを実行するたびにターミナルにデバッグ用の文字列が出力されてしまいます。

12.4.2 tapメソッドでメソッドチェーンをデバッグする

メソッドチェーン（第10章のコラム「メソッドチェーンを使ってコードを書く」(p.428) を参照）を使っている場合は、tapメソッドとprintデバッグを組み合わせる方法もあります。tapメソッドはブロックパラメータにレシーバをそのまま渡します。ブロックの戻り値は無視され、tapメソッド全体の戻り値はレシーバ自身になります（つまり、tapメソッドを使わないときと結果は同じになります）。

```
# ブロックパラメータのsには、tapメソッドのレシーバ（ここでは文字列の"hello"）が入る
a = 'hello'.tap { |s| puts "<<#{s}>>" }
#=> <<hello>>
```

```
# tapメソッドはレシーバをそのまま返す（つまりa = 'hello'と同じ結果になる）
a #=> "hello"
```

この特徴を利用すると、次のようにtapメソッドをメソッドチェーンの途中に挟み込むことで、途中の値を確認することができます。

```
# メソッドチェーンを使っているこのコードをデバッグしたい
'#043c78'.scan(/\w\w/).map(&:hex)

# tapメソッドを使って、scanメソッドの戻り値をターミナルに表示する
'#043c78'.scan(/\w\w/).tap { |rgb| p rgb }.map(&:hex)
#=> ["04", "3c", "78"]
```

12.4.3 ログにデバッグ情報を出力する

開発中のRubyプログラムがログ出力できるようになっていれば、putsメソッドやpメソッドの代わりにログに値を書き出すようにしても良いでしょう。以下はRailsアプリケーションでログ出力するコード例です。

```
class User < ApplicationRecord
  def facebook_username
    info = facebook_auth.auth_info.info
    # ログに変数info.nameの値を出力する
    logger.debug "[DEBUG] info.name : #{info.name}"
    info.name
  end
end
```

デバッグ情報をログに出力する場合、アプリケーションやフレームワークによってはほかにも大量のログが出力されるときがあるので、「ここでデバッグ用にログ出力した」ということがぱっと見てわかる（または、さっと検索できる）ようにしておくほうが良いでしょう。上のコード例では“[DEBUG]”のような目印を付けたうえでログ出力しています。

12.4.4 デバッガ（debug.gem）を使う

printデバッグは非常に手軽な反面、確認したい内容の分だけ出力用のコードを埋め込んでいく必要があります。また、printデバッグを使うと実際には「printメソッドを埋め込む → プログラムを実行する → ほかにも気になる点が出てきたのでさらにprintメソッドを追加する → プログラムを実行する → さらにほかにも……」というサイクルを繰り返してしまうことも多いと思います。これだとちょっと非効率ですね。なので、デバッガも使えるようになっておくと便利です。デバッガを使えば対話的にデバッグすることができます。すなわち、プログラムを1行ずつ実行しながら変数の中身を確認したり、実行される条件分岐を確認したりすることができます。

Rubyの代表的なデバッガには、標準ライブラリとして提供されているdebugライブラリと、外部ライブラリ（gem）として提供されているByebug[注7]があります。これまでdebugライブラリはByebugと比較すると機能的に見劣りする部分が多かったため、開発者の間ではByebugのほうが人気がありました。ですが、Ruby 3.1

注7 https://github.com/deivid-rodriguez/byebug

では大幅に機能改善されたdebugライブラリが同梱される予定です。この新しいdebugライブラリ（以下、debug.gemと呼びます）はgemになっているため[注8]、Ruby 2.6以上であればgemとしてインストールすることもできます。そこで、本書ではRuby 3.1に先駆けてdebug.gemを利用することにします。

本書ではRuby 3.0を使っているため、debug.gemを使うためにはまず、gemのインストールが必要です[注9]。Rubyがインストールされている環境であればgemコマンドが使えるはずなので、ターミナルからgem install debugというコマンドを入力してdebug.gemをインストールします。

```
$ gem install debug
省略
Successfully installed reline-0.2.7
Successfully installed irb-1.3.7
Building native extensions. This could take a while...
Successfully installed debug-1.2.2
3 gems installed
```

debug.gemのバージョンは以下のコマンドで確認できます。

```
$ rdbg -v
rdbg 1.2.2
```

本書では執筆時点の最新バージョンである1.2.2を使用します。バージョンが上がっても基本的な使い方は大きく変わらないと予想していますが、仕様が大きく変わった場合は本書のサポートページ（「1.7.1　サンプルコードがうまく動かない場合」の項を参照）で新しい情報をお知らせします。

では実際にdebug.gemを使ってデバッグしてみましょう。今回は第3章で作成したFizzBuzzプログラムのテストを使用します。まず、FizzBuzzプログラムのテストが問題なく動作することを確認してください。

```
$ ruby test/fizz_buzz_test.rb
省略
1 runs, 7 assertions, 0 failures, 0 errors, 0 skips
```

次にデバッガを起動させるポイントを指定します。今回はlib/fizz_buzz.rbのfizz_buzzメソッドに処理が移ったタイミングで停止させてみましょう。以下のようにdebugライブラリをrequireしたあと、if文が始まる直前にbinding.breakというコードを挟み込んでください[注10]。

```
require 'debug'

def fizz_buzz(n)
  binding.break
  if n % 15 == 0
    'Fizz Buzz'
  elsif n % 3 == 0
    'Fizz'
  elsif n % 5 == 0
    'Buzz'
```

注8　https://github.com/ruby/debug
注9　Ruby 3.1以降であれば不要になる予定です。
注10　binding.breakの代わりにbinding.bもしくはdebuggerというメソッドを使うこともできます。

```
  else
    n.to_s
  end
end
```

Ruby 2.6や2.7で使う場合はrequire 'debug'の手前にgem 'debug'というコードも追加してください。

```
# Ruby 2.6または2.7の場合
gem 'debug'
require 'debug'
```

さて、この状態でもう一度テストを実行してみましょう。すると次のような状態になるはずです。

```
$ ruby test/fizz_buzz_test.rb
Run options: --seed 4190

# Running:

[1, 10] in (プログラムのパス)/lib/fizz_buzz.rb
     1| require 'debug'
     2|
     3| def fizz_buzz(n)
=>   4|   binding.break
     5|   if n % 15 == 0
     6|     'Fizz Buzz'
     7|   elsif n % 3 == 0
     8|     'Fizz'
     9|   elsif n % 5 == 0
    10|     'Buzz'
=>#0  Object#fizz_buzz(n=1) at (プログラムのパス)/lib/fizz_buzz.rb:4
  #1  FizzBuzzTest#test_fizz_buzz at test/fizz_buzz_test.rb:6
  # and 21 frames (use `bt' command for all frames)
(rdbg)
```

上で表示されている最初の=>はこれからプログラムを実行する行を示しています。ご覧のとおり、binding.breakメソッドを打ち込んだ行でプログラムが停止しました。=>#0と#1の2行は直近2件のメソッド呼び出しの履歴を表示し、その下の# and 21 framesはそれ以降の21件のメソッド呼び出しが省略されていることを示しています（全件表示したい場合はbtコマンドで表示できます）。最後の(rdbg)はプロンプトになっていて、何らかの入力を待機しています。

この状態でp nと入力してみてください。引数として渡されたnの値が表示されるはずです。

```
(rdbg) p n
=> 1
```

続けてnext（またはその省略形のn）を入力してください。すると=>の表示が4行目から5行目に移動します。これは4行目のプログラムが実行されて次の行で停止したことを意味します。このようにプログラムを1行ずつ進めていくことをステップ実行と呼びます。

```
     3| def fizz_buzz(n)
     4|   binding.break
```

```
=>    5|   if n % 15 == 0
      6|     'Fizz Buzz'
```

リターンキーを押すと前回のコマンド（ここではnext）を再実行します。3回リターンキーを押すと次のように12行目に=>がやってきます。これはif節やelsif節の条件がすべて偽になったため、else節の処理が実行されることを意味します。

```
     11|   else
=>   12|     n.to_s
     13|   end
```

nを15や3、5で割ったときの余りを調べたいときはpコマンドで確認できます。たとえば、以下はn % 3の計算結果を確認する例です。この結果からnを3で割ると、余りが1になることを確認できます。

```
(rdbg) p n % 3
=> 1
```

continue（省略形はc）と入力すると、プログラムを再開し、もう一度binding.breakメソッドが呼ばれたところで停止します。binding.breakメソッドが呼ばれなければ最後までプログラムが実行されます。今回はnが2のときのテストパターンが実行されたところで再度停止します。

```
      3| def fizz_buzz(n)
=>    4|   binding.break
      5|   if n % 15 == 0
      6|     'Fizz Buzz'
```

デバッグを終了するときはquit（省略形はq）を入力します。本当に終了するか質問されるので、y（またはY）を入力して終了します。

```
(rdbg) quit
Really quit? [Y/n] y
```

なお、debug.gemで式の値を知りたい場合はその式をそのまま入力すれば値が表示されます（例 1 + 2やfoo.to_sなど）。ただし、debug.gemが用意しているコマンドと同じ名前の変数やメソッドが式の先頭にあると、debug.gemコマンドとして解釈されます（例 変数nの値を知りたいと思ってnを入力すると、debug.gemのnコマンドだと解釈される）。

debug.gemではプロンプトに文字を入力すると、その数文字後ろに# rubyや# commandのような識別情報が表示されます。# rubyであればそのまま実行可能なRubyコードとして解釈されていることが、# command（もしくは# next commandなど）であればdebug.gemのコマンドとして解釈されていることがわかります。

```
(rdbg) foo.to_s    # ruby
(rdbg) n    # next command
```

式の値を確認したいのにdebug.gemのコマンドとして解釈される場合は、pコマンド（またはppコマンド）を使って、p 式の形式で入力してください（例 p nやp n % 3など。これは先ほどの実行例にも出てきました）。

```
(rdbg) p n    # command
=> 1
```

debug.gemで使用できる代表的なコマンドは**表12-1**のとおりです。

表12-1　debug.gemで使用できるおもなコマンド

コマンド	説明
step/s	実行を1行進めて停止する。その行にメソッド呼び出しがあれば、そのメソッドの中に入って停止する（ステップイン）。
next/n	実行を1行進めて停止する。その行にメソッド呼び出しがあれば、そのメソッドを実行してから次の行で停止する（ステップオーバー）。
finish/fin	現在実行中のメソッドを最後まで実行し、呼び出し元に戻ってきたところで停止する（ステップアウト）。
continue/c	プログラムを再開する。停止すべきポイント（ブレークポイント）がなければ、そのプログラムの最後までプログラムを実行する。
p式もしくはpp式	Rubyのpメソッドやppメソッドのように、指定された式の値を表示する。
リターンキー	直前に実行したコマンドを繰り返す。
help/h	使用可能なコマンドとその説明を表示する。help＋**コマンド名**で特定のコマンドのヘルプを表示することもできる（例 help cなど）。
quit/qまたは CTRL ＋ D	デバッガを途中で終了する。quitの代わりにquit!（またはq!）と入力すると、確認なしで即座に終了する。

これらのコマンドを使うことで対話的にRubyプログラムのデバッグを進めることができます。

デバッグが終了したら、最初に追加したrequire 'debug'とbinding.breakの行は忘れずに削除しておきましょう。

debug.gemにはほかにもさまざまなコマンドや便利な使い方があります。詳しくは公式リポジトリのREADMEファイルを参照してください。

・https://github.com/ruby/debug/blob/master/README.md

デバッガを使うと、printデバッグよりも柔軟で効率良くデバッグすることが可能です。不具合の原因がまったくつかめなくて時間がかかりそうな場合は、デバッガを使ってデバッグすることを検討してみてください。

Column　その他のデバッグツール

12.4.4項の冒頭にも書いたとおり、Byebugも昔から人気のあるデバッガです。別途gemのインストールが必要になりますが、基本的な使い方はdebug.gemと大きく変わりません。歴史が長いぶん、状況によってはdebug.gemよりも安定して動作する可能性があります[注11]。Byebugの使い方を学びたい場合は、筆者が書いた以下のチュートリアル記事を読んでみてください。

・printデバッグにさようなら！Ruby初心者のためのByebugチュートリアル[注12]

また、ここまで何度もお世話になっているirbにもデバッグに使える便利な機能が用意されています。12.4.4項でbinding.breakと入力した部分をbinding.irbに置き換えてテストを実行してみてください（require 'debug'の入力は不要です）。すると、次のような画面が表示されてプログラムが停止し、irbが起動します。

注11　もちろん、debug.gemも今後開発が進むにつれて安定性が向上していくはずです。
注12　https://qiita.com/jnchito/items/5aaf323ab4f24b526a61
上記URLへは右のQRコードからもアクセスできます。

```
$ ruby /test/fizz_buzz_test.rb
Run options: --seed 60178

# Running:


From: /(プログラムのパス)/lib/fizz_buzz.rb @ line 2 :

    1: def fizz_buzz(n)
 => 2:   binding.irb
    3:   if n % 15 == 0
    4:     'Fizz Buzz'
    5:   elsif n % 3 == 0
    6:     'Fizz'
    7:   elsif n % 5 == 0

irb(#<FizzBuzzTest:0x000000013d94e998>):001:0>
```

たとえば、この状態でnと入力すれば引数のnの値が表示されます。n % 15を入力すればnを15で割ったときの余りが表示されます。

```
irb(#<FizzBuzzTest:0x000000013d94e998>):001:0> n
=> 1
irb(#<FizzBuzzTest:0x000000013d94e998>):002:0> n % 15
=> 1
```

exitを入力するとirbが終了し、プログラムが再開します。binding.irbが呼ばれると再度停止して、irbが起動します。fizz_buzz_test.rbの場合はexitを入力してもfizz_buzzメソッドが呼ばれるたびにプログラムが停止してirbが起動してしまいます。何度もexitを入力するのが面倒な場合は、代わりにProcess.exit!を入力してプログラムを強制終了してください。

```
irb(#<FizzBuzzTest:0x000000013d94e998>):001:0> Process.exit!
```

binding.irbには debug.gemのようにステップ実行する機能はありませんが、gemをインストールしたり、ライブラリをrequireしたりすることなく、いつでも気軽に簡易的なデバッグを行えるのがbinding.irbの利点です。

ところで、debug.gemはVisual Studio Code (VS Code) 用のデバッガとして使うことも可能です。debug.gemをVS Codeで使う場合は"VSCode rdbg Ruby Debugger"[注13]（**図12-1**）という拡張機能をインストールします。

VS Codeを使うと、プログラム内にbinding.breakのようなコードを打ち込まなくても、画面上でブレークポイントを付けるだけでプログラムの実行を停止できます。また、コードを広く見渡したり、変数の値を一覧表示したりしながらデバッグすることも可能です。ターミナル上でデバッガを使うのが難しく感じる人も、VS Codeを使えばハードルが低くなるかもしれません。

注13 https://marketplace.visualstudio.com/items?itemName=KoichiSasada.vscode-rdbg

図12-1　VSCode rdbg Ruby Debuggerの画面

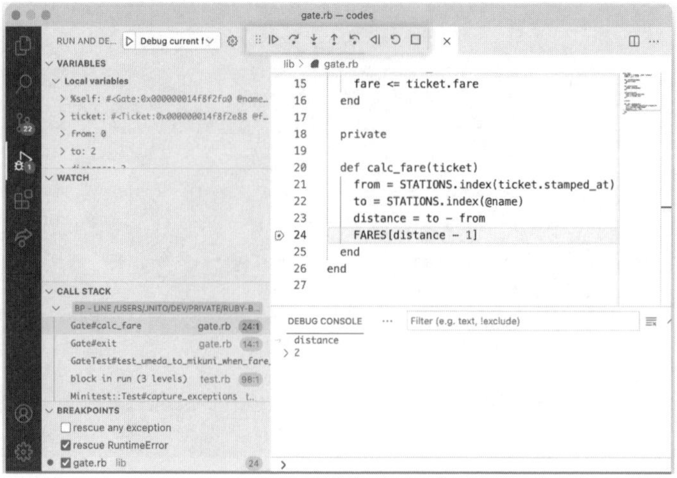

また、有料のツールになりますが、RubyMine[注14]というIDE（統合開発環境）でもVS Codeと同じように画面上でブレークポイントを指定してデバッガを起動することができます。有料であるぶん、デバッガ以外の機能も豊富に用意されているので、興味がある人はチェックしてみてください。

12.5 汎用的なトラブルシューティング方法

バックトレースを読んだり、デバッガを使ったりする以外にもエラーや不具合に対処する方法はたくさんあります。プログラミングに行き詰まってしまったら、以下で紹介するような方法も試してみましょう。

12.5.1 irb上で簡単なコードを動かしてみる

みなさんもご存じのとおり、Rubyにはirbという対話型の実行環境があります。メソッドの仕様や戻り値がよくわからないときは、irb上で簡単なコードを動かしてみると、実際のプログラム上でどんな結果が返ってきているのかイメージしやすくなる場合があります。

たとえば以下はmapメソッドの使い方をirb上で確認する例です。

```
$ irb
irb(main):001:0> [1, 2, 3].map{|n| n * 10}
=> [10, 20, 30]
irb(main):002:0>
```

ちなみにRailsでもrails consoleというコマンドを使って、対話的にRailsのコードを実行することができます。rails consoleも内部的にはirbを使っているため、基本的な使い方はirbと同じです。

注14　https://www.jetbrains.com/ja-jp/ruby/

12.5.2 ログを調べる

Railsのようなフレームワークではログを出力するものがあります。うまく動かないときはログを見るとエラーや警告のメッセージが出力されていたり、何がどういう順番で処理されていたのかを把握する手がかりが残っていたりするかもしれません。バックトレースと同様、ログの内容も最初は少しとっつきにくいですが、上級者を目指すのであればログの解析は避けて通れません。

12.5.3 公式ドキュメントや公式リファレンスを読む

Rubyに限らず、プログラミング言語や外部ライブラリはそのほとんどが何らかの公式ドキュメントや公式リファレンスを提供しています。公式ドキュメントはその技術における一次情報であり、網羅性や信頼性が高いレベルで担保されています。よって、何か困ったことがあれば公式ドキュメントを読みにいく、というのは技術者として当然の行為です。公式ドキュメントをよく読むと、実は自分の使い方が間違っていただけ、という経験をされた方も多いのではないでしょうか。

Rubyの場合、公式リファレンスは日本語で提供されていますが、gem（外部ライブラリ）の公式ドキュメントは英語で書かれていることが多いです。英語が苦手な人は拒絶反応を起こしてしまうかもしれませんが、サンプルコードを追うだけでも正しい使い方がだいたいわかったりします。英語の情報も恐れずに読み進めるようにしましょう。

なお、「1.8　Rubyの公式リファレンスについて」の節の注28でも紹介しましたが、Rubyの公式リファレンスの読み方を筆者が解説した無料のWeb bookがあります。「公式リファレンスを開いてもそもそも読み方がわからない」という方はこちらのWeb bookを参考にしてみてください。

- Rubyの公式リファレンスが読めるようになる本[注15]

12.5.4 issueを検索する

自分が遭遇した問題はもしかするとほかの人がすでに遭遇したものかもしれません。Rubyをはじめとするオープンソースソフトウェアはネット上にissueトラッキングシステムを公開していることが多いです。

たとえば以下はRubyとRailsのissueトラッキングシステムのURLです。

- https://bugs.ruby-lang.org/
- https://github.com/rails/rails/issues

この中を検索すると、過去に同じ問題が報告され、その解決方法が提示されている可能性があります。場合によっては、ライブラリに不具合があったので新しいバージョンで修正された、ということもあり得ます。なお、ここでもやはり英語のやりとりがほとんどです。がんばって英語を読んでいきましょう。

注15 https://zenn.dev/jnchito/books/how-to-read-ruby-reference

12.5.5 ライブラリのコードを読む

外部ライブラリを使用している場合は、自分の書いたコードを見ているだけでは問題が解決しないこともあるでしょう。そんなときは思ったとおりに動かない原因を探るために、ライブラリのコードまで降りていく必要があります。

Rubyはスクリプト言語ということもあり、実行に必要なライブラリはRubyのコードとして自分の手元に存在しているはずです（ただし、RubyではなくC言語を使って実装されている場合もあります）。ライブラリのコードがマシン内のどこに存在しているのかは、Methodクラスのsource_locationメソッドを使って調べることができます。

たとえば以下はRailsのunderscoreというメソッドがどこのファイルで定義されているのか確認する例です（irbではなく、Railsのrails consoleを使って確認してください）。

```
# underscoreメソッドは文字列をスネークケースに変換するメソッド
'OrderItem'.underscore  #=> "order_item"

# このメソッドが定義されているのはactivesupport gemのinflections.rbの143行目
'OrderItem'.method(:underscore).source_location
#=> ["/(gemがインストールされているパス)/activesupport-6.1.3.1/lib/active_support/core_ext/
string/inflections.rb", 143]
```

source_locationの戻り値がnilの場合（C言語で実装されているようなケース）は、組み込みライブラリのメソッドであることが多いです。

```
# upcaseメソッドは組み込みライブラリのメソッド
'HelloWorld'.method(:upcase).source_location  #=> nil
```

また、先ほど紹介したdebug.gemのようなデバッガを使い、ステップ実行しながらどんどんライブラリのコードに降りていくこともできます。

Rubyに不慣れなうちはライブラリのコードを見ても「難しすぎてよくわからない！」と思うかもしれませんが、有名なライブラリのソースコードの中にはRubyのコード例として優秀なものもあります。デバッグとRubyの勉強を兼ねて、ライブラリのコードを読むことにもチャレンジしてみましょう。

12.5.6 テストコードを書く

これはエラーや不具合の原因を見つける方法というよりも、デバッグにかかる時間を節約するためのテクニックです。エラーや不具合が発生した場合、毎回手作業でエラーを再現させるよりも、テストコードを書いて再現させたほうが、デバッグが早く終わる場合があります。とくに、エラーを再現させるための手順が面倒な場合は「手作業で何度も再現させる時間 > テストコードを書く時間」になる可能性が高いです。

また、テストコードを書いてからデバッグすれば、デバッグの修正と同時にそのロジックのテストコードができあがります。なので、プログラムにほかの修正が入った場合でも、そのテストコードを実行すればそのロジックが壊れていないことを保証できます。デバッグの時間を短縮できる、できないにかかわらずテストコードを書いておくことは非常に良い習慣だと言えるでしょう。

テストコードを使ってデバッグするときは次のような手順になります。

①エラーや不具合が起きているロジックを通るようなテストコードを書く。
②assert_equalなどを使って正常に動く場合を想定した検証コードを書く。
③テストコードを実行すると失敗すること（＝コードに問題があること）を確認する。
④テストコードを実行しながらデバッグを繰り返し、テストをパスさせる（デバッグ終了）。
⑤（オプション）修正したコードをさらにリファクタリングする。

エラーや不具合が出たら「早くコードをいじって不具合を直したい！」と焦るのではなく、「急がば回れ」の精神でテストコードから書き始めることを検討してください。

12.5.7 “警戒しながら”ネットの情報を参考にする

一番手軽かつ、一番危険な方法は「ネットを検索する」です。発生したエラーのエラーメッセージや困っている内容をネットで検索すると、それらしき情報がいくつか引っかかると思います。しかし、ネットの情報は公式ドキュメントの情報でない限り、絶対にその情報が正しいとは言い切れません。一見、うまく解決したように見えるが、実はセキュリティ的には大問題を抱えていた、なんていうこともあり得ます。

また、古い情報が検索に引っかかると「当時は正しかったが、今は正しくない情報」になっている可能性もあります（とくにRails関連の情報は移り変わりが非常に速いです）。

こうした情報を何も考えずに自分のコードに適用してしまうと、さらに状況を悪化させる可能性もあります。ネット上の情報を自分のコードに適用しようと思ったときはまず、「今自分が加えようとしている変更（＝ネットで見つけてきたサンプルコード）はいったいどういう意味があるのか」と自分に問いかけてください。その意味を自分できちんと答えられないのであれば、その解決策は実は適切な解決策ではない可能性があります。

理想は最初から公式ドキュメントを読みにいくことですが、公式ドキュメントはわかりにくくてハードルが高いと感じる場合は、まずネットで見つけた情報で雰囲気をつかみ、それから公式ドキュメントを読みにいって正確に理解する、という手順を踏むのが良いと思います。

12.5.8 パソコンの前から離れる

Rubyプログラミングに限った話ではありませんが、プログラミング中にどうしても解決できない問題に遭遇した場合はパソコンの前を離れて時間を置くと解決する場合があります。たとえば以下のような気分転換をしてみましょう。

- トイレに行く。
- 飲み物を買いに行く。
- 外を散歩する。
- 昼寝する。
- ご飯を食べる。
- お風呂に入る。
- その日はもう寝る。

しばらくパソコンの前を離れてまた戻ってくると、まったく違う観点が生まれてあっという間に解決したりすることがよくあるものです。

12.5.9 誰かに聞く

どうしても1人で解決できなければ周りの同僚や熟練者に助けを求めましょう。現在プログラミングスクールに通っている人であれば、スクールの講師やメンターを頼ってください。助けを求めるのはもちろん、その人から解決の糸口を得るためですが、誰かに質問するだけでなぜか自分で解決できてしまうこともあります。これは、どんな問題が起きているのか、これまでどんなことを試してきたのか、といったことをほかの人に順を追って説明することで自分の頭の中が整理され、問題の原因に突然気づけることがあるからです。

周りに助けを求められないときはネット上の技術者向けのQ&Aサイトを利用すると良いかもしれません。日本語で質問できる技術者向けのQ&Aサイトには、teratail[注16]やスタック・オーバーフロー(日本語版)[注17]、などがあります。

また、Rubyは日本の全国各地に大小さまざまなRubyコミュニティが存在します[注18]。こうしたコミュニティに参加することでRubyプログラマの知り合いを増やし、困ったときに質問させてもらうのも1つの方法です。本書の執筆時点では新型コロナウイルスの影響でオンライン型の勉強会やミートアップが中心になっているため、地方に住んでいてもこうしたコミュニティに参加しやすくなっています。加えて、Rubyプログラマ同士の交流を目的とした「ruby-jp」というSlackワークスペースもあります[注19]。初学者歓迎のチャンネルも用意されているので、ここで質問してみるのもお勧めです。

もちろん、最初から最後まで1人で解決したほうが自分の勉強になるという意見もあると思います。しかし、効率的な時間の使い方を考えるのであれば、ほかの誰かの力を借りるというのも1つの有効な選択肢です。

Column　Rubyプログラマ == Rubyist？

Rubyを勉強していると、ときどき"Rubyist"という用語を見かけることがあります。Guitaristはギターを弾く人、Pianistはピアノを弾く人なので、RubyistはRubyでプログラムを書く人、つまりRubyプログラマのことを意味していると思われるかもしれません。しかし、Rubyの作者であるまつもとゆきひろ氏はRubyistを次のように定義しています。

> rubyに対して単なるお客さん以上の気持を持っている人がrubyistです[注20]。

つまり、何らかの形でRubyに貢献したいという気持ちがある人がRubyistだということです。日本の、いや世界中のRubyコミュニティにはたくさんのRubyistがいます。「Rubyに貢献」と言葉にすると何やら難しく聞こえますが、Rubyコミュニティに参加し、Rubyとの関わりが増えていけば、みなさんも自然とRubyistになっていくはずです。たとえば、困っている人にアドバイスしたり、コミュニティ運営に協力したり、いろいろな貢献の仕方があります。読者のみなさんがRubyコミュニティへの参加を通じて「Rubyを使うだけ」のRubyプログラマから、「お客さん以上の気持ち」を持ったRubyistになっていってもらえると筆者としてもたいへんうれしいです。

注16　https://teratail.com/
注17　https://ja.stackoverflow.com/
注18　［参考］https://github.com/ruby-no-kai/official/wiki/RegionalRubyistMeetUp
注19　https://ruby-jp.github.io/
注20　出典：http://blade.nagaokaut.ac.jp/cgi-bin/scat.rb/ruby/ruby-list/2908

12.6 この章のまとめ

この章では以下のようなことを学びました。

- バックトレースの読み方
- よく発生する例外クラスとその原因
- プログラムの途中経過を確認する方法
- 汎用的なトラブルシューティング方法

もし自分の書いたコードが毎回一発でちゃんと動けば、ここで紹介したようなテクニックはすべて不要です。ですが、現実はその反対で最初からちゃんと動くことのほうが少ないのではないでしょうか。エラーや不具合と無縁でいられるプログラマは1人もいません。しかし、熟練者ほどそのエラーや不具合を解決するためのノウハウをたくさん知っています。そのため初心者よりもすばやく問題を解決することができます。いきなり熟練者レベルの解決スピードに追いつくのは困難ですが、この章で紹介したようなテクニックを使えば何も考えずに右往左往するよりもすばやく解決できるはずです。ぜひ参考にしてみてください。

さて、本書もいよいよ次の章で最後になります。次章ではここまでに紹介しきれなかった標準ライブラリやよく使われるツールの使い方を紹介していきます。

第13章

Rubyに関する
その他のトピック

13.1 イントロダクション

本書はプロを目指す人、すなわち仕事としてRubyのコードを書けるようになりたい、という人たちのためにRubyの言語仕様や開発の現場で必要となる知識をいろいろと説明してきました。しかし、紙面の都合もあって、何から何まですべて説明しきることは不可能です。ですが、ここまで本書を読んできたみなさんであれば、ここからあとは自力で勉強していける知識やスキルが十分身に付いているはずです。そこでこの章では本書でカバーしきれなかったRuby関連の技術分野について、簡単に概要を述べていきます。参考になりそうなリンクも付けてあるので、もっと詳しく知りたいと思ったときはそちらを参照し、理解を深めてください。

13.1.1 この章で学ぶこと

この章では以下のような内容を学びます。

- 日付や時刻の扱い
- ファイルやディレクトリの扱い
- 特定の形式のファイルを読み書きする
- 環境変数や起動時引数の取得
- 非推奨機能を使ったときに警告を出力する
- eval、バッククオートリテラル、sendメソッド
- Rake
- gemとBundler
- Rubyにおける型情報の定義と型検査（RBS、TypeProf、Steep）
- 「Railsの中のRuby」と「素のRuby」の違い

なお、第12章と同様、この章も例題なしで説明していきます。

13.2 日付や時刻の扱い

Rubyの標準ライブラリには日付や時刻を扱うクラスが3つあります。

- Timeクラス
- Dateクラス
- DateTimeクラス（非推奨クラス）

Dateクラスは日付を扱うクラスで、TimeクラスとDateTimeクラスは日付と時刻を扱うクラスです。また、このうちTimeクラスだけが組み込みライブラリになっているので、`require`せずに使うことができます。反対にDateクラスとDateTimeクラスは組み込みライブラリではないため、dateライブラリを`require`しないと

使うことができません注1。

上記クラスの簡単なコード例を以下に示します。

```
# Timeクラスで日時を表すオブジェクトを作成する
time = Time.new(2021, 1, 31, 23, 30, 59) #=> 2021-01-31 23:30:59 +0900

# dateライブラリをrequireするとDateクラスとDateTimeクラスが使えるようになる
require 'date'

# Dateクラスで日付を表すオブジェクトを作成する
date = Date.new(2021, 1, 31) #=> #<Date: 2021-01-31 ((2459246j,0s,0n),+0s,2299161j)>

# DateTimeクラスで日時を表すオブジェクトを作成する（非推奨）
date_time = DateTime.new(2021, 1, 31, 23, 30, 59)
#=> #<DateTime: 2021-01-31T23:30:59+00:00 ((2459246j,84659s,0n),+0s,2299161j)>
```

上のコード例を見ると、TimeクラスもDateTimeクラスもどちらも日時を扱えるようになっていることがわかります。歴史的な経緯でかつてはTimeクラスとDateTimeクラスを使い分けたほうが良いユースケースがあったのですが、現在は機能的に大きな違いはありません。加えて、DateTimeクラスは非推奨クラスになっていて、日時を扱う場合はTimeクラスを使うように推奨されています。昔からメンテナンスされているコードではDateTimeクラスが使われている可能性がありますが、これから新たにコードを書く場合はTimeクラスを使うようにしてください。

また、TimeクラスやDateTimeクラスを使う場合はタイムゾーン注2の扱いにも注意してください。先ほどのコード例をよく見ると、Timeクラスの出力結果には"+0900"が、DateTimeクラスの出力結果には"+00:00"の文字が見えます。これがタイムゾーンの表示です。"+0900"はUTC（世界標準時）から9時間進んでいることを表し、"+00:00"は世界標準時と同じであることを表しています。すなわち、先ほどのコードにおけるTimeオブジェクトとDateTimeオブジェクトは一見同じように見えて、実は異なるタイムゾーンの日時を表示していることになります。

これらのクラスの詳しい使い方についてはRubyの公式リファレンスを参考にしてください。

- https://docs.ruby-lang.org/ja/latest/class/Time.html
- https://docs.ruby-lang.org/ja/latest/class/Date.html
- https://docs.ruby-lang.org/ja/latest/class/DateTime.html

13.3 ファイルやディレクトリの扱い

Rubyの標準ライブラリにはファイルやディレクトリを扱うクラスがいくつかあります。

- Fileクラス

注1　組み込みライブラリやrequireについては「2.12.6　組み込みライブラリ、標準ライブラリ、gem」と「2.12.7　requireとrequire_relative」を参照。

注2　タイムゾーン＝パソコンやサーバに設定されている時差情報のこと。

・Dirクラス
・FileUtilsモジュール
・Pathnameクラス

FileクラスとDirクラスは組み込みライブラリなので、requireなしで使うことができます。

```
# カレントディレクトリに"secret.txt"が存在するか？
File.exist?('./secret.txt')

# カレントディレクトリに"secret_folder"が存在するか？
Dir.exist?('./secret_folder')
```

以下はファイルを読み書きする簡単なコード例です。

```
# libディレクトリにあるfizz_buzz.rbの行数をターミナルに表示する
File.open('./lib/fizz_buzz.rb', 'r') do |f|
  puts f.readlines.count
end

# libディレクトリにhello_world.txtを作成して文字を書き込む
File.open('./lib/hello_world.txt', 'w') do |f|
  f.puts 'Hello, world!'
end
```

FileUtilsモジュールは基本的なファイル操作を集めたモジュールです。ファイルのコピーや削除などを便利に実行するためのメソッドが定義されています。

```
require 'fileutils'

# libディレクトリのhello_world.txtをhello_world.rbに移動（リネーム）する
FileUtils.mv('./lib/hello_world.txt', './lib/hello_world.rb')
```

Pathnameクラスはパス名をオブジェクト指向らしく扱うクラスです。たとえば、自分自身がファイル（またはディレクトリ）かどうかを返すメソッドや、新しいパス文字列を組み立てるメソッドなどが定義されています。

```
require 'pathname'

# カレントディレクトリ配下にあるlibディレクトリを表すオブジェクトを作る
lib = Pathname.new('./lib')

# ファイルか？
lib.file? #=> false

# ディレクトリか？
lib.directory?  #=> true

# libディレクトリ配下にあるsample.txtへのパス文字列を作る
# （区切り文字のスラッシュは自動的に付与される）
lib.join('sample.txt').to_s  #=> "./lib/sample.txt"
```

ここで紹介したクラスやモジュールの詳しい使い方についてはRubyの公式リファレンスを参考にしてください。

- https://docs.ruby-lang.org/ja/latest/class/File.html
- https://docs.ruby-lang.org/ja/latest/class/Dir.html
- https://docs.ruby-lang.org/ja/latest/class/FileUtils.html
- https://docs.ruby-lang.org/ja/latest/class/Pathname.html

Column requireの単位はライブラリ

すでに何度も説明しているとおり、組み込みライブラリ以外のクラスやモジュールを使う場合は、requireで事前にそのクラスやモジュールを読み込んでおかなければなりません。たとえばPathnameクラスを使いたいと思ったときは、require 'pathname'を書く必要があります。これだけ見ると「requireで指定する名前＝クラス名」のように見えますが、必ずしもそうではありません。たとえば、require 'date'と書くとDateクラスだけでなく、DateTimeクラスも使えるようになります。

ここでrequireしている単位はひとつひとつのクラスやモジュールではなく、「ライブラリ」です。ライブラリは何らかの特別な機能を提供するプログラムですが、その中身は1つのクラスだったり、複数のクラスやモジュールだったり、新しいメソッドを追加するだけだったり、内容はさまざまです。たとえば、open-uriというライブラリをrequireすると、OpenURIというモジュールが使えるようになるのに加えて、URIモジュールでopenメソッドが使えるようになり、URLをファイルのように開けます[注3]。

```
# URIモジュールのopenメソッドは、もともとprivateメソッドなので呼び出せない
URI.open 'https://example.com'
#=> private method `open' called for URI:Module (NoMethodError)

# ただし、open-uriライブラリをrequireするとopenメソッドが使えるようになる
require 'open-uri'
URI.open 'https://example.com'
#=> #<StringIO:0x007fe8cc105d08 @base_uri=#<URI::HTTPS https://...
```

Rubyの標準ライブラリの一覧と、それらをrequireして使えるようになるクラス／モジュールやメソッドについては以下のページで確認できます。

- https://docs.ruby-lang.org/ja/latest/library/index.html

13.4 特定の形式のファイルを読み書きする

Rubyでは単純なテキストファイルだけでなく、CSVファイルやJSONといった特定の形式のファイルやテキストデータを読み書きするライブラリも用意されています。

- CSVクラス
- JSONモジュール
- YAMLモジュール

注3 https://docs.ruby-lang.org/ja/latest/library/open=2duri.html

13.4.1 CSV

CSVファイルを読み書きする場合はCSVクラスが使えます。カンマ区切りだけでなく、タブ区切りのファイル（TSVと呼ばれることもあります）を読み書きしたりすることも可能です。

```
require 'csv'

# CSVファイルの出力
CSV.open('./lib/sample.csv', 'w') do |csv|
  # ヘッダ行を出力する
  csv << ['Name', 'Email', 'Age']
  # 明細行を出力する
  csv << ['Alice', 'alice@example.com', 20]
end

# タブ区切りのCSV(TSV)ファイルを読み込む
CSV.foreach('./lib/sample.tsv', col_sep: "\t") do |row|
  # 各行について、1列目から3列目の値をターミナルに表示する
  puts "1: #{row[0]}, 2: #{row[1]}, 3: #{row[2]}"
end
```

13.4.2 JSON

JSONは“JavaScript Object Notation”の略で、JavaScriptと互換性のあるテキストフォーマットの一種です。シンプルかつ軽量にオブジェクトの内容を表現できるため、JavaScriptだけでなくさまざまな言語やWebサービス間でデータを交換するときによく使われます（第11章の例題でも使いましたね！）。

```
# jsonライブラリをrequireすると配列やハッシュでto_jsonメソッドが使えるようになる
require 'json'

user = { name: 'Alice', email: 'alice@example.com', age: 20 }

# ハッシュをJSON形式の文字列に変換する（Rubyのハッシュに似ているがこれはJSON形式）
user_json = user.to_json
puts user_json #=> {"name":"Alice","email":"alice@example.com","age":20}

# JSON文字列をパースしてハッシュに変換する（デフォルトではキーは文字列になる）
JSON.parse(user_json)
#=> {"name"=>"Alice", "email"=>"alice@example.com", "age"=>20}

# symbolize_namesオプションを指定するとキーがシンボルになる
JSON.parse(user_json, symbolize_names: true)
#=> {:name=>"Alice", :email=>"alice@example.com", :age=>20}
```

13.4.3 YAML

YAMLは“YAML Ain't a Markup Language”の略で、インデントを使ってデータの階層構造を表現するテキストフォーマットの一種です。Railsの設定ファイルなどでもYAMLは使われており、Rubyプログラミング

の中ではよく見かけるデータ形式の1つです。

```
require 'yaml'

# YAML形式のテキストデータを用意する
yaml = <<TEXT
alice:
  name: 'Alice'
  email: 'alice@example.com'
  age: 20
TEXT

# YAMLテキストをパースしてハッシュに変換する
users = YAML.load(yaml)
#=> {"alice"=>{"name"=>"Alice", "email"=>"alice@example.com", "age"=>20}}

# ハッシュに新しい要素を追加する
users['alice']['gender'] = :female

# ハッシュからYAMLテキストに変換する
puts YAML.dump(users)
#=> ---
#   alice:
#     name: Alice
#     email: alice@example.com
#     age: 20
#     gender: :female
```

ここで紹介した使用例はごくごく単純なデータの読み書きにすぎません。実際のユースケースではもっとさまざまな機能が必要になるはずです。詳しくは下記の公式リファレンスを参照してください。

- https://docs.ruby-lang.org/ja/latest/class/CSV.html
- https://docs.ruby-lang.org/ja/latest/class/JSON.html
- https://docs.ruby-lang.org/ja/latest/library/yaml.html

13.5 環境変数や起動時引数の取得

Rubyでは環境変数に保存された値やrubyコマンドの起動時引数を取得することもできます。

環境変数はENVという組み込み定数（後述）に格納されます。値を取得する場合はハッシュと同じように[]を使います[注4]。

```
# 環境変数MY_NAMEの値を取得する
name = ENV['MY_NAME']
```

注4　ENV自体はObjectクラスのインスタンスですが、ハッシュと同様の特異メソッドが定義されています。詳細は以下の公式リファレンスを参照してください。
https://docs.ruby-lang.org/ja/latest/class/ENV.html

起動時引数はARGVという組み込み定数に格納されます。ARGVは配列になっており、添え字を使って値を取得します。

```
# 1番目と2番目の起動時引数を取得する
email = ARGV[0]
age = ARGV[1]
```

以下は環境変数と起動時引数を取得して、その内容を出力するサンプルプログラムです。

```
name = ENV['MY_NAME']
email = ARGV[0]
age = ARGV[1]

puts "name: #{name}, email: #{email}, age: #{age}"
```

このプログラムをenv_and_argv.rbという名前で保存して、次のようなコマンドで実行してみましょう。

```
$ export MY_NAME=Alice
$ ruby lib/env_and_argv.rb alice@example.com 20
name: Alice, email: alice@example.com, age: 20
```

上のexportコマンドはmacOS/Linux環境で環境変数を設定するためのコマンドです。Windows環境の場合は次のようにsetコマンドを使ってください。

```
> set MY_NAME=Alice
> ruby lib¥env_and_argv.rb alice@example.com 20
name: Alice, email: alice@example.com, age: 20
```

ご覧のとおり、環境変数や起動時引数で指定した値をプログラム内で取得できていることがわかります。

13.5.1 組み込み定数

ENVやARGVはRubyで最初からObjectクラスに定義されている定数です。このような定数を組み込み定数と呼びます。このほかにも標準出力を表すSTDOUTやRubyのバージョン番号を表すRUBY_VERSIONなどがあります。

```
STDOUT #=> #<IO:<STDOUT>>
RUBY_VERSION #=> "3.0.1"
```

そのほかの組み込み定数については、Objectクラスの公式リファレンスを参照してください。

- https://docs.ruby-lang.org/ja/latest/class/Object.html

Column ワンライナーでRubyプログラムを実行する

Rubyにはワンライナーと呼ばれる実行方法もあります。これはRubyプログラムをファイルに保存せず、直接rubyコマンドの引数として渡してしまう実行方法です。多くの場合、1行で完結する非常に短いプログラムになるため、ワンライナー(one-liner)と呼ばれます。

ワンライナーを使う場合はrubyコマンドに-eオプションを渡します。以下は配列に入った数値（文字コード）を文字に変換し、それを連結するワンライナーの実行例です。

```
$ ruby -e 'p [65,66,67].map(&:chr).join'
"ABC"
```

Windows環境の場合は、シングルクオートの代わりにダブルクオートでプログラムを囲んでください。

```
> ruby -e "p [65,66,67].map(&:chr).join"
"ABC"
```

初期化処理や終了処理を記述する場合はBEGIN文やEND文（小文字ではなく大文字である点に注意）を使います。BEGIN文はほかのどのコードよりも先に実行され、END文はプログラムの終了時に実行されます。どちらもワンライナー専用の機能というわけではないのですが、普通のRubyプログラムではほとんど見かけることはないと思います。以下はBEGIN文とEND文を使って最初に変数（グローバル変数）を初期化し、最後にその値を表示するコード例です。

```
$ ruby -e 'BEGIN{$sum=0};[1,2,3,4].each{|n|$sum+=n};END{p $sum}'
10
```

ワンライナーはちょっとしたファイル処理や数値計算を手軽に実行したい場合によく利用されます。ワンライナーを使いこなせれば日常業務で大きな威力を発揮しますが、ワンライナーの達人になるためにはさまざまな実行オプションやワンライナー独特のイディオム（定番の書き方）を理解する必要があります。また、コードを短く、効率良く書くために$_や$.のような組み込み変数（「7.9.3 グローバル変数と組み込み変数」の項を参照）がよく使われるのも特徴の1つです。

ネット上を検索すると実行オプションの説明や、便利なコード例が数多く見つかるので、興味がある方はこうした情報を参考にしてみてください。

13.6 非推奨機能を使ったときに警告を出力する

Rubyはバージョンアップしたタイミングで一部の機能を非推奨とすることがあります。非推奨となった機能は将来的にRubyから削除され、その機能を使っているプログラムが動かなくなるため、なるべく早く修正する必要があります。

非推奨機能を使った場合、Ruby 2.7.1まではデフォルトでターミナル上に警告が出力されるようになっていたのですが、Ruby 2.7.2以降ではオプションを付けないと警告が出ないので注意が必要です。たとえば、以下のようなコードはRuby 3.0では警告対象になりますが、そのまま実行しても警告は出力されません[注5]。

```
# Ruby 3.0では警告対象だが、そのままでは警告が出ない
lambda(&proc{})
```

警告を出力したい場合は-W:deprecatedというオプション付きでプログラムを実行する必要があります。（例：ruby -W:deprecated foo.rbや、RUBYOPT=-W:deprecated irbなど）こうすると、非推奨機能を使ったときに警告が出力されるようになります。

注5 警告対象になったのは、ブロックリテラルを使わずにラムダでないprocオブジェクトをlambdaメソッドに渡すことがRuby 3.0では非推奨となったためですが、本書のスコープを超えるため詳しい説明は割愛します。

```
# -W:deprecatedオプションを付けてrubyコマンドやirbを実行すると警告が出力される
lambda(&proc{})
#=> warning: lambda without a literal block is deprecated; use the proc without lambda instead
```

もしくはプログラム内でWarning[:deprecated]にtrueまたはfalseをセットして警告の表示・非表示を切り替える方法もあります。

```
# 非推奨警告を出力するようtrueをセット
Warning[:deprecated] = true

# 非推奨機能を使うと警告が出力される
lambda(&proc{})
#=> warning: lambda without a literal block is deprecated; use the proc without lambda instead
```

警告の存在に気づかずにRubyのバージョンを上げてしまうとバージョンアップ後にプログラムが動かなくなる可能性があります。ですので、ここで説明した方法で必ず警告の有無をチェックするようにしてください。

13.7 eval、バッククオートリテラル、sendメソッド

Rubyには文字列を受け取って、それをRubyプログラムやOSコマンドとして実行するしくみがいくつかあります。

たとえばevalメソッドは受け取った文字列をRubyのコードとして実行します。

```
# 文字列としてRubyのコードを記述する
code = '[1, 2, 3].map { |n| n * 10 }'

# evalメソッドに渡すと、文字列がRubyのコードとして実行される
eval(code) #=> [10, 20, 30]
```

バッククオートリテラルはバッククオート(`)で囲まれた文字列をOSコマンドとして実行します。

```
# OSのcatコマンドでテキストファイルの中身を表示する
puts `cat lib/fizz_buzz.rb`
#=> def fizz_buzz(n)
#     if n % 15 == 0
#       'Fizz Buzz'
#   以下省略
```

上のcatコマンドはmacOS/Linux環境用のOSコマンドです。Windows環境の場合は次のようにtypeコマンドを使ってください(ディレクトリを区切るバックスラッシュは2つ重ねてエスケープします)。

```
puts `type lib¥¥fizz_buzz.rb`
```

バッククオートの代わりに%xを使うこともできます(%記法)。

```
puts %x{cat lib/fizz_buzz.rb}
```

sendメソッドはレシーバに対して指定したシンボル（または文字列）のメソッドを実行します。

```
str = 'a,b,c'

# str.upcaseを呼ぶのと同じ
str.send(:upcase)     #=> "A,B,C"

# str.split(',')を呼ぶのと同じ
str.send(:split, ',') #=> ["a", "b", "c"]
```

ここで紹介したような機能は動的にプログラムの挙動を変えたりするのに役立ちます。ですが、その一方で外部から渡された任意の文字列を受け取るようになっていたりすると、悪意のあるユーザから自由にプログラムを実行されて深刻なセキュリティ問題を引き起こす恐れがあります。なので、そうしたセキュリティ問題が発生しないよう配慮したうえで、「ここぞ」という場面にだけ利用するようにしてください。

Column Rubyやgemのバージョンとセキュリティ

Rubyや外部ライブラリ（gem）を使用する場合は、なるべく最新のものを利用するようにしてください。古いバージョンを利用すると深刻なセキュリティホールが潜んでいるかもしれないからです。

たとえば本書の執筆時点（2021年5月）ではRuby 3.0.1が最新バージョンです。Ruby 2.5は公式サポートがすでに終了しており、新しいバージョンはリリースされません。Ruby 2.6も重大なセキュリティ修正だけが行われる期間に入っており、2022年中に公式サポートが終了します。このようにRubyのバージョンが上がるにつれて古いバージョンは順次サポートの対象外になっていきます。

また、Railsのようなフレームワークやその他のgemも通常、古いバージョンは順次サポート対象外となります。

Ruby本体に関する最新情報は公式サイト内のニュースページ[注6]で、gemの最新バージョンはRubyGems.org[注7]でそれぞれ確認できます。随時チェックするようにしましょう。

Column ツールを使ったコードレビューの自動化

セキュリティ的に問題のあるコードは気をつけていても「ついうっかり」作り込んでしまうかもしれません。そんな場合に備えて、ツールで自動的にチェックするようにしておくと安心です。これはRails向けのツールになりますが、Brakemanというgemを使うとコードを解析してセキュリティ的に問題がありそうなコードを指摘してくれます。

・https://github.com/presidentbeef/brakeman

また、初心者の方はRubyのお作法（標準的なコーディング規約）に沿っていないコードを書いてしまうことも多いでしょう。お作法に沿っていないから絶対にダメ、というわけではありませんが、ほかの人も読み書きするコードなのであれば、お作法を統一しておいたほうがスムーズに開発を進められるでしょう。RuboCopというgemを使うと、自分の書いたコードがRubyの標準的なコーディング規約に準拠しているか自動的にチェックしてくれます。

注6 https://www.ruby-lang.org/ja/news/
注7 https://rubygems.org/

・https://github.com/bbatsov/rubocop

ツールによるコードの静的解析は、デフォルトのルールが厳しすぎてルールのカスタマイズに時間がかかることもあります。ですが、自分で気づいていなかった問題を発見したり、チーム内で客観的にコードを評価したりするのに役立ちます。必要に応じてこうしたツールの導入も検討してみると良いかもしれません。

13.8 Rake

RakeはRubyで作られているビルド[注8]ツールです。macOS/Linux系の環境で昔からよく使われているビルドツールにMake[注9]がありますが、RakeはそのRuby版だと言えます。ただし、もともとはビルドツールとして開発されたRakeですが、実際にはビルドに限らず、「何かしらのまとまった処理（＝タスク）」を簡単に実行するためのツールとして使われることも多いです。

13.8.1 Rakeの基本的な使い方

Rakeの大きな特徴の1つはRubyプログラムを内部DSLとして使用する点です（DSLについては後述するコラム「RubyとDSLの相性のよさ」を参照）。RakeはRakefileという名前のファイルにタスクを定義します。

たとえば以下はRakefileに“hello_world”という名前のタスクを定義する例です。

```
# hello_worldという名前のタスクを定義する
task :hello_world do
  # ブロックの中がタスクとして実行される処理になる
  puts 'Hello, world!'
end
```

このタスクは以下のようにrakeコマンドを使って実行できます。

```
$ rake hello_world
Hello, world!
```

タスクにはdescメソッドを使ってタスクの説明を入れることもできます。

```
# タスクの説明を入れる
desc 'テスト用のタスクです。'
task :hello_world do
  puts 'Hello, world!'
end
```

rake -T（またはrake --tasks）というコマンドを入力すると、タスクの一覧が説明付きで表示されます。

```
$ rake -T
rake hello_world  # テスト用のタスクです。
```

注8　ビルド＝コンパイルやトランスパイル（別言語への変換）といった処理を通じて、ソースコードやライブラリを1つにまとめ、実行可能ファイルや配布パッケージを作成する処理。

注9　https://www.gnu.org/software/make/

タスクの数が増えてきたときは、名前空間（ネームスペース）を使ってタスクを整理（グループ分け）することもできます。

```
# 名前空間を使ってタスクをグループ分けする
namespace :my_tasks do
  desc 'テスト用のタスクです。'
  task :hello_world do
    puts 'Hello, world!'
  end
end
```

名前空間付きのタスクを実行するときは、コロン（:）を使って名前空間とタスクを区切ります。

```
$ rake my_tasks:hello_world
Hello, world!
```

13.8.2 Rakeを使ったテストの一括実行

Rakeではよく使われるいくつかのタスクがあらかじめ用意されています。なので、こうしたタスクを利用すれば、自分でゼロからタスクを書く必要はありません。以下は複数のテストコードを一括して実行するRake::TestTaskを利用する例です。

```
require 'rake/testtask'

Rake::TestTask.new do |t|
  t.pattern = 'test/**/*_test.rb'
end

task default: :test
```

上のコードの意味を簡単に説明しておきましょう。

まず、Rake::TestTask.newで新しくタスクを定義し、ブロック内のt.pattern = 'test/**/*_test.rb'の部分で、実行対象となるテストファイルのパターンを指定しています。この書き方であれば「testディレクトリ以下（サブディレクトリを含む）にある、_test.rbという名前で終わるファイルを実行対象とする」という意味になります。

Rake::TestTaskを使うとタスクの名前が"test"になります。また、最後の行にあるtask default: :testで、このtestタスクをデフォルトのタスクに設定しています。デフォルトのタスクを設定すると、rakeコマンドでタスク名を指定しない場合にそのタスクが実行されるようになります。

このコードをRakefileという名前でプロジェクトのルートディレクトリに保存し、実際に利用してみましょう。

```
ruby-book/
├── lib/
├── test/
└── Rakefile
```

プロジェクトのルートディレクトリに移動しrakeと入力すれば、testディレクトリにある全テストが実行されるはずです。

```
$ rake
Run options: --seed 54101

# Running:

...................

Finished in 0.147112s, 129.1533 runs/s, 251.5091 assertions/s.

19 runs, 37 assertions, 0 failures, 0 errors, 0 skips
```

Rakeにはほかにも多くの機能があります。詳しい使い方は公式リファレンスやRakeのREADMEファイルを参照してください。

- https://docs.ruby-lang.org/ja/latest/library/rake.html
- https://github.com/ruby/rake/blob/master/README.rdoc

Column　RubyとDSLの相性のよさ

Ruby関連のツールではRubyで書かれたDSLがよく使われます。先ほど説明したRakefileもRubyを使ったDSLです。しかし、そもそもDSLとは何なのでしょうか？　そして、なぜRubyで書かれたDSLがよく登場するのでしょうか？

DSLとは“Domain Specific Language”の略で、「ドメイン固有言語」（または「ドメイン特化言語」）と訳されます。これを筆者の言葉でもう少しかみ砕いて説明するなら、「何か特別な目的を実現するために定義された、人間（＝非技術者）にとって読みやすく、機械にとっても処理しやすいテキストファイルの記述ルール」になります。

たとえば、先ほど使ったRakefileを見てみましょう。独自のタスクを定義するためには以下のようなコードを記述しました。

```
desc 'テスト用のタスクです。'
task :hello_world do
  puts 'Hello, world!'
end
```

これはれっきとしたRubyのプログラムなのですが、一方で人間にもある程度理解しやすい形式になっています。Rakefileのルールをある程度わかっていれば、頭の中で次のように文書っぽく読めるのではないでしょうか。

```
# これはタスクの説明だよ
desc 'テスト用のタスクです。'
# これはhello_worldというタスクの定義だよ
task :hello_world do
  # この中がタスクの中身だよ
  puts 'Hello, world!'
end
```

一方、もしRakefileが次のような形式でしか記述できないとしたらどうでしょうか？

```
class MyRakeFile < RakeFile
  def main()
    desc('テスト用のタスクです。');
    task(:hello_world, -> {
      puts('Hello, world!');
    });
  end
end
```

もちろん、これでも人間が読めなくはないですし、文法的にもRubyのコードとして成り立っています。ですが、classやdefのようなキーワードや、丸カッコやセミコロンのような記号類など、余計な情報が多すぎて元のRakefileにあったシンプルさや文書っぽさは失われていますね。

Rubyではメソッド呼び出しのための丸カッコ（()）が省略できます。また、命令の区切りは改行になるのでいちいちセミコロン（;）を付ける必要もありません。また、トップレベルに命令を羅列できるので、main関数やmainクラスでプログラム全体を囲む必要もありません。ブロックも情報を構造化（入れ子）にする用途に使うと便利です。

Rubyにはこうした特徴があるため、Rubyのプログラムをあたかも設定ファイルやテキストドキュメントのように使うことができます。そして、「人間が読みやすいテキスト」がそのまま「Rubyのプログラム」になっているため、ツールやライブラリを作る開発者にとっても非常に都合が良いのです。

Rubyを使っているとDSL、つまり「設定ファイルのようなRubyプログラム」や「ドキュメントのようなRubyプログラム」がいろんなところに登場します。このあとで説明するBundlerのGemfileもそうですし、テスティングフレームワークのRSpecもそうです。Railsや各種gemで使われる設定ファイルも「一見すると設定用のテキストファイルっぽいが、実はRubyプログラムそのもの」であるケースがよくあります。

このようにRubyはDSLを通じて、人間と機械のスムーズな橋渡しを担ってくれているのです。

13.9 gemとBundler

Rubyのライブラリはgemという形式でパッケージングされます。さらに、作成したgemはRubyGems.org[注10]というサイトにアップロードすることができます。gemを利用したい開発者はそこからダウンロードして、自分のマシンやサーバにインストールすることができます。

13.9.1 gemのインストールと利用方法

gemをダウンロードしてインストールする場合はgemコマンドを使います。Rubyがインストールされている環境であれば通常、gemコマンドも使えるようになっているはずです。

たとえば以下はFaker[注11]というgemをインストールする例です（gemコマンドを使うためにはマシンがインターネットに接続できる必要があります。また、インストール実行時に表示されるメッセージは環境によって多少異なる場合があります）。

注10 https://rubygems.org/
注11 https://github.com/faker-ruby/faker

```
$ gem install faker
Successfully installed faker-2.17.0
Parsing documentation for faker-2.17.0
Installing ri documentation for faker-2.17.0
Done installing documentation for faker after 0 seconds
1 gem installed
```

gemのインストールが成功すれば、そのgemを使うことができます。ちなみに、Fakerは本物っぽいテストデータを準備したりするときに使用するgemです。Fakerがインストールされているマシンで次のようなコードを実行すると、それっぽい人名がランダムに作成されます。

```
require 'faker'
Faker::Name.name #=> "Torrey Hodkiewicz"
Faker::Name.name #=> "Magnus Glover"
```

gemに関する情報はRubyGems.orgのサイトにアクセスすると確認できます。トップページには検索窓が表示されるので、ここに"faker"と入力してみましょう。**図13-1**の画像はその検索結果です。

図13-1　"faker"の検索結果

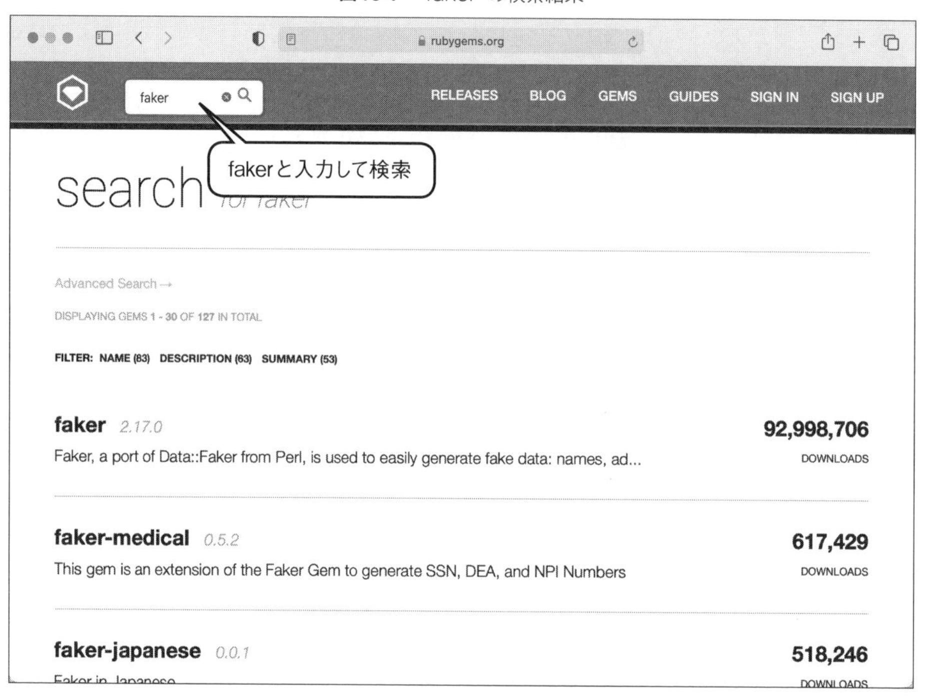

検索結果の中からFaker gem（faker）を選択すると、詳細な情報が表示されます（**図13-2**）。

特定のバージョンをインストールしたい場合は、次のように-vを付けてバージョンを指定します。

```
$ gem install faker -v 2.16.0
Fetching faker-2.16.0.gem
Successfully installed faker-2.16.0
```

```
Parsing documentation for faker-2.16.0
Installing ri documentation for faker-2.16.0
Done installing documentation for faker after 0 seconds
1 gem installed
```

なお、rbenvなどでRubyのバージョンを切り替えている場合は、Rubyのバージョンごとにgemをインストールしなおす必要があります。たとえば、Ruby 3.0.0でインストールしたgemはRuby 3.0.1の環境では使えないため、もう一度その環境でインストールしなければなりません。

また、gemの中にはC言語向けの外部ライブラリを利用するものもあります。そうしたgemは単純にgem installするだけではエラーが発生してインストールに失敗することがあります。インストール時にエラーが出た場合は、エラーメッセージをよく読み、gemのREADMEファイルやGitHubのissueなどを参考にして、必要なライブラリをインストールしたり、ドキュメントやissueで提示されているオプションを指定したりしてください。

図13-2 Faker gemの詳細情報を見る

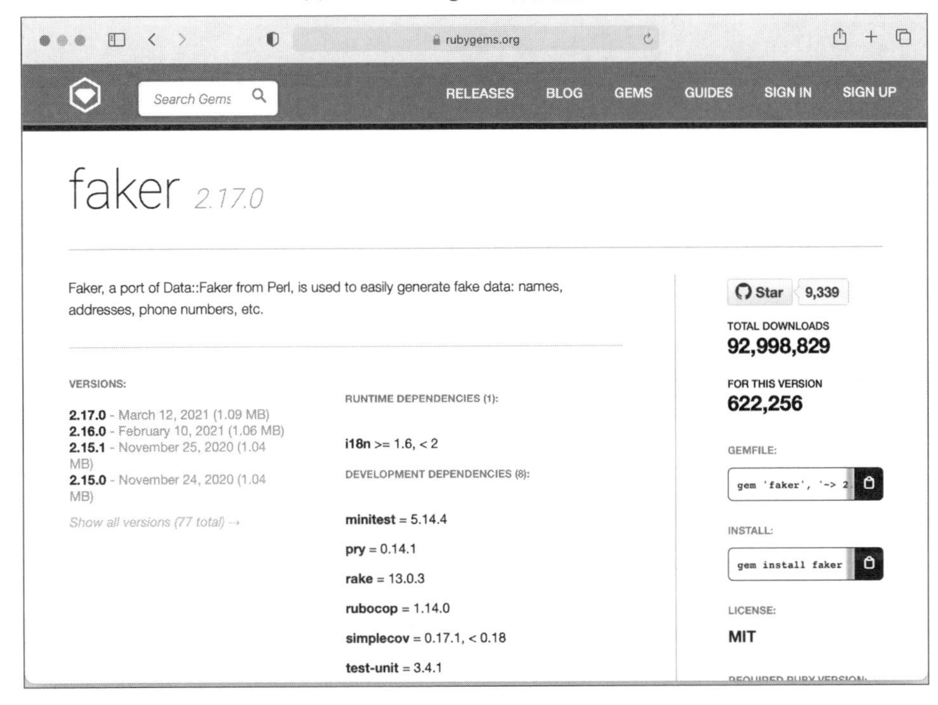

13.9.2 Bundlerでプロジェクト内で使用するgemを一括管理する

本書で扱ってきたRubyプログラムはどれも小さなものばかりで、gemのインストールが必要なものはほとんどありませんでした。しかし、Ruby on Railsのような大きなライブラリ（フレームワーク）になると、Rails本体を動かすだけでも大量のgemが必要になります。また、それ以外にもRailsアプリケーションを効率良く開発するために、多かれ少なかれ追加でgemをインストールする必要が出てきます。大きなRailsアプリケーションになると、1つのアプリケーションが100個以上のgemに依存することも珍しくありません。また、開発したRailsアプリケーションを動かすためにはどの実行環境でも同一バージョンのgemをインストールする必要があります。そうでないと開発環境と異なるバージョンのgemが本番環境にインストールされ、開発環境では発生しなかったエラーが本番環境で発生する、といった問題が起きてしまいます。

こういった問題を解決してくれる便利なツールがBundler[注12]です。Bundlerを使うと、1つのコマンドで、大量のgemを、どの環境でも同一のバージョンでインストールすることができます。これにより、チームメンバーの開発環境や本番環境で使用されるgemが統一され、実行環境ごとの差異を小さくすることができます。

Railsではフレームワーク内でBundlerを使うためのセットアップを自動的に行ってくれますが、本書ではBundlerのしくみを理解しやすくするために、Railsを使わずBundler単体でセットアップを進めていきます。

BundlerはRubyの標準ライブラリなので、Rubyがインストールされている環境であればbundleコマンドが使えます。本書ではRuby 3.0.1のデフォルトバージョンであるBundler 2.2.15を使います。バージョンが上がっても基本的な使い方は大きく変わらないと予想していますが、仕様が大きく変わった場合は本書のサポートページ（「1.7.1　サンプルコードがうまく動かない場合」の項を参照）で新しい情報をお知らせします。

```
$ bundle -v
Bundler version 2.2.15
```

今回はsample-projectというディレクトリを作り、このディレクトリ内でBundlerを使うようにしてみましょう。

```
$ mkdir sample-project
$ cd sample-project
```

sample-projectディレクトリに移動したら、bundle initコマンドを実行します。このコマンドを実行すると、Gemfileというファイルが作成されます。

```
$ bundle init
Writing new Gemfile to /（アプリケーションのパス）/sample-project/Gemfile
```

作成直後のGemfileの中身は次のようになっています[注13]。

```
# frozen_string_literal: true

source "https://rubygems.org"

git_source(:github) {|repo_name| "https://github.com/#{repo_name}" }

# gem "rails"
```

ちなみにGemfileもRubyを使ったDSLになっています。すなわち、一見ただの設定ファイルのように見えますが、実際はRubyのプログラムです[注14]。

さて、一番下の行を見るとgem "rails"の部分がコメントアウトされています。Bundlerで管理するgemを追加するときは、コメントを外し、使いたいgemの名前を指定します。試しに1つ前の項でインストールした

注12　https://bundler.io/

注13　Bundlerのバージョンによって内容が異なる可能性があります。

注14　Gemfileの1行目にあるコメント（frozen_string_literal: true）は、ファイル中の文字列リテラルをデフォルトですべてfreezeさせるマジックコメントです。この機能はRuby 2.3から実験的に導入されたものです。詳しくは以下のWebページを参照してください。
https://docs.ruby-lang.org/ja/latest/doc/news=2f2_3_0.html

Faker gemを指定してみましょう。

```
# frozen_string_literal: true

source "https://rubygems.org"

git_source(:github) {|repo_name| "https://github.com/#{repo_name}" }

gem 'faker'
```

Gemfileを保存したらターミナルからbundle installと入力してください。環境によって細かい表示は異なるかもしれませんが、"Bundle complete!"のメッセージが出ていればインストールに成功しています。

```
$ bundle install
Using bundler 2.2.15
Using concurrent-ruby 1.1.8
Using i18n 1.8.10
Using faker 2.17.0
Bundle complete! 1 Gemfile dependency, 4 gems now installed.
Use `bundle info [gemname]` to see where a bundled gem is installed.
```

上のメッセージにあるとおり、今回は執筆時点の最新バージョンであるFaker 2.17.0がインストールされました。みなさんが実行した場合はより新しいバージョンがインストールされると思いますので、適宜本文のバージョン番号を読み替えてください。

次に、下のような簡単なRubyスクリプトを作成し、sample.rbという名前で保存してください。

```
require 'faker'

puts Faker::VERSION
puts Faker::Name.name
```

Bundlerで使用するgemを管理する場合は、通常のコマンドの手前にbundle execを付けて実行します。たとえば今回作成したsample.rbを実行する場合はbundle exec ruby sample.rbになります。実際にやってみましょう。

```
$ bundle exec ruby sample.rb
2.17.0
Kristin Weber MD
```

ご覧のとおり、Faker gemのバージョンとFakerが生成したランダムな人名が出力されました。しかし、このままだと普通にruby sample.rbを実行したときと違いがありませんね。そこで、あえてFaker gemのバージョンを2.16.0に下げてみましょう。Gemfileを次のように変更してください。

```
# 省略

gem 'faker', '2.16.0'
```

それからbundle update fakerを実行します。これでFaker 2.16.0が利用されるようになります。

```
$ bundle update faker
Fetching gem metadata from https://rubygems.org/....
Resolving dependencies...
Using concurrent-ruby 1.1.8
Using bundler 2.2.15
Using i18n 1.8.10
Using faker 2.16.0 (was 2.17.0)
Note: faker version regressed from 2.17.0 to 2.16.0
Bundle updated!
```

この状態でもう一度bundle exec ruby sample.rbを実行すると、使用されるFakerのバージョンが変わったのがわかるはずです。

```
$ bundle exec ruby sample.rb
2.16.0
Leopoldo Schuppe
```

一方、bundle execを付けずにsample.rbを実行すると、その環境にインストールされている一番新しいgemが使用されるので、バージョン2.17.0が出力されます。つまり、Bundlerを使わないと使用するgemのバージョンをコントロールしづらいことがわかります。

```
$ ruby sample.rb
2.17.0
Blake Kiehn
```

使いたいgemが増えたときはGemfileに使用するgemを追加します。ここではオブジェクトの情報を見やすく整形してくれるAwesome Print gem[注15]を追加します。

```
# 省略

gem 'faker', '2.16.0'
gem 'awesome_print'
```

Gemfileを保存してbundle installを実行すると、今回追加したAwesome Print gemがインストールされます。

```
$ bundle install
Fetching gem metadata from https://rubygems.org/....
省略
Installing awesome_print 1.9.2
Bundle complete! 2 Gemfile dependencies, 5 gems now installed.
Use `bundle info [gemname]` to see where a bundled gem is installed.
```

sample.rbを編集してAwesome Print gemを使ってみましょう。

```
require 'faker'
require 'awesome_print'

puts Faker::VERSION
```

注15　https://github.com/awesome-print/awesome_print

```
puts Faker::Name.name

# apはAwesome Printによって追加されるターミナル出力メソッド
ap ['Alice', 'Bob', 'Carol']
```

スクリプトを実行し、次のようにapメソッドによって整形された配列の内容が表示されればOKです。

```
$ bundle exec ruby sample.rb
2.16.0
Bertie O'Connell DVM
[
    [0] "Alice",
    [1] "Bob",
    [2] "Carol"
]
```

13.9.3 Gemfile.lockの役割

ところで、Bundlerを使ってgemをインストールすると、Gemfileと同じディレクトリにGemfile.lockというファイルが自動的に作成されます。このファイルにはBundlerで管理すべきgemとそのバージョン番号が記載されています。ただし、Gemfile.lockはBundlerが自動的に作成/更新するファイルなので、開発者が直接編集してはいけません。以下はここまでの操作を実行したあとのGemfile.lockの内容です[注16]。

```
GEM
  remote: https://rubygems.org/
  specs:
    awesome_print (1.9.2)
    concurrent-ruby (1.1.8)
    faker (2.16.0)
      i18n (>= 1.6, < 2)
    i18n (1.8.10)
      concurrent-ruby (~> 1.0)

PLATFORMS
  arm64-darwin-20

DEPENDENCIES
  awesome_print
  faker (= 2.16.0)

BUNDLED WITH
   2.2.15
```

チームで1つのアプリケーションを開発したり、開発環境とは別に本番環境を用意したりする場合は、GemfileやGemfile.lockもバージョン管理システム(gitなど)で変更管理します。こうすることで、たとえばチームに新しく参加した開発者はバージョン管理システムからファイル一式をダウンロード(gitであればgit clone)し、bundle installを実行するだけでほかの開発者とまったく同じバージョンのgemを使って

注16 Bundlerのバージョンやコマンドを実行した環境、タイミングなどによって内容は多少異なります。

開発を始めることができます。これはBundlerがGemfile.lockの情報を見て、必要なgemをバージョンまでそろえて、まとめてインストールしてくれるからです。

13.9.4 Gemfileでgemのバージョンを指定する記号の意味

Bundlerにはたくさんの機能があるため、ここですべての機能を説明することはできませんが、一点だけ、gemのバージョンの指定方法が少し変わっているので、それだけ説明しておきます。

まず、バージョン番号を指定しない場合は「Bundlerにおまかせ」になります。Bundlerは依存関係上、問題が起きない最新バージョンをインストールします。ただし、問題が起きないバージョンがマシンにすでにインストールされている場合は、最新かどうかにかかわらずそれを再利用します。

```
# バージョンはBundlerにおまかせ
gem 'faker'
```

特定のバージョンを使いたいときは、カンマ区切りでそのバージョンを指定します。

```
# 2.17.0に固定
gem 'faker', '2.17.0'
```

「2.17.0以上であれば何でも良い（2.18や3.0でもかまわない）」という場合は>=を使います。

```
# 2.17.0以上（上は制限なし）
gem 'faker', '>= 2.17.0'
```

ここまではなんとなく意味がわかるかもしれませんが、ちょっと変わっているのが'~> 2.17.0'のようなバージョン指定（悲観的なバージョン指定）です。これは「2.17.0以上かつ2.18未満」を指定したことになります。つまり、パッチバージョンは上がっても良いがマイナーバージョンは上げたくないことを意味します[注17]。

```
# 2.17.0以上かつ2.18未満（2.17.1などは良いが、2.18.0はNG）
gem 'faker', '~> 2.17.0'
```

'~> 2.17'であれば「2.17以上、3.0未満」を指定したことになります。つまり、マイナーバージョンは上がっても良いがメジャーバージョンは上げたくないことを意味します。

```
# 2.17以上かつ3.0未満（2.19.0などは良いが、3.0.0はNG）
gem 'faker', '~> 2.17'
```

マイナーバージョンやメジャーバージョンが変わると、後方互換性のない変更が導入されて突然プログラムが動かなくなる場合があります。なので、それを防止したいときに悲観的バージョン演算子（~>）を使います。

そのほか、Bundlerに関する詳しい使い方については公式サイト（英語）の情報を参考にしてください。

・https://bundler.io/

注17　メジャーバージョン、マイナーバージョン、パッチバージョンは、それぞれ「セマンティック バージョニング」と呼ばれるバージョン表記方法で使われる番号のことです。詳細については次のサイトを参照してください。https://semver.org/lang/ja/

13.10 Rubyにおける型情報の定義と型検査（RBS、TypeProf、Steep）

昨今ではRubyやJavaScriptのような動的型付け言語でも型検査のニーズが高まってきました。型情報が事前に提供されていれば、メソッド名のタイプミスのようなささいなミスは型検査によってプログラムを実行する前に検出できますし、IDE（統合開発環境）と連携して型情報に基づくコードの入力補完やメソッドの定義元へのコードジャンプなども行えるようになります[注18]。巨大化と複雑化を続ける昨今の開発プロジェクトにおいては、こうした型情報のメリットが開発体験の向上に大きく貢献します。

そうした背景もあって、最近では動的型付け言語でも型情報を扱えるしくみが提供されるようになってきました。たとえばJavaScriptではTypeScript[注19]を使うことで静的に型付けされたプログラミングが行えます。PythonではPython 3.5から型ヒント（Type Hints）と呼ばれる機能が導入されました[注20]。

しかし、動的型付け言語に型情報を導入するのはいいことばかりではありません。型情報をいちいち手入力するのは単純にコードを書く手間を増やすことにつながります。また、型情報を記述するために新しい構文が導入されたりすると、古いコードの互換性が失われる可能性もあります。

そこでRubyではプログラム本体に新しい構文を導入することなく、なおかつ人間がなるべく型情報を書かずに済む独自のアプローチで型情報を扱えるようにしました。それがRuby 3.0で導入されたRBSとTypeProf（`typeprof`コマンド）です。また、型検査はSteepと呼ばれる外部のgemを使って行います。

13.10.1 typeprofコマンドで型情報を自動生成する

というわけで、実際にRubyで型情報の定義や型検査を行ってみましょう。本書で使用する各ツールのバージョンは以下のとおりです。

- RBS 1.0.4
- TypeProf 0.12.0
- Steep 0.44.1

このうちRBSとTypeProfはRuby 3.0以上であれば自動的にインストールされます。また、いずれのツールもgemとして提供されているため、Ruby本体のバージョンと関係なく新しいバージョンにアップデートできます。

Windowsユーザのみなさんへ。RubyInstallerでインストールしたRubyを使っている場合、本書執筆時点の最新版であるSteep 0.44.1は一部の実行コマンドでエラーが発生します[注21]。WSL上で構築したRuby環境では正常に実行できるので、SteepがRubyInstaller版のRubyに対応するまで、本節のサンプルコードはWSL上で実行してください。

注18 RubyMineのような一部のIDEでは以前から独自の技術でRubyコードの入力補完やコードジャンプが行えますが、型情報があればより一層の精度向上が期待できます。

注19 https://www.typescriptlang.org/

注20 https://www.python.org/dev/peps/pep-0484/

注21 https://github.com/soutaro/steep/issues/383

本書の執筆時点ではRBS関連のツール群はまだ登場したばかりで今後いろいろと変化していく可能性があります。みなさんの環境で動きが異なる場合は各ツールの公式リポジトリを確認してください注22。

RBSを使うにあたって、今回は第3章で使ったFizzBuzzプログラムと、FizzBuzzプログラム用のテストコードを利用します。それぞれコードは次のようになっていました。

lib/fizz_buzz.rb
```
def fizz_buzz(n)
  if n % 15 == 0
    'Fizz Buzz'
  elsif n % 3 == 0
    'Fizz'
  elsif n % 5 == 0
    'Buzz'
  else
    n.to_s
  end
end
```

test/fizz_buzz_test.rb
```
require 'minitest/autorun'
require_relative '../lib/fizz_buzz'

class FizzBuzzTest < Minitest::Test
  def test_fizz_buzz
    assert_equal '1', fizz_buzz(1)
    assert_equal '2', fizz_buzz(2)
    assert_equal 'Fizz', fizz_buzz(3)
    assert_equal '4', fizz_buzz(4)
    assert_equal 'Buzz', fizz_buzz(5)
    assert_equal 'Fizz', fizz_buzz(6)
    assert_equal 'Fizz Buzz', fizz_buzz(15)
  end
end
```

今からfizz_buzz.rb内で定義したfizz_buzzメソッドに型情報を付与します。その前準備としてsigディレクトリを作成してください。

```
ruby-book/
├── lib/
│   └── fizz_buzz.rb
├── sig/
└── test/
    └── fizz_buzz_test.rb
```

Ruby 3.0では型情報を自動生成するためのtypeprofコマンドが使えるようになっています。sigディレクトリを作成したら、以下のコマンドを実行してください。

注22　rbs：　https://github.com/ruby/rbs
typeprof：https://github.com/ruby/typeprof
steep：　https://github.com/soutaro/steep

```
$ typeprof test/fizz_buzz_test.rb -o sig/fizz_buzz.rbs
```

するとコマンドの実行結果がsig/fizz_buzz.rbsに書き込まれているので、エディタで開いてみましょう。

```
# TypeProf 0.12.0

# Classes
class Object
  private
  def fizz_buzz: (Integer n) -> String
end

class FizzBuzzTest
  def test_fizz_buzz: -> untyped
end
```

これがTypeProfによって自動生成されたfizz_buzzメソッドの型情報です。Rubyの型情報はスクリプト本体(rbファイル)とは別のrbsファイルに記述します。rbsファイルは開発者が手書きしても良いのですが、typeprofコマンドを使って自動生成することができます。TypeProfは与えられたRubyコード(今回であればfizz_buzz_test.rb)を解析し、型情報を推定します。そして、その型情報から生成されたファイルがfizz_buzz.rbsになります。

fizz_buzz.rbsは一見、Rubyスクリプトっぽく見えますが、これはRubyスクリプトではなく、Rubyの型情報を記述するための言語(RBS言語)が書かれています。たとえば、以下のコードはObjectクラスのprivateメソッドであるfizz_buzzメソッドがInteger型の引数nを受け取り、String型の戻り値を返すことを表しています。

```
class Object
  private
  def fizz_buzz: (Integer n) -> String
end
```

ちなみに、なぜfizz_buzzメソッドがObjectクラスのprivateメソッドになっているのかというと、Rubyではトップレベルに定義したメソッドはObjectクラスのprivateメソッドとして定義されるためです(第8章のコラム「トップレベルに定義したメソッドはどのクラスに定義される?」(p.341)を参照)。

fizz_buzz.rbsにはfizz_buzzメソッドの型情報だけでなく、FizzBuzzTestクラスの型情報も書かれていますね。

```
class FizzBuzzTest
  def test_fizz_buzz: -> untyped
end
```

これもTypeProfによって自動生成された型情報ですが、いったんこのままおいておきます。

ところで、すでにお気づきの方もいるかもしれませんが、TypeProfで型情報を自動生成するためには、目的のメソッドやクラスを実行するプログラムが必要になります。今回の場合であれば、テストコードであるfizz_buzz_test.rbの存在が不可欠です。fizz_buzz.rbだけだと、TypeProfは型情報を生成できません。よって、テストコードや実行用プログラムが存在しない場合は、開発者がrbsファイルを手書きする必要があります注23。

また、TypeProfはあくまで型情報を推定した結果を出力するだけです。そのため、推定に失敗するケースもあります。出力されたrbsファイルの型情報が意図した内容になっていない場合は、開発者が修正する必要があります。しかし、将来TypeProfの型解析の精度が上がっていけば、「人間がわざわざ型情報を手書きしないで済む世界」がやってくるかもしれません。

13.10.2 Steepで型検査を行う

ところで、Ruby本体には型検査を行う機能や型検査ツールは同梱されていません。rbsファイルを使って型検査を行うためにはSteep gemを別途インストールする必要があります。というわけで、Steep gemをインストールしましょう。

```
$ gem install steep
```

インストールが終わったら、steep initコマンドを実行します。

```
$ steep init
Writing Steepfile...
```

すると、次のようなSteepfileが作成されます。

```
# target :lib do
#   signature "sig"
#
#   check "lib"                       # Directory name
#   check "Gemfile"                   # File name
#   check "app/models/**/*.rb"        # Glob
#   # ignore "lib/templates/*.rb"
#
#   # library "pathname", "set"       # Standard libraries
#   # library "strong_json"           # Gems
# end

# target :spec do
#   signature "sig", "sig-private"
#
#   check "spec"
#
#   # library "pathname", "set"       # Standard libraries
#   # library "rspec"
# end
```

SteepfileはSteepを実行する際に必要な設定ファイルで、Rubyを使ったDSLになっています。設定例がコメントアウトされていますが、ここではSteepfileの中身を以下のように書き換えます。

```
target :lib do
```

注23　実行用プログラムが存在しない場合はtypeprofコマンドの代わりにrbs prototype rb lib/fizz_buzz.rbというコマンドでrbsファイルの雛形を生成することもできます。ただし、この場合はメソッドの引数や戻り値の型はすべてuntyped（任意の型）となるため、開発者が適切に編集する必要があります。

```
  check 'lib/fizz_buzz.rb'
  check 'test/fizz_buzz_test.rb'
  signature 'sig'
end
```

上の設定は、lib/fizz_buzz.rbとtest/fizz_buzz_test.rbを型検査の対象とし、型情報(rbsファイル)をsigディレクトリに配置することを意味しています。

これでSteepを使う準備ができました。では、steep checkコマンドを入力して、型検査を行いましょう。

```
$ steep check
# Type checking files:

.........................................................F

test/fizz_buzz_test.rb:6:4: [error] Type `::FizzBuzzTest` does not have method `assert_equal`
│ Diagnostic ID: Ruby::NoMethod
│
└     assert_equal '1', fizz_buzz(1)
      ~~~~~~~~~~~~

省略

Detected 7 problems from 1 file
```

おっと、何やらエラーが表示されました。どうやらassert_equalメソッドの型情報が未定義であるため、型検査に失敗したようです。本書の執筆時点ではMinitestの型情報が提供されていないため、以下のようにfizz_buzz.rbsにassert_equalメソッドの型情報を追加してこのエラーを回避することにします。ちなみに、untypedは任意の型を、-> voidはメソッドの戻り値がないことをそれぞれ意味します。

```
# 省略

class FizzBuzzTest
  def test_fizz_buzz: -> untyped
  def assert_equal: (untyped, untyped) -> void
end
```

それではもう一度steep checkを実行してみましょう。

```
$ steep check
# Type checking files:

..........................................................

No type error detected. 🫖
```

「型エラーは発見されなかった(No type error detected.)」というメッセージが表示されているので、今回は型検査上の問題は見つからなかったようです。では、わざとおかしなコードを書いてちゃんと問題を検出できるか確認してみましょう。fizz_buzz_test.rbを次のように変更してみてください。

```
class FizzBuzzTest < Minitest::Test
  def test_fizz_buzz
    # fizz_buzzメソッドの引数にわざとnilを渡す
    assert_equal '1', fizz_buzz(nil)
    # 省略
```

この状態でsteep checkを実行すると、引数の型が一致しないことが検出されます。

```
$ steep check
# Type checking files:

..........................................................F

test/fizz_buzz_test.rb:7:32: [error] Cannot pass a value of type `nil` as an argument of type ⏎
`::Integer`
│   nil <: ::Integer
│
│ Diagnostic ID: Ruby::ArgumentTypeMismatch
│
└     assert_equal '1', fizz_buzz(nil)
                                  ~~~

Detected 1 problem from 1 file
```

型検査の結果を確認したら先ほど変更したコードは元に戻してください。

Rubyの組み込みライブラリ（StringクラスやIntegerクラスなど）はデフォルトで型検査の対象になります。試しにfizz_buzz.rbを開いてn.to_sをn.upcaseに変更してみましょう。

```
def fizz_buzz(n)
  if n % 15 == 0
    'Fizz Buzz'
  elsif n % 3 == 0
    'Fizz'
  elsif n % 5 == 0
    'Buzz'
  else
    # Integer型のnに対してわざとupcaseメソッドを呼び出す
    n.upcase
  end
end
```

steep checkで型検査を実行すると、「Integer型にupcaseメソッドはない」という理由で予想どおりエラーになりました。

```
$ steep check
# Type checking files:

.......................................F..................

lib/fizz_buzz.rb:10:6: [error] Type `::Integer` does not have method `upcase`
│ Diagnostic ID: Ruby::NoMethod
```

```
  │
  └     n.upcase
          ~~~~~~

Detected 1 problem from 1 file
```

型検査の結果を確認したら先ほど変更したコードは元に戻してください。

13.10.3 RBSとRubyの未来

RBSの文法や、TypeProfとSteepの使い方については説明していない内容がまだたくさんあるのですが、紙面の都合上、本書では必要最小限の内容に留めました。ですが、ここまでの説明でRBSについて以下のような基本事項がわかっていただけたかと思います。

- Rubyの実行スクリプト（rbファイル）と型情報（rbsファイル）は完全に分離されている。
- typeprofコマンドを使うことで型情報を自動生成することができる（ただし、まだ完璧ではない）。
- 型検査は外部のgemであるSteepを利用する。

RBSの文法やTypeProfとSteepの使い方について詳しく知りたい場合は、各ツールの公式リポジトリを参照してください。

- https://github.com/ruby/rbs
- https://github.com/ruby/typeprof
- https://github.com/soutaro/steep

また、今回はターミナル上で型検査を行いましたが、Visual Studio Code（VS Code）やRubyMineのようなエディタ、もしくはIDEでもRBSへの対応が徐々に進んできています。たとえばVS CodeではSteep用の拡張機能[注24]をインストールすることでコードの自動補完やエディタ上での型検査ができるようになっています（**図13-3**）。

図13-3 VS Codeのエディタ上で型エラーを検知した場合の表示例

```
lib > fizz_buzz.rb
 1  def fizz_buzz(n)
 2    if n % 15 == 0
 3      'Fizz Buzz'
 4    elsif n % 3 == 0
 5      │ Type `::Integer` does not have method `upcase` (Ruby::NoMethod)
 6    el│ untyped
 7      │
 8    el│ View Problem (⌥F8)   No quick fixes available
 9      n.upcase
10    end
11  end
12
```

RBSを活用すれば、型検査によってコードを書き終えた時点で潜在的なバグの可能性を検出できます。また、

注24 https://marketplace.visualstudio.com/items?itemName=soutaro.steep-vscode

上で紹介したようにIDEと連携することで、自動補完を利用したすばやいコーディングや、リアルタイムな型検査が可能になります。RBSの登場により、Rubyの開発体験がさらに向上していくことでしょう。

その一方で、本書執筆時点ではRBSは公開されてから日が浅く、開発の現場に広く浸透しているとはまだまだ言いがたいです。Rubyの組み込みライブラリや標準ライブラリは型情報が提供されていますが、gemに関しては型情報が提供されているものはそれほど多くありません。また、前述のとおり、「わざわざ型情報を手で書かなくても型検査ができる世界」を実現するためにはTypeProfのさらなる精度向上が必要不可欠です。RBSを開発の現場で活用する実践的な知見やノウハウの共有も今後の情報に期待、といった状況です。

とはいえ、そういった問題は時間が経つにつれ、徐々に改善されていくはずです。Ruby 3.1、3.2、3.3とRubyのバージョンが上がってきたころにはRBSを活用したRubyプログラミングが当たり前になっているかもしれません。読者のみなさんも折に触れて、RBS関連の最新情報をチェックしてみてください。

Column　もうひとつの型検査ツール＝Sorbet

Ruby 3.0が登場する前から開発・運用されている型検査ツールにSorbet（ソルベ）があります。Sorbetを利用する場合はRBIと呼ばれる独自形式の型注釈を使います。以下はそのコード例です[注25]。

```
# typed: true
extend T::Sig

sig {params(name: String).returns(Integer)}
def main(name)
  puts "Hello, #{name}!"
  name.length
end

main("Sorbet") # ok!
main()   # error: Not enough arguments provided
man("") # error: Method `man` does not exist
```

もともとRBS/SteepとSorbetはまったく別のプロジェクトだったのですが、RBSとRBIを相互に変換するツールの開発など、互いに協力しあいながら開発が進められることがアナウンスされています[注26]。Rubyの型検査ツールに興味がある方はSorbetもチェックしてみてください。

13.11 「Railsの中のRuby」と「素のRuby」の違い

本書の読者のみなさんは「Railsを使えるようになりたくてRubyの勉強をしている」という人が多いはずです。かく言う筆者も「Railsを使いたくてRubyを勉強した人」の1人ですし、現在も仕事で書くRubyのコードの大半はRailsのコードです。

注25　出典：https://sorbet.org/
注26　https://developer.squareup.com/blog/the-state-of-ruby-3-typing/

言うまでもなく、RailsはRubyで作られたWebアプリケーションフレームワークです。Rubyを使うので当然Ruby言語の知識が必要になります。しかし一方で「フレームワークの独自ルール」がたくさんあるのも事実です。つまり、Ruby言語の知識だけでなく「Railsに特化した知識」も必要になってきます。Railsの独自ルールをすべて挙げていくとRailsの専門書が1冊できてしまうので、ここでは「素のRuby（つまり本書で説明した内容）」と「Railsの中のRuby」で考え方が大きく異なる点を説明しておきます。

13.11.1 requireやrequire_relativeを書く機会がほとんどない

たとえば本書ではrequireやrequire_relative（以下、まとめてrequireと表記）を使ってほかのプログラムやライブラリを読み込んでいました。

```
# requireやrequire_relativeでほかのプログラムやライブラリを読み込む
require 'minitest/autorun'
require_relative '../lib/fizz_buzz'

class FizzBuzzTest < Minitest::Test
  # 省略
```

しかし、Railsではrequireを書く機会がぐっと減ります。なぜなら、Railsが自動的にrequireを実行してくれるからです。Railsには定数の自動読み込みという機能があり、コード中に不明なクラスが登場すると特定のパスから条件に合致しそうなクラスを見つけ、自動的に読み込んでくれるのです（逆に自分でrequireすると、予期せぬトラブルの原因になる場合があります）。

```
class UsersController < ApplicationController
  def index
    # user.rbはRailsによって自動的にrequireされる
    @users = User.all
  end
end
```

また、DateクラスのようなRubyの標準ライブラリやBundlerでインストールしたgemなども、Railsが起動するタイミングで大半がrequireされるので、自分が書くコードの中でわざわざrequireする機会はほとんどなくなります。

13.11.2 名前空間として使われるモジュールが自動生成される

さらに、Railsは名前空間として使われているモジュールを自動的に作成します。たとえば、fooというディレクトリに、以下のようなbar.rbというファイルがあったとします。

```
app/models/foo/bar.rb
class Foo::Bar < ApplicationRecord
  # クラスの定義
end
```

このとき、「素のRuby」であればクラスやモジュールとして事前にFooを定義しておく必要があります（「8.6.3 入れ子なしで名前空間付きのクラスを定義する」の項を参照）。しかし、Railsはfooというディレクトリの下にbar.rbがあることから「Fooは名前空間として使われている」と判断し、Fooが未定義であればFooという名前のモジュールを自動的に定義します（ただし、これは内部的なモジュール定義であり、物理的なファイルが作成されるわけではありません）。

定数の自動読み込みやモジュールの自動作成は以下のドキュメントに詳しく説明されています。

・https://railsguides.jp/autoloading_and_reloading_constants.html

13.11.3 標準ライブラリのクラスやMinitestが独自に拡張されている

ほかに押さえておくべきポイントといえば、Active Supportによる標準ライブラリの拡張が挙げられるでしょう。「7.10.6 オープンクラスとモンキーパッチ」の項でも説明したとおり、RubyはStringクラスやArrayクラスのような組み込みライブラリのクラスであっても開発者が自由に拡張できます。Railsではこの特徴を積極的に活用し、Rubyの標準ライブラリに対して数多くの独自拡張を実装しています。

たとえば、RailsではStringクラスにunderscoreというメソッドを追加しています。このメソッドを使うとキャメルケースの文字列をアンダースコア区切りに変換できます。

```
# Rails環境であれば、文字列に対してunderscoreメソッドが呼び出せる
'HelloWorld'.underscore #=> "hello_world"
```

「素のRuby」では当然underscoreメソッドは使えません。

```
# 素のRubyではunderscoreメソッドは定義されていない
'HelloWorld'.underscore
#=> undefined method `underscore' for "HelloWorld":String (NoMethodError)
```

ほかにもハッシュなのにキーが文字列でもシンボルでも同等に扱うActiveSupport::HashWithIndifferentAccessクラスや、「素のRuby」のTimeクラスよりも柔軟にタイムゾーンを扱えるActiveSupport::TimeWithZoneクラスなど、「一見、組み込みライブラリのクラスに見えるが実は違うクラス」というケースもあります。

```
# ActiveSupport::HashWithIndifferentAccessクラスを使ってハッシュを作成する
countries = ActiveSupport::HashWithIndifferentAccess.new(japan: 'yen', 'us' => 'dollar')
#=> {"japan"=>"yen", "us"=>"dollar"}

# このクラスを使うと、キーが文字列でもシンボルでも同等に扱われる
countries[:japan]  #=> "yen"
countries['japan'] #=> "yen"
countries[:us]     #=> "dollar"
countries['us']    #=> "dollar"

# ActiveSupport::TimeWithZoneのインスタンスを作成する
time = Time.zone.now #=> Wed, 05 May 2021 19:52:10.269312000 JST +09:00
time.class           #=> ActiveSupport::TimeWithZone

# 異なるタイムゾーンの日時を取得する
time.in_time_zone("Asia/Tokyo") #=> Wed, 05 May 2021 19:52:10.269312000 JST +09:00
time.in_time_zone("US/Hawaii")  #=> Wed, 05 May 2021 00:52:10.269312000 HST -10:00
```

上のコード例では自分で明示的にインスタンスを作成していますが、こうしたクラスのインスタンスは自分で作成するのではなく、フレームワーク側で自動的に作成され、知らないうちに利用しているケースも多いです。

なので、普通に組み込みライブラリのハッシュやTimeオブジェクトを使っているつもりだったが、実はRailsが独自に拡張したクラスを使っていた、ということもよくあります。

Railsがどのクラスに対してどんな独自拡張を行っているのかは、以下のドキュメントで確認できます。

- https://railsguides.jp/active_support_core_extensions.html

Railsで使用される標準のテスティングフレームワークはMinitestです[注27]。ただし、こちらもRails独自の拡張が入っているので「素のMinitest」と異なる部分があります。一番大きな違いは、テストメソッドの定義方法でしょう。

本書では次のようにtest_で始まるメソッドを定義して、テストメソッドを作成していました。

```
class FizzBuzzTest < Minitest::Test
  # 素のMinitestではtest_ではじまるメソッドを定義する
  def test_fizz_buzz
    assert_equal '1', fizz_buzz(1)
    # 省略
  end
end
```

Railsの場合はこれを次のように"testメソッド+文字列+ブロック"の形式で書くことができます。

```
class FizzBuzzTest < ActiveSupport::TestCase
  # RailsのMinitestではtestメソッドとブロックを使って定義できる
  test 'fizz_buzz' do
    assert_equal '1', fizz_buzz(1)
    # 省略
  end
end
```

また、Railsではassert_differenceやassert_not_equalなど、「素のMinitest」にはない検証メソッドも用意されています。

ちなみに、上のコードをよく見ると、継承しているスーパークラスも違います。ActiveSupport::TestCaseクラスはMinitest::Testクラスを継承し、機能拡張してあるため、「素のMinitest」にはないさまざまな機能を利用できるのです。

Minitestを使ってRailsのテストを書く場合は、以下のドキュメントが参考になります。

- https://railsguides.jp/testing.html

さらに、Railsだけでなく、Bundlerでインストールしたgemが標準クラスの独自拡張を行う場合もあります。そのため、Railsアプリケーションを開発していると、たまに「このメソッドは標準ライブラリで提供されているメソッドなのか、Railsやgemが拡張したものなのか、さっぱり見当がつかない」と思うときがあります。そんなときはMethodクラスのsource_locationメソッドを使うと、メソッドの定義場所を確認できます。メソッドの定義場所を調べる具体的な方法は「12.5.5　ライブラリのコードを読む」の項を参照してください。

注27 開発の現場ではMinitestの代わりにRSpecが使われていることもよくあります。

13.11.4 Rubyの構文や言語機能がまったく別の用途で使われているケースがある

本書の「7.3.3　インスタンス変数とアクセサメソッド」の項ではインスタンス変数の使い方を詳しく説明しました。ここで説明したインスタンス変数は純粋な「オブジェクト指向プログラミング」の文脈で使われるインスタンス変数です。

```
class User
  def initialize(name)
    # @nameはオブジェクトの属性値を保存するためのインスタンス変数
    # （オブジェクト指向プログラミングにおけるインスタンス変数）
    @name = name
  end

  def hello
    "Hello, I am #{@name}."
  end
end
```

一方、Railsでは次のようにコントローラの中でインスタンス変数が頻繁に使われます。このインスタンス変数はコントローラからビューにデータを渡すために使われるインスタンス変数です。これはあくまでRailsの規約としてインスタンス変数が採用されているだけであって、オブジェクト指向プログラミングにおけるインスタンス変数とは基本的に分けて考えるべきです。

```
class BooksController < ApplicationController
  def index
    # @booksはコントローラからビューにデータを渡すために使われるインスタンス変数
    # （Railsの規約としてそうなっているだけ）
    @books = Book.all
  end
end
```

Rubyの勉強ではなく、先にRailsの勉強から始めた人は「@で始まる変数はコントローラからビューにデータを渡すために使う変数」と覚えてしまっている人がいるかもしれませんが、それはRails独自の規約に過ぎません。ですので、本来であればオブジェクト指向プログラミングにおけるインスタンス変数の使い方を先に知っておくほうが望ましいです。

ほかにも、Railsではビューの中でyieldが使われる場合があります。

```
<!DOCTYPE html>
<html>
  <head></head>
  <body>
    <%= yield %>
  </body>
</html>
```

このyieldはレイアウトのビューから特定のビューを挿入するために使う命令ですが、これもやはり第10章で説明したyieldの内容とは大きく異なるものです。ですので、「ビューの中に出てくるyield」と「ブロックを利用するメソッドの中で使うyield」は別物として考えるほうが良いでしょう。

このように、Railsアプリの開発中にRubyを使っていると「Railsの中でしか通用しないRubyのルール」がたくさん出てきます。そのため、「Rails == Ruby」だと思い込んでしまうと、応用の利かない「Railsしか書けないプログラマ」になってしまいます。そうならないようにRailsの学習を進めるときは、「自分が今学んでいるのはRailsの知識なのか？それともRubyの知識なのか？（もしくはgemの知識なのか？）」ということも意識するようにしてください。自分が身につけた知識の区別がちゃんとついていれば、Railsに縛られることなく、さまざまな場面でRubyを活用できるはずです！

13.12 この章のまとめ

この章では以下のようなことを学びました。

- 日付や時刻の扱い
- ファイルやディレクトリの扱い
- 特定の形式のファイルを読み書きする
- 環境変数や起動時引数の取得
- 非推奨機能を使ったときに警告を出力する
- eval、バッククオートリテラル、sendメソッド
- Rake
- gemとBundler
- Rubyにおける型情報の定義と型検査（RBS、TypeProf、Steep）
- 「Railsの中のRuby」と「素のRuby」の違い

この章ではさまざまなトピックを「広く・浅く」説明しました。とはいえ、本書をここまで読んできたみなさんであれば、公式リファレンスを見たりしながら自分で使いこなせるスキルは身につけているはずです。しっかりした基礎があれば、応用も簡単になります。あとはどんどんコードを読み書きして経験値を上げ、「浅い知識」を「深い知識」に変えていきましょう。

あとがき

本書を最後まで読み終えたみなさん、どうもお疲れ様でした。そして完走おめでとうございます！

第1章に書いたコラム「本書を最後まで読み切るコツ」では、「第7章以降が非常に難しくなるので、すぐに理解できない内容が出てきたら無理に全部理解しようとせず、頭の中にインデックス（索引）を作る読書スタイルに切り替えてもOKです」というアドバイスを書きました。このアドバイスは役に立ちましたか？　たとえば今、「クラスインスタンス変数」や「refinements」といった用語を聞いて、「そういえば、なんか出てきた気がするな」と思えたなら、インデックス作りに成功しています。現時点では完全に理解していなくても大丈夫です。現場に出てこうした用語に出くわしたら、あらためて本書の説明を読み直してみてください。そのときにぐっと理解が深まるはずです。

ところで、第1版のあとがきにも書きましたが、本書で説明した内容の大半は筆者の経験がベースになっています。本書には筆者が「あのとき、こんなふうに説明してくれたら良かったのに！」とか、「このテクニックはもっと早く知っておきたかった！」と感じたポイントをふんだんに盛り込んでいます。本書ぐらいのボリュームになると、1冊読み終えるのにもかなり時間がかかると思います。ですが、それでも筆者がこれまでこうした知見を得るまでにかかった時間に比べればずっと短いはずです（知見を得るためにかかった時間は年単位ですから！）。筆者が10年近くかけて学んだRubyの知見を読者のみなさんが数日～数週間で吸収し、一人前のRubyプログラマに一気に近づいてくれれば、筆者としてこれ以上うれしいことはありません。

また、最後まで読み終わってほっとしているみなさんにこんなことを言うのものなんですが、筆者としてはできれば「1回読んだから終わり」ではなく、少し間を空けてもう一度読み直してほしいと考えています。読み直すタイミングは「Rubyプログラミングの経験値が上がってきたころ」が最適です。オリジナルのWebサービスを作ったり、業務で四苦八苦しながら新機能を作り上げたりしたあと（もしくはその最中）に本書を読み直すと、最初に読んだときには気づかなかった新たな発見がたくさん出てくるはずです。同じ本を読んでいるにもかかわらず、みなさんはきっと「あ、こんな機能があるなら、あのコードはこう書けば良かった」とか、「前読んだときはサッパリ意味がわからなかったけど、仕事で一度使ったせいか、今読んだらよくわかるぞ！」といった感想を持つと思います。このように、本書を読み直すことで、みなさんはRubyプログラマとしてもう一段高いレベルに到達できるはずです。

そして、プロを目指すみなさんにもうひとつ、お勧めしたい勉強法（？）があります。それはRubyコミュニティに参加することです。日本にはさまざまなRubyコミュニティがあり、（コロナ禍でオンラインイベントが中心になっていますが）各地で勉強会や技術カンファレンスも頻繁に開催されています。こうしたコミュニティ活動に参加して、プログラマ同士のつながりを増やすと、Rubyプログラミングがもっと楽しくなるのと同時に、ネットや本だけでは得られない、さまざまな知見や情報を得られるはずです。実際、筆者も地元で主催していたKobe.rb & 西脇.rbというRubyコミュニティの活動を通じて知り合いのプログラマを増やしたり、技術的・非技術的を問わず、いろんな情報交換をしたりしてきました。筆者が知る限り、どのコミュニティも初心者の方や初参加の方を温かく歓迎してくれます。最初はちょっと勇気がいるかもしれませんが、えいっと勇気を出してRubyコミュニティに飛び込んでみましょう。

最後にお知らせです。筆者はブログやQiita、TwitterなどでRubyに関する情報を発信しています（Rubyと無関係なこともよく発信しますが）。本書に関するサポート情報なども適宜発信していきますので、技術評論社のサポートページと併せて筆者個人の情報発信もフォローしてもらえるとうれしいです。良かったら本書の感想もぜひお聞かせください。

・技術評論社のサポートページ：https://gihyo.jp/book/2021/978-4-297-12437-3
・筆者個人のサポートページ：https://ruby-book.jnito.com/
・Twitter：@jnchito
・ブログ：https://blog.jnito.com/
・Qiita：https://qiita.com/jnchito

本書がみなさんのRubyプログラミングを楽しく、やりがいのあるものに変える一助になれば幸いです。

■謝辞

本書は筆者一人の力ではなく、たくさんの方々の協力をいただきながらようやく完成させることができました。本書を執筆するにあたり、お世話になった方々をこちらに紹介させていただきます。

まず、この改訂版ではRubyコミッタのみなさんや、著名なRubyプログラマのみなさんにレビューを依頼させてもらいました。レビュアーのみなさんから返ってきた的確なフィードバックのおかげで、筆者一人では気づけなかった大小さまざまなポイントを改善することができました。本書の品質向上に貢献してくださった以下のみなさんに感謝します。

・辻本 和樹さん（株式会社野村総合研究所、Rubyコミッタ）
・松本 宗太郎さん（Square, Inc.、Rubyコミッタ）
・遠藤 侑介さん（クックパッド株式会社、Rubyコミッタ）
・笹田 耕一さん（クックパッド株式会社、Rubyコミッタ）
・近藤 宇智朗さん（GMOペパボ株式会社）
・吉次 孝太さん（しくみ製作所株式会社）
・scivolaさん
・栩平 智行さん（株式会社DIGITALJET）
・遠藤 大介さん（株式会社ソニックガーデン）
・西見 公宏さん（株式会社ソニックガーデン）
・田中 義人さん（株式会社ソニックガーデン）

次に、筆者がメンターをしているプログラミングスクール、「フィヨルドブートキャンプ」の受講生のみなさんからは、本書の第1版の内容に関する質問をたくさんもらいました。そうした質問を通じて、熟練者にはわからない「初心者ならではのつまづきポイント」を理解することができました。こうしたフィードバックが改訂版の説明内容の改善につながっています。質問してくださった受講生のみなさん、どうもありがとうございました。

また、Rubyの生みの親であり、第1版に引き続きこの改訂版でも「本書の刊行に寄せて」を書いてくださったまつもとゆきひろさんと、Rubyの開発やリリース管理に日々従事されているコミッタのみなさんにも感謝します。何年経ってもRubyでプログラミングするのは楽しいし、気持ちいいです。Ruby最高！

改訂版の編集は第1版と同様、技術評論社の吉岡高弘さんが担当してくれました。「あとは吉岡さんがなんとかしてくれるはず」という全幅の信頼があったからこそ、今回も筆者は執筆作業だけに集中することができました。筆者の無茶なリクエストにも快くご対応いただいたおかげで、すばらしい本ができたと思います。どうもありがとうございました。

最後に、筆者の大切な家族である妻と2人の子どもたち、それと愛犬の「そら」に感謝の言葉を。改訂版といえど、執筆には第1版と変わらないぐらい長い時間がかかりました。それゆえ、家族の協力や「癒し」なしには本書は完成しなかったと思います。いつも本当にありがとう。

2021年10月　伊藤淳一

参考文献

■Ruby関連の参考文献

本書を執筆するにあたって、以下のようなRuby関連の書籍を参考にさせてもらいました。「本書の次に読む書籍」をこの中から選ぶのも良いと思います。

- **『たのしいRuby 第6版』**（高橋征義、後藤裕蔵 著、まつもとゆきひろ 監修、SBクリエイティブ、2019年）
  プログラミング未経験者でも読めるRubyの入門書です。Rubyの言語機能や標準ライブラリの使い方が、ほど良い広さ・深さで説明されています。

- **『初めてのRuby』**（Yugui 著、オライリー・ジャパン、2008年）
  ほかの言語からRubyへ移ってきた人向けにRubyを解説した入門書です。大事なポイントがコンパクトにまとまっているので、時間がない人でもさっと読めます。

- **『改訂2版 パーフェクトRuby』**（Rubyサポーターズ 著、技術評論社、2017年）
  Rubyの言語仕様だけでなく、使用頻度の高い標準ライブラリや周辺ツールの使い方など、Rubyプログラミングに関連するトピックを幅広く解説した書籍です。「こんなプログラムをRubyで作りたいんだけどどうすれば？」というときに参照すると、大半の答えが載っています。

- **『プログラミング言語Ruby』**（David Flanagan、まつもとゆきひろ 著、卜部昌平 監訳、長尾高弘 訳、オライリー・ジャパン、2009年）
  Rubyの言語仕様を詳細に解説した書籍です。「なんでこんなおかしな動きになるのか？」「なぜこれが構文エラーになるのか？」といったときに参照すると、その理由が見つかります。

- **『Effective Ruby』**（Peter J.Jones 著、長尾高弘 訳、arton 監修、翔泳社、2015年）
  Rubyプログラミングにおけるベストプラクティスやアンチパターンを解説した書籍です。やや高度な内容なので、初心者レベルを卒業した人にお勧めします。

- **『オブジェクト指向設計実践ガイド　～Rubyでわかる 進化しつづける柔軟なアプリケーションの育て方』**（Sandi Metz 著、髙山泰基 訳、技術評論社、2016年）
  Rubyのコードを使ってオブジェクト指向設計の原則を説明した書籍です。オブジェクト指向って何？クラス設計ってどうやるの？と困っている方にお勧めです。

- **『Rubyのしくみ Ruby Under a Microscope』**（Pat Shaughnessy 著、島田浩二、角谷信太郎 共訳、オーム社、2014年）
  Rubyの内部実装を説明する技術書です。自分の書いたプログラムがRubyによってどのように解釈され、どのように実行されるのかを理解することができます。

また、この改訂版で加筆したパターンマッチや型定義、型検査（RBS、TypeProf、Steep）に関する情報などについては、下記の情報源を参考にして執筆しました。

- **『n月刊ラムダノート』Vol.1, No.3 -「パターンマッチ in Ruby」**（ラムダノート、2019年）
- **『WEB+DB PRESS』Vol.115 -「[コミッター詳解] Ruby 2.7の魅力」**（技術評論社、2020年）
- **『WEB+DB PRESS』Vol.121 -「詳解Ruby 3 JITコンパイラ，並列プログラミング，静的型解析」**（技術評論社、2021年）
- **「Ruby 3の静的解析ツール TypeProfの使い方」- クックパッド開発者ブログ**（https://techlife.cookpad.com/entry/2020/12/09/120314）
- **「Ruby 3の静的解析機能のRBS、TypeProf、Steep、Sorbetの関係についてのノート」- クックパッド開発者ブログ**（https://techlife.cookpad.com/entry/2020/12/09/120454）
- **「型なし言語のための型」- Speaker Deck**（https://speakerdeck.com/soutaro/xing-nasiyan-yu-falsetamefalsexing）

■Rails関連の参考文献

本書が対象としているのは「素のRuby」ですが、Railsの存在はやはり無視できません。Railsをやるなら遅かれ早かれ誰もがお世話になりそうなサイトや、本書の執筆時に参考にした書籍を以下に挙げます。

- **「Railsガイド」**（https://railsguides.jp/）

  Railsの公式リファレンスドキュメントです。下手にネットを検索して右往左往するよりも、ここを確認したほうが早く答えが見つかることも多いです。

- **「Ruby on Railsチュートリアル」**（https://railstutorial.jp/）

  実際にサンプルアプリケーションを作成しながらRailsを学習できる定番サイトです。チュートリアル形式でプログラミングを学ぶというスタイルは、本書の例題でも踏襲させてもらっています。

- **「Practicing Rails」**（https://gumroad.com/l/zbMf）（Justin Weiss著、電子書籍、英語）

  Railsアプリの作り方よりも、開発の心構えや行き詰まったときの解決方法に重点を置いた、少し変わった技術書です。本書のデバッグ技法の章は、この書籍の影響を受けて執筆しました。

- **「Everyday Rails - RSpecによるRailsテスト入門」**（https://leanpub.com/everydayrailsrspec-jp）（Aaron Sumner著、電子書籍）

  RailsアプリケーションをRSpecでテストする方法を解説した入門書です。RSpecの使い方がわからない、どんなテストを書けばいいのかわからない、という人にお勧めです。

- **「The Minitest Cookbook」**（https://gumroad.com/l/minitestcookbook）（Chris Kottom著、電子書籍、英語）

  基本的な知識から応用的な使い方まで、Minitestの使い方を詳しく説明している書籍です。MinitestでRailsアプリケーションをテストする方法も載っています。

■プログラミング全般に関する参考文献

Rubyをターゲットにした技術書だけでなく、プログラミング全般に共通する原則や技術に関する書籍を読むことも大切です。そうした書籍はたくさんあるのですが、その中からとくに、本書で学んだ内容を深掘りできそうなものを紹介しておきます。

- **『リーダブルコード ――より良いコードを書くためのシンプルで実践的なテクニック』**（Dustin Boswell、Trevor Foucher 著、角征典 訳、オライリー・ジャパン、2012年）
  読みやすいコードとは何か、良いコードと悪いコードの違いは何か、といったことを説明してくれる書籍です。「自分にしかわからないコード」を書いてしまわないために、ぜひ一度読んでおきましょう。
- **『リファクタリング 既存のコードを安全に改善する（第2版）』**（Martin Fowler 著、児玉公信、友野晶夫、平澤章、梅澤真史 共訳、オーム社、2019年）
  本書でも何度も登場している「リファクタリング」の技法を世に知らしめた名著です。JavaScriptを使って説明されていますが、考え方自体は大半がほかのプログラミング言語でも適用可能です。
- **『詳説 正規表現 第3版』**（Jeffrey E.F. Friedl 著、株式会社ロングテール／長尾高弘 訳、オライリー・ジャパン、2008年）
  第6章でも紹介した、正規表現そのものについて説明した技術書です。入門的な内容から高度な話題まで幅広くカバーしています。文字列処理に強力なパワーを発揮する正規表現は必ずマスターしておきましょう。

また、「12.5.3　公式ドキュメントや公式リファレンスを読む」の項や「12.5.7　“警戒しながら”ネットの情報を参考にする」の項で説明した公式ドキュメントとの付き合い方に関する一部の内容は、下記の情報源を参考にして執筆しました。

- **「【新人プログラマ応援】公式ドキュメントも読もう」- Qiita**（https://qiita.com/chooyan_eng/items/cd0d3174b77ff1e02c3f）

索引

記号・数字

A

B

C

D

S

T

U

V

W

■著者プロフィール
伊藤 淳一（いとう じゅんいち）
1977年生まれ。大阪府豊中市出身、兵庫県西脇市在住。
株式会社ソニックガーデンのRailsプログラマ、およびプログラミングスクール「フィヨルドブートキャンプ」のメンター。
ブログやQiitaなどで公開したプログラミング関連の記事多数。説明のわかりやすさには定評がある。
訳書（電子書籍）に「Everyday Rails - RSpecによるRailsテスト入門」（Aaron Sumner著、Leanpub）がある。
趣味はギター。Rubyを書くのと同じぐらいスラスラとギターが弾けるようになるのが夢。
・Twitter：@jnchito
・ブログ： https://blog.jnito.com

カバーデザイン◆トップスタジオデザイン室（嶋 健夫）
本文設計◆トップスタジオデザイン室（徳田 久美）
組版◆株式会社トップスタジオ
編集担当◆吉岡 高弘

Software Design plusシリーズ
プロを目指す人のためのRuby入門
[改訂2版]
言語仕様からテスト駆動開発・デバッグ技法まで

2017年 12月 8日 初 版 第1刷発行
2021年 12月 15日 第2版 第1刷発行
2024年 5月 30日 第2版 第3刷発行

著 者 伊藤 淳一
発行者 片岡 巌
発行所 株式会社技術評論社
東京都新宿区市谷左内町21-13
電話 03-3513-6150 販売促進部
03-3513-6170 第5編集部
印刷/製本 昭和情報プロセス株式会社

定価はカバーに表示してあります

ISBN978-4-297-12437-3 C3055
Printed in Japan

■お問い合わせについて
本書の内容に関するご質問につきましては、下記の宛先までFAXまたは書面にてお送りいただくか、弊社ホームページの該当書籍コーナーからお願いいたします。お電話によるご質問、および本書に記載されている内容以外のご質問には、一切お答えできません。あらかじめご了承ください。
また、ご質問の際には「書籍名」と「該当ページ番号」、「お客様のパソコンなどの動作環境」、「お名前とご連絡先」を明記してください。

宛先：〒162-0846
東京都新宿区市谷左内町21-13
株式会社技術評論社 第5編集部
『プロを目指す人のためのRuby入門[改訂2版]』
質問係
FAX：03-3513-6179

■技術評論社 Webサイト
https://gihyo.jp/book/2021/978-4-297-12437-3

お送りいただきましたご質問には、できる限り迅速にお答えするよう努力しておりますが、ご質問の内容によってはお答えするまでに、お時間をいただくこともございます。回答の期日をご指定いただいても、ご希望にお応えできかねる場合もありますので、あらかじめご了承ください。
なお、ご質問の際に記載いただいた個人情報は質問の返答以外の目的には使用いたしません。また、質問の返答後は速やかに破棄させていただきます。